U0730297

吉林省职业教育“十四五”规划教材

BIM 技术基础

（第二版）

主　编：刘　喆　孙　恒
副主编：段　羽　刘尧遥　牟荟瑾

中国建筑工业出版社

图书在版编目（CIP）数据

BIM 技术基础 / 刘喆，孙恒主编；段羽，刘尧遥，牟荟瑾副主编. -- 2 版. -- 北京：中国建筑工业出版社，2025. 7. --（吉林省职业教育“十四五”规划教材）.

ISBN 978-7-112-31470-6

Ⅰ. TU201.4

中国国家版本馆 CIP 数据核字第 2025CH5412 号

为了更好地支持相应课程的教学，我们向采用本书作为教材的教师提供课件，有需要者可与出版社联系。建工书院：http://edu.cabplink.com，邮箱：350441803@qq.com，电话：(010) 58337222。

责任编辑：徐仲莉　张伯熙
责任设计：芦欣甜

吉林省职业教育“十四五”规划教材
BIM 技术基础（第二版）
主　编：刘　喆　孙　恒
副主编：段　羽　刘尧遥　牟荟瑾
*
中国建筑工业出版社出版、发行（北京海淀三里河路 9 号）
各地新华书店、建筑书店经销
北京建筑工业印刷有限公司制版
北京云浩印刷有限责任公司印刷
*
开本：787 毫米×1092 毫米　1/16　印张：16½　字数：410 千字
2025 年 7 月第二版　2025 年 7 月第一次印刷
定价：**58.00** 元（赠教师课件）
ISBN 978-7-112-31470-6
（45471）

前言（第二版）

时光荏苒，距《BIM 技术基础》第一版出版已逾七载。七年间，建筑信息模型（BIM）技术从工具应用向协同管理深化，从单体建筑向城市信息模型（CIM）拓展，其在工程建设领域的渗透速度与应用深度均实现了跨越式发展。第一版教材作为 BIM 技术普及初期的入门读物，曾为众多初学者搭建了认知框架，但随着行业标准的迭代、软件功能的升级以及人才培养理念的革新，原有内容已难以完全覆盖当前行业发展与教学需求。为此，我们启动了本次修订工作，力求在保留基础体系完整性的前提下，注入更多时代元素与育人内涵。

此次修订秉持“技术迭代与价值引领并重”的原则，主要体现在三个方面：其一，梳理并更新了 BIM 技术的核心概念与应用框架，延续分专业建筑、结构、设备讲解 BIM 建模的方式，针对不同专业的特点与需求，细化建模流程、重点及注意事项，使技术内容更贴近工程实践中各专业协同工作的实际场景；其二，强化了 BIM 与新兴技术的融合讲解，新增了 BIM＋GIS、BIM＋物联网在智慧建造中的应用场景，帮助读者建立“数字孪生”时代的技术视野；其三，创新性地融入了课程思政模块，这也是本版教材的显著特色。我们将工匠精神、创新意识、工程伦理与社会责任等思政元素有机融入技术讲解之中，结合工程案例强调数据真实性与职业操守的关联性，使教材既成为技术传承的载体，也成为价值塑造的媒介。

修订过程中，编写团队反复打磨内容逻辑，既确保初学者能通过“基础原理—软件操作—案例分析”的路径快速入门，也为进阶学习者预留了技术拓展的思考空间。课程思政的融入并非简单叠加，而是通过“技术要点＋思政切入点＋拓展案例”的三段式结构，实现专业知识与价值引领的自然衔接，例如在讲解参数化设计时，同步探讨“精益求精的建模态度与工程安全的辩证关系”，使读者在掌握技术工具的同时，逐步树立“科技报国、精益求精”的职业追求。

在此，衷心感谢第一版读者的宝贵反馈，为本次修订提供了重要参考；感谢参与修订的各位同仁，在繁忙工作中投入大量精力打磨内容；也感谢出版社的专业支持，推动教材顺利付梓。由于 BIM 技术仍在高速发展，书中难免存在疏漏，恳请广大读者与行业专家不吝指正，共同助力 BIM 人才培养体系的完善。

愿本版教材能成为读者探索建筑数字化世界的阶梯，不仅习得技术之法，更能体悟工程之道，在新时代的建设征程中，以 BIM 技术为笔，绘制兼具科技精度与人文温度的蓝图。

《BIM 技术基础（第二版）》编写组
2025 年春

前言（第一版）

本书为BIM系列课程中的“BIM技术基础”课程授课用书，其编写理念重点突出BIM技术基础性教学与不同专业差异化的授课过程。本书主要分为五部分内容：第一部分内容为BIM理论概述，本部分将突出通识性教育及Revit软件的基础操作，不同专业的学生均需熟练掌握；第二部分内容为BIM技术基础，本部分包含建筑基础与结构基础两部分内容，针对全专业开展基础性的柱、梁、板、墙等内容的教学（不同专业进入不同项目样板，做不同构件），重点让全专业学生熟练地掌握绘图的基本操作；第三部分内容为BIM结构，本部分重点针对土木工程、管理等相关专业开展，重点讲授结构模板建立、基础、钢筋绘制、结构分析，其他专业学生对本部分内容仅作了解，不强制要求；第四部分内容为BIM建筑，本部分重点针对建筑、艺术、规划、管理等相关专业开展，重点讲授建筑墙、门窗、楼板、屋顶、楼梯、幕墙、族制作等部分内容，其他专业的学生对本部分内容仅作了解，不强制要求；第五部分内容为BIM设备，本部分重点针对市政、电信学院的相关专业开展，重点讲授暖通管线布置、电气相关管线布置、管线综合等相关内容。

本书采用Revit 2016作为讲解软件，以吉林建筑大学城建学院某栋建筑为实际案例，结合编者5年的工程实践经验，以实际工程为主线，串联软件操作等部分内容，做到知识与实践相结合。力争使学生在学完本课程后，能将所学的知识运用于下一阶段BIM深化相关课程体系中，实现BIM技术基础教学这一根本性目的。

本书第一章和第三章由刘喆、段羽编写，第二章和第四章由段羽、刘尧遥编写，第五章由段羽编写，第六章由刘尧遥编写，第七章由孙恒编写，第八章由段羽、刘尧遥、牟荟瑾编写。全书由刘喆与孙恒统稿，牟荟瑾负责最终校稿。

目　　录

第 1 篇　BIM 技术概述篇

第 2 篇　基础操作篇

第 1 篇　BIM 技术概述篇

第 1 章　BIM 基础知识

学习目标

1. 掌握 BIM 技术发展脉络与标准体系。
2. 理解 BIM 集成平台本质与工作原理。
3. 掌握 BIM 可视化、一体化、参数化、仿真性和信息完备性五大特征。

1.1　BIM 技术概述

BIM 的由来

1.1.1　BIM 的由来

BIM 技术的研究经历了三大阶段：萌芽阶段、产生阶段和发展阶段。

BIM 理念的启蒙，受到 1973 年全球石油危机的影响，美国全行业需要考虑提高行业效益的问题，1975 年“BIM 之父”Eastman 教授在其研究的课题“Building Description System（直译为：建筑描述系统，可视为建筑模型的英文前身）”中提出“a computer-based description of-a building（基于计算机的建筑物描述）”，以便实现建筑工程的可视化和量化分析，提高工程建设效率。

BIM 理念的产生，美国佐治亚技术学院（Georgia Tech College）建筑与计算机专业的查克伊斯曼（Chuck Eastman）博士提出了一个概念：建筑信息模型包含不同专业的所有的信息、功能要求和性能，把一个工程项目的所有信息包括在设计过程、施工过程、运营管理过程的信息全部整合到一个建筑模型，至此 BIM（Building Information Modeling，建筑信息模型）这一概念进入人们的视野。但当时流传速度较慢，直到 2002 年，由 Autodesk 公司（图 1.1-1）正式发布了《BIM 白皮书》后，由“BIM 教父”Jerry Laiserin 对 BIM 的内涵和外延进行了界定并把 BIM 一词推广流传。

图 1.1-1　Autodesk 公司 LOGO

BIM 理念的发展，在国外推广流传后，我国也加入了 BIM 研究的国际阵容中，适应中国国情提出了建筑信息模型（Building Information Modeling）、建筑信息化管理（Building Information Management）、建筑信息制造（Building Information Manufacture）三位一体的 BIM 发展新模式，实现以建筑工程项目的各项相关信息数据作为基础，通过数字信息仿真模拟建筑物所具有的真实信息，通过三维建筑模型，实现工程监理、物业管理、设备管理、数字化加工、工程化管理等功能。

1.1.2 BIM 技术概念

BIM 技术是一种多维（三维空间、四维时间、五维成本、N 维更多应用）模型信息集成技术，可以使建设项目的所有参与方（包括政府主管部门、业主、设计、施工、监理、造价、运营管理、项目用户等）在项目从概念产生到完全拆除的整个生命周期内都能够在模型中操作信息和在信息中操作模型，从而从根本上改变从业人员依靠符号文字形式图纸进行项目建设和运营管理的工作方式，实现在建设项目全生命周期内提高工作效率和质量以及减少错误与风险的目标。

BIM 的含义总结为以下三点：

（1）BIM 是以三维数字技术为基础，集成了建筑工程项目各种相关信息的工程数据模型，是对工程项目设施实体与功能特性的数字化表达。

（2）BIM 是一个完善的信息模型，能够连接建筑项目全生命期不同阶段的数据、过程和资源，是对工程对象的完整描述，提供可自动计算、查询、组合拆分的实时工程数据，可被建设项目各参与方普遍使用。

（3）BIM 具有单一工程数据源，可解决分布式、异构工程数据之间的一致性和全局共享问题，支持建设项目全生命期中动态的工程信息创建、管理和共享，是项目实时的共享数据平台。

1.1.3 BIM 常用术语

1. BIM

前期定义为“Building Information Model”，之后将 BIM 中的“Model”替换为“Modeling”，即“Building Information Modeling”，前者指的是静态的“模型”，后者指的是动态的“过程”，可以直译为“建筑信息建模”“建筑信息模型方法”或“建筑信息模型过程”，但约定俗成，目前国内业界仍然称之为“建筑信息模型”。在近些年的发展过程中“Modeling”一词又被附加了“Management”“Manufacture”等概念，成为建筑信息模型（Building Information Modeling）、建筑信息化管理（Building Information Management）、建筑信息制造（Building Information Manufacture）三位一体的 BIM 发展新模式。

2. 建筑信息模型设计交付标准

《建筑信息模型设计交付标准》GB/T 51301—2018 是我国建筑信息模型（BIM）应用的重要国家标准，该标准规定了建筑信息模型在设计阶段的交付要求，包括模型精细度（Level of Detail）、信息深度（Level of Information）、模型交付物等内容。标准提出了建筑信息模型实施计划（BIM Execution Plan）的要求，用于规范项目交付过程，确保 BIM 技术在项目中的有效应用。在项目早期制定 BIM 实施计划对项目团队至关重要，该计划需要从全局视角出发，同时包含具体实施细节，以指导项目团队在整个项目周期中的实践。BIM 实施计划通常在项目启动阶段确定，并在新成员加入时作为其参与项目的重要依据。

3. IFC

IFC 即 Industry Foundation Class。IFC 是一个包含各种建设项目设计、施工、运营各个阶段所需要的全部信息的一种基于对象的、公开的标准文件交换格式。

4. Level

表示 BIM 等级从不同阶段到完全合作被认可的里程碑阶段的过程，是企业或项目在 BIM 领域技术成熟度的划分。这个过程被分为 0～3 共 4 个阶段，目前对于每个阶段的定义还有争论，最广为认可的定义如下：

Level 0：没有合作，只有二维的 CAD 图纸，通过纸张和电子文本输出结果（图 1.1–2）。

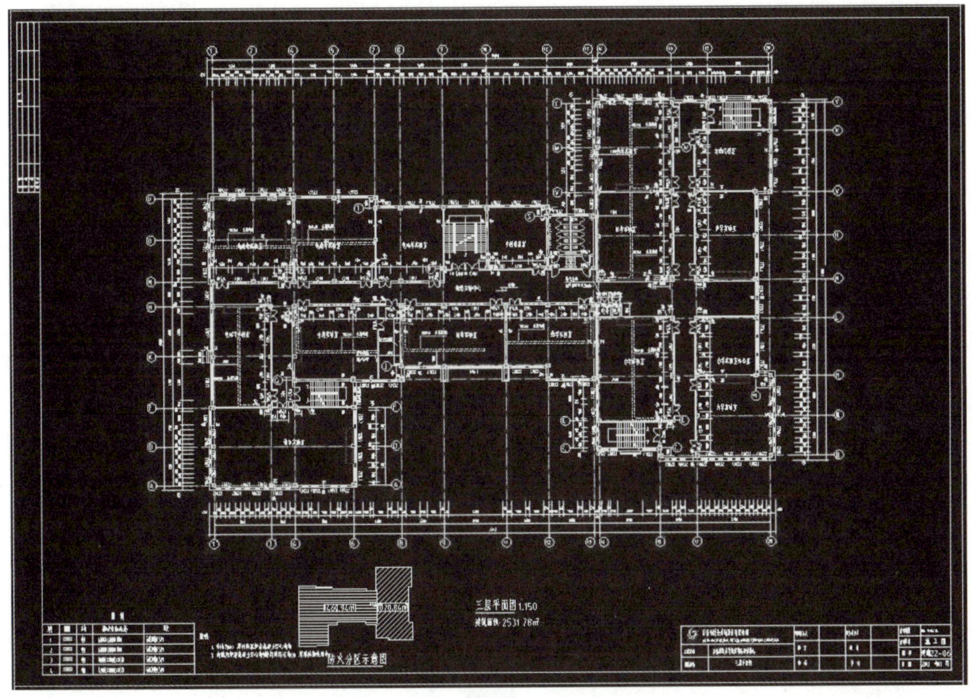

图 1.1–2　二维 CAD 图纸

Level 1：含有一部分三维 CAD 的概念设计工作（图 1.1–3），法定批准文件和生产信息都是 2D 图输出。不同学科之间没有合作，每个参与者只含有其自己的数据。

Level 2：合作性工作，所有参与方都使用自己的三维模型（图 1.1–4），设计信息共享通过普通文件格式。各个组织都能将共享数据和自己的数据结合，从而发现矛盾。因此各方使用的软件必须能够以普通文件格式输出。

Level 3：所有学科整合性合作，使用一个在环境中具有共享性的项目模型。各参与方都可以访问和修改同一个模型，解决了最后一层信息冲突的风险，这就是所谓的“Open BIM”，即一种在建筑合作性设计施工和运营中基于公共标准和公共工作流程的开放资源的工作方式，见图 1.1–5。

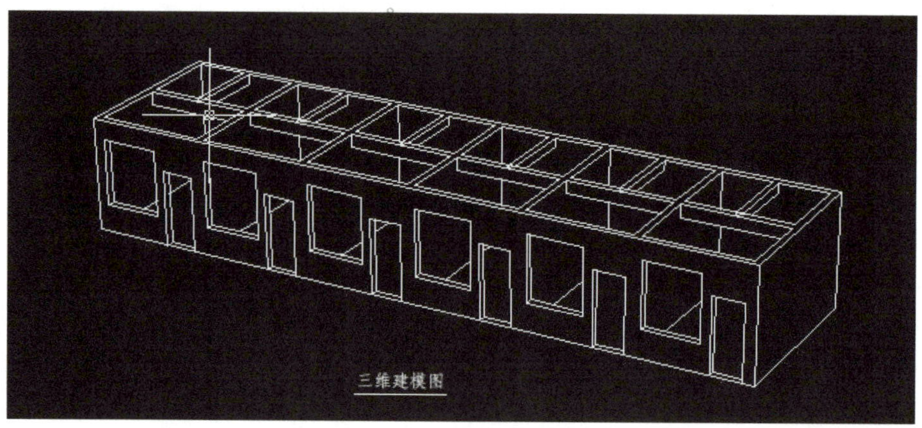

图 1.1-3　三维 CAD 图纸

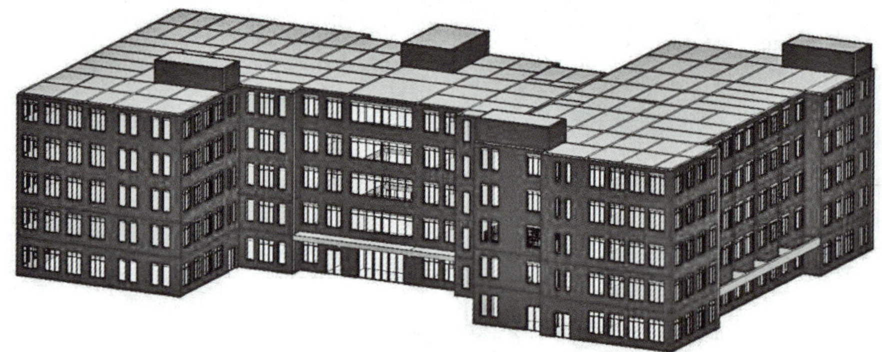

图 1.1-4　三维模型

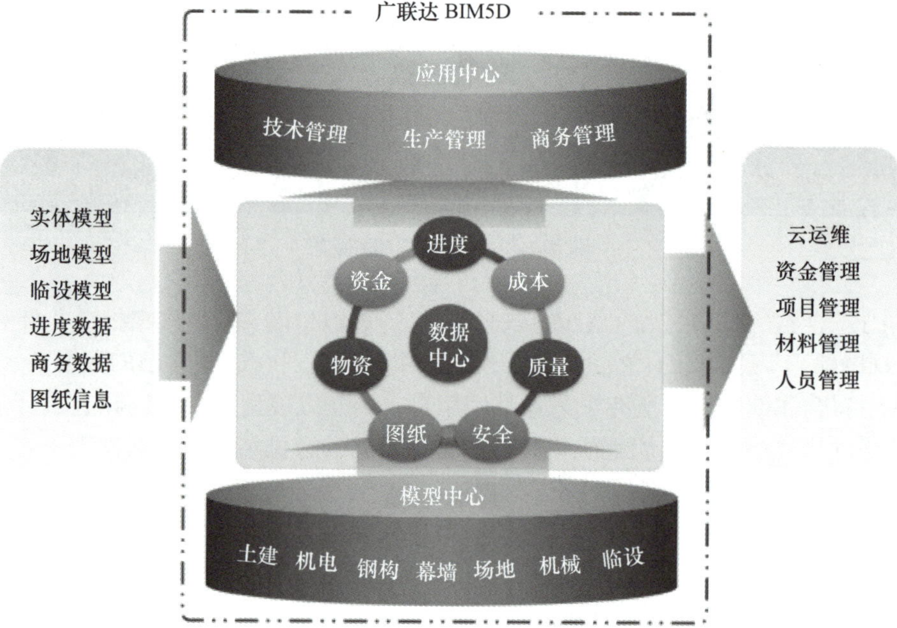

图 1.1-5　BIM5D 多专业融合平台

5. LOD

BIM 模型的发展程度或细致程度（Level of Detail），LOD 描述了一个 BIM 模型构件单元从最低级的近似概念化的程度发展到最高级的演示级精度的步骤。LOD 的定义主要运用于确定模型阶段输出结果及分配建模任务两个方面。现阶段在 BIM 技术应用的相关工程中，均以 LOD 的数值作为评判模型精细程度与价值的依据。

1.1.4　BIM 模型精度

模型的细致程度描述了 BIM 模型单元从宏观项目级到微观零件级精度的演变过程。我国《建筑信息模型设计交付标准》GB/T 51301—2018 标准通过 LOD1.0 至 LOD4.0 的分级体系，明确了模型在不同阶段的交付要求，可用于界定模型阶段输出结果（Phase Outcomes）以及分配建模任务（Task Assignments）。

1. 模型阶段输出结果（Phase Outcomes）

在项目全生命周期中，模型单元的精度要求呈现渐进式深化特征。以典型项目为例：在方案设计阶段，建筑系统通常需达到 LOD2.0 功能级模型单元标准，而前期体量分析仅需 LOD1.0 项目级模型单元即可满足需求；进入施工图阶段后，主体结构构件必须达到 LOD3.0 构件级模型单元精度要求，但次要元素如装饰面层可采用属性继承方式，将其参数信息关联至主体构件；在施工及竣工阶段，关键节点构造需实现 LOD4.0 零件级模型单元精度，同时竣工模型需整合全专业运维数据，确保信息完整性。

2. 任务分配（Task Assignments）

BIM 模型的信息协同采用专业分工机制，各参与方基于模型精度标准承担相应职责。具体实施时：建筑专业负责建立 LOD3.0 构件级墙体几何模型，造价咨询团队负责关联工程量数据，机电专业则需完善设备性能参数。《建筑信息模型设计交付标准》GB/T 51301—2018 通过建立模型单元责任方制度，明确要求各专业团队在确保本专业模型单元几何精度的同时，还需维护核心属性数据的准确性，其他关联信息则由相关责任方补充完善。这种基于精度标准的协同工作机制，既保证了模型数据的完整性和一致性，又有效避免了信息冗余和冲突问题。

3. 精细度划分

《建筑信息模型设计交付标准》GB/T 51301—2018 将模型精度划分为四个等级。LOD1.0（项目级模型单元）承载项目、子项目或局部建筑信息。LOD2.0（功能级模型单元）承载完整功能的模块或空间信息。LOD3.0（构件级模型单元）承载单一的构件或产品信息。LOD4.0（零件级模型单元）承载从属构配件或产品的组成零件或安装零件信息。

LOD1.0（项目级模型单元）：适用于概念设计阶段，该级别模型主要用于表现建筑项目的整体概况，包括项目体量、空间布局、经济技术指标等基本信息。模型可进行容积率分析、建筑朝向评估、造价估算等宏观分析（图 1.1–6）。

LOD2.0（功能级模型单元）：对应方案设计阶段，模型能够表达建筑各功能系统的空间关系和基本属性，包括系统组成、空间尺寸、位置关系等。该级别模型适用于空间分析、能耗模拟等专项研究（图 1.1–7）。

图 1.1–6　LOD1.0 模型

图 1.1–7　LOD2.0 模型

LOD3.0（构件级模型单元）：达到施工图设计深度，模型精确表达各个构件的几何尺寸、材料属性、技术参数等信息。可用于工程量统计、施工协调、碰撞检测等具体应用（图 1.1–8）。

LOD4.0（零件级模型单元）：满足施工深化要求，模型包含构件加工所需的详细零件信息，如预埋件、连接件等。主要应用于预制加工、施工安装等具体施工环节（图 1.1–9）。

BIM 实施过程中需根据项目阶段和需求灵活选用 LOD 等级。例如，方案阶段可混合使用 LOD1.0 体量数据和 LOD2.0 空间数据，施工阶段则需明确不同构件的精度要求，如结构柱需 LOD4.0 而二次墙体仅需 LOD3.0。标准为模型精度提供了依据，但实际应用时可结合项目特点进行调整，确保模型既满足需求又避免过度建模。

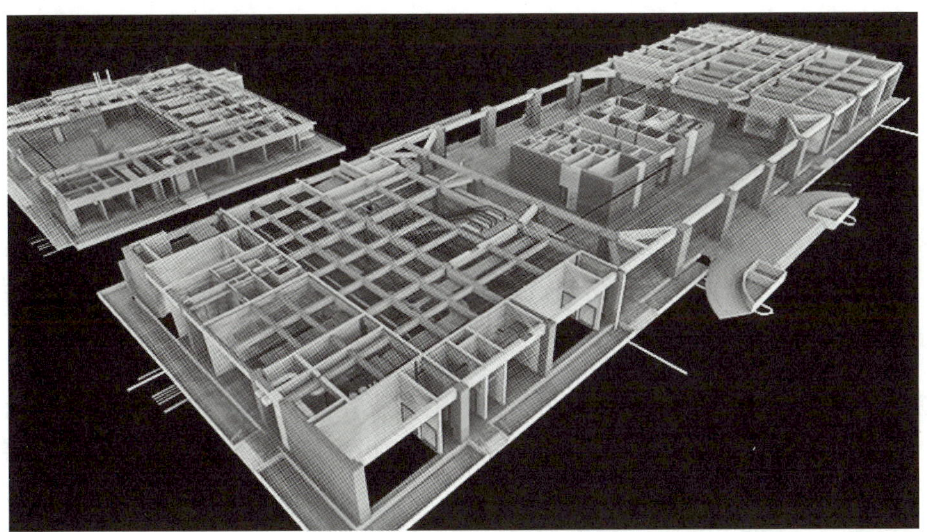

图 1.1-8　LOD3.0 模型

图 1.1-9　LOD4.0 模型

1. 1. 5　IFC 标准

IFC 是由 building SMART 以工业的产品资料交换标准 STEP 编号 ISO-10303-11 的产品模型信息描述用 EXPERSS 语言为基础，基于 BIM 中 AEC/FM 相关领域信息交流所指定的资料标准格式。有专家认为 IFC 如同网络通信标准 HTML 一样，IFC 不属于任何 BIM 软件专有，而加入 IFC 标准认证的各领域及不同软件日益增加，许多公司或教育单位也加入研究并开发相应的应用，同时提供免费试用源代码，以此吸引更多人参与 IFC 的研究与发展。基于 BIM 的 IFC 标准已经发展 10 年有余，渐渐受到学术界与业界重视，IFC 不断发展会是 AEC 相关信息交换的重要标准。

由 buildingSMART 制定的 IFC 标准格式，包含建筑过程中的许多信息，这些信息的运用管理与 AEC 大量信息管理开发的软件管理概念相似，如生命周期、资料分类、成本资料、图档模型等项目的管理，而以 IFC 为基础的管理应用研究越来越多，例如基于 IFC 在建筑生命周期管理应用尝试以 IFC 为主结合网络管理，建立建筑生命周期的资讯系统等。IFC 包含的成本信息应用方面，基于《建设工程工程量清单计价标准》GB/T 50500—2024 规范与 IFC 资料内包含的成本信息，以 C＋＋编写出 BIM 招标建设专案半自动的成本估算程序，应用于国内实际的教学案例，并且验证了其成本估算的性能和正确性。

IFC 在检测方面应用 BIM 软件建立模型之后，转成 ICF 格式并在档案中加入结构探测器类别后将 IFC 档案应用在结构分析中，以此方式研究 IFC 用于结构合理检测的信息交换的可行性；IFC 在资料管理方面，有相应组织创立 BIMserver.org，提供有 JAVA 语言编写的不收费的 BIMserver 使用，BIMserver 主要采用 IFC 资料进行模型管理、用户管理、修订管理、变更警告、查询功能、与谷歌地图结合应用等，并能依据 IFC 档案中所包含的几何信息建立浏览；对于 IFC 模型的浏览要求，除了许多 BIM 软件本身提供的浏览功能或额外的浏览器，还有许多免费或者开放原始代码的浏览器。

1.2　BIM 的应用现状

1.2.1　BIM 在国外的应用现状

1. BIM 在美国的发展现状

美国是较早启动建筑业信息化研究的国家，发展至今，BIM 研究与应用都走在世界前列。目前，美国大多数建筑项目已经开始应用 BIM，BIM 的应用点种类繁多，而且存在各种 BIM 协会，也出台了各种 BIM 标准。关于美国 BIM 的发展，有以下两大 BIM 的相关机构。

（1）GSA

2003年，为了提高建筑领域的生产效率，提升建筑业信息化水平，美国总务署（General Service Administration，GSA）下属的公共建筑服务（Public Building Service）部门的首席设计师办公室（Office of the Chief Architect，OCA）推出了全国3D-4D-BIM计划。从2007年起，GSA 要求所有大型项目（招标级别）都需要应用 BIM，最低要求是空间规划验证和最终概念展示需要提交 BIM 模型。所有 GSA 的项目都被鼓励采用 3D-4D-BIM 技术。并且根据采用这些技术的项目承包商的应用程序不同，给予不同程度的资金支持。目前 GSA 正在探讨在项目全生命周期中应用 BIM 技术，包括空间规划验证、4D 模拟、激光扫描、能耗和可持续发展模拟、安全验证等，并陆续发布各领域的系列 BIM 指南，对于规范和 BIM 在实际项目中的应用起到重要作用。

（2）bSa

building SMART 联盟（building SMART alliance. bSa）致力于 BIM 的推广与研究，使项目所有参与者在项目生命周期阶段能共享准确的项目信息。通过 BIM 收集和共享项目信息与数据，可以有效地节约成本、减少浪费。当时美国 bSa 的目标是在 2020 年之前，帮助建设部门节约 31% 的浪费或者节约 4 亿美元。bSa 下属的美国国家 BIM 标准项目委员会（the National Building Information Model Standard Project Committee-United States，NBIMS-US），专门负责美国国家 BIM 标准（National Building Information Model Standard，NBIMS）的研究与制定。2007 年 12 月，NBIMS-US 发布了 NBIMS 的第一版第一部分，主要包括关于信息交换和开发过程等方面的内容，明确了 BIM 过程和工具的各方定义、相互之间数据交换要求的明细和编码，使不同部门可以开发充分协商一致的 BIM 标准，更好地实现协同。2012 年 5 月，NBIMS-US 发布 NBIMS 的第二版内容。NBIMS 第二版的编写过程采用了一个开放投稿（各专业 BIM 标准）、民主投票决定标准的内容（Open Consensus Process），因此，也被称为第一份基于共识的 BIM 标准。

2. BIM 在英国的发展现状

与大多数国家不同，英国政府要求强制使用 BIM。2011 年 5 月，英国内阁办公室发布了政府建设战略（Government Construction Strategy）文件，明确要求：到 2016 年，政府要求全面协同的 3D BIM，并将全部的文件以信息化管理。

政府要求强制使用 BIM 的文件得到了英国建筑业 BIM 标准委员会［AEC（UK）BIM Standard Committee］的支持。迄今为止，英国建筑业 BIM 标准委员会已发布了英国建筑业 BIM 标准［AEC（UK）BIM Standard］，适用于 Revit 的英国建筑业 BIM 标准［AEC（UK）BIM Standard for Revit］，适用于 Bentley 的英国建筑业 BIM 标准［AEC（UK）BIM Standard for Bentley Product］，并且还在制定适用于 ArchiCAD、Vectorworks 的 BIM 标准，这些标准的制定为英国的 AEC 企业从 CAD 过渡到 BIM 提供了切实可行的方案和程序。

3. BIM 在新加坡的发展现状

在 BIM 这一术语引进之前，新加坡当局就注意到信息技术对建筑业的重要作用。早在 1982 年，“建筑管理署”（Building and Construction Authority，BCA）就有了人工智能规划审批（Artificial Intelligence Plan Checking）的想法，2000～2004 年，发展 CORENET（Construction and Real Estate NETwork）项目，用于电子规划的自动审批和在线提交，是世界首创的自动化审批系统。2011 年，BCA 发布了新加坡 BIM 发展路线规划（BCA′s Building Information Modelling Roadmap），规划明确推动整个建筑业在 2015 年前广泛使用 BIM 技术。

在创造需求方面，新加坡政府部门带头在所有新建项目中明确提出 BIM 需求。2011 年，BCA 与一些政府部门合作确立了示范项目。BCA 强制要求提交建筑 BIM 模型（2013 年起）、结构与机电 BIM 模型（2014 年起），并且最终在 2015 年前实现所有建筑面积大于 $5000m^2$ 的项目都必须提交 BIM 模型的目标。

在建立 BIM 能力与产量方面，BCA 鼓励新加坡的大学开设 BIM 课程，为毕业学生组织密集的 BIM 培训课程，为行业专业人士建立 BIM 专业学位。

4. BIM 在北欧国家的发展现状

北欧国家中的挪威、丹麦、瑞典和芬兰等，是全球最先一批采用基于模型设计的国家，它们也推动了建筑信息技术的互用性和开放标准。

北欧四国政府并未强制要求全部使用 BIM，由于当地气候的要求以及先进建筑信息技术软件的推动，BIM 技术的发展主要是企业的自觉行为。如 2007 年，Senate Properties 发布了一份建筑设计的 BIM 要求（Senate Properties′ BIM Requirements for Architectural Design，

2007），自 2007 年 10 月 1 日起，Senate Properties 的项目仅强制要求建筑设计部分使用 BIM，其他设计部分可根据项目情况自行决定是否采用 BIM 技术，但目标是全面使用 BIM。该报告还提出，在设计招标中将有强制的 BIM 要求，这些 BIM 要求将成为项目合同的一部分，具有法律约束力；建议在项目协作时，建模任务需创建通用的视图，需要准确的定义；需要提交最终 BIM 模型，且建筑结构与模型内部的碰撞需要进行存档；建模流程分为四个阶段：Spatial Group BIM、Spatial BIM、Preliminary Building Element BIM 和 Building Element BIM。

5. BIM 在日本的发展现状

在日本，有 2009 年是日本的 BIM 元年之说。大量的日本设计公司、施工企业开始应用 BIM，而日本国土交通省也在 2010 年 3 月表示，已选择一项政府建设项目作为试点，探索 BIM 在设计可视化、信息整合方面的价值及实施流程。

2010 年，日经 BP 社调研了 517 位来自设计院、施工企业及相关建筑行业人士，了解他们对于 BIM 的认知度与应用情况结果，显示 BIM 的知晓度从 2007 年的 30% 提升至 2010 年的 76%。2008 年的调研显示，采用 BIM 的最主要原因是 BIM 绝佳的展示效果，而 2010 年人们采用 BIM 主要用于提升工作效率，仅有 7% 的业主要求施工企业应用 BIM，这也表明日本企业应用 BIM 更多是企业的自身选择与需求。日本 33% 的施工企业已经应用 BIM 了，在这些企业当中近 90% 是在 2009 年之前开始实施的。

日本 BIM 相关软件厂商认识到，BIM 需要多个软件互相配合，是数据集成的基本前提，因此多家日本 BIM 软件商在 IAI 日本分会的支持下，以福井计算机株式会社为主导，成立了日本国产解决方案软件联盟。此外，日本建筑学会于 2012 年 7 月发布了日本 BIM 指南，从 BIM 团队建设、BIM 数据处理、BIM 设计流程、应用 BIM 进行预算、模拟等方面为日本的设计院和施工企业应用 BIM 提供了指导。

6. BIM 在韩国的发展现状

韩国在运用 BIM 技术上十分领先，多个政府部门都致力制定 BIM 的标准。2010 年 4 月，韩国公共采购服务中心（Public Procurement Service，PPS）提出：2010 年，在 1～2 个大型工程项目应用 BIM；2011 年，在 3～4 个大型工程项目应用 BIM；2012～2015 年，超过 50 亿韩元大型工程项目都采用 4D BIM 技术（3D＋成本管理）；2016 年前，全部公共工程应用 BIM 技术。2010 年 12 月，PPS 发布了《设施管理 BIM 应用指南》，针对设计、施工图设计、施工等阶段中的 BIM 应用进行指导，并于 2012 年 4 月对其进行了更新。

2010 年 1 月，韩国国土交通海洋部发布了《建筑领域 BIM 应用指南》，该指南为开发商、建筑师和工程师在申请四大行政部门、16 个都市以及 6 个公共机构的项目时，提供了采用 BIM 技术时必须注意的方法及要素的指导。该指南为公共项目系统地实施 BIM 提供了指导，同时为企业建立实用的 BIM 实施标准。

1.2.2 BIM 在国内的应用现状

我国的 BIM 应用自 2010 年起快速发展，除了前期软件厂商的大声呼吁外，政府相关单位、各行业协会与专家、设计单位、施工企业、科研院校等也开始重视并推广 BIM。2010 年与 2011 年，中国房地产业协会商业地产专业委员会、中国建筑业协会工程建设质量管理分会、中国建筑学会工程管理研究分会、中国土木工程学会计算机应用分会组织并发布了《中国商业地产 BIM 应用研究报告 2010》和《中国工程建设 BIM 应用研究报告 2010》，一定程度上反映了 BIM 在我国工程建设行业的发展现状。根据两届的报告，关于 BIM 的知晓程度从 2010 年的 60% 提升至 2011 年的 87%。2011 年，共有 39% 的单位表示已经使用了 BIM 相关软件，而其中以设计单位居多。

2011 年 5 月，住房和城乡建设部发布的《2011—2015 建筑业信息化发展纲要》中明确指出：在施工阶段开展 BIM 技术的研究与应用，推进 BIM 技术从设计阶段向施工阶段的应用延伸，降低信息传递过程中的衰减；研究基于 BIM 技术的 4D 项目管理信息系统在大型复杂工程施工过程中的应用，实现对建筑工程有效的可视化管理等。这拉开了 BIM 在中国应用的序幕。

2012 年 1 月，住房和城乡建设部《关于印发 2012 年工程建设标准规范制订修订计划的通知》宣告了中国 BIM 标准制定工作的正式启动，其中包含五项 BIM 相关标准：《建筑工程信息模型应用统一标准》《建筑工程信息模型存储标准》《建筑工程设计信息模型交付标准》《建筑工程设计信息模型分类和编码标准》《制造工业工程设计信息模型应用标准》。其中《建筑工程信息模型应用统一标准》的编制采取“千人千标准”的模式，邀请行业内相关软件厂商、设计院、施工单位、科研院所等近百家单位参与标准研究项目、课题、子课题的研究。至此，工程建设行业的 BIM 热度日益高涨。

2013 年 8 月，住房和城乡建设部发布《关于征求关于推荐 BIM 技术在建筑领域应用的指导意见（征求意见稿）意见的函》。征求意见稿中明确，2016 年以前政府投资的 2 万 m^2 以上大型公共建筑以及省报绿色建筑项目的设计、施工采用 BIM 技术；截至 2020 年，完善 BIM 技术应用标准、实施指南，形成 BIM 技术应用标准和政策体系。

2014 年，各地方政府关于 BIM 的讨论与关注更加活跃，上海、北京、广东、山东、陕西等地区相继出台了各类具体的政策，推动和指导 BIM 的应用与发展。

2015 年 6 月，住房和城乡建设部《关于推进建筑信息模型应用的指导意见》中，明确发展目标：到 2020 年末，建筑行业甲级勘察、设计单位以及特级、一级房屋建筑工程施工企业应掌握并实现 BIM 与企业管理系统和其他信息技术的一体化集成应用。

2017 年 2 月底，国务院办公厅印发《关于促进建筑业持续健康发展的意见》。意见指出，要加强技术研发应用。加快先进建造设备、智能设备的研发、制造和推广应用，提升各类施工机具的性能和效率，提高机械化施工程度。限制和淘汰落后、危险工艺工法，保障生产施工安全。积极支持建筑业科研工作，大幅提高技术创新对产业发展的贡献率。加快推进建筑信息模型（BIM）技术在规划、勘察、设计、施工和运营维护全过程的集成应用，实现工程建设项目全生命周期数据共享和信息化管理，为项目方案优化和科学决策提供依据，促进建筑业提质增效。与此同时，各地方也加速了地方指导意见的制定与落实。

2017 年 7 月，国家 BIM 标准—《建筑信息模型应用统一标准》GB/T 51212—2016 正式施行。《建筑信息模型应用统一标准》GB/T 51212—2016 是我国第一部建筑信息模型应用的工程建设标准，填补了我国 BIM 技术应用标准的空白。标准提出了建筑信息模型应用的基本要求，是建筑信息模型应用的基础标准，可作为我国建筑信息模型应用及相关标准研究和编制的依据。标准的内容科学合理，具有基础性和开创性，对促进我国建筑信息模型应用和发展具有重要指导作用。伴随着《建筑信息模型应用统一标准》GB/T 51212—

2016 的发布，以及行业对 BIM 认识的深入，行业的关注点已经从“用不用 BIM”“BIM 有没有用”转移到“如何用 BIM”“怎样用 BIM”。各地的 BIM 政策也印证了 BIM 在现阶段的发展趋势。

近年来，我国 BIM 政策体系持续完善，应用深度和广度显著提升。在国家标准层面，继 2017 年《建筑信息模型应用统一标准》GB/T 51212—2016 后，2019 年《建筑信息模型设计交付标准》GB/T 51301—2018 正式实施，明确了设计阶段的 BIM 交付要求；2022 年《建筑信息模型存储标准》GB/T 51447—2021 的发布，进一步规范了 BIM 数据的存储与交互标准，为全生命周期应用奠定了基础。

地方层面，各省市积极推进 BIM 技术落地。2020 年北京市要求新建政府投资工程 100% 采用 BIM 技术，2021 年上海市将 BIM 模型纳入工程竣工验收数字化资料管理，2022 年广东省提出“BIM＋城市信息模型（CIM）”平台建设目标，推动智慧城市集成应用。这些政策不仅强化了 BIM 在工程建设中的实际应用，还促进了 BIM 技术与城市数字化管理的深度融合。

行业应用方面，BIM 技术正从建筑工程向交通、水利等领域拓展。2023 年《公路 BIM 标准》的出台，标志着 BIM 在交通基础设施建设中的规范化应用。住房和城乡建设部《“十四五”建筑业发展规划》（2022 年）进一步强调 BIM 与物联网、人工智能等技术的协同发展，推动建筑业全过程数字化转型升级。当前，BIM 政策已从早期的技术推广转向深度集成，与新型建筑工业化、绿色低碳发展紧密结合，为行业高质量发展提供重要支撑。

1.3 BIM 的特点

BIM 的特点

1.3.1 可视化

1. 设计可视化

设计可视化，即在设计阶段建筑及构件以三维方式直观呈现出来。设计师能够运用三维思考方式有效地完成建筑设计，同时使业主（或最终用户）真正摆脱技术壁垒限制，可随时直接地获取项目信息，大大减少了业主与设计师之间的交流障碍。BIM 技术有多种可视化的模式，包括隐藏线、带边框着色和真实的模型三种模式。

2. 施工可视化

（1）施工组织可视化

施工组织可视化，即利用 BIM 技术创建建筑设备模型、周转材料模型、临时设施模型等，以模拟施工过程，确定施工方案，进行施工组织。通过创建各种模型，可以在计算机中进行虚拟施工，使施工组织可视化。

（2）复杂构造节点可视化

复杂构造节点可视化，即利用 BIM 的可视化特性可以将复杂的构造节点全方位呈现，如复杂的钢筋节点（图 1.3-1）、幕墙节点等。

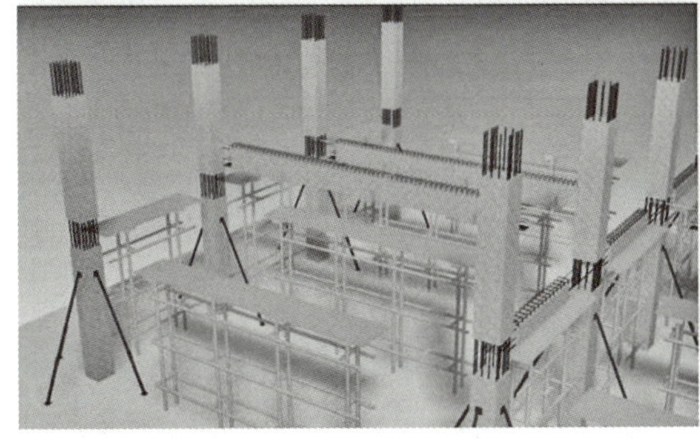

图 1.3-1　复杂构造节点可视化图

3. 机电管线碰撞检查可视化

机电管线碰撞检查可视化，即通过将各专业模型组装为一个整体 BIM 模型，从而使机电管线与建筑物的碰撞点以三维方式直观显示出来。在传统的施工方法中，对管线碰撞检查的方式主要有两种：一是把不同专业的 CAD 图纸叠在一张图上进行观察，根据施工经验和空间想象力找出碰撞点并加以修改；二是在施工过程中边做边修改。这两种方法均费时费力，效率很低。但在 BIM 模型中，可以提前在真实的三维空间中找出碰撞点，并由各专业人员在模型中调整好碰撞点。

1.3.2　一体化

一体化指的是基于 BIM 技术可进行从设计到施工再到运营，贯穿工程项目全生命周期的一体化管理。BIM 的技术核心是一个由计算机三维模型所形成的数据库，不仅包含建筑师的设计信息，而且可以容纳从设计到建成使用，甚至是使用周期终结的全过程信息。BIM 可以持续提供项目设计范围、进度以及成本信息，这些信息完整可靠并且完全协调。BIM 能在综合数字环境中保持信息不断更新并可提供访问，使建筑师、工程师、施工人员以及业主可以清楚全面地了解项目。这些信息在建筑设计、施工和管理的过程中能使项目质量提高，收益增加。BIM 的应用不仅局限于设计阶段，而是贯穿于整个项目全生命周期的各个阶段。BIM 在整个建筑行业从上游到下游的各个企业间不断完善，从而实现项目全生命周期的信息化管理，最大化地实现 BIM 的意义。

在设计阶段，BIM 使建筑、结构、给水排水、空调、电气等各个专业基于同一个模型进行工作，从而使真正意义上的三维集成协同设计成为可能。将整个设计整合到一个共享的建筑信息模型中，结构与设备、设备与设备间的冲突会直观地显现出来，工程师们可在三维模型中随意查看，并能准确查看到可能存在问题的地方，并及时调整，从而极大地避免了施工中的浪费。这在极大程度上促进了设计施工的一体化过程。在施工阶段，BIM 可以同步提供有关建筑质量、进度以及成本的信息。利用 BIM 可以实现整个施工周期的可视化模拟与可视化管理，帮助施工人员促进建筑的量化，迅速为业主制定展示场地使用情况或更新调整情况的规划，提高文档质量，改善施工规划。最终结果是能将业主更多的施工资金投入建筑，而不是行政和管理中。此外，因 BIM 还能在运营管理阶段提高收益和成本管理水平，为开发商销售招商和业主购房提供了极大的透明与便利。BIM 这场信息革命，对于工程建设设计、施工一体化各个环节，必将产生深远的影响。这项技术已经可以清楚地表明其在协调方面的设计可缩短设计与施工时间表，显著降低成本，改善工作场所安全和可持续的建筑项目所带来的整体利益。

1.3.3 参数化

参数化建模指的是通过参数（变量）而不是数字建立和分析模型，简单地改变模型中的参数值就能建立和分析新的模型（图 1.3–2）。

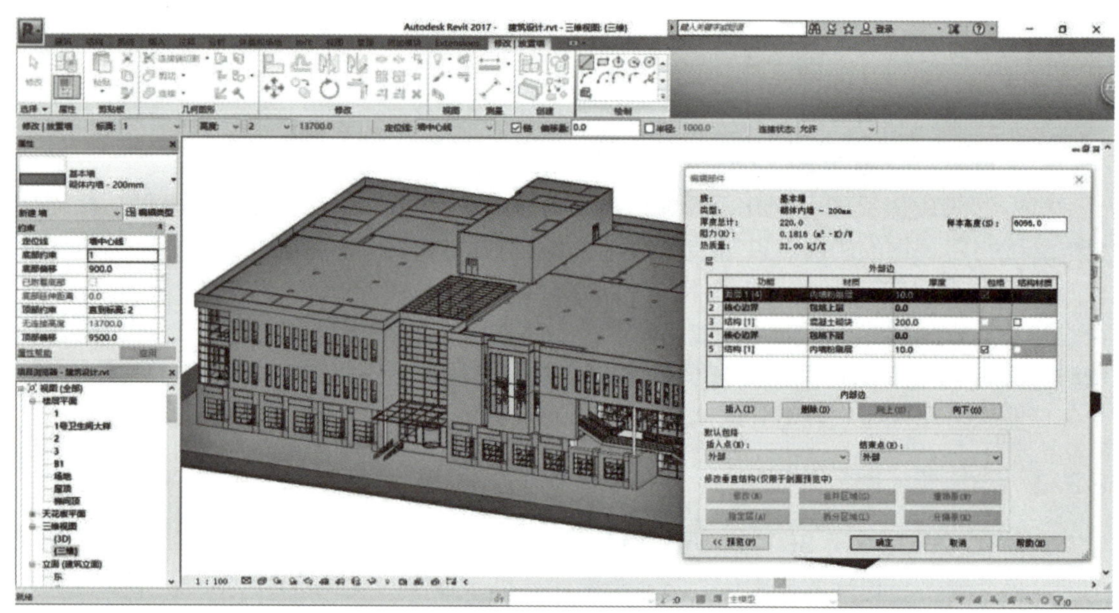

图 1.3–2 参数化建模

BIM 的参数化设计分为两个部分：“参数化图元”和“参数化修改引擎”。“参数化图元”指的是 BIM 中的图元是以构件的形式出现，这些构件之间的不同是通过参数的调整反映出来的，参数保存了图元作为数字化建筑构件的所有信息；“参数化修改引擎”指的是参数更改技术使用户对建筑设计或文档部分做的任何改动，都可以自动地在其他相关联的部分反映出来。在参数化设计系统中，设计人员根据工程关系和几何关系来指定设计要求。参数化设计的本质是在可变参数的作用下，系统能够自动维护所有的不变参数。因此，参数化模型中建立的各种约束关系，正是体现了设计人员的设计意图。参数化设计可以大大提高模型的生成和修改速度。

1.3.4　仿真性

1. 建筑物性能分析仿真

建筑物性能分析仿真，即基于 BIM 技术建筑师在设计过程中赋予所创建的虚拟建筑模型大量建筑信息（几何信息、材料性能、构件属性等），然后将 BIM 模型导入相关性能分析软件，就可得到相应分析结果。这一性能使得原本 CAD 时代需要专业人士花费大量时间输入大量专业数据的过程，如今可自动轻松完成，从而大大降低了工作周期，提高了设计质量，优化了为业主的服务。

性能分析主要包括能耗分析、日照分析、采光分析等（图 1.3–3～图 1.3–5）。

图 1.3–3　能耗分析

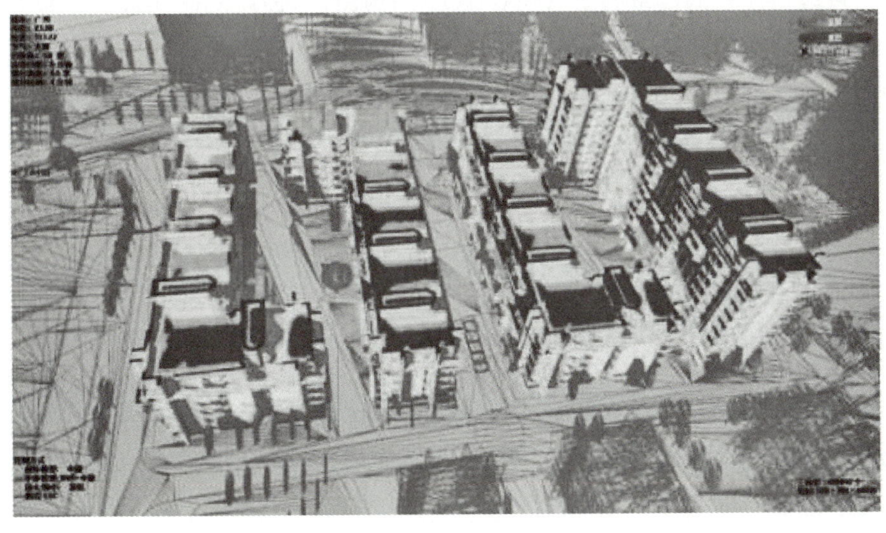

图 1.3–4　日照分析

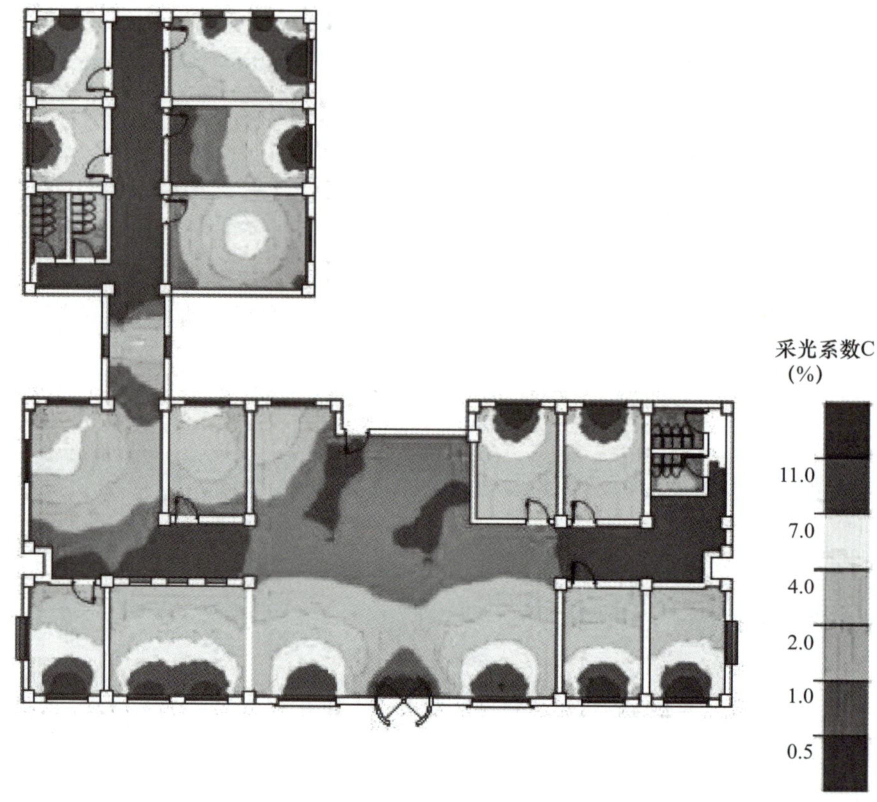

图 1.3–5　采光分析

2. 运维仿真

（1）设备的运行监控

设备的运行监控，即采用 BIM 技术实现对建筑物设备的搜索、定位、信息查询等功能。在运维 BIM 模型中，在对设备信息集成的前提下，运用计算机对 BIM 模型中的设备进行操作，可以快速查询设备的所有信息，如生产厂商、使用寿命期限、联系方式、运行维护情况以及设备所在位置等。通过对设备运行周期的预警管理，可以有效地防止事故的发生；利用终端设备和二维码、RFID 技术，迅速对发生故障的设备进行检修。

（2）能源运行管理

能源运行管理，即通过 BIM 模型对租户的能源使用情况进行监控与管理，赋予每个能源使用记录表以传感功能，在管理系统中及时做好信息的收集处理，通过能源管理系统对能源消耗情况自动进行统计分析，并且可以对异常使用情况进行警告。

（3）建筑空间管理

以建筑租赁运维管理为例，建筑空间管理即基于 BIM 技术业主通过三维可视化直观地查询定位到每个租户的空间位置以及租户的信息，如租户名称、建筑面积、租约区间、租金情况、物业管理情况；还可以实现租户的各种信息的提醒功能，同时根据租户信息的变化，实现对数据及时调整和更新。

（4）应急管理

通过 BIM 技术的运维管理对突发事件管理，包括预防、警报和处理。以消防事件为例，该管理系统可以通过喷淋感应器感应信息；如果发生着火事故，在商业广场的 BIM 信息模型界面中，就会自动触发火警警报；着火区域的三维位置和房间立即进行定位显示；控制中心可以及时查询相应的周围环境和设备情况，为及时疏散人群（图 1.3-6）和处理灾情提供重要信息。

图 1.3-6　pathfinder 人流疏散模拟

1.3.5　可出图性

BIM 并不仅是输出大家日常所见的建筑设计院所出的建筑设计图纸，及一些构件加工的图纸，而是通过对建筑物进行可视化展示、协调、模拟、优化以后，可以帮助业主出如下图纸：综合管线图（经过碰撞检查和设计修改，消除了相应错误以后）、综合结构留洞图（预埋套管图）、碰撞检查侦错报告和建议改进方案。

1.3.6　信息完备性

信息完备性体现在 BIM 技术可对工程对象进行 3D 几何信息和拓扑关系的描述以及完整的工程信息描述，如对象名称、结构类型、建筑材料、工程性能等设计信息；施工工序、族、进度、成本、质量以及人力、机械、材料资源等施工信息；工程安全性能、材料耐久性能等维护信息；对象之间的工程逻辑关系等。

1.4　BIM 的价值与应用

BIM 的价值与应用

1.4.1　BIM 在方案策划的价值与应用

方案策划指的是在确定建设意图之后，项目管理者需要通过收集各类项目资料，对各类情况进行调查，研究项目的组织、管理、经济和技术等，进而得出科学、合理的项目方案，为项目建设指明正确的方向和目标。

在方案策划阶段，信息是否准确、信息量是否充足成为管理者能否作出正确决策的关键。BIM 技术的引入，使方案阶段遇到的问题得到有效解决。其在方案策划阶段的应用内容主要包括现状建模、成本核算、场地分析和总体规划。

1. 现状建模

利用 BIM 技术可为管理者提供概要的现状模型（图 1.4–1），以方便建设项目方案的分析、模拟，从而为整个项目的建设降低成本、缩短工期并提高质量。例如在对周边环境进行建模（包括周边道路、已建和规划的建筑物、园林景观等）之后，将项目的概要模型放入环境模型中，以便于对项目进行场地分析和性能分析等工作。

图 1.4–1　现状模型

2. 成本核算

项目成本核算是通过一定的方式方法对项目施工过程中发生的各种费用成本进行逐一统计考核的一种科学管理活动。目前，市场上主流的工程量计算软件在逼真性及效率方面还存在一些不足，如用户需要将施工蓝图通过数据形式重新输入计算机，相当于人工在计算机上重新绘制一遍工程图纸。这种做法不仅增加了前期工作量，而且没有共享设计过程中的产品设计信息。利用 BIM 技术提供的参数更改技术能够将针对建筑设计或文档任何部分所做的更改自动反映到其他位置，从而可以帮助工程师们提高工作效率、协同效率以及工作质量。BIM 技术具有强大的信息集成能力和三维可视化图形展示能力，利用 BIM 技术建立的三维模型可以极尽全面地加入工程建设的所有信息。根据模型能够自动生成符合国家工程量清单计价标准的工程量清单及报表，快速统计和查询各专业工程量，对材料计划、使用做精细化控制，避免材料浪费。如利用 BIM 信息化特征可以准确提取整个项目中防火门数量、不同样式、材料的安装日期、出厂型号、尺寸大小等，甚至可以统计防火门的把手等细节。同时，基于 BIM 技术生成的工程量不是简单的长度和面积的统计，专业的 BIM 造价软件可以进行精确的 3D 布尔运算和实体减扣，从而获得更符合实际的工程量数据，并且可以自动形成电子文档进行交换、共享、远程传递和永久存档。准确率和速度上都较传统统计方法有很大的提高，有效降低了造价工程师的工作强度，提高了工作效率。

3. 场地分析

场地分析是对建筑物的定位、建筑物的空间方位及外观、建筑物和周边环境的关系、建筑物将来的车流、物流、人流等各方面的因素进行集成数据分析的综合。在方案策划阶段，景观规划、环境现状、施工配套及建成后交通流量等与场地的地貌、植被、气候条件等因素关系较大，传统的场地分析存在诸如定量分析不足、主观因素过重、无法处理大量数据信息等弊端，通过 BIM 结合 GIS 进行场地分析模拟，得出较好的分析数据，能够为设计单位后期设计提供最理想的场地规划、交通流线组织关系、建筑布局等关键决策。

4. 总体规划

通过 BIM 建立模型能够更好地对项目作出总体规划，并得出大量的直观数据作为方案决策的支撑。例如，在可行性研究阶段，管理者需要确定建设项目方案在满足类型、质量、功能等要求下是否具有技术与经济可行性，而 BIM 能够帮助提高技术经济可行性论证结果的准确性和可靠性。通过对项目与周边环境的关系、朝向可视度、形体、色彩、经济指标等进行分析对比，化解功能与投资之间的矛盾，使策划方案更加合理，为下一步的方案与设计提供直观、带有数据支撑的依据。

1.4.2　BIM 在设计阶段的价值与应用

建设项目的设计阶段是整个生命周期内最为重要的环节，它直接影响着建安成本以及运维成本，对工程质量、工程投资、工程进度，以及建成后的使用效果、经济效益等方面都有着直接的联系。设计阶段可分为方案阶段、初步设计阶段、施工图设计阶段三个阶段。从初步设计、扩大初步设计到施工图设计是一个变化的过程，是建设产品从粗糙到细致的过程，在这个进程中需要对设计进行必要的管理，从性能、质量、功能、成本到设计标准、规程，都需要管控。

BIM 技术在设计阶段的应用主要体现在以下方面：

1. 可视化设计交流

可视化设计交流，是指采用直观的 3D 图形或图像，在设计、业主、政府审批、咨询专家、施工等项目参与方之间，针对设计意图或设计成果进行更有效的沟通，从而使设计人员充分理解业主的建设意图，使设计结果最贴近业主的建设需求，最终使业主能及时看到他们所希望的设计成果，使审批方能清晰地认知他们所审批的设计是否满足审批要求。可视化设计交流贯穿于整个设计过程中，典型的应用包括三维设计与效果图及动态展示。

2. 设计分析

设计分析是初步设计阶段主要的工作内容。一般情况下，当初步设计展开之后，每个专业都有各自的设计分析工作，设计分析主要包括结构分析、节能分析、安全疏散分析等。这些设计分析是体现设计在工程安全、节能、节约造价、可实施性方面重要作用的工作过程。在 BIM 概念出现之前，设计分析就是设计的重要工作之一，BIM 的出现使得设计分析更加准确、快捷与全面，例如针对大型公共设施的安全疏散分析，就是在 BIM 概念出现之后逐步被设计方采用的设计分析内容。

（1）结构分析

最早使用计算机进行的结构分析包括三个步骤，分别是前处理、内力分析、后处理。其中，前处理是通过人机交互式输入结构简图、荷载、材料参数以及其他结构分析参数的过程，也是整个结构分析中的关键步骤，所以该过程是比较耗费设计时间的过程；内力分析过程是结构分析软件的自动执行过程，其性能取决于软件和硬件，内力分析过程的结果是结构构件在不同工况下的位移和内力值；后处理过程是将内力值与材料的抗力值进行对比产生安全提示，或者按照相应的设计规范计算出满足内力承载能力要求的钢筋配置数据，这个过程人工干预程度较低，主要由软件自动执行。在 BIM 模型支持下，结构分析的前处理过程实现了自动化；BIM 软件可以自动将真实的构件关联关系简化成结构分析所需的简化关联关系，能依据构件的属性自动区分结构构件和非结构构件，并将非结构构件转化成加载于结构构件上的荷载，从而实现了结构分析前处理的自动化。

（2）节能分析

节能设计通过两种途径实现节能目的：一种途径是改善建筑围护结构保温和隔热性能，降低室内外空间的能量交换效率；另一种途径是提高暖通、照明、机电设备及其系统的能效，有效地降低暖通空调、照明以及其他机电设备的总能耗。

建设项目的景观可视度、日照、风环境、热环境、声环境等性能指标在开发前期就已经基本确定，但是由于缺少合适的技术手段，一般项目很难有时间和费用对上述各种性能指标进行多方案分析模拟，BIM 技术为建筑性能分析的普及应用提供了可能性。基于 BIM 的建筑性能化分析包含室外风环境模拟、自然采光模拟、室内自然通风模拟、小区热环境模拟分析和建筑环境噪声模拟分析。

（3）安全疏散分析

在大型公共建筑设计过程中，室内人员的安全疏散时间是防火设计的一项重要指标。室内人员的安全疏散时间受室内人员数量、密度、人员年龄结构、疏散通道宽度等多方面的影响，简单的计算方法已不能满足现代建筑设计的安全要求，需要通过安全疏散模拟。基于人的行为模拟疏散过程中人员疏散过程，统计疏散时间，这个模拟过程需要数字化的真实空间环境支持，BIM 模型为安全疏散计算和模拟提供了支持，这种技术已在许多大型项目上得到应用。

3. 协同设计与碰撞检查

在传统的设计项目中，各专业设计人员分别负责其专业内的设计工作，项目通常通过专业协调会议及相互提交设计资料实现协同配合。然而，许多工程项目中因协调不足导致的专业碰撞问题尤为突出，这种协调滞后往往引发施工阶段的频繁碰撞和设计变更。

BIM 技术为工程设计的专业协调提供了两种解决路径：一是通过高效、实时的跨专业协同设计，在过程中主动规避潜在的碰撞问题；二是利用 3D 模型进行全专业碰撞检查，系统识别并修正冲突。目前，碰撞检查已成为体现 BIM 技术价值的核心应用，大量实践表明其能显著提升工程设计的协调效率。

（1）协同设计

传统意义上的协同设计很大程度上是指基于网络的一种设计沟通交流手段，以及设计流程的组织管理形式。包括通过 CAD 文件、视频会议、建立网络资源库、借助网络管理软件等。

基于 BIM 技术的协同设计是指建立统一的设计标准，包括图层、颜色、线型、打印样式等，在此基础上，所有设计专业及人员在一个统一的平台上进行设计，从而减少现行各专业之间（以及专业内部）由于沟通不畅或沟通不及时导致的错、漏、碰、缺，真正实现所有图纸信息元的单一性，实现一处修改其他自动修改，提升设计效率和设计质量。协同设计工作是以一种协作的方式，使成本可以降低，可以更快地完成设计同时，也对设计项目的规范化管理起到重要作用。

协同设计由流程、协作和管理三类模块构成。设计、校审和管理等不同角色人员利用该平台中的相关功能实现各自的工作。

（2）碰撞检查

二维图纸不能用于空间表达，使得图纸中存在许多意想不到的碰撞盲区。并且，目前的设计方式多为“隔断式”设计，各专业分工作业，依赖人工协调项目内容和分段，这导致设计往往存在专业间碰撞。同时，在机电设备和管道线路的安装方面还存在软碰撞的问题（即实际设备、管线间不存在实际的碰撞，但在安装方面会造成安装人员、机具不能到达安装位置的问题）。

基于 BIM 技术，可将两个不同专业的模型集成为两个模型，通过软件提供的空间碰撞检查功能查找两个专业构件之间的空间碰撞可疑点，软件可以在发现可疑点时向操作者报警，经人工确认该碰撞。碰撞检查一般从初步设计后期开始进行，随着设计的进展，反复进行“碰撞检查—确认修改—更新模型”的 BIM 设计过程，直到所有碰撞都被检查出来并修正，最后一次检查所发现的碰撞数为零，则标志着设计已达到 100% 的协调。一般情况下，由于不同专业是分别设计、分别建模的，任何两个专业之间都可能产生碰撞，因此碰撞检查的工作将覆盖任何两个专业之间的碰撞关系，如：① 建筑与结构专业，标高、剪力墙、柱等位置不一致，或梁与门碰撞；② 结构与设备专业，设备管道与梁柱碰撞；③ 设备内部各专业，各专业与管线碰撞；④ 设备与室内装修，管线末端与室内吊顶碰撞。碰撞检查过程是需要计划与组织管理的过程，碰撞检查人员也被称作“BIM 协调工程师”，他们将负责对检查结果进行记录、提交、跟踪提醒与覆盖确认。

4. 设计阶段造价控制

设计阶段是控制造价的关键阶段，在方案设计阶段，设计活动对工程造价影响较大。理论上，我国建设项目在设计阶段的造价控制主要是方案设计阶段的设计估算和初步设计阶段的设计概算，而实际上大量的工程并不重视估算和概算，而将造价控制的重点放在施工阶段，错失了造价控制的有利时机。基于 BIM 模型进行设计过程的造价控制具有较高的可实施性。由于 BIM 模型中不仅包括建筑空间和建筑构件的几何信息，还包括构件的材料属性，可以将这些信息传递到专业化的工程量统计软件中，由工程量统计软件自动产生符合相应规则的构件工程量。这一过程基于对 BIM 模型的充分利用，避免了在工程量统计软件中为计算工程量而专门建模的工作，可以及时反映与设计对应的工程造价水平，为限额设计和价值工程在优化设计上的应用提供了必要的基础，使适时的造价控制成为可能。

5. 施工图生成

设计成果中最重要的表现形式是施工图，它是含有大量技术标注的图纸，在建筑工程的施工方法仍然以人工操作为主的技术条件下，2D 施工图有其不可替代的作用，但是传统的 CAD 方式存在的不足也是非常明显的：当产生施工图之后，如果工程的某个局部发生设计更新，则会同时影响与该局部相关的多张图纸，如一个柱子的断面尺寸发生变化，则含有该柱的结构平面布置图、柱配筋图、建筑平面图、建筑详图等都需要再次修改，这种问题在一定程度上影响了设计质量的提高。

BIM 模型是完整描述建筑空间与构件的 3D 模型，基于 BIM 模型自动生成 2D 图纸是一种理想的 2D 图纸产出方法。理论上，基于唯一的 BIM 模型数据源、任何对工程设计的实质性修改都将反映在 BIM 模型中，软件可以依据 3D 模型的修改信息自动更新所有与该修改相关的 2D 图纸，由 3D 模型到 2D 图纸的自动更新将为设计人员节省大量的图纸修改时间。

1.4.3 BIM 在招标投标阶段的价值与应用

BIM 技术的推广与应用，极大地促进了招标投标管理的精细化程度和管理水平。在招标投标过程中，招标方根据 BIM 模型可以编制准确的工程量清单，达到清单完整、快速算量、精确算量，有效地避免漏项和错算等情况，最大限度地减少施工阶段因工程量问题而引起的纠纷。投标方根据 BIM 模型快速获取正确的工程量信息，与招标文件的工程量清单比较，可以制定更好的投标策略。

1. BIM 在招标控制中的应用

在招标控制环节，准确和全面的工程量清单是核心关键。而工程量计算是招标投标阶段耗费时间和精力最多的重要工作。而 BIM 是一个富含工程信息的数据库，可以真实地提供工程量计算所需要的物理和空间信息。借助这些信息，计算机可以快速对各种构件进行统计分析，从而大大减少根据图纸统计工程量带来的繁琐的人工操作和潜在错误，在效率和准确性上得到显著提高。

2. BIM 在投标过程中的应用

首先是基于 BIM 的施工方案模拟。基于 BIM 模型，对施工组织设计方案进行论证，针对施工中的重要环节进行可视化模拟分析，按时间进度进行施工安装方案的模拟和优化。对于一些重要的施工环节或采用新施工工艺的关键部位、施工现场平面布置等施工指导措施进行模拟和分析，以提高计划的可行性。在投标过程中，通过对施工方案的模拟，直观、形象地展示给业主方。

其次是基于 BIM 的 4D 进度模拟。通过将 BIM 与施工进度计划相链接，将空间信息与时间信息整合在一个可视的 4D 模型中，可以直观、精确地反映整个建筑的施工过程和虚拟形象进度。借助 4D 模型，施工企业在工程项目投标中将获得竞标优势，BIM 可以让业主直观地了解投标单位对投标项目主要施工的控制方法、施工安排是否均衡、总体计划是否基本合理等，从而对投标单位的施工经验和实力作出有效评估。

再次是基于 BIM 的资源优化与资金计划。利用 BIM 可以方便、快捷地进行施工进度模拟、资源优化，以及预计产值和编制资金计划。通过进度计划与模型的关联，以及造价数据与进度关联，可以实现不同维度（空间、时间、流水段）的造价管理与分析。通过对 BIM 模型的流水段划分，可以自动关联并快速计算资源需用量计划，不但有助于投标方制定合理的施工方案，还能形象地展示给业主方。

总之，利用 BIM 技术可以提高招标投标的质量和效率，有力地保障工程量清单的全面和精确，促进投标报价的科学性、合理性，提高招标投标管理的精细化水平，减少风险，进一步促进招标投标市场的规范化、市场化、标准化的发展。

1.4.4　BIM 在施工阶段的价值与应用

施工阶段是实施贯彻设计意图的过程，是在确保工程各项目标的前提下，建设工程的重要环节，也是周期最长的环节。这一阶段的工作任务是如何保质保量、按期地完成建设任务。

BIM 技术在施工阶段的具体应用主要体现在以下方面：

1. 预制加工管理

BIM 技术在预制加工管理方面的应用主要体现在钢筋准确下料、构件信息查询及出具构件加工详图上，具体内容如下：

（1）钢筋准确下料

在以往工程中，由于工作面大、现场工人多，工程交底困难而导致的质量问题非常常见。而通过 BIM 技术能够优化断料组合加工表，将损耗减至最低。某工程通过建立钢筋 BIM 模型、出具钢筋排列图来进行钢筋准确下料。

（2）构件详细信息查询

检查和验收信息将被完整地保存在 BIM 模型中，相关单位可快捷地对任意构件进行信息查询和统计分析，在保证施工质量的同时，能使质量信息在运维期有据可循（图 1.4–2）。

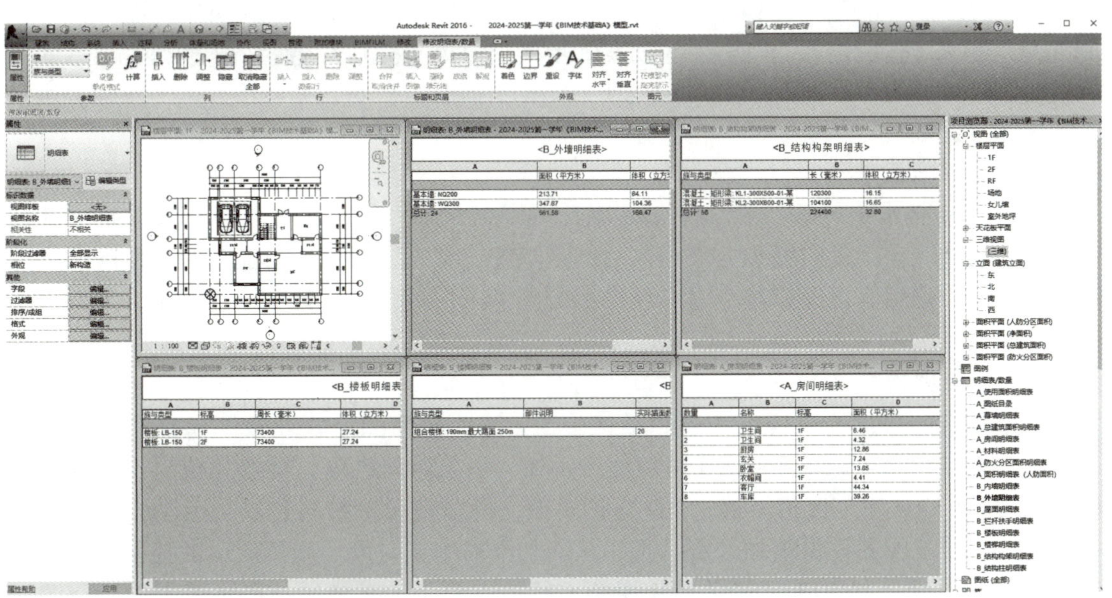

图 1.4–2　Revit 生成的构件明细表

2. 施工过程管理

结合施工方案、施工模拟以及现场视频监测，基于 BIM 技术开展虚拟施工，不仅能够直观展示施工过程与成果，还能显著降低返工成本与管理成本，有效控制施工风险，提升管理者对施工全过程的掌控能力。

BIM 技术在虚拟施工管理中的应用主要体现在以下方面：场地布置方案、专项施工方案、施工模拟、施工优化系统，以及预算工程量动态查询与统计等。下面将分别对其详细介绍。

（1）场地布置方案

基于建立的 BIM 三维模型及搭建的各种临时设施，可以对施工场地进行布置，合理安排塔式起重机、库房、加工场地和生活区等的位置，解决现场施工场地平面布置问题，解决现场场地划分问题（图 1.4–3）；通过与业主的可视化沟通协调，对施工场地进行优化，选择最优施工路线。

图 1.4–3　三维场地划分

（2）专项施工方案

通过 BIM 技术指导编制专项施工方案，可以直观地对复杂工序进行分析，将复杂部位简单化、透明化，提前模拟方案编制后的现场施工状态，对现场可能存在的危险源、安全隐患、消防隐患等提前排查，对专项方案的施工工序进行合理排布，有利于方案的专项性、合理性。

（3）施工模拟

根据拟定的最优施工现场布置和最优施工方案，将由项目管理软件如 Project 编制而成的施工进度计划与施工现场 3D 模型集成一体，引入时间维度，能够完成对工程主体结构施工过程的 4D 施工模拟。通过 4D 施工模拟，可以使设备材料进场、劳动力配置、机械排班等各项工作安排得更加经济合理，从而加强对施工进度、施工质量的控制。针对主体结构施工过程，利用已完成的 BIM 模型进行动态施工方案模拟，展示重要施工环节动画，对比分析不同施工方案的可行性，能够对施工方案进行分析，并听从业主方指令对施工方案进行动态调整。

（4）施工优化系统

BIM 建筑施工优化系统应用主要体现在以下方面：

1）基于 BIM 和离散事件模拟的施工优化通过对各项工序的模拟计算，得出工序工期、人力、机械、场地等资源的占用情况，对施工工期、资源配置以及场地布置进行优化，实现多个施工方案的比选。

2）基于过程优化的 5D 施工过程模拟，将 5D 施工管理与施工优化进行数据集成，实现了基于过程优化的 5D 施工可视化模拟（图 1.4–4）。

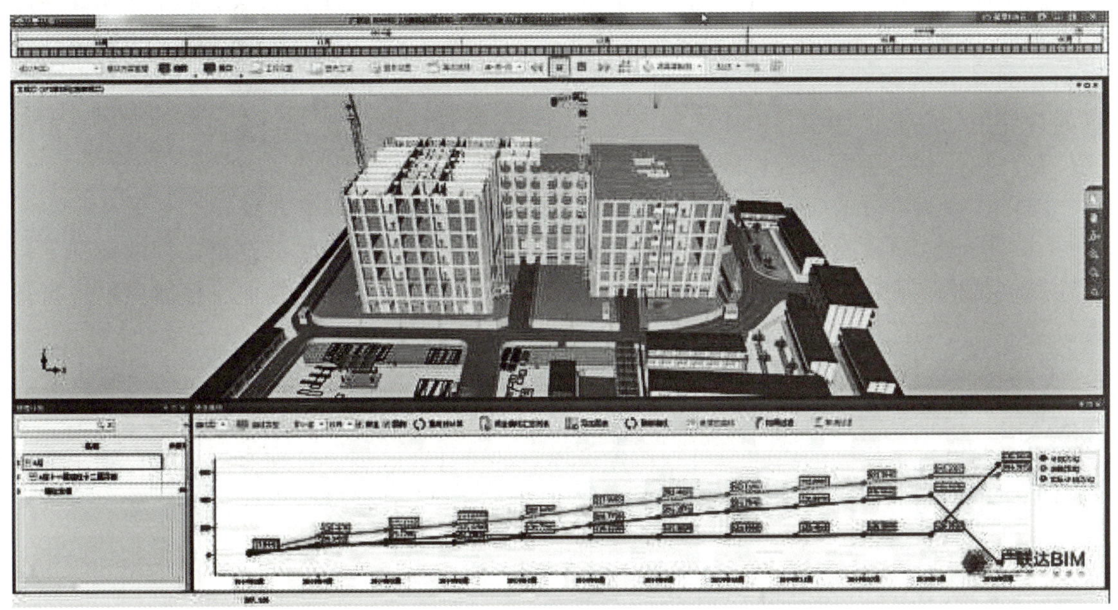

图 1.4–4　BIM5D 施工模拟

3）采用无线移动终端、WED 及 RFID 等技术，全过程与 BIM 模型集成，实现了数据库化、可视化管理，避免任何一个环节出现问题后从而给施工和进度质量带来影响。

（5）预算工程量动态查询与统计

基于 BIM 技术，模型可直接生成所需材料的名称、数量和尺寸等信息，而且这些信息将始终与设计保持一致，在设计出现变更时，该变更将自动反映到所有相关的材料明细表中，导致预算工程量动态查询与统计价工程师使用的所有构件信息也会随之变化。在基本信息模型的基础上增加工程预算信息，即形成了具有资源和成本信息的预算信息模型。

系统根据计划进度和实际进度信息，可以动态计算任意 WBS 节点任意时间段内每日计划工程量、计划工程量累计、每日实际工程量、实际工程量累计，帮助施工管理者实时掌握工程量的计划完工和实际完工情况。在分期结算过程中，每期实际工程量累计数据是结算的重要参考，系统动态计算实际工程量可以为施工阶段工程款结算提供数据支持。

3. 竣工交付管理

竣工验收与移交是建设阶段的最后一道工序，目前在竣工阶段主要存在以下问题：一是验收人员仅从质量方面进行验收，对使用功能方面的验收关注不够；二是验收过程中对整体项目的把控力度不大，比如整体管线的排布是否满足设计、施工规范要求，是否美观，是否便于后期检修等，缺少直观的依据；三是竣工图纸难以反映现场的实际情况，给后期运维管理带来各种不可预见性，增加了运营维护管理难度。

在竣工结算阶段，对于设计变更，传统的办法是从项目开始对所有变更等依据时间顺序进行编号成表，各专业修改做好相关记录。它的缺陷在于：① 无法快速、形象地知道每一张变更单究竟修改了工程项目对应的哪些部位；② 结算工程量是否包含设计变更只是依据表格记录，复核费时间；③ 结算审计往往要随身携带大量的资料。

BIM 的出现将改变以上传统方法的困难和弊端，每一份变更的出现可依据变更修改 BIM 模型而持有相关记录，并且将技术核定单等原始资料“电子化”，将资料与 BIM 模型有机关联。通过 BIM 系统，工程项目变更的位置一览无余，各变更单位对应的原始技术资料随时从云端调取，查阅资料，对照模型三维尺寸、属性等。在某项目集成于 BIM 系统的含变更的结算模型中，BIM 模型高亮显示部位就是变更位置，结算人员只需要点击高亮位置，相应的变更原始资料即可以调阅。

BIM 在竣工阶段的应用除工程数量核对以外，还主要包括以下方面：

（1）验收人员根据设计、施工阶段的模型，直观、可视化地掌握整个工程的情况，包括建筑、结构、水、暖、电等各专业的设计情况，既有利于对使用功能、整体质量进行把关，又可以对局部进行细致的检查验收。

（2）验收过程可以借助 BIM 模型对现场实际施工情况进行校核，比如管线位置是否满足要求，是否有利于后期检修等。

（3）通过竣工模型的搭建，可以将建设项目的设计、经济、管理等信息融合到一个模型中，便于后期的运维管理单位使用，更好、更快地检索到建设项目的各类信息，为运维管理提供有力保障。

1.4.5 BIM 在运营维护阶段的价值与应用

目前，传统的运营管理阶段存在的问题主要有：一是目前竣工图纸、材料设备信息、合同信息、管理信息分离。设备信息往往以不同格式和形式存在于不同位置，信息的凌乱造成运营管理的难度；二是设备管理维护没有科学的计划性，仅根据经验不定期进行维护保养，难以避免设备故障的发生带来的损失，处于被动式的管理维护；三是资产运营缺少合理的工具支撑，没有对资产进行统筹管理统计，造成很多资产的闲置浪费。

BIM 技术可以保证建筑产品的信息创建便捷、信息存储高效、信息错误率低、信息传递过程高精度等，解决传统运营管理过程中最严重的两大问题：数据之间的“信息孤岛”和运营阶段与前期的“信息断流”问题，整合设计阶段和施工阶段的关联基础数据，形成完整的信息数据库，能够方便运维信息的管理、修改、查询和调用，同时结合可视化技术，使得项目的运维管理更具操作性和可控性。

1. BIM 在运维阶段应用的价值

（1）数据存储借鉴

利用 BIM 模型，提供信息和模型的结合，不仅将运维前期的建筑信息传递到运维阶段，更保证了运维阶段新数据的存储和运转。BIM 模型所存储的建筑物信息，不仅包含建筑物的几何信息，还包含大量的建筑性能信息。

（2）设备维护高效

利用 BIM 模型可以存储并同步建筑物设备信息，在设备管理子系统中，有设备的档案资料，可以了解各设备可使用年限和性能；设备运行记录，了解设备已运行时间和运行状态；设备故障记录，对故障设备进行及时处理并将故障信息进行记录借鉴；设备维护维修，确定故障设备的及时反馈以及设备的巡视。同时，可利用 BIM 可视化技术对建筑设施设备进行定点查询，直观地了解项目的全部信息。

（3）物流信息丰富

采用 BIM 模型的空间规划和物资管理系统，可以随时获取最新的 3D 设计数据，以帮助协同作业。在数字空间进行模拟现实的物流情况，显著提升庞大物流管理的直观性和可靠性，使服务者了解庞大的物流管理活动，有效降低了服务者进行物流管理时的操作难度。

（4）数据关联同步

BIM 模型的关联性构建和自动化统计特性，为维护运营管理信息的一致性和数据统计的便捷化作出了贡献。

2. 运维管理的应用范畴

（1）空间管理

空间管理主要是满足组织在空间方面的各种分析及管理需求，更好地响应组织内各部门对于空间分配的请求及高效处理日常相关事务，计算空间相关成本，执行成本分摊等内部核算，增强企业各部门控制非经营性成本的意识，提高企业收益。

（2）资产管理

资产管理是运用信息化技术增强资产监管力度，降低资产的闲置浪费，减少和避免资产流失，使业主在资产管理上更加全面规范，从整体上提高业主资产管理水平。

（3）维护管理

建立设施设备基本信息库与台账，定义设施设备保养周期等属性信息，建立设施设备维护计划；对设施设备运行状态进行巡检管理并生成运行记录、故障记录等信息，根据生成的保养计划自动提示到期需保养的设施设备；对出现故障的设备从维修申请，到派工、维修、完工验收等实现过程化管理。

（4）公共安全管理

公共安全管理包括应对火灾、非法侵入、自然灾害、重大安全事故和公共卫生事故等危害人们生命财产安全的各种突发事件，建立应急及长效的技术防范保障体系。基于 BIM 技术可存储大量具有空间性质的应急管理所需要的数据，可以协助应急响应人员定位和识别潜在的突发事件，并且通过图形界面准确确定其危险发生的位置。同时，BIM 模型中的空间信息也可以用于识别疏散线路和环境危险之间的隐藏关系，从而降低应急决策制定的不确定性。另外，BIM 也可以作为一个模拟工具来评估突发事件导致的损失，并且对响应计划进行讨论和测试。

（5）能耗管理

对于业主，有效地进行能源的运行管理是业主在运营管理中提高收益的一个主要方面。基于该系统，通过 BIM 模型可以更方便地对租户的能源使用情况进行监控与管理，赋予每个能源使用记录表以传感功能，在管理系统中及时做好信息的收集处理，通过能源管理系统对能源消耗情况自动进行统计分析，并且可以对异常使用情况进行告警。

【知识拓展】

1. 中国尊

中国尊以其巍峨之姿屹立京华，作为地标性超高层建筑，在建造全过程深度融入 BIM

技术，实现设计、施工至运维全生命周期智能管控。其筒中筒结构的精妙、异形幕墙的独特，以及多专业协同的复杂需求，对建模精度与数据流转提出了严苛挑战。BIM 技术在此的成功应用，不仅彰显我国在智能建造领域的卓越实力，更展现出大国攻坚克难、勇立潮头的创新担当，诠释着将个人奋斗融入国家建设，以科技力量铸就民族复兴坚实脊梁的伟大情怀。

2. 成都天府国际机场

成都天府国际机场构建的 BIM + GIS 智慧管理平台，在施工阶段通过 4D 进度模拟与 5D 成本控制，实现施工推演、材料精准管理与质量全程追溯，并借助物联网达成现场智能感知，保障工程精度与安全。这一数字化转型实践，展现建筑行业向智能化、精细化迈进的蓬勃态势，凸显协同管理与责任担当在大国工程中的关键作用，彰显建设者以严谨务实、团结协作精神，打造智能建造标杆工程的先锋风范。

3. 雄安新区

雄安新区在城市规划与建设中，全面引入 BIM、CIM 与数字孪生技术，推动建筑项目与城市整体深度融合，践行可持续、集约化发展的国家战略。这片承载了未来希望的土地，将绿色设计、数字管理与节能技术贯穿建筑全生命周期，构建了生态与科技交融的新型城市范式。其建设实践激发着建设者将生态文明理念与智能建造深度融合，以科学精神与创新智慧肩负起打造未来城市样板、建设美丽中国的时代使命。

第 2 章　BIM 软件基础

学习目标

1. 掌握 BIM 软件发展历程、分类体系及功能特点。
2. 熟悉 Revit 发展脉络、核心功能与操作逻辑。
3. 理解 Revit 在建筑全生命周期各阶段的应用。

2.1　BIM 软件概述

BIM 软件概述

2.1.1　BIM 软件的发展

1. 发展的起点

BIM 软件的发展离不开计算机辅助建筑设计（Computer-Aided Architectural Design，CAAD）软件的发展。1958 年，美国埃勒贝建筑师联合事务所（Ellerbe Associaties）装置了一台 Bendix Gl5 的电子计算机，进行了将电子计算机运用于建筑设计的首次尝试。1960 年，美国麻省理工学院的博士研究生伊凡·萨瑟兰（Ivan Sutherland）发表了他的博士学位论文《Sketchpad：一个人机通信的图形系统》，并在计算机的图形终端上实现了用光笔绘制、修改图形和图形的缩放。这项工作被公认为计算机图形学方面的开创性工作，也为以后计算机辅助设计技术的发展奠定了理论基础。

2. 20 世纪 60 年代

20 世纪 60 年代是信息技术应用在建筑设计领域的起步阶段。当时比较有名的 CAAD 系统首推 Souder 和 Clark 研制的 Coplanner 系统，该系统可用于估算医院的交通问题，以改进医院的平面布局。当时的 CAAD 系统应用的计算机为大型机，体积庞大，图形显示以刷新式显示器为基础，绘图和数据库管理的软件比较原始，功能有限，价格也十分昂贵，应用者很少，整个建筑界仍然使用“趴图板”方式做建筑设计。

3. 20 世纪 70 年代

随着 DEC 公司的 PDP 系列 16 位计算机问世，计算机的性能价格比大幅度提高，这大大推动了计算机辅助建筑设计的发展。美国波士顿出现了第一个商业化的 CAAD 系统——ARK-2，该系统运行在 PDPl5/20 计算机上，可以进行建筑方面的可行性研究、规划设计、平面图及施工图设计、技术指标及设计说明的编制等。这时出现的 CAAD 系统以专用型的系统为多，同时有一些通用性的 CAD 系统，例如 COMPUTERVISION、CADAM 等，被用作计算机制图。

这一时期 CAAD 的图形技术还是以二维为主，用传统的平面图、立面图、剖面图来表达建筑设计，以图纸为媒介进行技术交流。

4. 20 世纪 80 年代

20 世纪 80 年代对信息技术发展影响最大的是微型计算机的出现，由于微型计算机的价格已经降到人们可以承受的程度，建筑师们将设计工作由大型机转移到微型计算机上。基于 16 位微型计算机开发的一系列设计软件系统就是在这样的环境下出现的，AutoCAD、MicroStation、ArchiCAD 等软件都是应用于 16 位微型计算机上具有代表性的软件。

5. 20 世纪 90 年代

20 世纪 90 年代以来是计算机技术高速发展的年代，其特征技术包括高速且功能强大的 CPU 芯片、高质量的光栅图形显示器、海量存储器、因特网、多媒体、面向对象技术等。随着计算机技术的快速发展，计算机技术在建筑业得到空前的发展和广泛的应用，开始涌现出大量的建筑类软件。随着建筑业的发展以及项目各参与方对工程项目新的更高的需求增加，BIM 技术应用已然成为建筑行业发展趋势，各种 BIM 应用软件应运而生。

2.1.2 BIM 软件分类

BIM 软件分类

BIM 应用软件是指基于 BIM 技术的应用软件，即支持 BIM 技术应用的软件。一般来讲，它应该具备以下四个特征，即面向对象、基于三维几何模型、包含其他信息和支持开放式标准。

伊斯曼（Eastman）等将 BIM 应用软件按其功能分为三大类，即 BIM 环境软件、BIM 平台软件和 BIM 工具软件。在本书中，我们习惯将其分为 BIM 基础软件、BIM 工具软件和 BIM 平台软件。

1. BIM 基础软件

BIM 基础软件是指可用于建立能为多个 BIM 应用软件所使用的 BIM 数据的软件。例如，基于 BIM 技术的建筑设计软件可用于建立建筑设计 BIM 数据，且该数据能被用在基于 BIM 技术的能耗分析软件、日照分析软件等 BIM 应用软件中。除此以外，基于 BIM 技术的结构设计软件及设备设计（MEP）软件也包含在这一大类中。目前实际使用过程中这类软件的例子，如美国 Autodesk 公司的 Revit 软件，其中包含建筑设计软件、结构设计软件及 MEP 设计软件；匈牙利 Graphisoft 公司的 ArchiCAD 软件等。

2. BIM 工具软件

BIM 工具软件是指利用 BIM 基础软件提供的 BIM 数据，开展各种工作的应用软件。例如，利用建筑设计 BIM 数据，进行能耗分析的软件，进行日照分析的软件，生成二维图纸的软件等。目前实际使用过程中这类软件的例子，如美国 Autodesk 公司的 Ecotect 软件，我国软件厂商开发的基于 BIM 技术的成本预算软件等。有的 BIM 基础软件除了提供建模的功能外，还提供了其他一些功能，所以本身也是 BIM 工具软件。例如 Revit 软件还提供了生成二维图纸等功能，所以它既是 BIM 基础软件，也是 BIM 工具软件。

3. BIM 平台软件

BIM 平台软件是指能对各类 BIM 基础软件及 BIM 工具软件产生的 BIM 数据进行有效的管理，以便支持建筑全生命期 BIM 数据的共享应用的应用软件。该类软件一般为基于 Web 的应用软件，能够支持工程项目各参与方及各专业工作人员之间通过网络高效地共享信息。目前实际使用过程中这类软件的例子，如美国 Autodesk 公司于 2012 年推出的

BIM360 软件。该软件作为 BIM 平台软件，包含一系列基于云的服务，支持基于 BIM 的模型协调和智能对象数据交换。我国现阶段开发的 BIM 平台类软件以各造价软件公司为主，其中包括广联达科技股份有限公司的 BIM5D 与 BIM 浏览器，鲁班软件股份有限公司的 BIM 系统平台等。

2.1.3　BIM 基础建模软件

1. BIM 概念设计软件

BIM 概念设计软件用在设计初期，是在充分理解业主设计任务书和分析业主具体要求及方案意图的基础上，将业主设计任务书中基于数字的项目要求转化成基于几何形体的建筑方案，此方案用于业主和设计师之间的沟通与方案研究论证。论证后的成果可以转换到 BIM 核心建模软件中进行设计深化，并继续验证所设计的方案能否满足业主的要求。目前主要的 BIM 概念软件有 Sketch Up 等。

Sketch Up（图 2.1–1）是诞生于 2000 年的 3D 设计软件，因其上手快速、操作简单而被誉为电子设计中的“铅笔”。它能够快速创建精确的 3D 建筑模型，为业主和设计师提供设计、施工验证和流线、角度分析，方便业主与设计师之间的交流协作。

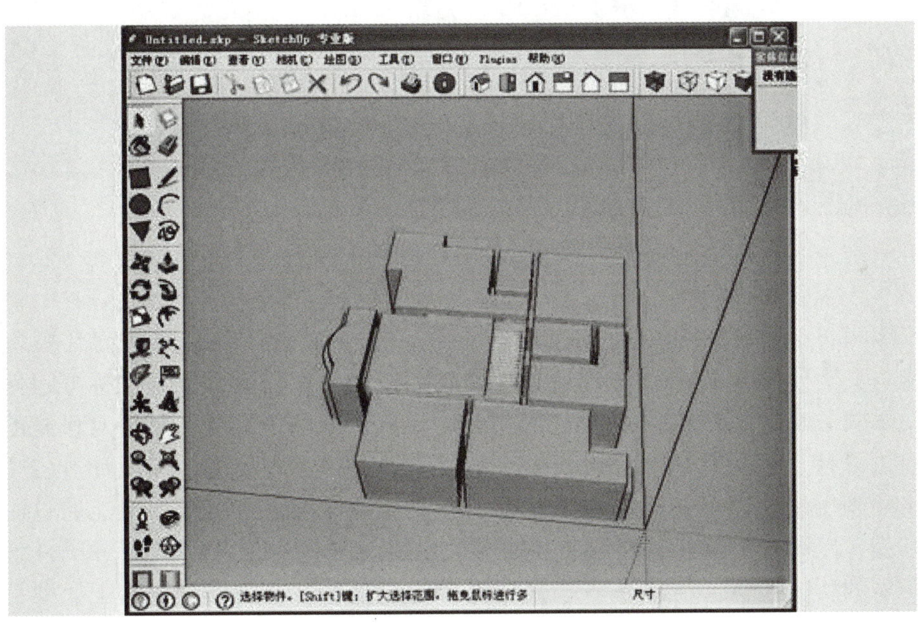

图 2.1–1　Sketch Up 软件

2. BIM 核心建模软件

BIM 核心建模软件是 BIM 应用的基础，也是在 BIM 应用过程中碰到的第一类 BIM 软件，简称“BIM 建模软件”。

（1）Autodesk 公司的 Revit 采用全面创新的 BIM 概念，可进行自由形状建模和参数化设计，并且能够对早期设计进行分析（图 2.1–2）。借助这些功能可以自由绘制草图，快速创建三维形状，交互地处理各个形状。可以利用内置的工具进行复杂形状的概念澄清，为建造和施工准备模型。随着设计的持续推进，软件能够围绕最复杂的形状自动构建参数化框架，提供更高的创建控制能力、精确性和灵活性。从概念模型到施工文档的整个设计流程都在一个直观环境中完成。并且该软件还包含绿色建筑可扩展标记语言模式，为能耗模拟、荷载分析等提供了工程分析工具，并且与国产相关软件具有互用性。与此同时，Revit 还能利用其他概念设计软件、建模软件（如 Sketch Up）等导出的 DXF 文件格式的模型或图纸输出为 BIM 模型。

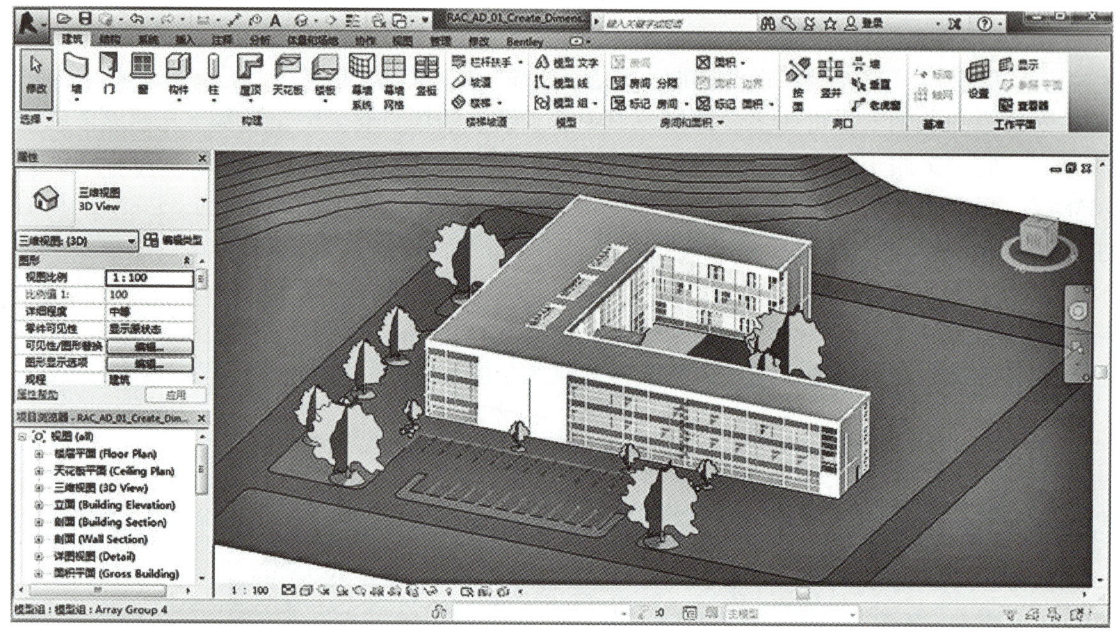

图 2.1–2　Revit 软件

（2）Bentley 公司的 Bentley Architecture 是集直觉式用户体验交互界面、概念及方案设计功能、灵活便捷的 2D/3D 工作流建模及制图工具、宽泛的数据组及标准组件库定制技术于一体的 BIM 建模软件，是 BIM 应用程序集成套件的一部分，可针对设施的整个生命周期提供设计、工程管理、分析、施工与运营之间的无缝集成。在设计过程中，不但能让建筑师直接使用许多国际或地区性的工程业界的标准进行工作，更能通过简单的自定义或扩充，以满足实际工作中不同的需求，让建筑师能拥有项目设计、文件管理及展现设计所需的所有工具。目前在一些大型复杂的建筑项目、基础设施和工业项目中应用广泛。

（3）ArchiCAD 是 GraphiSoft 公司的产品，其基于全三维的模型设计，拥有强大的平、立、剖面施工图设计、参数计算等自动生成功能，以及便捷的方案演示和图形渲染，为建筑师提供了一个无与伦比的“所见即所得”的图形设计工具。它的工作流是集中的，其他软件同样可以参与虚拟建筑数据的创建和分析。ArchiCAD 拥有开放的架构并支持 IFC 标准，它可以轻松地与多种软件连接并协同工作。以 ArchiCAD 为基础的建筑方案可以广泛地利用虚拟建筑数据并覆盖建筑工作流程的各个方面。作为一个面向全球市场的产品，ArchiCAD 可以说是最早的具有市场影响力的 BIM 核心建模软件之一。

2.1.4　BIM 软件应用

1. 招标投标阶段的 BIM 软件

（1）算量软件

招标投标阶段的 BIM 工具软件主要是各个专业的算量软件。基于 BIM 技术的算量软件是在我国最早得到规模化应用的 BIM 应用软件，也是最成熟的 BIM 应用软件之一。

算量工作是招标投标阶段最重要的工作之一，对建筑工程建设的投资方及承包方均具有重大意义。在算量软件出现之前，预算员按照当地计价规则进行手动列项，并依据图纸进行工程量统计及计算，工作量很大。人们总结出分区域、分层、分段、分构件类型、分轴线号等多种统计方法，但工程量统计依然效率低下，并且容易发生错误。

基于 BIM 技术的算量软件能够自动按照各地清单、定额规则，利用三维图形技术进行工程量自动统计、扣减计算，并进行报表统计，大幅度提高了预算员的工作效率。

（2）造价软件

国内主流的造价类软件主要分为计价和算量两类软件，这些软件均基于三维技术，可以自动处理算量规则，但在与设计类软件及其他类软件的数据接口方面普遍处于起步阶段，大多数属于准 BIM 应用软件范畴。

2. 深化设计阶段的 BIM 软件

深化设计是在工程施工过程中，在设计院提供的施工图设计基础上进行详细设计以满足施工要求的设计活动。BIM 技术因为其直观形象的空间表达能力，能够很好地满足深化设计关注细部设计、精度要求高的特点，基于 BIM 技术的深化设计软件得到越来越多的应用，也是 BIM 技术应用最成功的领域之一。基于 BIM 技术的深化设计软件包括机电深化设计、钢结构深化设计、模板脚手架深化设计、幕墙深化设计、碰撞检查等软件。

（1）机电深化设计软件

机电深化设计是在机电施工图的基础上进行二次深化设计，包括安装节点详图、支吊架的设计、设备的基础图、预留孔图、预埋件位置和构造补充设计，以满足实际施工要求。

机电深化主要包括专业深化设计与建模、管线综合、多方案比较、设备机房深化设计、预留预埋设计、综合支吊架设计、设备参数复核计算等。

机电深化设计的难点在于复杂的空间关系，特别是在地下室、机房及周边的管线密集区域的处理尤其困难。传统的二维设计在处理这些问题时严重依赖工程师的空间想象能力和经验，经常由于设计不到位、管线发生碰撞而导致施工返工，造成人力物力的浪费、工程质量的降低及工期的拖延。

（2）钢构深化设计软件

钢结构深化设计的目的主要体现在以下方面：

材料优化：通过深化设计计算杆件的实际应力比，对原设计截面进行改进以降低结构的整体用钢量。

确保安全：通过深化设计对结构的整体安全性和重要节点的受力进行验算，确保所有杆件和节点满足设计要求，确保结构使用安全。

构造优化：通过深化设计对杆件和节点进行构造的施工优化，使杆件和节点在实际的加工制作和安装过程中变得更加合理，提高加工效率和加工安装精度。通过深化设计，对螺栓连接接缝处连接板进行优化、归类、统一，减少品种、规格，使杆件和节点归类编号，形成流水加工，大大提高了加工进度。

钢结构深化设计因为其突出的空间几何造型特性，平面设计软件很难满足要求，BIM 应用软件出现后，在钢结构深化设计领域得到快速应用。

（3）碰撞检查软件

碰撞检查，也叫多专业协同、模型检测，是一个多专业协同检查过程，将不同专业的模型集成在同一平台中并进行专业之间的碰撞检查及协调。碰撞检查主要发生在机电的各个专业之间，机电与结构的预留预埋、机电与幕墙、机电与钢筋之间的碰撞也是碰撞检查的重点及难点内容。在传统的碰撞检查中，用户将多个专业的平面图纸叠加，并绘制负责部位的剖面图，判断其是否发生碰撞。这种方式效率低下，很难进行完整的检查，往往在设计中遗留大量的多专业碰撞及冲突，是造成工程施工过程中返工的主要因素之一。基于 BIM 技术的碰撞检查具有显著的空间能力，可以大幅度提升工作效率，是 BIM 技术应用中的成功应用点之一。

碰撞检查软件除了判断实体之间的碰撞（也被称作“硬碰撞”），也有部分软件进行了模型是否符合标准、是否符合施工要求的检测（也被称为“软碰撞”）。

3. 施工阶段的 BIM 工具软件应用

施工阶段的 BIM 工具软件是新兴的领域，主要包括施工场地、模板及脚手架建模、钢筋翻样、变更计量、5D 管理等软件。

2.2 Revit 软件概述

Revit 软件概述

2.2.1 Revit 软件发展

Revit 最早来源于 Pro/E 软件。Pro/E 是一款机械设计的三维软件，是 Autodesk 在制造领域最强劲的竞争对手。1997 年 10 月 31 日，Pro/E 的 Leonid Raiz 和 Irwin Jungreis 两位工程师创建了 Charles River 软件公司。这两个创始人最初想把机械领域的参数化建模方法和成功经验带到建筑行业，聘请了多名软件开发人员和架构师，开始在 Windows 平台上用 C ＋＋ 开发 Revit。1999 年，Charles River 公司聘请 Dave Lemont 作为 CEO。至此，Revit 软件正式进入人们的视野。

Revit 在一开始的目标很简单，就是给建筑师和建筑工程师提供一个工具，可以创建参数化的三维模型。这个模型可以用于三维设计生成图纸，而且包括几何和非几何的设计与施工信息。这种有建筑信息的模型，后来被称为建筑信息模型或 BIM。当时，已经有了类似的软件可以创建三维虚拟建筑，并且提供了创建建筑组件的工具，例如 ArchiCAD。

2000 年 1 月，Charles River 公司更名为 Revit Technology 公司，同年 4 月 5 日，Revit 1.0 版本发布。之后 Revit 的开发非常迅速。2000 年 8 月、10 月，2001 年 2 月、6 月、11 月，以及 2002 年 1 月接连发布 Revit 2.0、3.0、3.1、4.0 和 4.1。

2002 年，Autodesk（欧特克）以 1.33 亿美元收购了 Revit Technology 公司。收购后，Revit 从建筑专业扩展到更多领域。2005 年，Revit Structure 发布，然后 2006 年 Revit MEP 发布。Revit Building 在 2006 年发布后更名为 Revit Architecture。2005 年，“茶馆掌柜”插件团队加入 Revit 开发团队，开始 Revit 8.0 插件和 API 的开发工作。

2.2.2　Revit 软件简介

Autodesk（欧特克）公司的 Revit 是一款专业三维参数化建筑 BIM 设计软件，是有效创建信息化建筑模型（BIM），以及各种建筑设计、施工文档的设计工具。用于进行建筑信息建模的 Revit 平台是一个设计和记录系统，它支持建筑项目所需的设计、图纸和明细表，可提供所需的有关项目设计、范围、数量和阶段等信息，如图 2.2–1 所示。

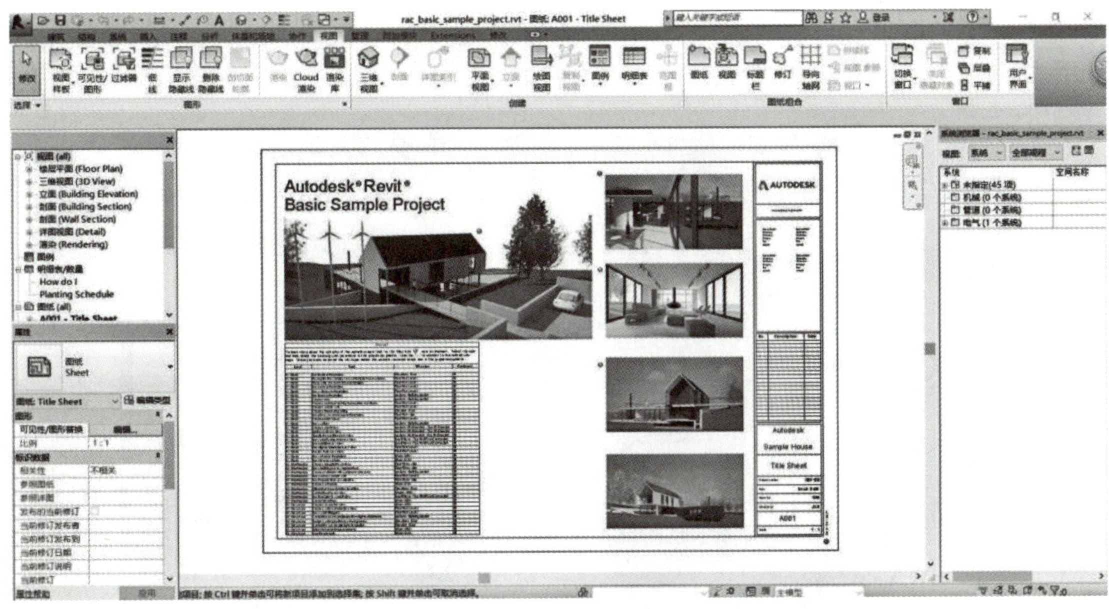

图 2.2–1　Revit 软件界面

在 Revit 模型中，所有的图纸、二维视图和三维视图及明细表都是同数据库的信息表现形式。在图纸视图和明细表视图中操作时，Revit 将收集有关建筑项目的信息，并在项目的其他表现形式中协调该信息。

2.2.3　Revit 软件特点

（1）可以导出各建筑部件的三维设计尺寸和体积数据，为概预算提供资料，资料的准确程度与建模的精确度成正比。

（2）在精确建模的基础上，用 Revit 建模生成的平面图、立面图完全对得起来，图面质量受人的因素影响很小，而对建筑和 CAD 绘图理解不深的设计师画的平立面图可能有很多地方不交接。

（3）其他软件解决一个专业的问题，而 Revit 能解决多专业的问题。Revit 不仅有建筑、结构、设备专业，还有协同、远程协同，带材质输入 3ds Max 的渲染、云渲染，碰撞分析和绿色建筑分析等功能。

（4）强大的联动功能，平面图、立面图、剖面图、明细表双向关联，一处修改，处处更新，自动避免低级错误。

（5）Revit 设计会节省成本，节省设计变更，加快工程周期。而这些恰恰是一款 BIM 软件应该具有的特点。

2.3 Revit 软件使用前导

2.3.1 Revit 2016 安装

现将 Revit 2016 64 位软件安装过程进行详细介绍：

（1）运行软件安装包，在弹出的窗口中选择安装语言（中文简体）后点击【安装】，如图 2.3-1 所示。

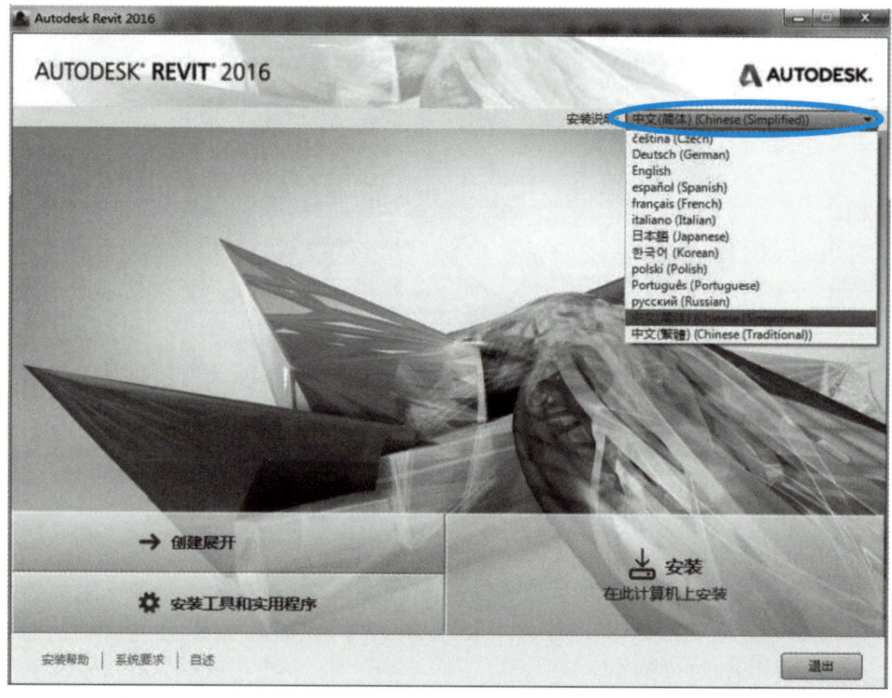

图 2.3-1　安装窗口

（2）接受“许可及服务协议”后，点击【下一步】，如图 2.3-2 所示。

（3）选择许可类型单机版，在产品信息中选择产品信息，输入 Autodesk Revit 2016 正版序列号及产品密钥后，点击【下一步】。

（4）根据自身需要选择安装路径，点击【下一步】开始安装，安装时间因各计算机硬件配置不同而稍有差异，如图 2.3-3 所示。

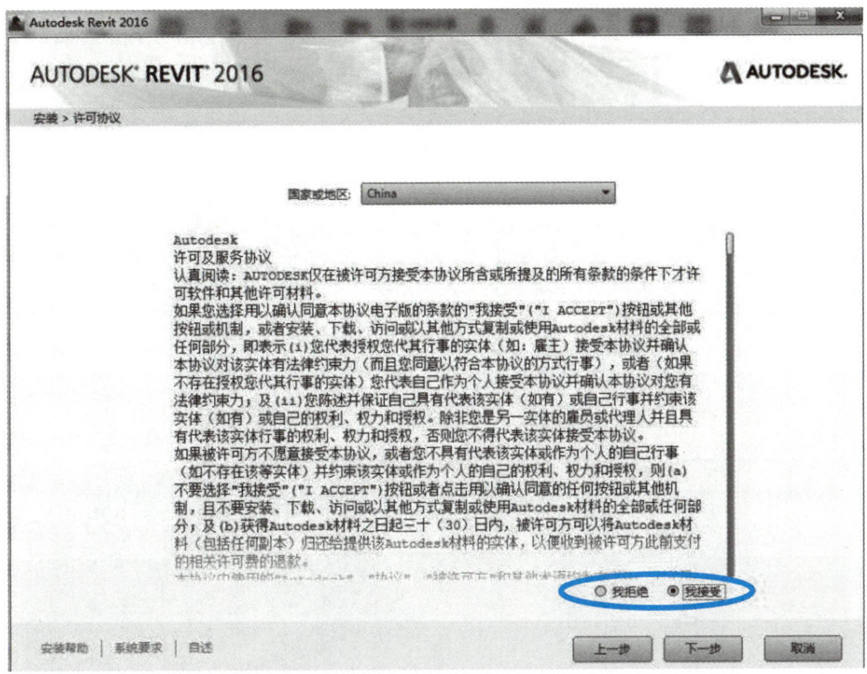

图 2.3–2　接受许可协议

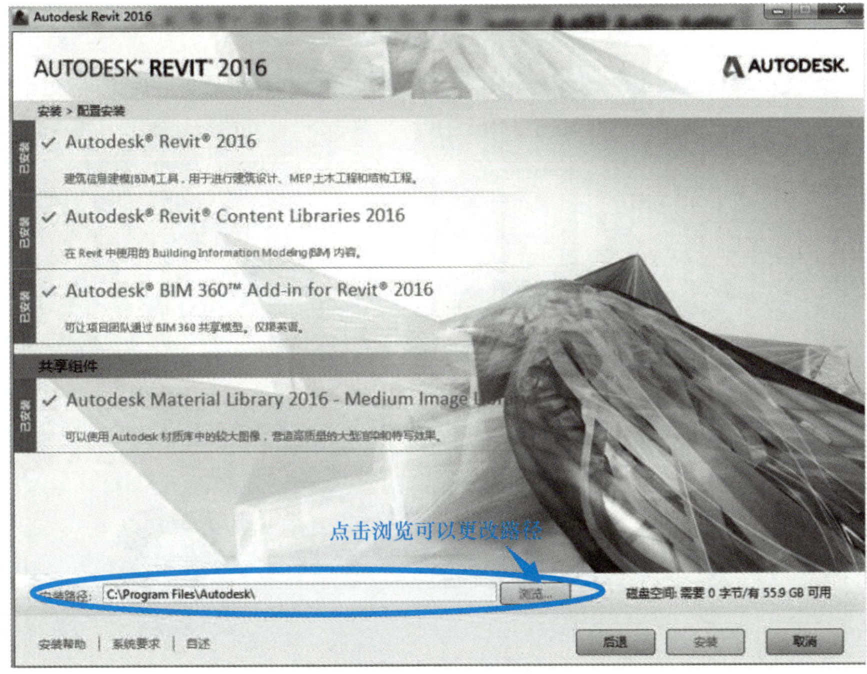

图 2.3–3　安装选项

（5）Revit 组件安装完成后，会提示“您已成功安装选定的产品。”点击【完成】，如图 2.3–4 所示。

（6）在桌面点击启动 Revit 2016，程序开始时会检查许可，首次打开 Revit，软件会弹出【Autodesk 许可】对话框，需要对 Revit 进行激活，点击右下角【激活】按钮，进入激活界面，如图 2.3–5 所示。

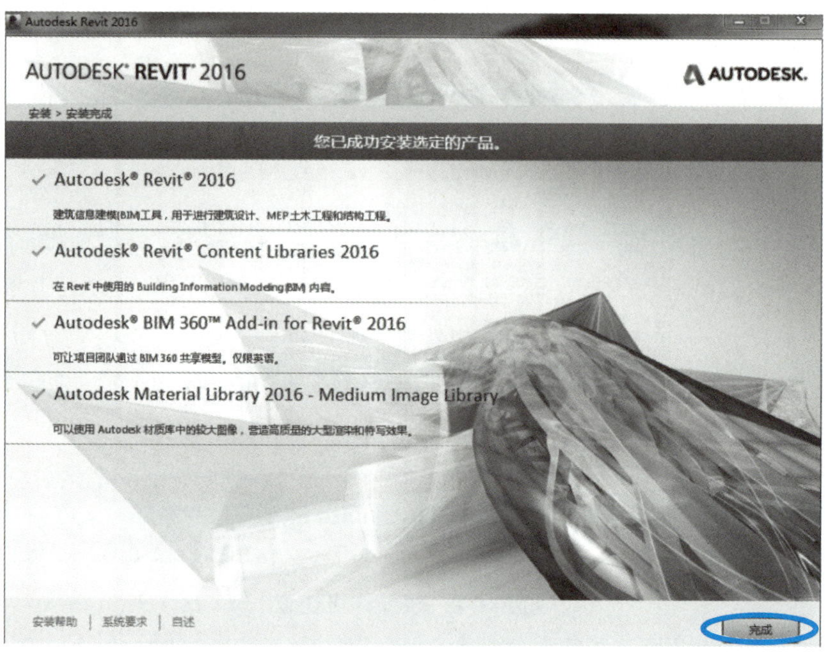

图 2.3–4　完成 Revit 2016 安装

图 2.3–5　激活界面

2.3.2　Revit 2016 启动

Revit 是标准的 Windows 应用程序。可以像其他 Windows 软件一样通过双击桌面快捷方式启动 Revit 主程序，出现启动界面（图 2.3–6）。

图 2.3–6　Revit 启动

启动后，“初始界面”会默认显示最近使用的文件（图 2.3–7）。

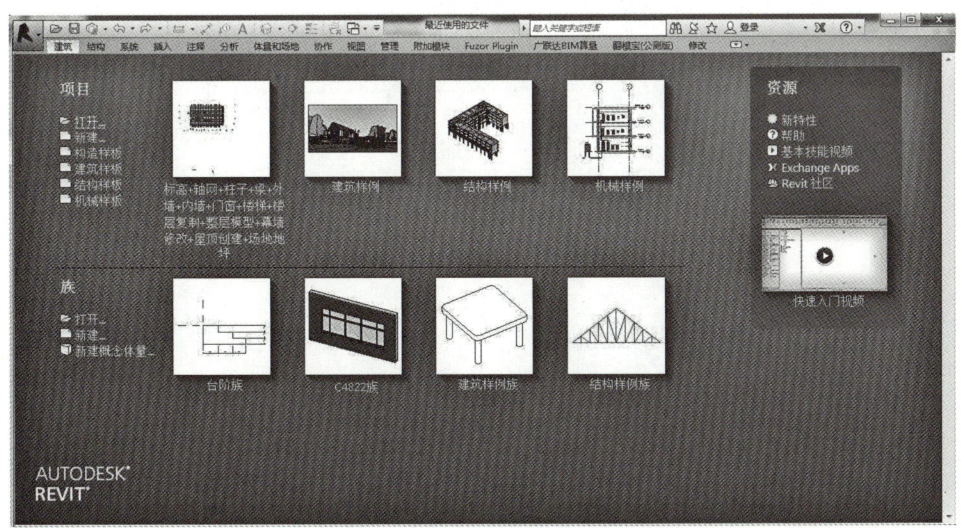

图 2.3–7　初始界面

2.3.3　Revit 界面

Revit 2016 应用界面主要包含应用程序菜单、打开或新建项目、打开或新建族、最近使用的文件以及资源面板。在 Revit 2016 中，已整合了建筑、结构、机电各专业的功能。

因此，在项目区域中，提供了建筑、结构、机械、构造等项目创建的快捷方式（图 2.3–8）。

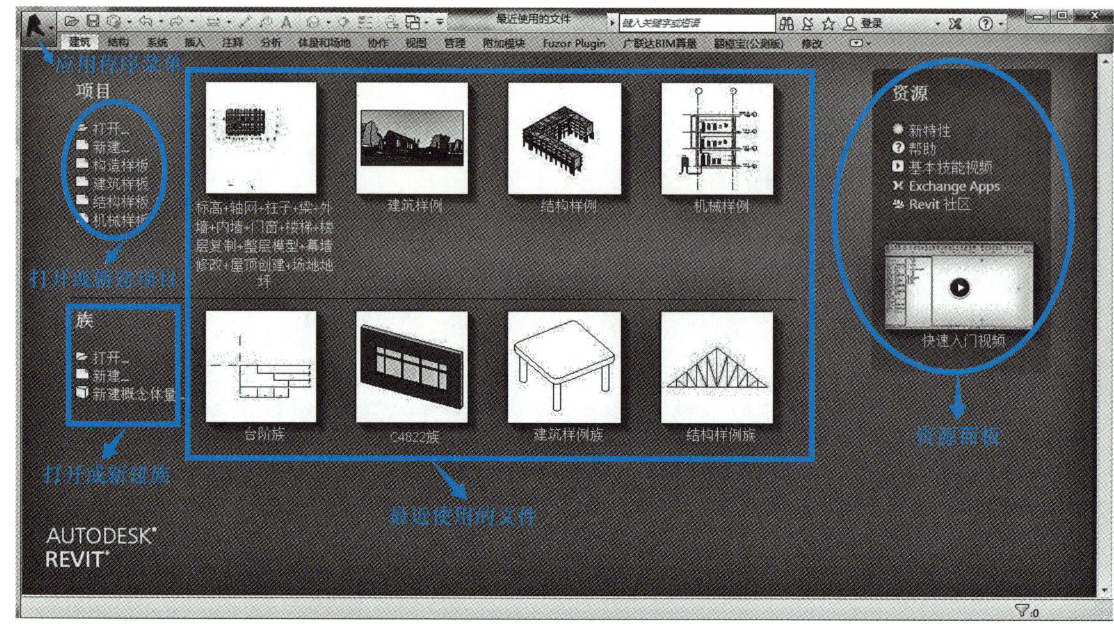

图 2.3–8　Revit 界面

点击按钮，打开应用程序菜单，可以通过“新建”“打开”按钮创建或打开项目或族文件，同时可以保存项目文件，或使用高级工具（如导出、发布）来管理文件，也可以点击“关闭”或“退出 Revit”按钮关闭项目文件（图 2.3–9）。

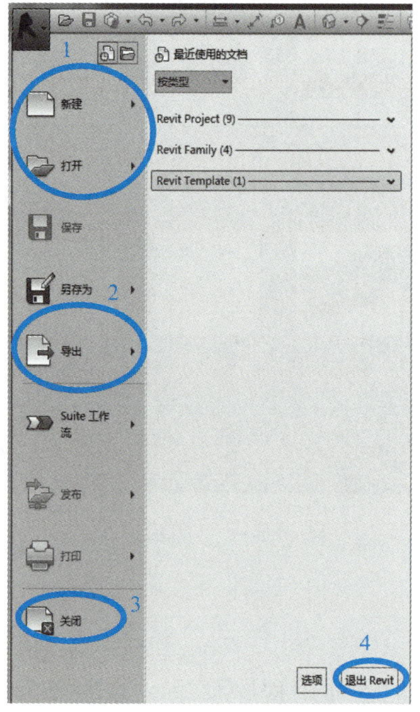

图 2.3–9　应用程序菜单

点击应用程序菜单右下角“选项”按钮，弹出“选项”对话框，该对话框中包括常规、用户界面、图形、文件位置、渲染、检查拼写、SteeringWheels、ViewCube、宏九个选项卡，可以对 Revit 操作条件进行设置（图 2.3-10）。

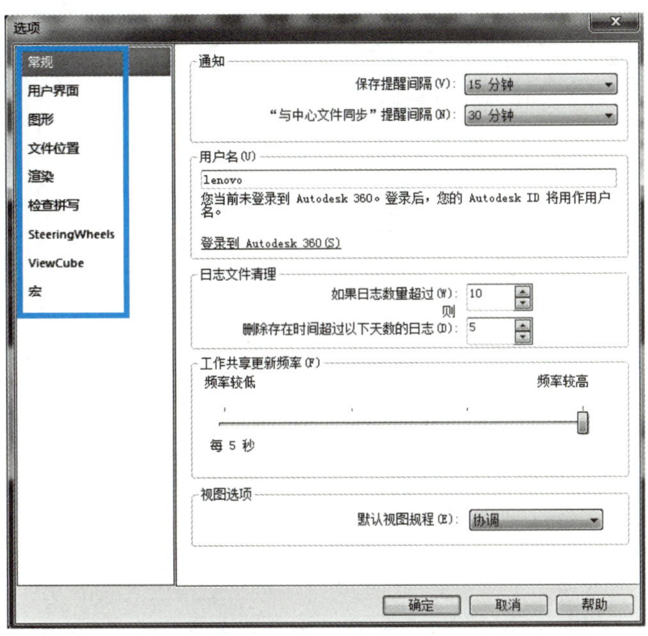

图 2.3-10　选项卡对话框

“常规”选项卡主要用于对系统通知、用户名、日志文件清理、工作共享更新频率、视图选项进行参数设置（图 2.3-11）。

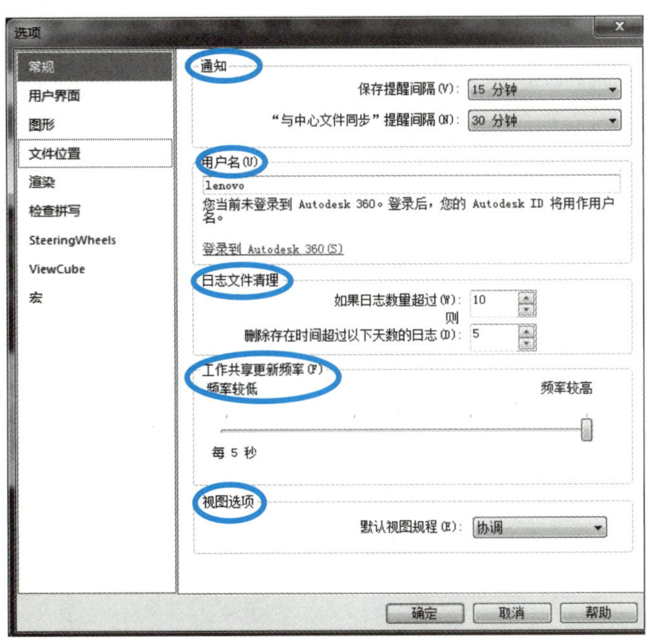

图 2.3-11　“常规”选项卡

“用户界面”选项卡：主要用于修改用户界面的行为。可以通过选择或清除建筑、结构、系统、体量和场地复选框，控制用户界面中可用的工具和功能，也可以设置“最近使用的文件”界面是否显示，以及对快捷键进行设置（图 2.3–12）。

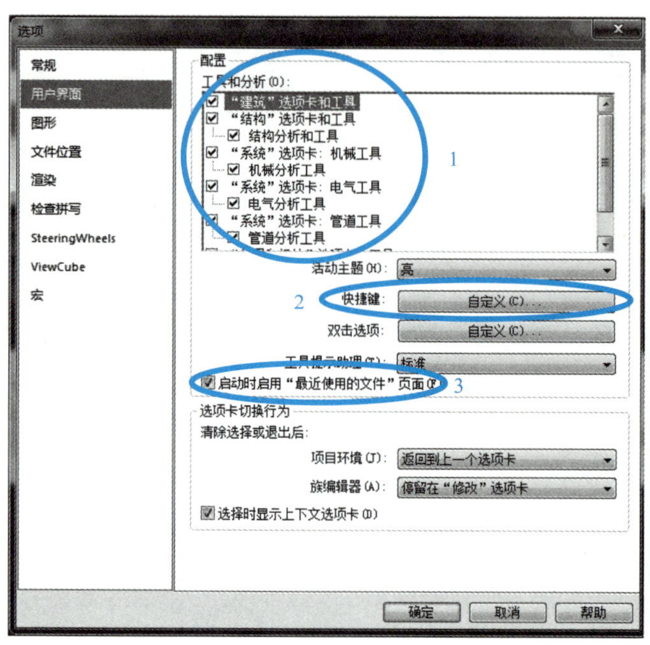

图 2.3–12 “用户界面”选项卡

在“文件位置”选项卡中，可以查看 Revit 中各类项目所采用的样板设置，点击左侧“✚”能够添加其他类型的样板文件，同时可以修改文件、族文件的保存路径（图 2.3–13）。

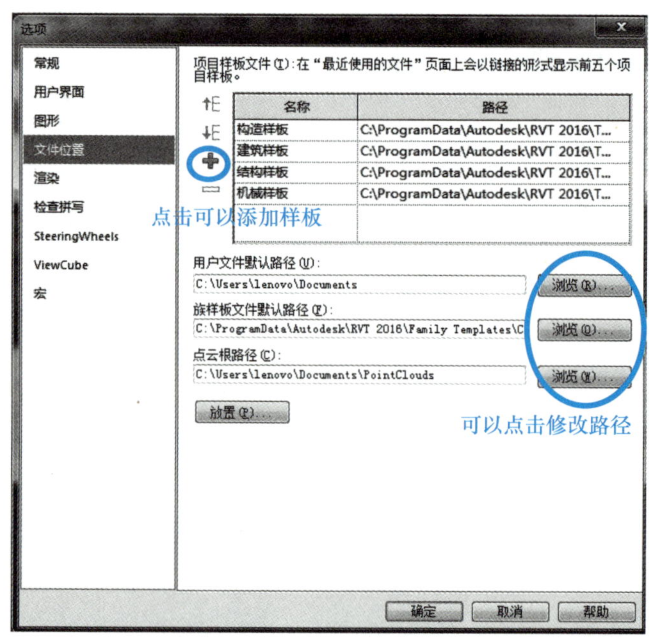

图 2.3–13 “文件位置”选项卡

Revit 提供了完善的帮助文件系统，以方便用户在遇到使用困难时查阅，可以随时点击“资源”面板中的“帮助”按钮或按键盘“F1”键，打开帮助文档进行查阅。目前，Revit 2016 帮助文件是在线文本方式，因此必须连接 Internet（互联网）才能正常查看帮助文档。

2.3.4　Revit 基本术语

要掌握 Revit 的操作，必须先理解软件中的几个重要概念和专用术语。由于 Revit 是针对工程建设行业推出的 BIM 工具，因此 Revit 中大多数术语来自工程项目，例如结构墙、门、窗、楼板、楼梯等。但软件中包括几个专用的术语，读者务必掌握。

这些常用术语包括：项目、对象类别、族、类型和实例、图元架构。必须理解这些术语的概念与含义，才能灵活创建模型和文档。

1. 项目

在 Revit 中，可以简单地将项目理解为 Revit 的默认存档格式文件。该文件中包含工程中所有模型信息和其他工程信息，如材质、造价、数量等，还可以包括设计中生成的各种图纸和视图，项目以“.rvt”的数据格式保存。注意：“.rvt”格式的项目文件无法在低版本的 Revit 中打开，但可以被更高版本的 Revit 打开。例如，使用 Revit 2015 创建的项目数据，无法在 Revit 2014 或更低的版本中打开，但可以使用 Revit 2016 打开或编辑。

学习提示：使用高版本的软件打开数据后，当数据保存时，Revit 将升级项目数据格式为新版本数据格式。升级后的数据也将无法使用低版本软件打开。

2. 对象类别

与 AutoCAD 不同，Revit 不提供图层的概念。Revit 中的轴网、墙、尺寸标注、文字注释等对象，以对象类别的方式进行自动归类和管理。例如，模型图元类别包括墙、楼梯、楼板等；注释类别包括门窗标记、尺寸标注、轴网、文字等。

在创建各类对象时，Revit 会自动根据对象所使用的族将该图元自动归类到正确的对象类别中。例如，放置门时，Revit 会自动将该图元归类于“门”。

3. 族

Revit 的项目是由墙、门、窗、楼板、楼梯等一系列基本对象“堆积”而成的，这些基本的零件称为图元。除三维图元外，包括文字、尺寸标注等单个对象，也称为“图元”。

族是 Revit 项目的基础。Revit 的任何单一图元都由某一个特定族产生。例如，一扇门、一面墙、一个尺寸标注、一个图框。由一个族产生的各图元均具有相似的属性或参数，例如，对于一个平开门族，由该族产生的图元都具有高度、宽度等参数，但具体每个门的高度、宽度的值可以不同，这由该族的类型或实例参数定义决定。

在 Revit 中，族分为三种：

（1）载入族

载入族是指单独保存为族“.rfa”格式的独立族文件，且可以随时载入项目中的族。Revit 提供了族样板文件，允许用户自定义任意形式的族，在 Revit 中门、窗、结构柱、卫浴装置等图元均可以通过“插入”面板中“载入族”命令载入需要的族（图 2.3-14）。

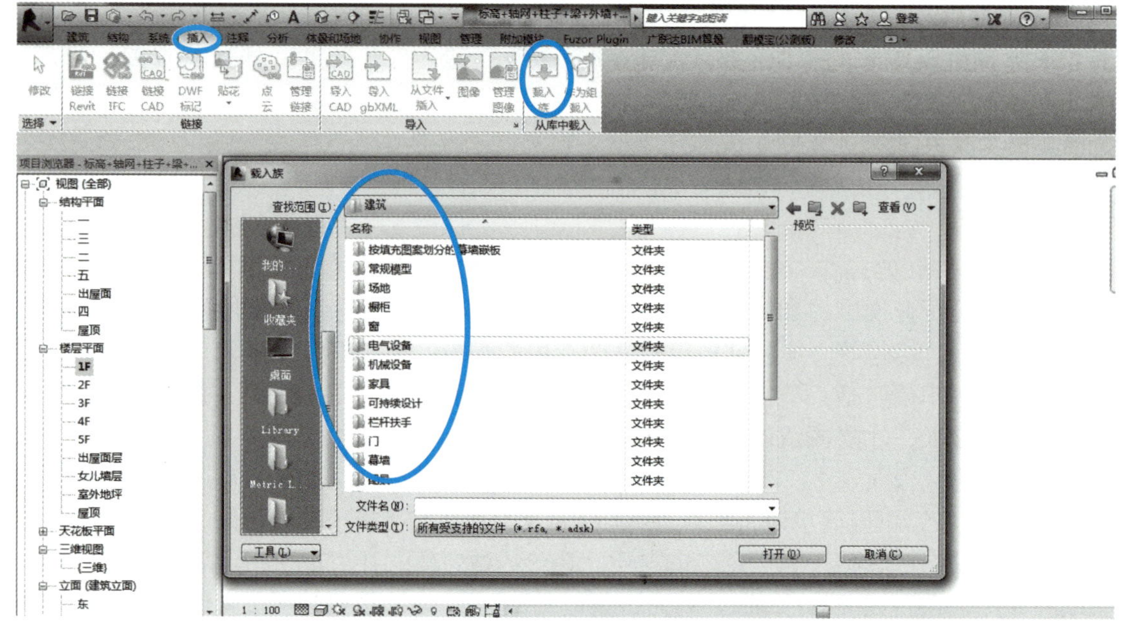

图 2.3–14　载入族

（2）系统族

系统族仅能利用系统提供的默认参数进行定义，不能作为单个族文件载入或创建。已经在项目中预定义并只能在项目中进行创建和修改的族类型，系统族包括墙、楼板、天花板、屋顶等（图 2.3–15）。

图 2.3–15　系统族

（3）内建族

在项目中，由用户直接在“构件”工具下“内建模型”创建的族称为内建族，内建族仅能在本项目中使用，既不能保存为单独的“.rfa”格式的族文件，也不能通过“项目传递”功能将其传递到其他项目（图 2.3–16）。

4. 类型和实例

除内建族外，每一个族包含一个或多个不同的类型，用于定义不同的对象特征。例如，对于柱来说，可以通过创建不同的族类型，定义不同的柱宽和柱材质，每个放置在项目中的实际柱图元，称为该类型的一个实例。Revit 通过类型属性参数和实例属性参数控制图元的类型或实例参数特征。同一类型的所有实例均具备相同的类型属性参数设置，而同一类型的不同实例，可以具备完全不同的实例参数设置。下面以一个柱子为例，列举 Revit 中类别、族、类型和实例之间的相互关系（图 2.3–17）。

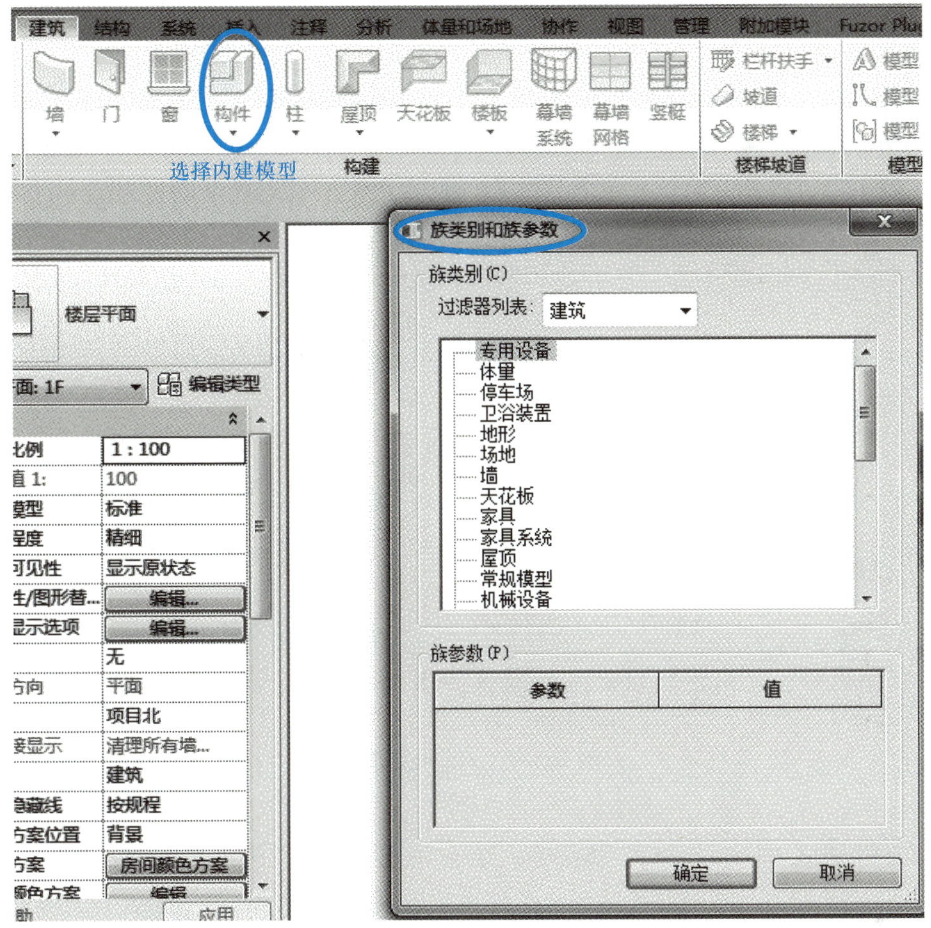

图 2.3-16　内建族

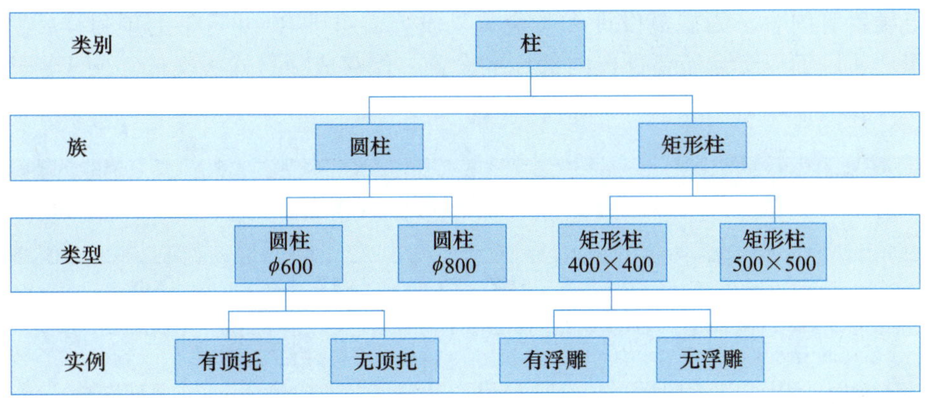

图 2.3-17　类别、族、类型和实例关系

5. 图元架构

在 Revit 中，图元架构分为基准图元、模型图元、视图专有图元三大类，各图元主要起到三种作用：

（1）基准图元可帮助定义项目的定位信息。例如，轴网、标高和参照平面都是基准图元。

（2）模型图元表示建筑的实例三维几何图形，它们显示在模型的相关视图中。例如，墙、窗、门和屋顶是模型图元。

（3）视图专有图元只显示在放置这些图元的视图中。它们可帮助对模型进行描述或归档。例如，尺寸标注、标记和详图构件都是视图专有图元。

下面列举了 Revit 中不同性质和作用的图元使用方式，供读者参考（图 2.3–18）。

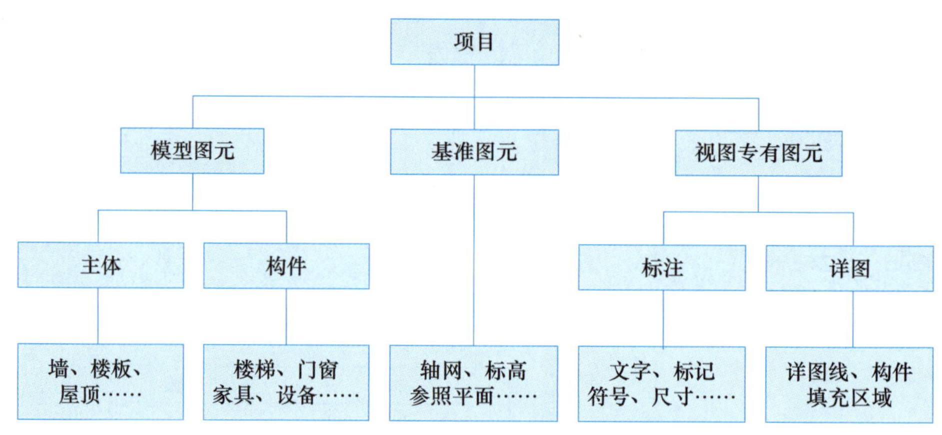

图 2.3–18　图元关系图

2.3.5　文件格式

Revit 提供了四种基本文件格式，分别为“.rte”“.rvt”“.rft”“.rfa”。

1. “.rte”

项目样板文件格式。包含项目单位、标注样式、文字样式、线型、线宽、线样式、导入 / 导出设置等内容。为规范设计和避免重复设置，对于 Revit 自带的项目样板文件，可以根据用户项目工程实际需要进行内部标准设置，保存成项目样板文件，便于用户在新建项目文件时选用（图 2.3–19）。

▸ Autodesk ▸ RVT 2016 ▸ Templates ▸ China

名称	修改日期	类型	大小
Construction-DefaultCHSCHS.rte	2015/3/3 14:42	Revit Template	4,568 KB
DefaultCHSCHS.rte	2015/3/3 14:43	Revit Template	4,980 KB
Electrical-DefaultCHSCHS.rte	2015/3/2 20:57	Revit Template	6,752 KB
Mechanical-DefaultCHSCHS.rte	2015/3/2 20:58	Revit Template	8,028 KB
Plumbing-DefaultCHSCHS.rte	2015/3/2 20:58	Revit Template	5,328 KB
Structural Analysis-DefaultCHNCHS.rte	2015/3/2 21:08	Revit Template	5,864 KB
Systems-DefaultCHSCHS.rte	2015/3/6 11:29	Revit Template	15,688 KB

图 2.3–19　Revit 自带的项目样板

2. “.rvt”

项目文件格式。包含项目所有的建筑模型、注释、视图、图纸等内容。通常基于项目样板文件（.rte）创建项目文件，编辑完成后保存为 rvt 文件，作为设计使用的项目文件。

3. “.rft”

可载入族的样板文件格式。Revit 中提供了不同类型图元的族样板文件，在创建不同类别的族时要选择对应类别的族样板文件，才能正确创建对应的族文件。族样板默认保存路径为 Autodesk\RVT 2016\Family Templates\Chinese（图 2.3–20）。

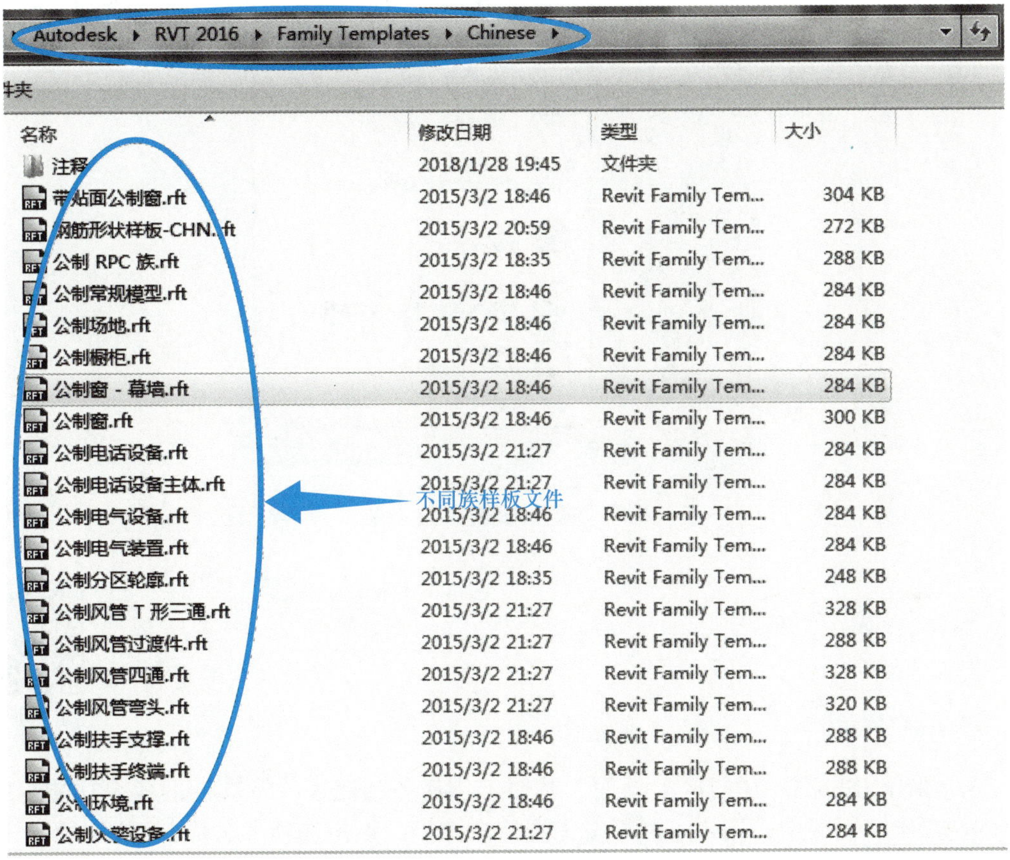

图 2.3–20　族样板文件

4. “.rfa”

可载入族的文件格式。用户可以根据项目需要创建自己的常用族文件，以便随时在项目中调用。

5. 支持的其他文件格式

在项目设计、管理时，用户经常会使用多种软件进行设计、管理来实现自己的意图。为了实现多软件环境的协同工作，Revit 提供了“导入”“链接”“导出”工具，可以支持 CAD、FBX、IFC、gbXML 等多种文件格式，用户可以通过“应用程序菜单”中“导出”按钮，根据需要有选择地导出对应文件格式（图 2.3–21）。

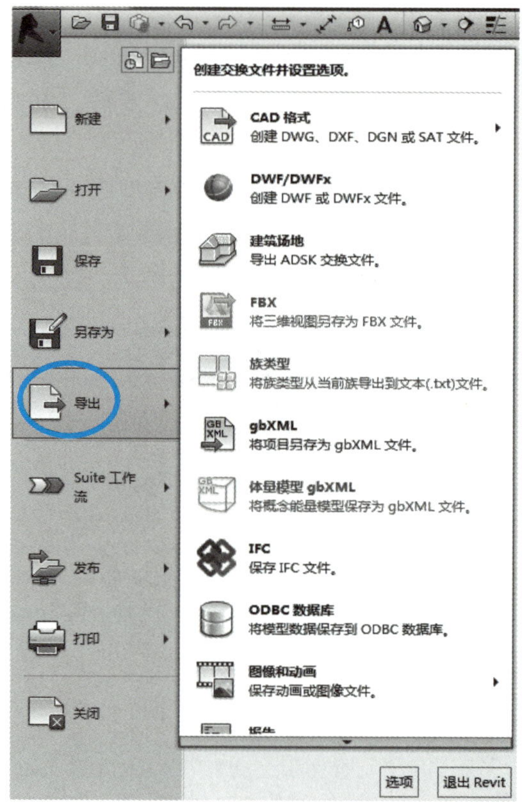

图 2.3–21　多种文件类型

2.4　Revit 界面说明

Revit 界面说明

2.4.1　用户界面

Revit 采用 Ribbon（功能区）界面，按照工作任务和流程，将软件的各个功能组织在不同的选项卡和面板中，用户可以根据需要修改布局，点击选项卡名称，可以在不同选项卡之间进行切换，每个选项卡都包含一个或多个由各种工具组成的面板（图 2.4–1）。

2.4.2　功能区选项卡

功能区（图 2.4–2）提供了在创建项目或族时所需要的全部工具。在功能区中默认有 11 个选项卡，其中系统选项卡中包含机械、电气和管道，当安装其他外部功能插件时，会在选项卡中生成相对应的选项卡。功能区主要由选项卡、工具面板和工具组成。

1. “建筑”选项卡

“建筑”选项卡包含创建建筑模型所需的大部分工具，由构建面板、楼梯坡道面板、模型面板、房间和面积面板、洞口面板、基准面板和工作平面面板组成，当激活“建筑”选项卡时，其他选项卡不被激活，看不到其他选项卡下包含的面板，只有点击其他选项卡时才会被激活（图 2.4–3）。

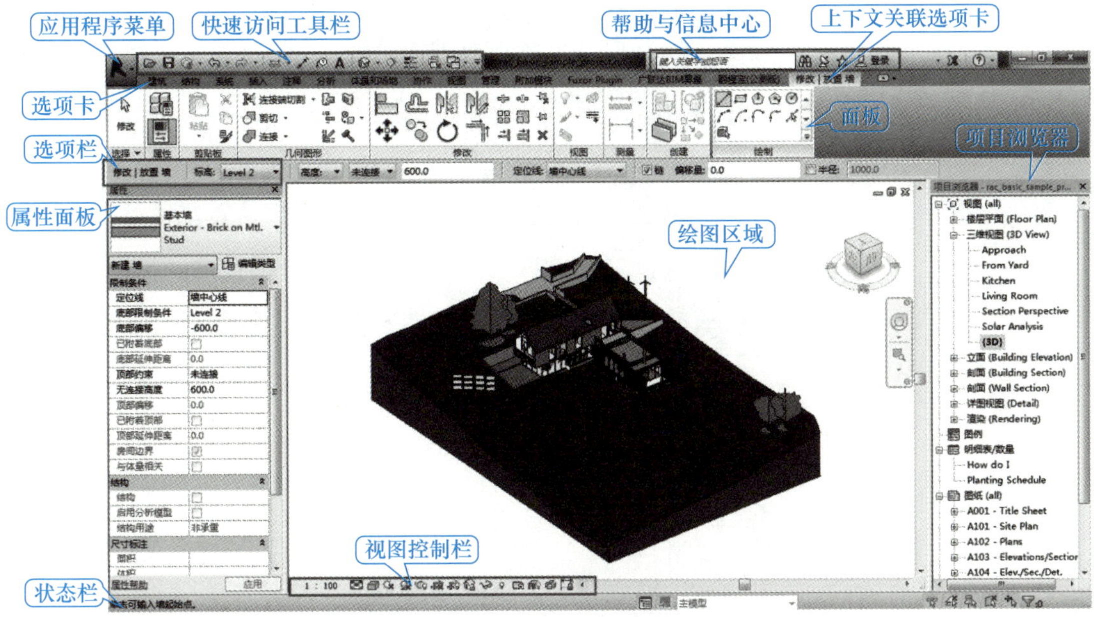

图 2.4–1　Revit 工作界面

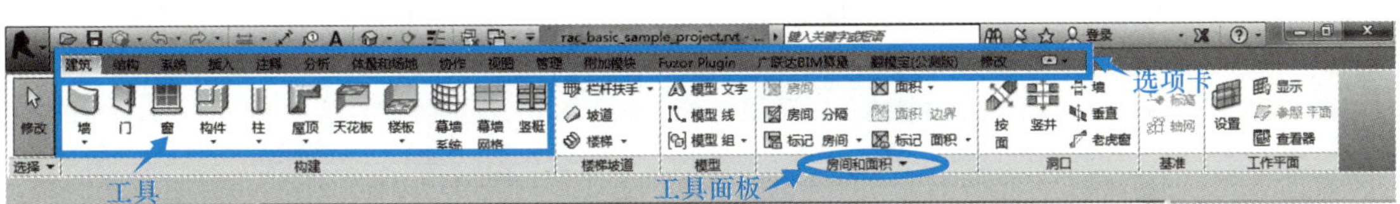

图 2.4–2　功能区

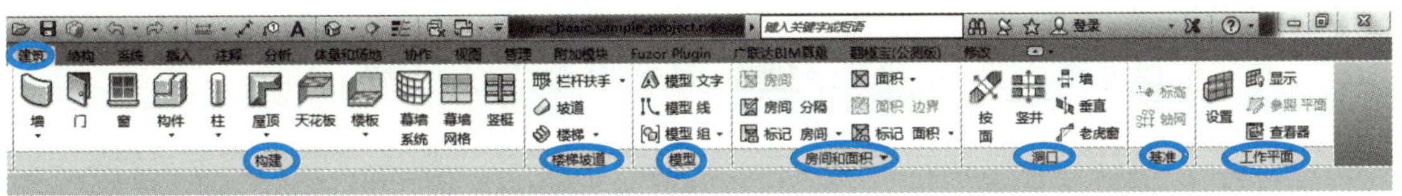

图 2.4–3　“建筑”选项卡

如果同一个工具图标中存在其他工具或命令，则会在工具图标下方显示下拉箭头，点击该箭头可以显示附加的相关工具。与之类似，如果在工具面板中存在未显示工具，会在面板名称位置显示下拉箭头（图 2.4–4）。

按住鼠标左键并拖动工具面板标签位置时，可以将该面板拖曳到功能区上其他任意位置，使之成为浮动面板。要将浮动面板返回到功能区，移动鼠标至面板上，浮动面板右上角显示控制柄时，点击“将面板返回到功能区”符号即可将浮动面板重新返回工作区域。注意工具面板仅能返回其原来所在的选项卡中（图 2.4–5）。

Revit 提供了三种不同的点击功能区面板显示状态。点击选项卡右侧的功能区状态切换符号，可以将功能区视图在“最小化为面板按钮”“最小化为面板标题”“最小化为选项卡”进行状态切换（图 2.4–6）。

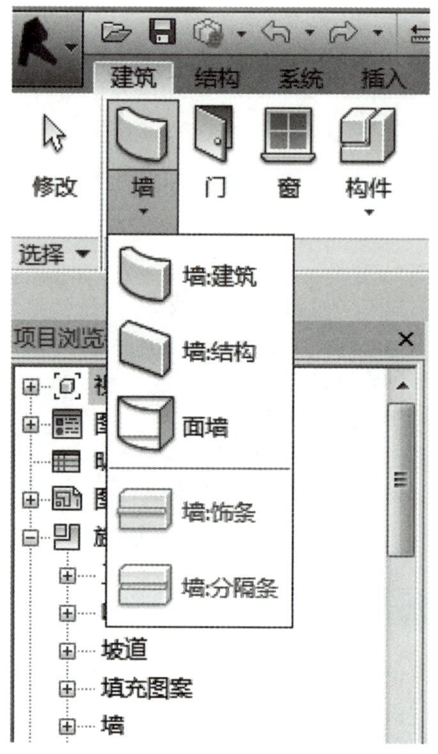

图 2.4–4　附加工具菜单

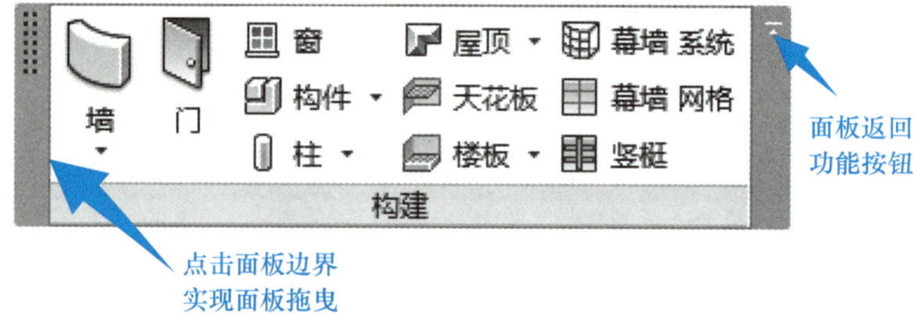

图 2.4–5　面板返回到功能区按钮

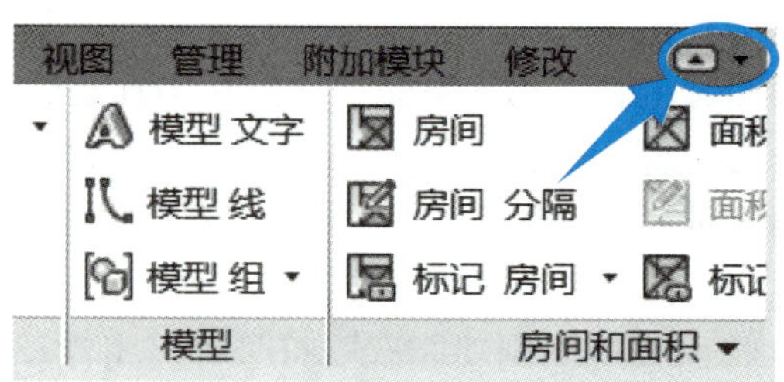

图 2.4–6　功能区状态切换按钮

2. “结构”选项卡

当需要创建结构构件时，需要点击该选项卡，包含创建结构模型所需的大部分工具。

3. “系统”选项卡

“系统”选项卡包含创建风管、机电、管道、给水排水所需的大部分工具。当需要为建筑模型布置家具时，点击“系统”选项卡中的“模型”面板，选择“放置构件”即可布置家具（图 2.4–7）。

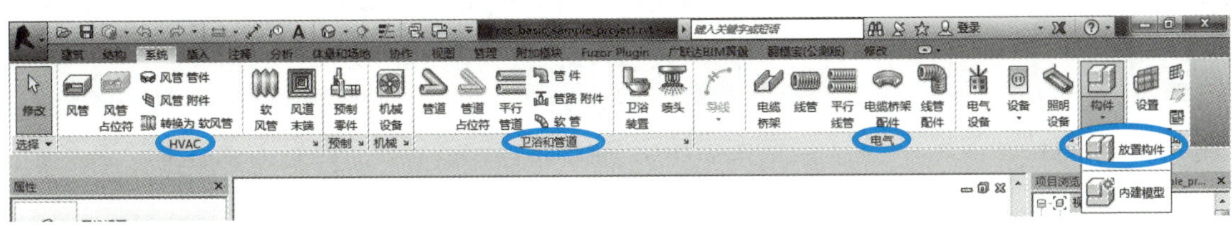

图 2.4–7　“系统”选项卡

4. “插入”选项卡

通常用来导入或链接外部文件，例如 CAD 图纸、Revit 模型等。从族文件中载入内容，可以使用“载入族”命令来载入所需要的族文件（图 2.4–8）。

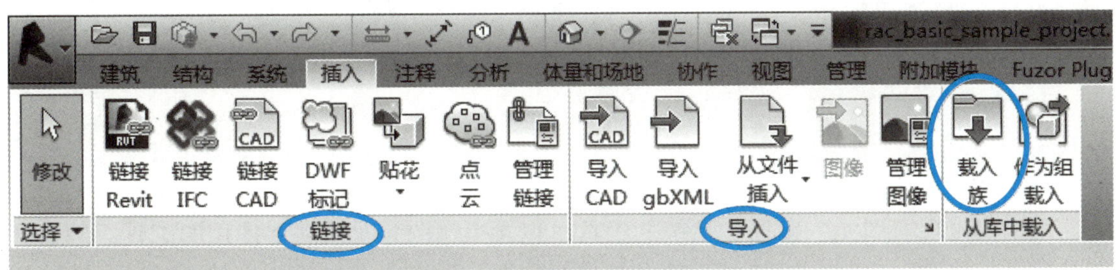

图 2.4–8　“插入”选项卡

5. “注释”选项卡

包含能够实现注释、标记、尺寸标注等用于记录项目信息的工具（图 2.4–9）。

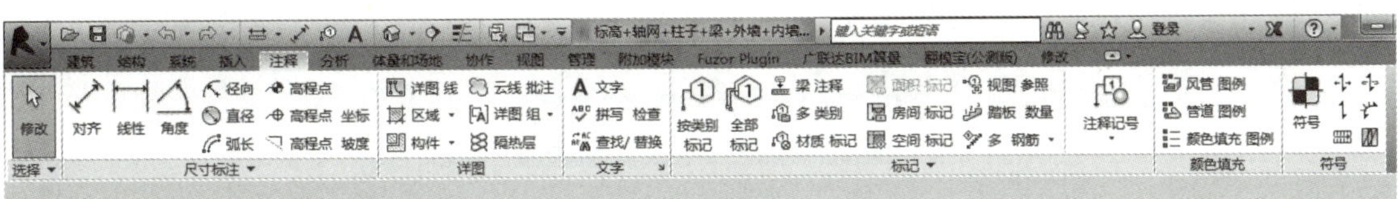

图 2.4–9　“注释”选项卡

6. “分析”选项卡

主要用于编辑能量分析的设置以及运行能量模拟，分析模型由 Revit 在构建物理模型时自动创建，用于执行分析和设计。可以将分析模型导出到分析和设计软件。

7. “体量和场地”选项卡

用于建模和修改概念体量族和场地图元的工具，如添加地形表面、建筑红线等图元。

8. “协作”选项卡

用于团队中管理项目或者与其他团队合作使用链接文件。

9. “视图”选项卡

“视图”选项卡中工具用于创建本项目所需要的三维视图、剖面视图、图纸和明细表等（图 2.4–10）。

图 2.4–10　“视图”选项卡

10. “管理”选项卡

用于访问项目标准以及其他一些设置，包含设计选项和阶段化工具，还有一些查询、警告、按 ID 进行选择等工具，可以帮助我们更好地运行项目，其中最重要的设置之一是“对象样式”，可以管理全局可见性、投影、剪切以及显示颜色和线宽（图 2.4–11）。

图 2.4–11　“管理”选项卡

11. “修改”选项卡

用于编辑现有图元、数据和系统的工具，包含操作图元时所需要使用的工具，例如剪切、拆分、移动、复制、旋转等工具。在“剪贴板”面板中通过复制粘贴可以实现楼层的复制（图 2.4–12）。

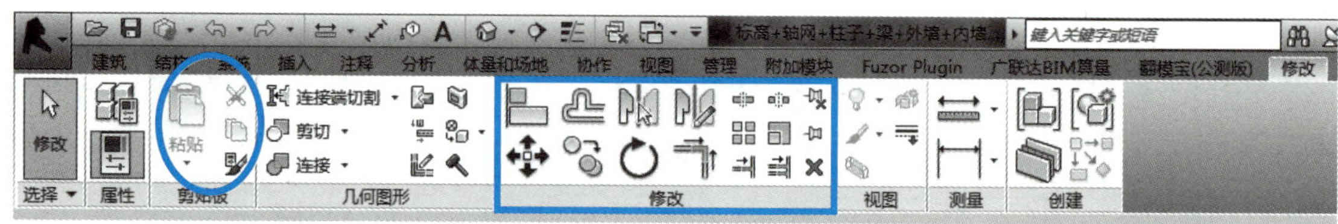

图 2.4–12　“修改”选项卡

2. 4. 3　上下文选项卡

除了在功能区默认的 11 个选项卡以外，还有一个选项卡是上下文选项卡。上下文选项卡是在进行选择图元或使用工具操作时，会出现与该操作相关的选项卡。上下文选项卡名称与该操作相关，如选择一个墙图元时，上下文选项卡的名称为“修改 | 放置墙”，在许多情况下，上下文选项卡与“修改”选项卡合并在一起，退出该工具或取消选择时，上下文功能区选项卡会关闭（图 2.4–13）。

Revit 中，当绘制楼板或屋顶、楼梯构件时，上下文选项卡会稍有区别。例如，当绘制楼板时在功能区会出现绘制面板，绘图区域会变成透明，当绘制完成后，需要点击“模式”面板的“完成编辑”按钮才能退出上下文选项卡（图 2.4–14）。

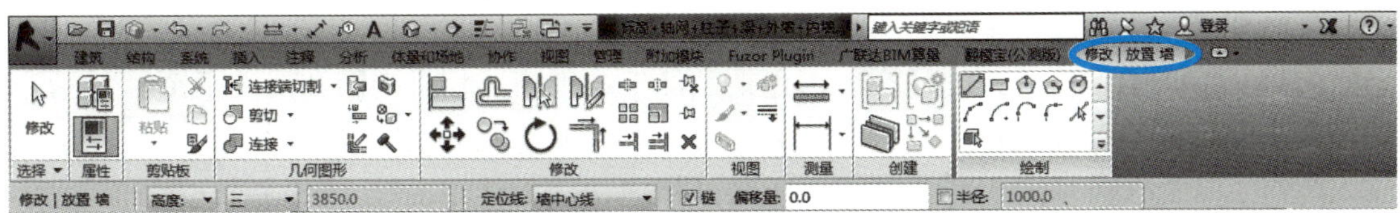

图 2.4–13　上下文选项卡

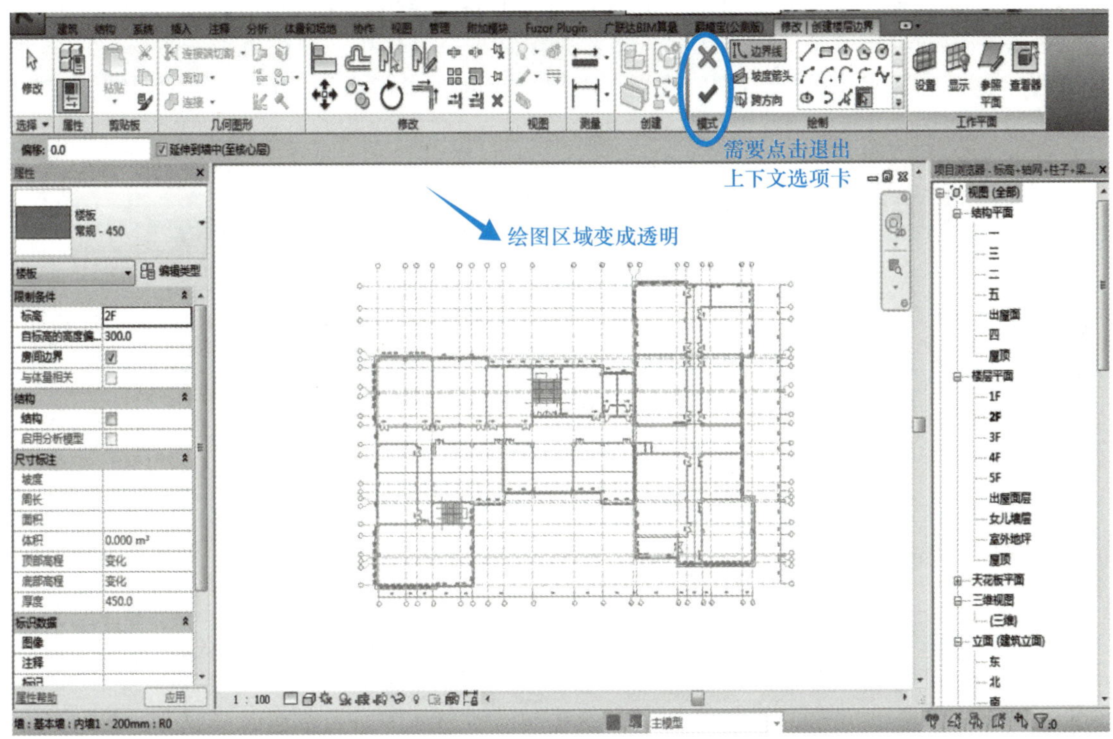

图 2.4–14　楼板上下文选项卡

2.4.4　快速访问工具栏

除可以在功能区域内点击工具或命令外，Revit 还提供了快速访问工具栏，用于执行最常使用的命令，默认情况下快速访问栏包含下列项目（图 2.4–15）：

图 2.4–15　快速访问工具栏

打开：打开项目、族、注释、建筑构件或 IFC 文件。

保存：用于保存当前的项目、族、注释或样板文件。

撤销：用于在默认情况下取消上次的操作。

恢复：恢复上次取消的操作。另外，还可显示在执行任务期间所执行的所有已恢复的操作列表。

切换窗口：点击下拉箭头，然后点击要显示切换的视图。

三维视图：打开或创建视图，包括默认三维视图、相机视图和漫游视图。

同步并修改设置：用于将本地文件与中心服务器上的文件进行同步。

定义并快速访问工具栏：用于自定义快速访问工具栏上显示的项目，要启用或禁用项目，请在“自定义快速访问工具栏”下拉列表上该工具的旁边点击。

可以根据需要自定义快速访问栏中的工具内容，重新排列顺序。例如，要想在快速访问栏中创建墙工具，鼠标右键单击功能区“墙”工具，弹出快捷菜单，选择“添加到快速访问工具栏”即可将墙及其附加工具同时添加至快速访问栏中。使用类似的方式，在快速访问栏中鼠标右键单击任意工具，选择“从快速访问栏中移除”，可以将工具从快速访问栏中移除（图 2.4–16）。

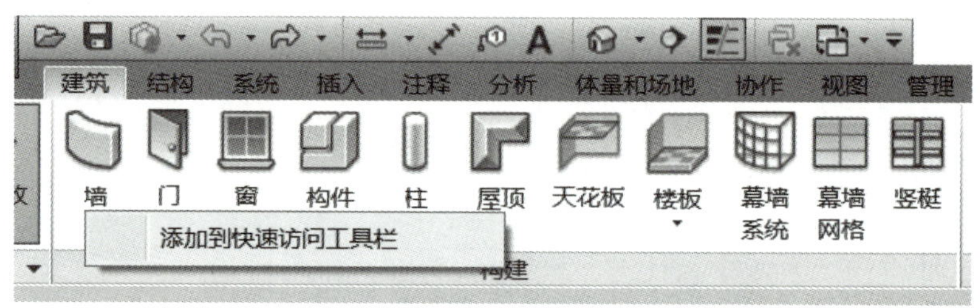

图 2.4–16 添加到快速访问工具栏

快速访问工具栏可能会显示在功能区下方，在快速访问工具栏上点击“自定义快速访问工具栏”“在功能区下方显示”（图 2.4–17）。

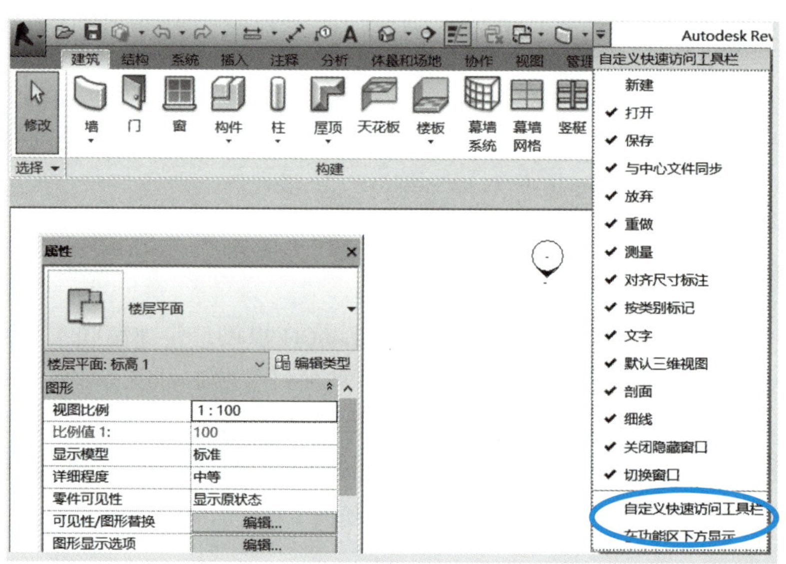

图 2.4–17 自定义快速访问工具栏

点击“自定义快速访问工具栏”菜单，在列表中选择“自定义快速访问工具栏”选项，将弹出“自定义快速访问工具栏”对话框，可重新排列快速访问栏中工具显示顺序，并根据需要添加分割线。勾选该对话框中的“功能区下方显示快速访问工具栏”（图 2.4–18）。

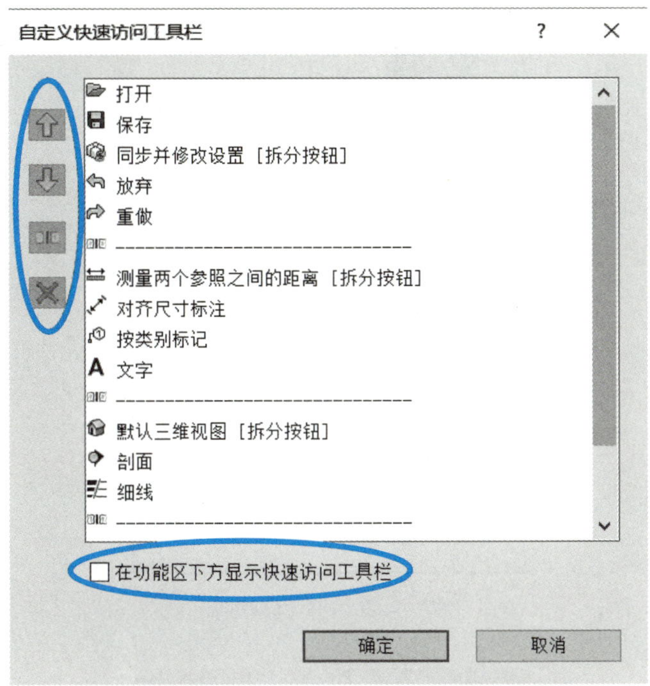

图 2.4-18　“自定义快速访问工具栏”对话框

2.4.5　选项栏

选项栏默认位于功能区下方。用于设置当前正在执行的操作的细节设置，选项栏内容因当前所执行的工具或所选的图元而不同。以下为使用墙工具时，选项栏的设置内容（图 2.4-19）。

图 2.4-19　选项栏（使用墙工具时）

2.4.6　项目浏览器

项目浏览器用于组织和管理当前项目中的所有信息，包括项目中所有的视图、明细表、图纸、族、链接的 Revit 模型等项目资源。展开和折叠各分支时，将显示下一层集的内容。以下为项目浏览器中包含的项目内容（图 2.4-20），项目浏览器中，项目类别前显示“⊞”表示该类别中还包括其他子类别项目。在 Revit 中进行项目设计时，最常用的操作是利用项目浏览器在各视图中切换。

2.4.7　“属性”面板

“属性”面板是 Revit 中常用的面板，在进行图元操作时必不可少。“属性”面板主要用于查看和修改用来定义 Revit 中图元实例属性的参数，“属性”选项卡由类型选择器（1）、属性过滤器（2）、编辑类型（3）和实例属性（4）组成（图 2.4-21）。

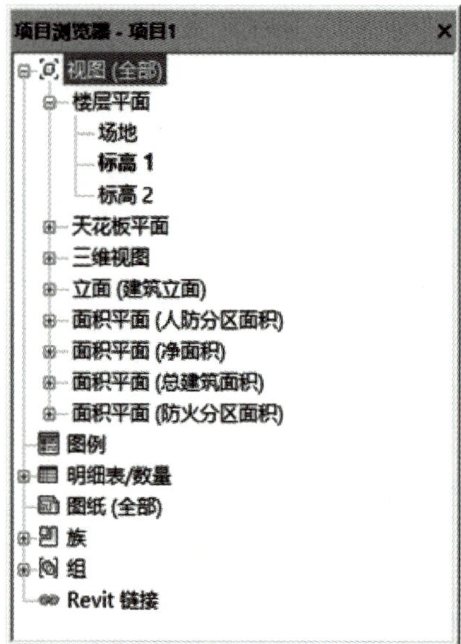

图 2.4–20　项目浏览器

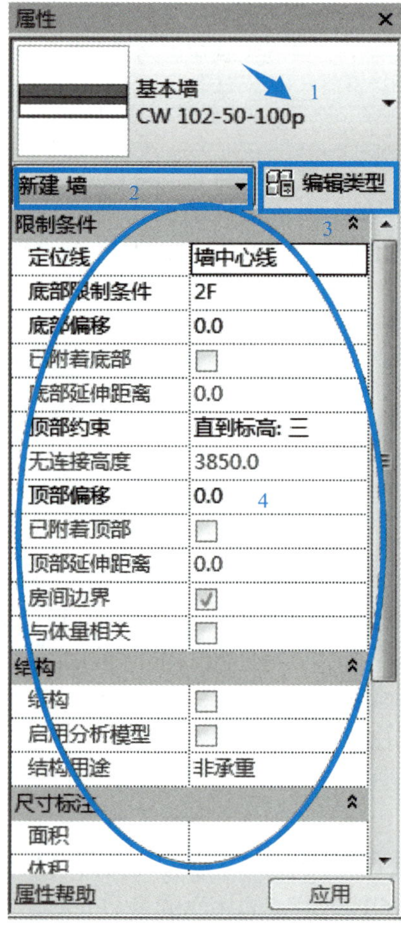

图 2.4–21　“属性”选项卡

可以选择任意图元，点击上下文关联选项卡中 属性 按钮；或在绘图区域中单击鼠标右键，在弹出的快捷菜单中选择【属性】选项并将其打开。可以将该选项板固定到 Revit 窗口的任一侧，也可以将其拖曳到绘图区域任意位置成为浮动面板。

当选择图元对象时，“属性”面板将显示当前所选择对象的实例属性；如果未选择任何图元，则选项板上将显示活动视图的属性。

2.4.8　绘图区域

Revit 窗口中的绘图区域显示当前项目的楼层平面视图以及图纸和明细表视图。在 Revit 中，每当切换至新视图时，都将在绘图区域创建新的视图窗口，且保留所有已打开的其他视图。

默认情况下，绘图区域的背景颜色为白色。在选项对话框“图形”选项卡中，可以设置视图中的绘图区域背景反转为黑色。使用“视图”→“窗口”→“平铺”或“层叠”工具，可设置所有已打开视图排列方式为平铺、层叠等（图 2.4–22）。

图 2.4–22　视图排列方式

2.4.9　视图控制栏

在楼层平面视图和三维视图中，绘图区各视图窗口底部均会出现视图控制栏（图 2.4–23）。

图 2.4–23　视图控制栏

通过控制栏，可以快速访问影响当前视图的功能，其中包括下列 12 个功能：比例、详细程度、视觉样式、打开 / 关闭日光路径、打开 / 关闭阴影、显示 / 隐藏渲染对话框、裁剪视图、显示 / 隐藏裁剪区域、解锁 / 锁定三维视图、临时隔离 / 隐藏、显示隐藏的图元、分析模型的可见性。在后面将详细介绍视图控制栏中各项工具的使用。

2.5　Revit 基础功能介绍

Revit 基础功能介绍

2.5.1　视图控制

1. 项目视图种类

Revit 视图有很多种形式，每种视图类型都有其特定用途。常用的视图有平面视图、立面视图，剖面视图、详图索引视图、三维视图、图例视图、明细表视图等。同一项目可以有任意多个视图，例如，对于“1F”标高，可以根据需要创建任意数量的楼层平面视图，用于表现不同的功能要求，如“1F”梁布置视图、“1F”柱布置视图、“1F”房间功能视图、“1F”建筑平面图等。

Revit 在“视图”选项卡“创建”面板中提供了创建各种视图的工具，也可以在项目浏览器中根据需要创建不同的视图类型（图 2.5–1）。

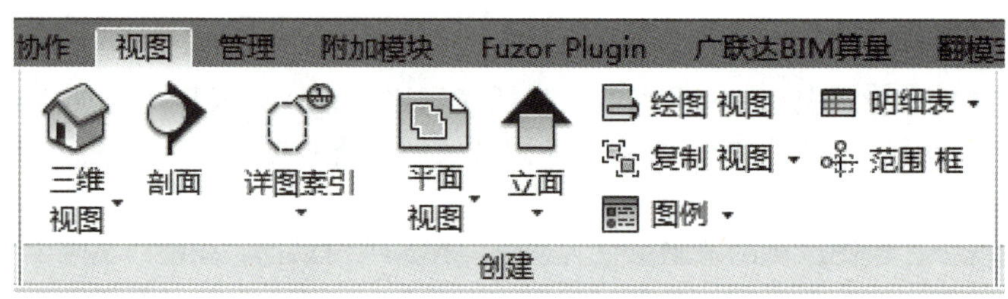

图 2.5–1 视图工具

（1）楼层平面视图及天花板平面

楼层 / 结构平面视图及天花板视图是沿项目水平方向，按指定的标高偏移位置剖切项目生成的视图，大多数项目至少包含一个楼层 / 结构平面。楼层 / 结构平面视图在创建项目时默认可以自动创建对应的楼层平面视图（建筑样板创建的是楼层平面，结构样板创建的是结构平面）。除使用项目浏览器外，在立面中可以通过双击蓝色标高标头进入对应的楼层平面视图：使用“视图”→“创建”→“平面视图”工具可以手动创建楼层平面视图。

在楼层平面视图中，当不选择任何图元时，“属性”面板将显示当前视图的属性。在“属性”面板中点击“视图范围”后的编辑按钮，打开“视图范围”对话框。在该对话框中，可以定义视图的剖切位置（图 2.5–2、图 2.5–3）。

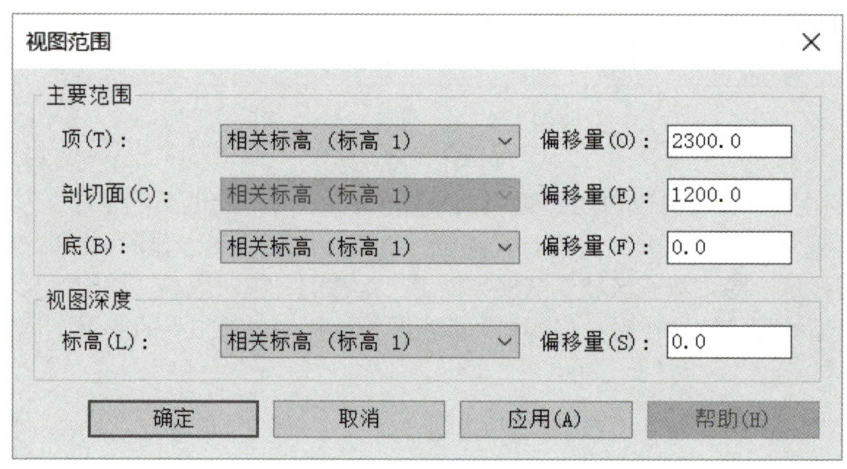

图 2.5–2 “视图范围”对话框

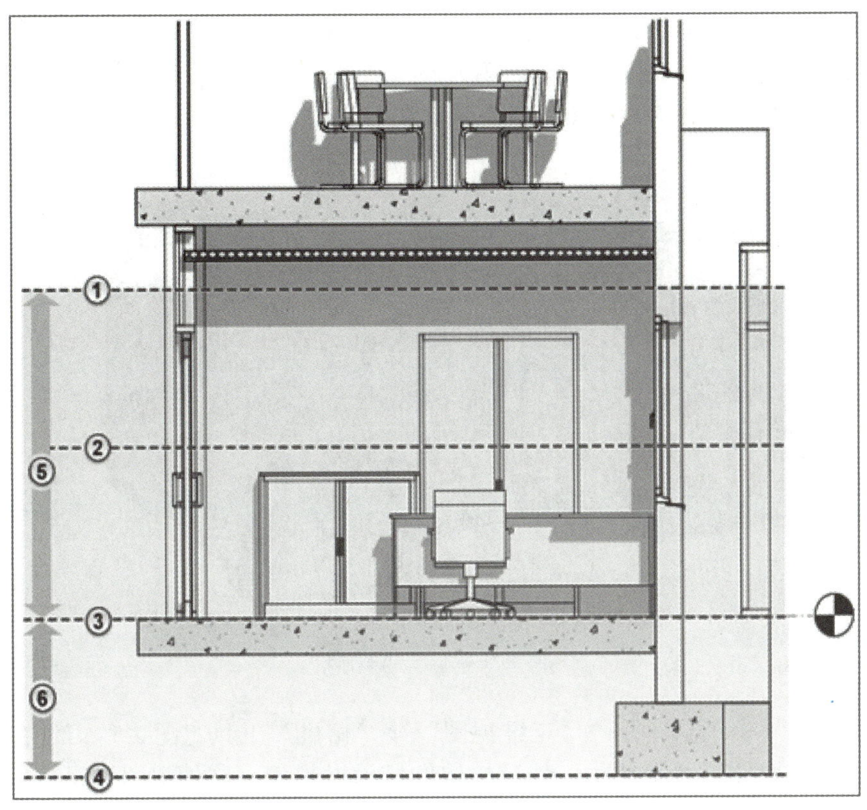

图 2.5-3　视图范围参数含义

①—顶部；②—剖切面；③—底部；④—偏移量；⑤—主要范围；⑥—视图深度

（2）立面视图

立面视图是项目模型在立面方向上的投影视图。在 Revit 中，默认每个项目将包含东、西、南、北四个立面视图，并在楼层平面视图中显示立面视图符号。双击平面视图中立面标记中黑色小三角，会直接进入立面视图。Revit 允许用户在楼层平面视图或天花板视图中创建任意立面视图。

（3）剖面视图

剖面视图允许用户在平面、立面或详图视图中通过在指定位置绘制剖面符号线，在该位置对模型进行剖切，并根据剖面视图的剖切和投影方向生成模型投影。

（4）详图索引视图

当需要对模型的局部细节进行放大显示时，可以使用详图索引视图。可在平面、剖面、详图或立面视图中添加详图索引。这个创建详图索引的视图，被称为父视图。在详图索引范围内的模型部分，将以详图索引视图中设置的比例显示在独立的视图中，详图索引视图显示父视图中某一部分的放大版本，且所显示的内容与原模型关联。

绘制详图索引的视图是该详图索引视图的父视图。如果删除父视图，则将删除该图索引视图。

（5）三维视图

使用三维视图，可以直观查看模型的状态。Revit 中三维视图分为两种：正交三维视图和透视图。在正交三维视图中，无论相机距离的远近，所有构件的大小均相同，可以点击快速访问栏“默认三维视图”图标直接进入默认三维视图，可以配合使用“Shift”键和鼠标中键，根据需要灵活调整视图角度（图 2.5-4）。

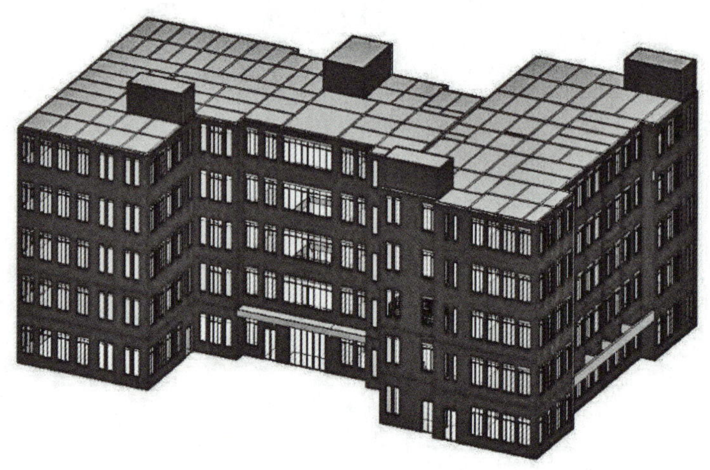

图 2.5-4　三维视图

使用“视图”→“创建”→“三维视图”→“相机”工具（图 2.5-5），在透视三维视图中，越远的构件显示得越小，越近的构件显示得越大，这种视图更符合人眼的观察视角。

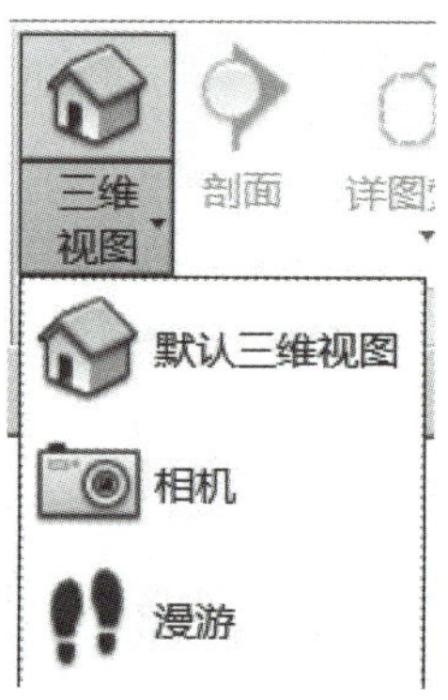

图 2.5-5　相机视图

2. 视图基本操作

可以通过鼠标、ViewCube 和视图导航实现对 Revit 视图进行平移、缩放等操作。在平面、立面或三维视图中，通过滚动鼠标可以对视图进行缩放；按住鼠标中键并拖动，可以实现视图的平移。在默认三维视图中，按住键盘“Shift”键并按住鼠标中键拖动鼠标，可以实现对三维视图的旋转。注意，视图旋转仅对三维视图有效。

在三维视图中，Revit 还提供了 ViewCube，用于实现对三维视图的控制。ViewCube 默认位于屏幕右上方。通过点击 ViewCube 的面、顶点或边，可以在模型的各立面等轴侧视图间进行切换。按住鼠标左键拖住 ViewCube 下方的圆环指南针，还可以修改三维视图的方向为任意方向（图 2.5-6）。

为更加灵活地进行视图缩放控制，Revit 提供了“导航栏”工具条。默认情况下，导航栏位于视图右侧 ViewCube 下方。在任意视图中，都可通过导航栏对视图进行控制（图 2.5-7）。

导航栏主要提供两类工具：视图平移查看工具和视图缩放工具。点击导航栏中上方第一个圆盘图标，将进入全导航控制盘控制模式，导航控制盘将跟随鼠标指针的移动而移动。全导航盘中提供“缩放”“平移”“动态观察（视图旋转）”等命令，移动鼠标指针至导航盘中命令位置，按住鼠标左键不动即可执行相应的操作（图 2.5-8）。

导航栏中提供的另一个工具为“缩放”工具，点击缩放工具下拉列表，可以查看 Revit 提供的缩放选项。在实际操作中，最常使用的缩放工具为“区域放大”（图 2.5-9）。Revit 允许用户绘制任意的范围窗口区域，将该区域范围内的图元放大。

图 2.5-6　ViewCube

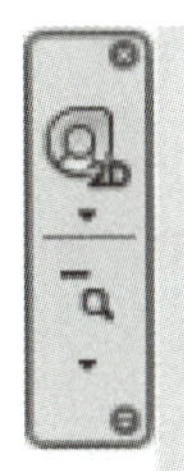

图 2.5-7　“导航栏”工具

图 2.5-8　全导航控制盘

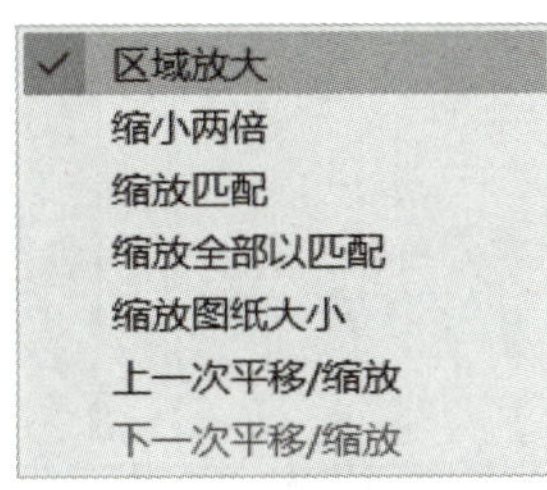

图 2.5-9　缩放工具

3. 视图显示及样式

通过视图控制栏，可以对视图中的图元进行显示控制。视图控制栏从左至右分别为：视图比例、视图详细程度、视觉样式、打开 / 关闭日光路径、阴影、渲染（仅三维视图）、视图裁剪控制、视图显示控制选项（图 2.5-10）。注意：由于在 Revit 中各视图均采用独立的窗口显示，因此在任何视图中进行视图控制栏的设置，均不会影响其他视图的设置。

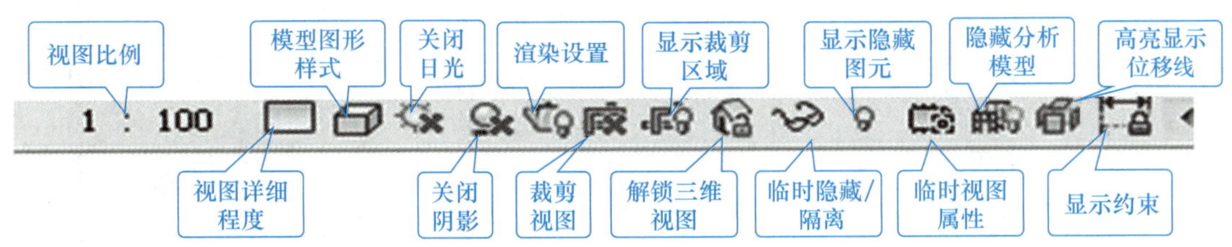

图 2.5-10　视图控制栏

（1）比例

视图比例用于控制模型尺寸与当前视图显示之前的关系。点击视图控制栏 1 : 100 按钮，在比例列表中选择比例值即可修改当前视图的比例。无论视图比例如何调整，均不会修改模型的实际尺寸，仅会影响当前视图中添加的文字、尺寸标注等注释信息的相对大小。Revit 允许为项目中的每个视图指定不同比例，也可以创建自定义视图比例（图 2.5-11）。

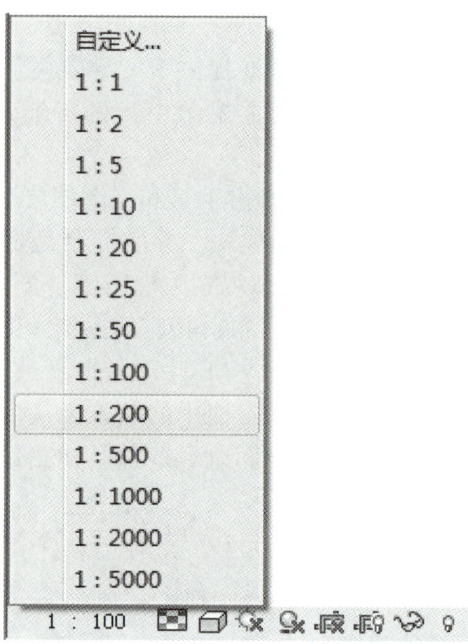

图 2.5-11　视图比例

（2）详细程度

Revit 提供了三种视图详细程度：粗略、中等、精细。Revit 中的图元可以在族中定义在不同视图详细程度模式下要显示的模型。在门族中分别定义“粗略”“中等”“精细”模式下图元的表现。Revit 通过视图详细程度控制同一图元在不同状态下的显示，以满足出图的要求。例如，在平面布置图中，平面视图中的窗可以显示为四条线；但在窗安装大样中，平面视图中的窗将显示为真实的窗截面（图 2.5-12）。

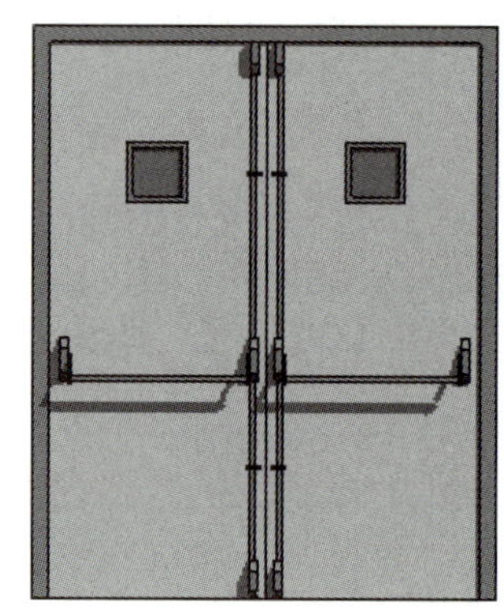

图 2.5-12　视图详细程度

（3）视觉样式

视觉样式用于控制模型在视图中的显示方式，Revit 提供了六种显示视觉样式：“线框”“隐藏线”“着色”“一致的颜色”“真实”“光线追踪”。显示效果逐渐增强，但所需要的系统资源越来越大。一般平面或剖面施工图可设置为线框或隐藏线模式，这样系统消耗资源较小，项目运行较快（图 2.5-13）。

（a）线框模式

（b）隐藏线模式

（c）着色模式

（d）一致的颜色

（e）真实视觉样式

（f）光线追踪

图 2.5-13　视觉样式

“线框”样式可显示绘制所有边和线而未绘制表面的模型图像。

“隐藏线”样式可显示绘制了除被表面遮挡部分以外的所有边和线的图像。

“着色”样式显示处于着色模式下的图像，而且具有显示间接光及其阴影的选项。从“图形显示选项”对话框中选择“显示环境光阴影”，以模拟环境（漫射）光的阻挡。默认光源为着色图元提供照明。着色时可以显示的颜色数取决于在 Windows 中配置的显示颜色数。该设置只会影响当前视图。

“一致的颜色”样式显示所有表面都按照表面材质颜色设置进行着色的图像。该样式会保持一致的着色颜色，使材质始终以相同的颜色显示，而无论以何种方式将其定向到光源。

“真实”视觉样式，从“选项”对话框启用“硬件加速”后，“真实”样式将在可编辑的视图中显示材质外观。旋转模型时，表面会显示在各种照明条件下呈现的外观。从“图形显示选项”对话框中选择“环境光阻挡”，以模拟环境（漫射）光的阻挡。注意：“真实”视图中不会显示人造灯光。

“光线追踪”视觉样式是一种照片级真实感渲染模式，该模式允许平移和缩放模型。在使用该视觉样式时，模型的渲染在开始时分辨率较低，但会迅速增加保真度，从而看起来更具有照片级真实感。在使用“光线追踪”模式期间或在进入该模式之前，可以选择从“图形显示选项”对话框设置照明、摄影曝光和背景。可以使用 ViewCube、导航控制盘和其他相机操作，对模型执行交互式漫游。

（4）打开 / 关闭日光路径、打开 / 关闭阴影

在视图中，可以通过打开 / 关闭阴影图中显示模型的光照阴影，增强模型的表现力。在日光路径按钮中，还可以对日光进行设置。

（5）裁剪视图、显示 / 隐藏裁剪区域

视图裁剪区域定义了视图中用于显示项目的范围由两个工具组成：是否启用裁剪及是

否显示剪裁区域。可以单击 按钮在视图中显示区域，再通过启用裁剪按钮将视图剪裁功能启用。通过拖曳裁剪边界，对视图进行裁剪后，裁剪框外的图元不显示。

（6）临时隔离 / 隐藏选项和显示隐藏的图元选项

在视图中可以根据需要定制临时隐藏已知图元，选择图元后，点击临时隐藏或隔离图元（或图元类别）命令 ，可以对所选择图元分别进行隐藏和隔离。其中隐藏图元选项隐藏所选图元；隔离图元选项将在视图隐藏所有未被选定的图元。可以根据图元（所有选项图元对象）或类别（所有与被选择的图元对象属于同一类别的图元）的方式对图元的隐藏图元和隔离进行控制（图 2.5–14）。

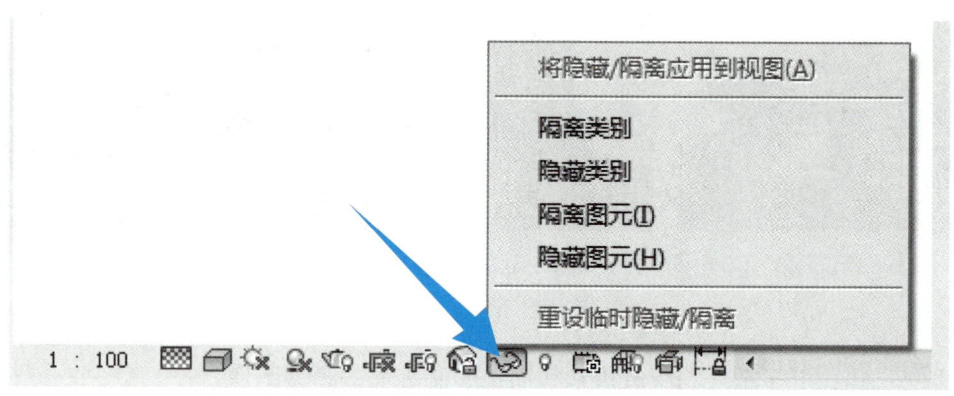

图 2.5–14　隐藏 / 隔离图元选项

所谓临时隐藏图元是指当关闭项目后，重新打开项目时被隐藏的图元将恢复显示，视图中临时隐藏或隔离图元后，视图周边将显示蓝色边框，此时，再次点击隐藏或隔离图元命令，可以选择“重设临时隐藏 / 隔离”选项恢复被隐藏的图元。或选择“将隐藏 / 隔离应用到视图”选项，此时视图周边蓝色边框消失，将永久隐藏不可见图元，即无论任何时候，图元都将不再显示。

要查看项目中隐藏的图元，可以点击视图控制栏中显示隐藏的图元 命令。Revit 将会显示彩色边框，所有被隐藏的图元均会显示为亮红色（图 2.5–15）。

点击选择被隐藏的图元，点击“显示隐藏的图元”→“取消隐藏图元”选项可以恢复图元在视图中的显示。注意：恢复图元显示后，务必点击“切换显示隐藏图元模式”按钮或再次点击视图控制栏 按钮返回正常显示模式（图 2.5–16）。

提示：也可以在选择隐藏的图元后单击鼠标右键，在右键菜单中选择“取消在视图中隐藏”“按图元”，取消图元的隐藏。

（7）显示 / 隐藏渲染对话框（仅三维视图才可使用）

点击该按钮打开渲染对话框，以便对渲染质量、光照等进行详细的设置。Revit 用 MentalRay 渲染器进行渲染。

（8）解锁 / 锁定三维视图（仅三维视图才可使用）

如果需要在三维视图中进行三维尺寸标注及添加文字注释信息，需要先锁定三维视图。点击该工具将创建新的锁定三维视图，锁定的三维视图不能旋转，但可以平移和缩放。在创建三维详图大样时，将使用该方式。

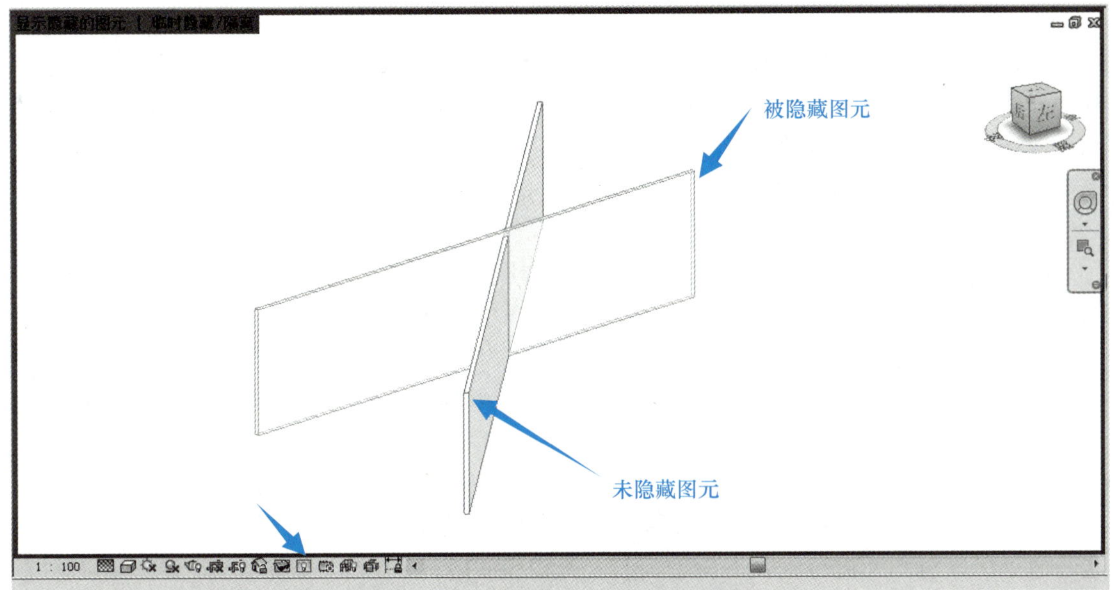

图 2.5-15　查看项目隐藏的图元

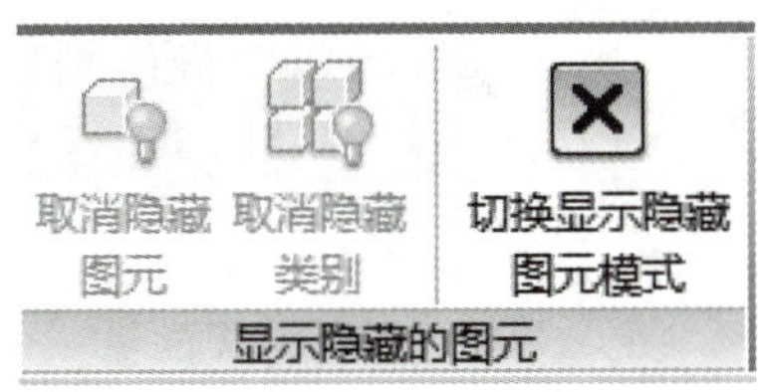

图 2.5-16　恢复显示被隐藏图元

（9）隐藏 / 显示分析模型

临时仅显示分析模型类别：结构图元的分析线会显示一个临时视图模式，隐藏项目视图中的物理模型并仅显示分析模型类别，这是一种临时状态，并不会随项目一起保存，清除此选项则退出临时分析模型视图。

2.5.2　图元基本操作

1. 图元选择

在 Revit 中，要对图元进行修改和编辑，必须选择图元。在 Revit 中可以使用四种方法进行图元的选择，即点选、框选、特性选择、过滤器选择。

（1）点选

移动鼠标至任意图元上，Revit 将高亮显示该图元并在状态栏中显示有关图元的信息，单击鼠标左键将选择被高亮显示的图元。在选择时如果多个图元彼此重叠，可以移动鼠标至图元位置，循环按键盘“Tab”键，Revit 将循环高亮预览显示各图元，当要选择的图元高亮显示后单击鼠标左键将选择该图元。要选择多个图元，可以按住键盘“Ctrl”键后，再次点击要添加到选择中的图元；如果按住键盘“Shift”键点击已选择的图元，将从选择集中取消该图元的选择。

（2）框选

将光标放在要选择的图元一侧，并对角拖曳光标以形成矩形边界，可以绘制选择范围框。当从左到右拖曳光标绘制范围框时，将生成实线范围框。被实线范围框部位包围的图元才能选中；当从右到左拖曳光标绘制范围框时，将生成虚线范围框，被完全包围或与范围框边界相交的图元均可被选中。

（3）特性选择

鼠标左键单击图元，选中后高亮显示；再在图元上单击鼠标右键，使用“选择全部实例”工具，在项目或视图中选择某一图元或族类型的所有实例。

（4）过滤器选择

选择多个图元对象后，点击状态栏过滤 :0，能查看到图元类型，在“过滤器”对话框中选择或取消部分图元的选择。

2. 图元编辑

在修改面板中，Revit 提供了“移动”“复制”“镜像”“旋转”“延伸”等命令，利用这些命令可以对图元进行编辑和修改操作（图 2.5–17）。

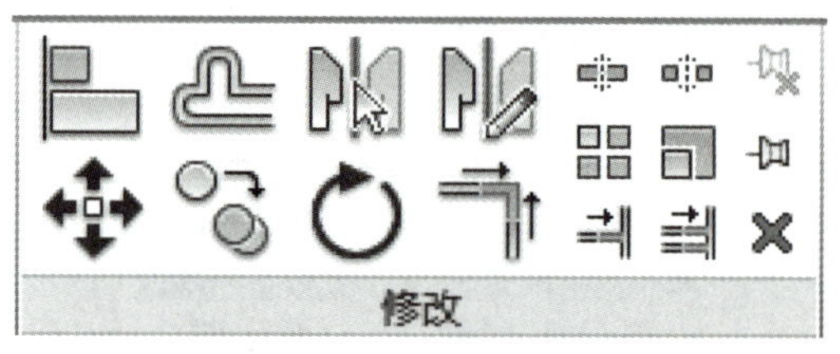

图 2.5–17　图元编辑面板

（1）移动

“移动”命令能将一个或多个图元从一个位置移动到另一个位置。移动的时候，可以选择图元上某点或某线移动，也可以在空白处随意移动（图 2.5–18）。

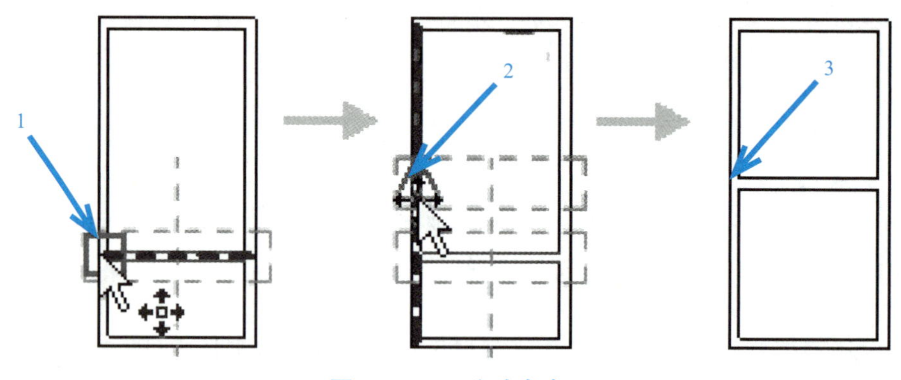

图 2.5–18　移动命令

（2）复制

“复制”命令可复制一个或多个选定图元，并生成副本、点选图元。复制时，选项栏可以通过勾选“多个”选项实现连续复制图元（图 2.5–19）。

图 2.5-19　关联选项栏

（3）阵列复制

“阵列”命令用于创建一个或多个相同图元的线性阵列或半径阵列。在族中使用“阵列”命令，可以方便地控制阵列图元的数量和间距，如百叶窗的百叶数量和间距。阵列后的图元会自动成组，如果要修改阵列后的图元，需进入编辑组命令，然后才能对成组图元进行修改。

（4）对齐

“对齐”命令将一个或多个图元与选定位置对齐。对齐操作时，要求先点击选择对齐的目标位置，再点击选择要移动的对象图元，选择的对象将自动对齐至目标位置。对齐工具可以任意的图元或参照平面为目标，在选择墙对象图元可以在选项栏中指定首选的参照墙的位置；要将多个对象对齐至目标位置，在选择栏“多重对齐”选项即可。

（5）旋转

“旋转”命令可使图元绕指定轴旋转。默认旋转中心位于图元中心，移动鼠标至旋转中心标记位置，按住鼠标左键不放将拖曳至新的位置。在旋转时可设置旋转中心的位置，然后点击确定起点旋转角边，再确定终点旋转角边，指定图元旋转后的位置，完成图元的旋转（图 2.5-20）。

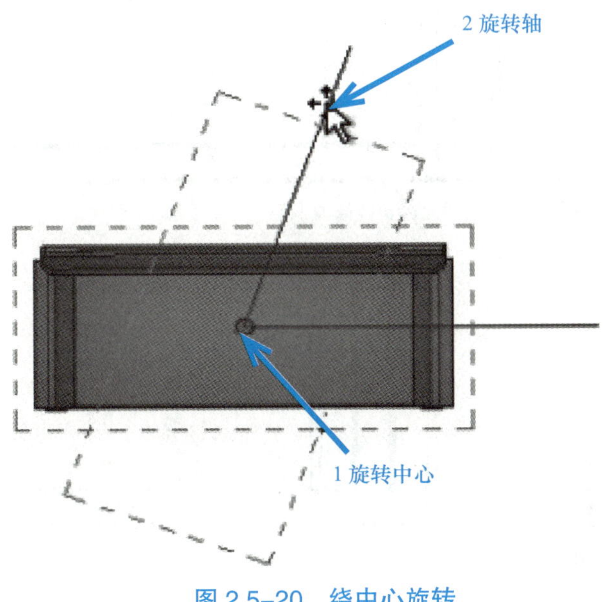

图 2.5-20　绕中心旋转

（6）偏移

“偏移”命令可以生成与所选择的模型线、详图线、墙或梁等图元或在与其长度垂直的方向移动指定的距离。可以在选项栏中指定拖曳方式或输入距离数值方式来偏移图元。

不勾选复制时，生成偏移后的图元时将移动图元（图 2.5-21）。

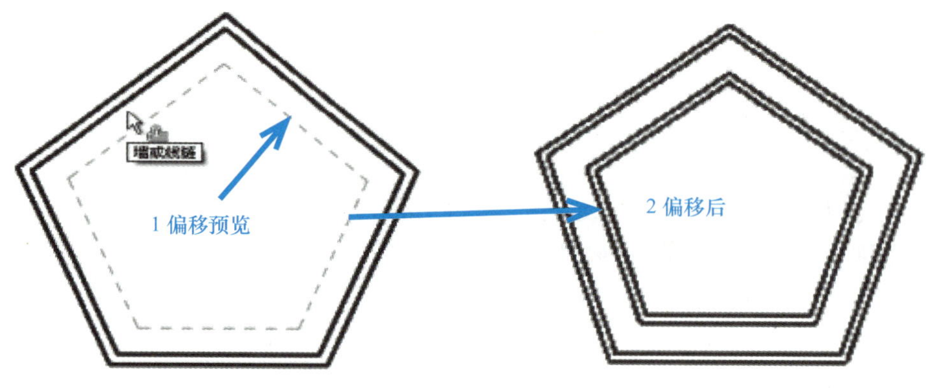

图 2.5-21　偏移操作

（7）镜像

“镜像”命令使用一条线作为镜像轴，对所选模型图元执行镜像（反转其位置）。确定镜像轴时，既可以拾取已有图元作为镜像轴，也可以绘制临时轴。通过选项栏，可以确定镜像操作时是否需要复制原对象（图 2.5-22）。

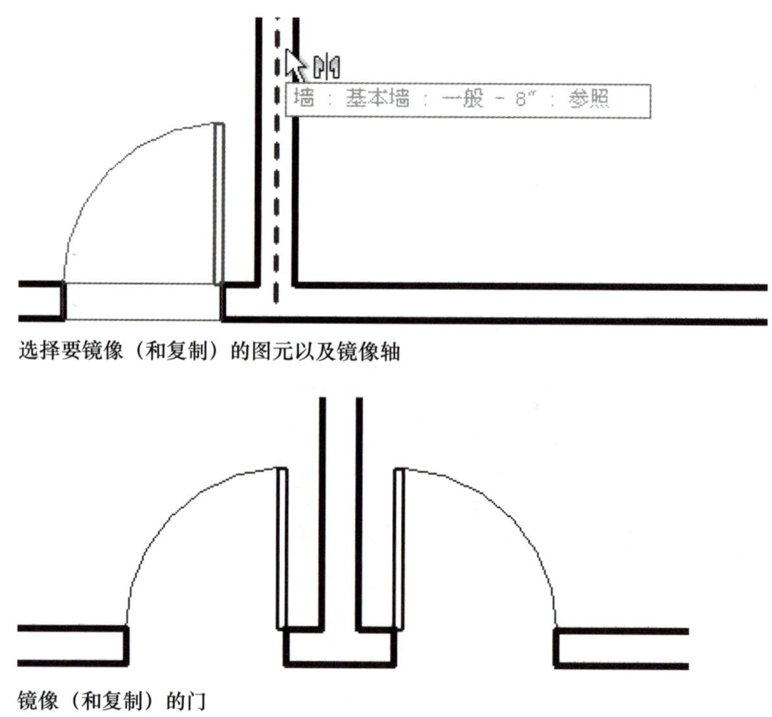

图 2.5-22　镜像操作

（8）修剪和延伸

修剪和延伸共有三个工具，从左至右分别为修剪 / 延伸为角、单个图元修剪和多个图元修剪工具（图 2.5-23）。

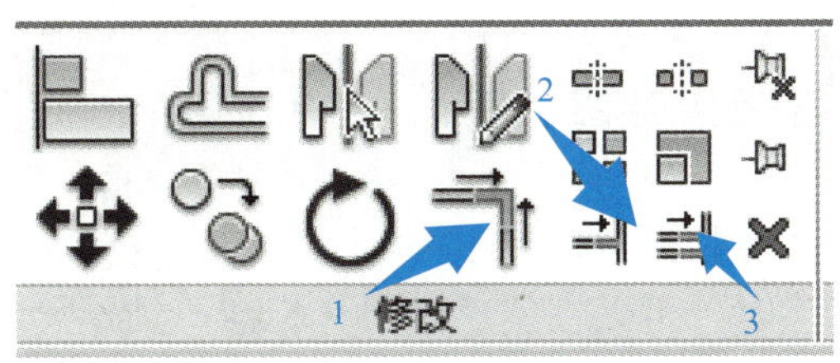

图 2.5-23　修剪延伸工具

使用“修剪”和“延伸”命令时必须先选择修剪或延伸的目标位置，然后选择要修剪或延伸的对象即可。对于多个图元的修剪工具，可以在选择目标后，多次选择要修改的图元，这些图元都将延伸至所选择的目标位置，可以将这些工具用于墙、线、梁等图元的编辑。对于 MEP 中的管线，也可以使用这些工具进行编辑和修改（图 2.5-24）（提示：在修剪或延伸编辑时，单击鼠标左键拾取的图元位置将被保留）。

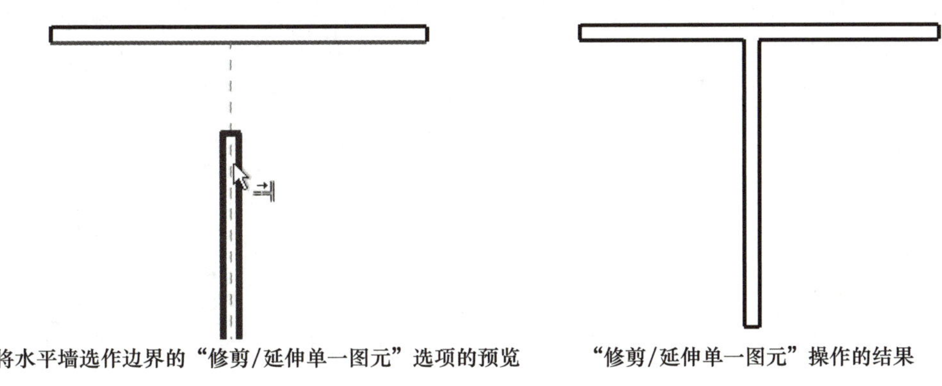

图 2.5-24　延伸操作

（9）拆分图元

拆分工具有两种使用方法，即“拆分图元”和“用间隙拆分”，通过拆分命令，可将图元分割为两个单独部分，可删除两个点之间的线段（图 2.5-25）。

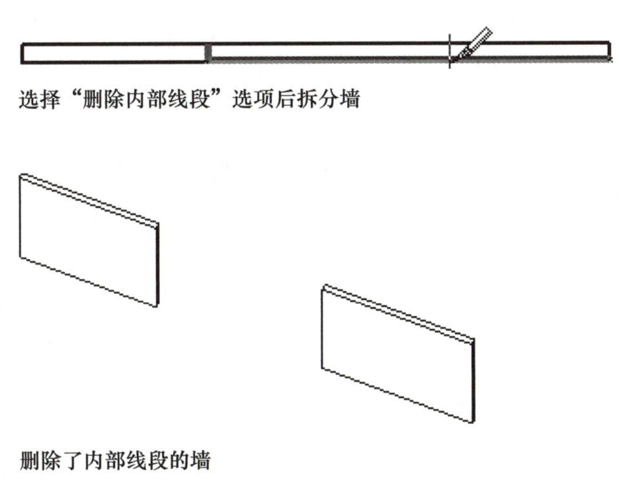

图 2.5-25　墙体拆分操作

（10）删除图元 ✖

“删除”命令可将选定图元从绘图中删除，与用 Delete 命令直接删除效果一样。

3. 图元限制及临时尺寸

（1）尺寸标注的限制条件

在放置永久性尺寸标注时，可以锁定这些尺寸标注。锁定尺寸标注时，即创建了限制条件，选择限制条件的参照时，会显示该限制条件（蓝色虚线）。

（2）相等限制条件

选择一个多段尺寸标注时，相等限制条件会在尺寸标注线附近显示为一个“EQ”符号。如果选择尺寸标注线的一个参照（如墙），则会出现“EQ”符号，在参照中间会出现一条蓝色虚线。“EQ”符号表示应用于尺寸标注参照的相等限制条件图元。

（3）临时尺寸

临时尺寸标注是对最近的垂直构件进行创建的，并按照设置值进行递增，点选项目中的图元，图元周围会出现蓝色的临时尺寸，修改尺寸上的数值，就可以修改图元位置。可以通过移动尺寸界线来修改临时尺寸标注，以参照所需构件。点击在临时尺寸标注附近出现的尺寸标注符号，即可修改新尺寸标注的属性和类型（图 2.5–26）。

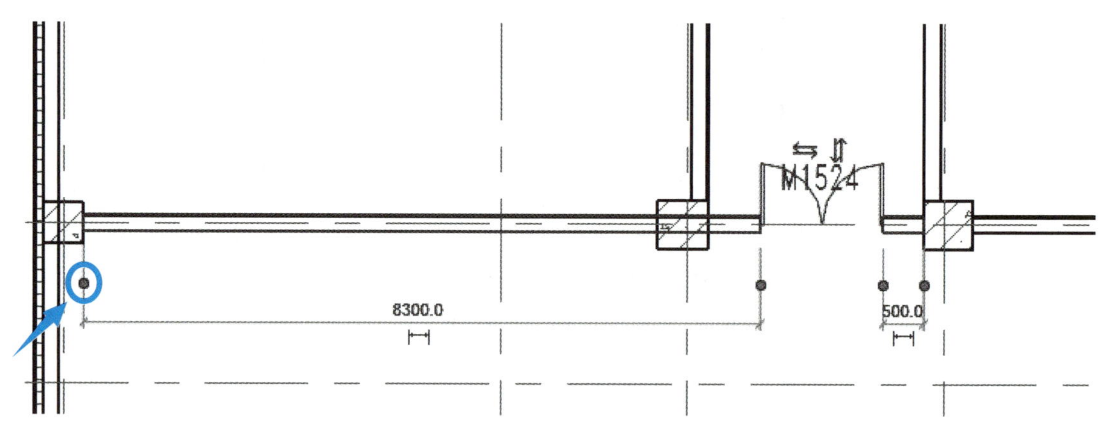

图 2.5–26　临时尺寸标注

2. 5. 3　快捷操作命令

常用快捷键：

为提高工作效率，汇总常用快捷键如表 2.5–1～表 2.5–4 所示，用户在任何时候都可以通过键盘输入快捷键直接访问至指定工具。

建模与绘图工具常用快捷键　　表 2.5–1

命令	快捷键	命令	快捷键
墙	WA	对齐标注	DI
门	DR	标高	LL
窗	WN	高程点标注	EL
放置构件	CM	绘制参照平面	RP

续表

命令	快捷键	命令	快捷键
房间	RM	模型线	LI
房间标记	RT	按类别标注	TG
轴线	GR	详图线	DL
文字	TX		

编辑修改工具常用快捷键　　表 2.5-2

命令	快捷键	命令	快捷键
删除	DE	对齐	AL
移动	MV	拆分图元	SL
复制	CO	修剪 / 延伸	TR
旋转	RO	偏移	OF
定义旋转中心	R3	在整个项目中选择全部实例	SA
列阵	AR	重复上个命令	RC
镜像、拾取轴	MM	匹配对象类型	MA
创建组	GP	线处理	LW
锁定位置	PP	填色	PT
解锁位置	UP	拆分区域	SF

捕捉替代常用快捷键　　表 2.5-3

命令	快捷键	命令	快捷键
捕捉远距离对象	SR	捕捉到远点	PC
象限点	SQ	点	SX
垂足	SP	工作平面网格	SW
最近点	SN	切点	ST
中点	SM	关闭替换	SS
交点	SI	形状闭合	SZ
端点	SE	关闭捕捉	SO
中心	SC		

视图控制常用快捷键　　表 2.5-4

命令	快捷键	命令	快捷键
区域放大	ZR	临时隐藏类别	RC
缩放配置	ZF	临时隔离类别	IC
上一次缩放	ZP	重设临时隐藏	HR
动态视图	F8	隐藏图元	EH

续表

命令	快捷键	命令	快捷键
线框模式	WF	隐藏类别	VH
隐藏线模式	HL	取消隐藏图元	EU
带边框着色显示模式	SD	切换显示隐藏图元模式	RH
细线模式	TL	取消隐藏类别	VU
视图元属性	VP	渲染	RR
可见性图形	VV	快捷键定义窗口	KS
临时隐藏图元	HH	试图窗口平铺	WT
临时隔离图元	HI	视图窗口层叠	WC

【知识拓展】

1. “鸟巢”钢结构设计

国家体育场“鸟巢”的钢结构体系堪称当代建筑工程的典范，其编织状空间结构系统突破了传统建筑形态的范式限制，以蕴含力学张力的美学形式重构了建筑与结构的共生关系。针对超大跨度空间结构在材料力学性能、节点构造技术及施工工艺参数等领域面临的世界级技术挑战，设计团队以创新方法论为指引，重构传统平面受力体系，创新性构建全三维空间桁架结构体系，通过数万次迭代计算与物理模型验证试验，精确解构多维荷载传递机制，成功研发“柔性节点协同控制技术”，运用刚柔耦合的力学平衡原理攻克超大型结构变形协调难题。在工程实施阶段，研发团队首创“累积滑移施工工法”与“三维坐标动态监测系统”，使万吨级钢结构构件实现毫米级安装精度，将极具复杂性的设计理念转化为可实施的技术方案。该工程不仅彰显了建筑技术创新的突破性价值，更蕴含着突破工程极限的实践哲学：其启示行业从业者应以严谨的科学分析为根基，以技术创新为驱动，勇于突破技术认知边界，在工程实践中锤炼创新思维，提升专业素养。面向未来，建筑领域应当汲取鸟巢工程的经验范式，将科技创新深度融入建筑全生命周期，持续突破工程技术瓶颈，推动行业在转型升级中开拓新的发展维度，使技术创新真正成为引领建筑领域发展的核心动能。

2. 青藏铁路生态守护

青藏铁路宛如一条蜿蜒于雪域高原的绿色纽带，在贯通“天路”的进程中，勾勒出人类工程与自然生态和谐共生的壮美画卷。这条穿越可可西里、羌塘等国家级自然保护区的交通大动脉，途经区域多为生态脆弱地带，对冻土、湿地、高原草甸等生态系统极为敏感，一旦遭受破坏便难以恢复。建设者秉持“生态优先”的核心理念，将工程建设转化为守护生态的生动实践。为保障藏羚羊等珍稀物种的迁徙自由，团队参照动物行为学研究，精心设计 33 处涵盖桥梁式、隧道式等多种类型的野生动物通道，在满足动物通行需求的同时，最大限度地降低对其迁徙路线的干扰；在冻土区段，创新采用“以桥代路”技术，使铁路凌空穿越，为高原植被保留生长空间；通过“热棒降温”“碎石护坡”等生态工程技术的集成应用，有效抑制冻土消融，守护了青藏高原的“固态水塔”。青藏铁路的建设实践，是“绿水青山就是金山银山”理念的具象化表达，深刻揭示了建筑工程并非对自然的征服，而是与自然的对话共生。它启示未来的建筑设计者，需将生态伦理融入设计血脉，在追求工程效能的同时，始终心怀对自然的敬畏，以“最小干预、最大保护”为原则，让每一项建筑成果都成为人与自然和谐共处的时代注脚，在工程建设中实现发展与生态的双向守护，筑牢人类共同家园的生态根基。

3. 三峡大坝水利工程

作为长江流域控制性水利枢纽工程的典型代表，三峡大坝以2309m坝轴线长度与185m坝顶高程的技术参数，集成了当代混凝土重力坝建设技术体系，实证了复杂系统工程中多学科理论融合的应用价值。工程实践表明，科研团队通过系统性构建热－力－施工多场耦合分析模型，突破百万立方米级大体积混凝土温控防裂关键技术：基于分形理论的骨料级配优化设计，结合分布式光纤传感网络与全生命周期数字化监控体系，成功将混凝土内部温差控制在设计允许温差阈值（参照《混凝土重力坝设计规范》SL 319—2018）；针对库区复杂岩体结构的稳定性问题，创新性研发预应力锚固－植被混凝土协同支护体系，通过高强预应力锚索群（$\sigma_{con}=1860MPa$）与多孔生态基材（孔隙率≥35%）的复合应用，实现结构安全系数与植被覆盖度的同步提升；在流体动力学领域，基于雷诺平均$N-S$方程建立导流明渠三维数值模型（网格精度≤0.1m），并通过水轮机转轮CFD优化设计使机组效率提升至$\eta \geq 96\%$。该工程以“重大工程复杂系统理论”为方法论指导，系统阐释了工程科学的多维价值范式——运用系统论方法统筹生态－工程耦合关系，依托试验力学手段突破材料性能边界，通过智能监测技术实现工程全要素管控。其建设经验表明：在特大型水利工程建设中，需严格遵循热力学第二定律指导下的熵控理论，同步考虑吉布斯自由能最小化原理对结构稳定的影响，通过建立基于BIM的数字化孪生系统（LOD 500级），方能实现工程科学从理论建构到实践验证的完整闭环，为新时代重大基础设施建设提供可复制的技术范式。

第 2 篇　基础操作篇

第 3 章　创建项目

学习目标

1. 掌握建模标准制定方法。
2. 能够根据项目需求选择合适的样板文件，学会调整快捷键以提高操作效率。
3. 掌握轴网和标高的创建方法。

3.1　制定建模标准

建模标准的制定是为了保证项目各参与方之间工作原则的一致性，避免冲突的发生。这是多人建立一个项目模型以及数据流动的基础。

3.1.1　命名规则

模型文件分为工作模型与整合模型两类：工作模型是指包含设计人员所输入信息的模型文件，通常一个工作模型仅包含项目的部分专业及信息；整合模型是指根据一定规则将多个工作模型加以整合所呈现的成果模型或浏览模型。

命名规则

1. 工作模型文件命名规则

工作模型文件命名一般按照以下几项条目叠加形成：“【项目名称】-【区域】-【专业代码】-【定位楼层】-【版本】-【版本修改编号】”。

各条目具体编写标准为：

【项目名称】：工程名称拼音首字母（大写）；【区域】：区域名称拼音首字母（大写）；【专业代码】：建筑——A，结构——S，暖——M，电——E，水——P；【定位楼层】：地上 F1，F2……，地下 B1，B2……，没有则为 ×；【版本】：A-Z；【版本修改编号】：001，002……。

命名举例：××D×SYL-JLCC-A-×-A-001

举例注释：×× 大学实验楼-吉林长春-建筑-整体-第一版-第一次修改模型。

2. 整合模型文件命名规则

整合模型文件命名一般按照以下几项条目叠加形成：“【项目名称】-【版本】-【版本修改编号】”。

各条目具体编写标准为：

【项目名称】：工程名称拼音首字母（大写）；【版本】：V1.0，V2.0……；【版本修改编号】：001，002……。

命名举例：××D×SYL-V1.0-001

举例注释：×× 大学实验楼－V1.0 版－第一次修改模型。

3. 构件命名规则（表 3.1–1）

构件命名规则表　　表 3.1–1

<table>
<tr><td rowspan="7">土建</td><td>混凝土梁</td><td>【项目名称】–【楼层】–【梁编号】–【材质类型】–【尺寸】
如：××D×SYL－F1－KL1－C30－200×500
（表示：×× 大学实验楼－1 层－框架梁 1－C30 混凝土－200×500）</td></tr>
<tr><td>楼板</td><td>【项目名称】–【楼层】–【楼板编号】–【材质类型】–【厚度】
如：××D×SYL－F1－LB1－C30－200
（表示：×× 大学实验楼－1 层－楼板 1－C30 混凝土－200mm 厚）</td></tr>
<tr><td>结构柱</td><td>【项目名称】–【楼层】–【柱编号】–【材质类型】–【尺寸】
如：××D×SYL－F1－KZ1－C30－500×500
（表示：×× 大学实验楼－1 层－框架柱 1－C30 混凝土－500×500）</td></tr>
<tr><td>墙体</td><td>【项目名称】–【楼层】–【墙类型＋编号】–【材质】–【厚度】
如：××D×SYL－F1－JLQ1－C30－400
（表示：×× 大学实验楼－1 层－剪力墙 1－C30 混凝土－400mm 厚）</td></tr>
<tr><td>门族</td><td>【门类型代号】–【宽度】×【高度】
（M——木门；LM——铝合金门；GM——钢门；SM——塑钢门；JM——卷帘门；左开、右开）
如：M－900×2100
（表示：900mm 宽，2100mm 高的普通木门）</td></tr>
<tr><td>洞口</td><td>【洞口】–【宽度】×【高度】
如：洞口－1500×1800
（表示：1500 mm 宽，1800mm 高的洞口）</td></tr>
<tr><td>窗族</td><td>【C】–【宽度】×【高度】
如：C－1500×1800
（表示：1500mm 宽，1800mm 高的窗）</td></tr>
<tr><td>机电</td><td>系统设备</td><td>【项目名称】–【定位楼层】–【系统 / 设备名称】–（回路号）
如：××D×SYL－F1－送风系统 –（A1）
（表示：×× 大学实验楼－1 层－送风系统－A1 回路）</td></tr>
</table>

3.1.2　色彩规定

为了方便项目参与各方协同工作时易于理解模型的组成，特别是水暖电模型系统较多，通过对不同专业和系统模型赋予不同的模型颜色，将有利于直观快速地识别模型。各构件使用系统默认的颜色进行绘制，建模过程中，发现问题的构件使用红色进行标记。BIM 模型色彩以 CAD 图层标准为基础，并结合机电深化设计和管线综合的需求进行了细化与调整。如果模型来自设计模型，可继续沿用原有模型颜色，并根据施工阶段的需求增加和调整模型颜色。如果模型是在施工阶段时创建，可参照相应标准设置颜色。

3.1.3　CAD 底图处理

为保证 Revit 作图过程中导入的 CAD 底图完整性、准确性与可利用性，需在绘制三维模型前，将原 CAD 底图进行适当处理。

1. 分图

将单专业全体图纸按照各层图纸单层存储，并适当地删除不必要的图元（图 3.1–1）。

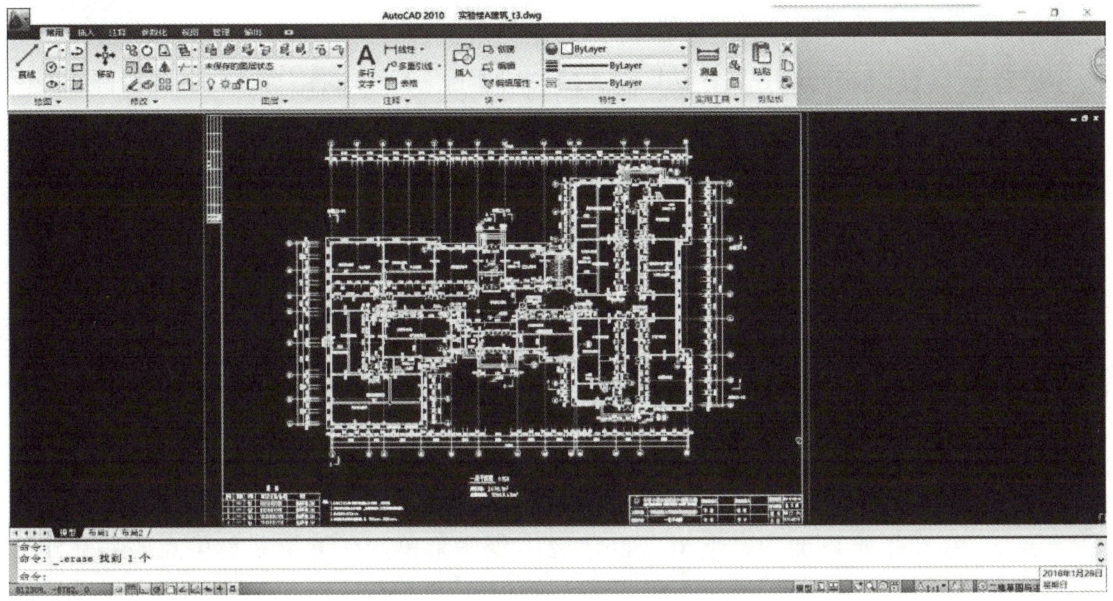

图 3.1–1　CAD 底图预处理分图

2. 移动参照点

为方便导入的多张图纸可完全重合，且避免在 Revit 软件中重复作业，需在建模前将已经分好的各张 CAD 底图移动到项目原点（图 3.1–2）。移动原则为所移动的参照点应选择该底图 A 轴与 1 轴的交汇点。

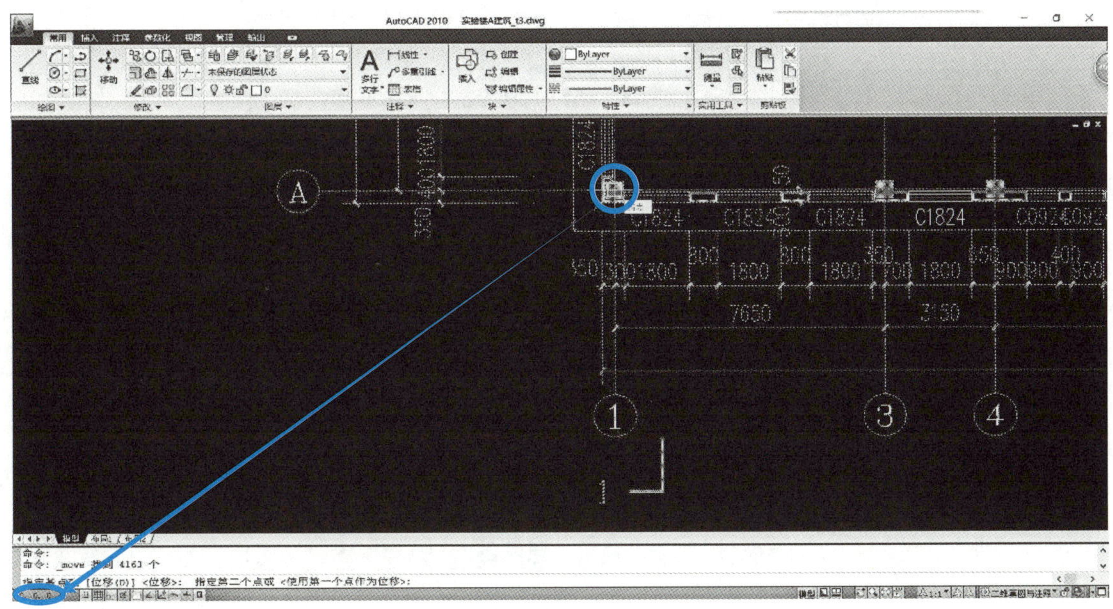

图 3.1–2　CAD 底图预处理移动参照点

3.2 项目设置

3.2.1 选择样板文件

基点及项目设置

方法一：运行 Revit 2016 后，在启动界面的“项目”栏中选择“新建 Revit 项目文件”命令（图 3.2–1），在弹出的“新建项目”对话框中选择相应的样板（图 3.2–3）。

图 3.2–1　新建 Revit 项目文件（一）

方法二：在用户界面中，点击左上角应用程序菜单，在下拉菜单中点击“新建”（图 3.2–2），在弹出的“新建项目”对话框中选择相应的样板（图 3.2–3）。

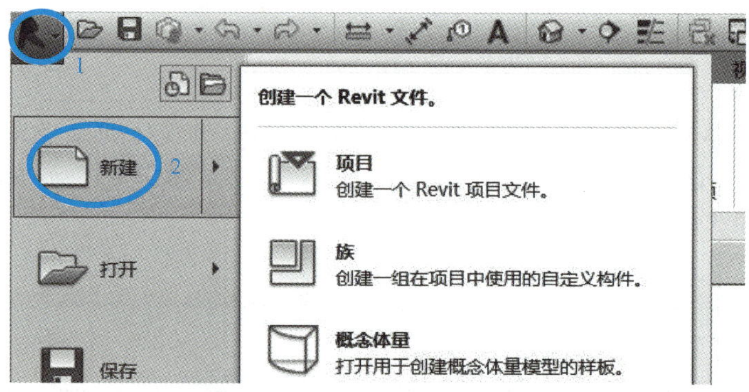

图 3.2–2　新建 Revit 项目文件（二）

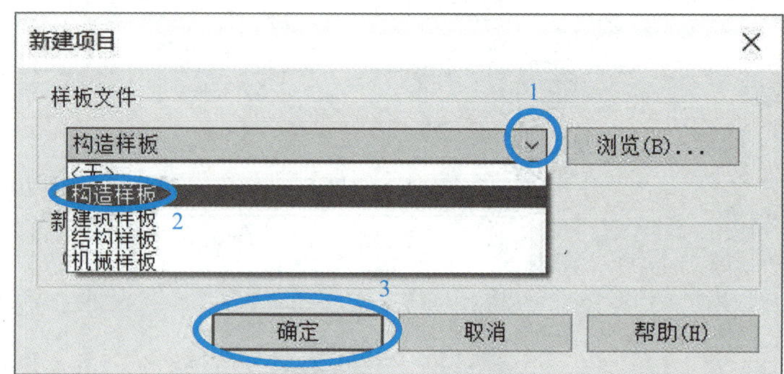

图 3.2–3　选择样板

一般建筑专业选择“建筑样板”，结构专业选择“结构样板”。如果项目中既有建筑又有结构，或者说不完全为单一专业建模，就选择“构造样板”。但构造样板中缺乏部分专业族，需在绘图过程中自行载入（如结构专业中的钢筋族）。

由于本书所讲解的实际案例工程既包含建筑部分，也包含结构部分，且本书的建模方法为建筑专业与结构专业同时建模，故应选择“构造样板”。

注意：进入样板后，应检查所进入样板与所选择样板是否一致。若不一致，是由于软件自行挂接存在一定问题，需手动寻找项目样板。寻找方法为：在“新建项目”对话框中点击“浏览”按钮，进入“选择样板”对话框后，选择路径“C 盘 /ProgramData/RVT 2016/Templates/China/…”（图 3.2-4）。

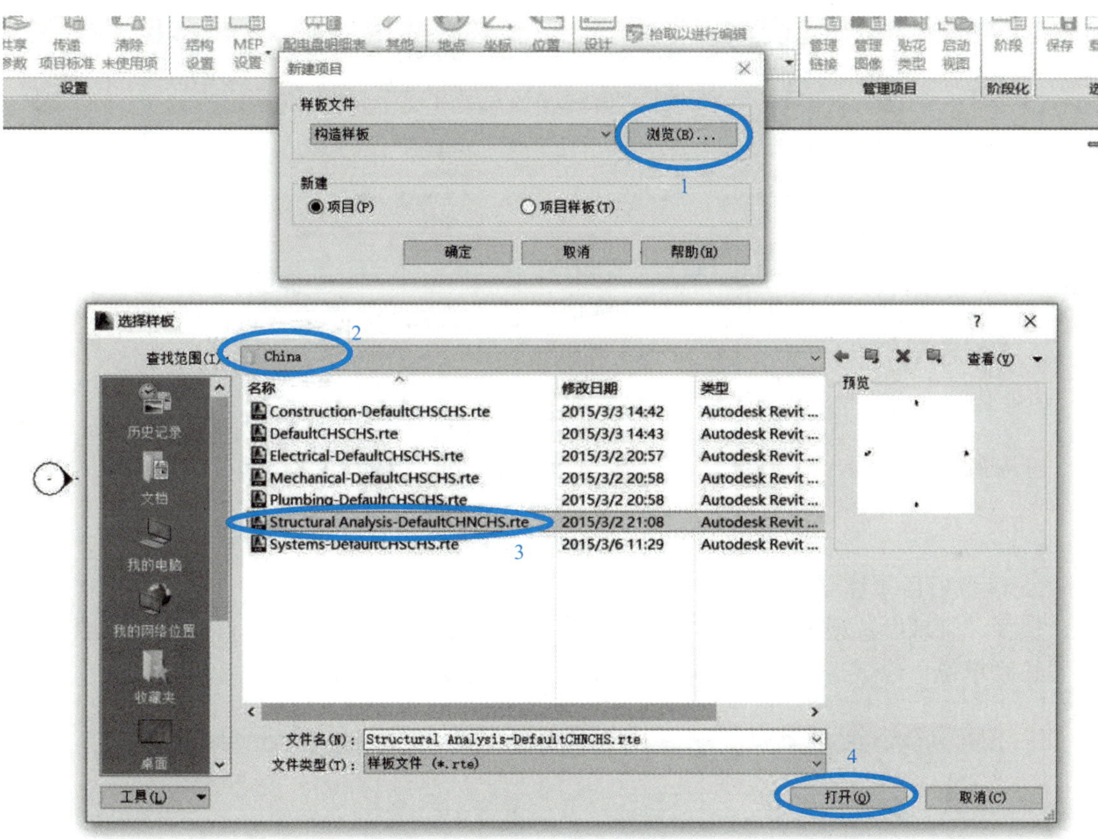

图 3.2-4　手动寻找项目样板

3. 2. 2　设置基本信息

1. 设置项目信息

进入用户界面后，选择“管理”选项卡，点击“项目信息”命令按钮，在弹出的“项目属性”对话框中进行设置（图 3.2-5）。主要是作者、名称、地址等内容，这些内容后期可以选择性出现在图框中。在此处设置，可以给其他专业如结构、设备专业随时调用。本书案例工程的所有项目信息，可根据实际情况如实填写。

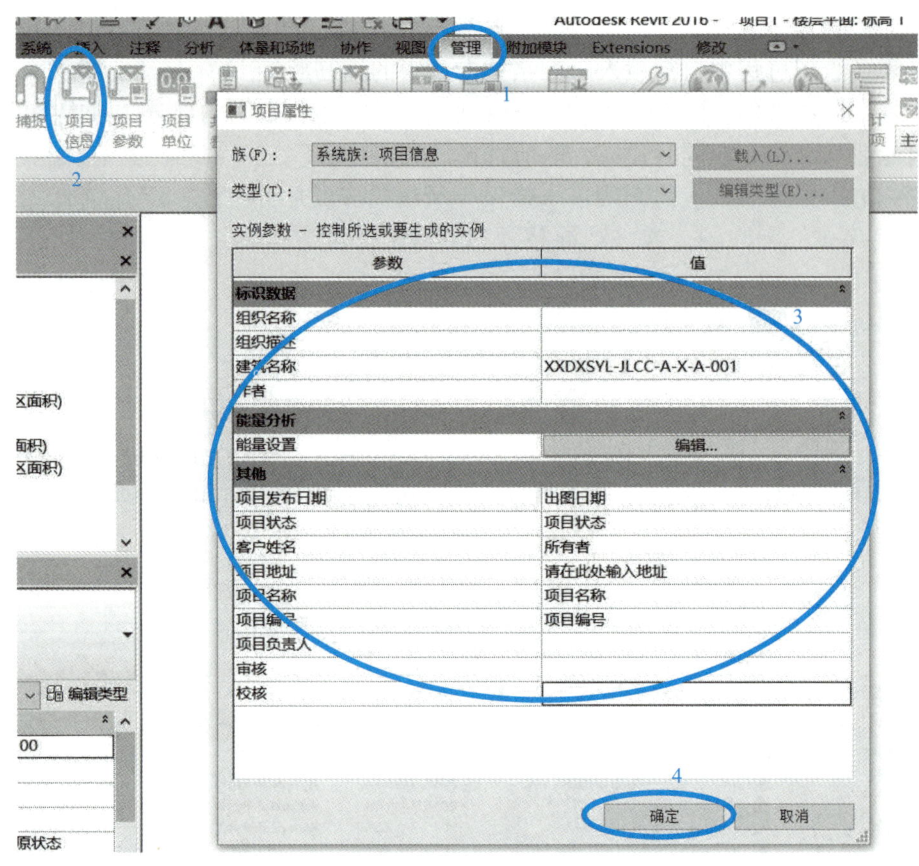

图 3.2–5　设置项目信息

2. 设置项目单位

选择“管理”选项卡，点击“项目单位”命令按钮，在弹出的“项目单位”对话框中，设置长度单位，以“毫米”为单位，舍入为“0 个小数位”精度（图 3.2–6）。

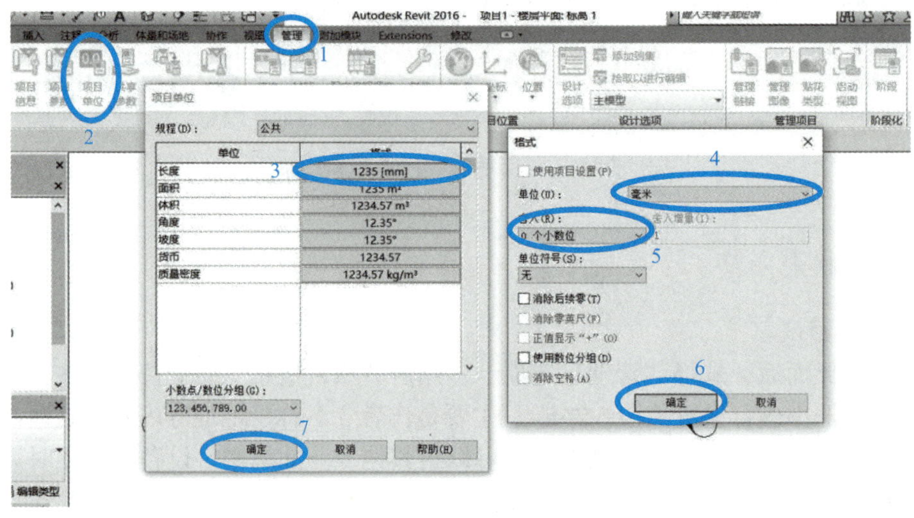

图 3.2–6　设置项目单位

3. 设置地点

选择“管理”选项卡，点击“地点”命令按钮，在弹出的“位置、气候和场地”对话框中拖曳定位点至工程所在地，点击“搜索”按钮，在“项目地址”一栏中核对地址信息，核对无误点击确定。本案例选取“吉林省长春市宽城区”（图 3.2–7）。

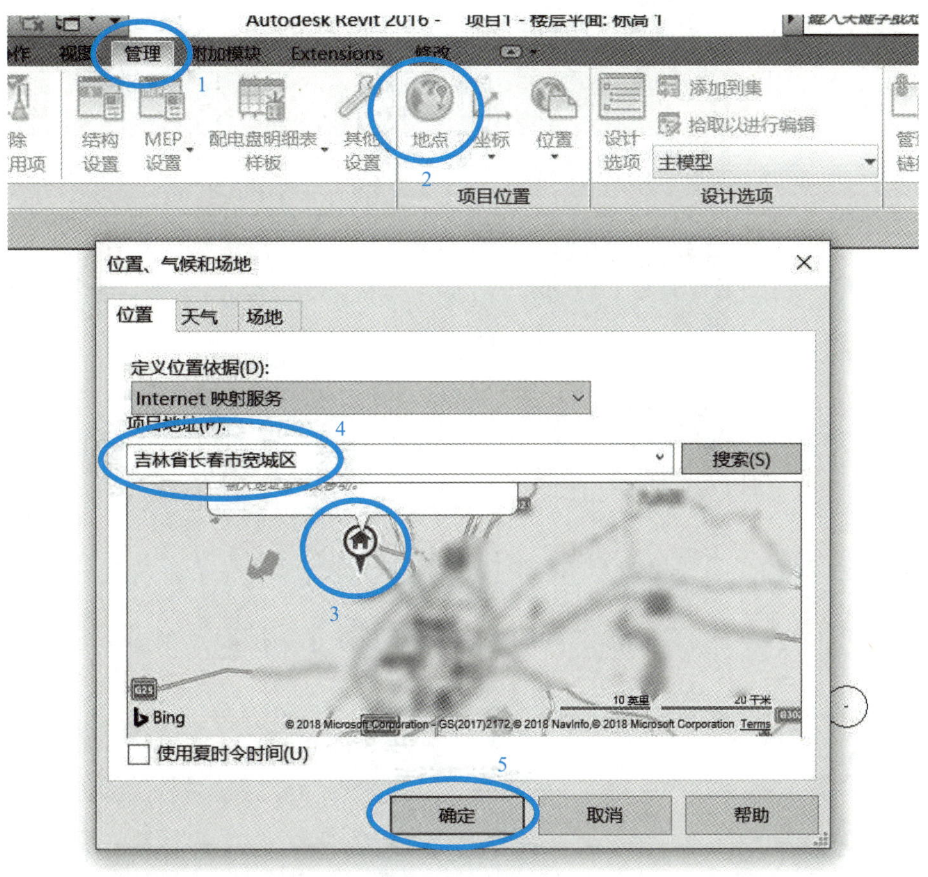

图 3.2–7　设置地点

注意：设置地点的操作容易被忽略，其实此步骤非常重要。建筑日照、建筑气候区划节能标准、图集的选用都要依靠这一步操作。

4. 调整快捷键

以默认三维快捷键设置为例：点击左上角应用程序菜单中的“选项”命令按钮，在弹出的“选项”对话框中点击“快捷键自定义”按钮，接着在弹出的“快捷键”对话框中找到“默认三维”字样，在“按新键”输入条中，将 F4 键指定给“三维视图：默认三维视图”命令（图 3.2–8）。

注意：按 F4 键的时候，Revit 中显示为 Fn4，这是正确的。在本书操作中，会在二维与三维之间频繁切换，用 F4 键可以提高操作效率。

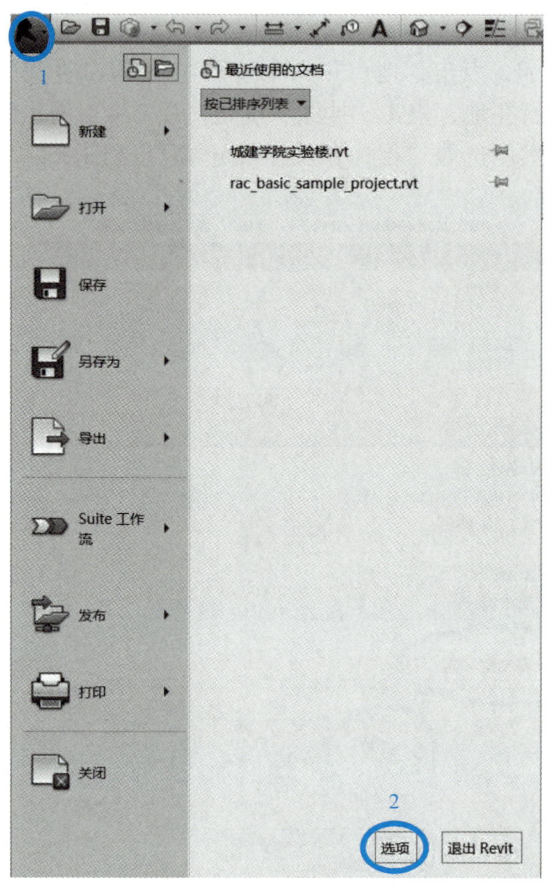
1
最近使用的文档
按已排序列表
新建
城建学院实验楼.rvt
rac_basic_sample_project.rvt
打开
保存
另存为
导出
Suite 工作流
发布
打印
关闭
2
选项
退出 Revit

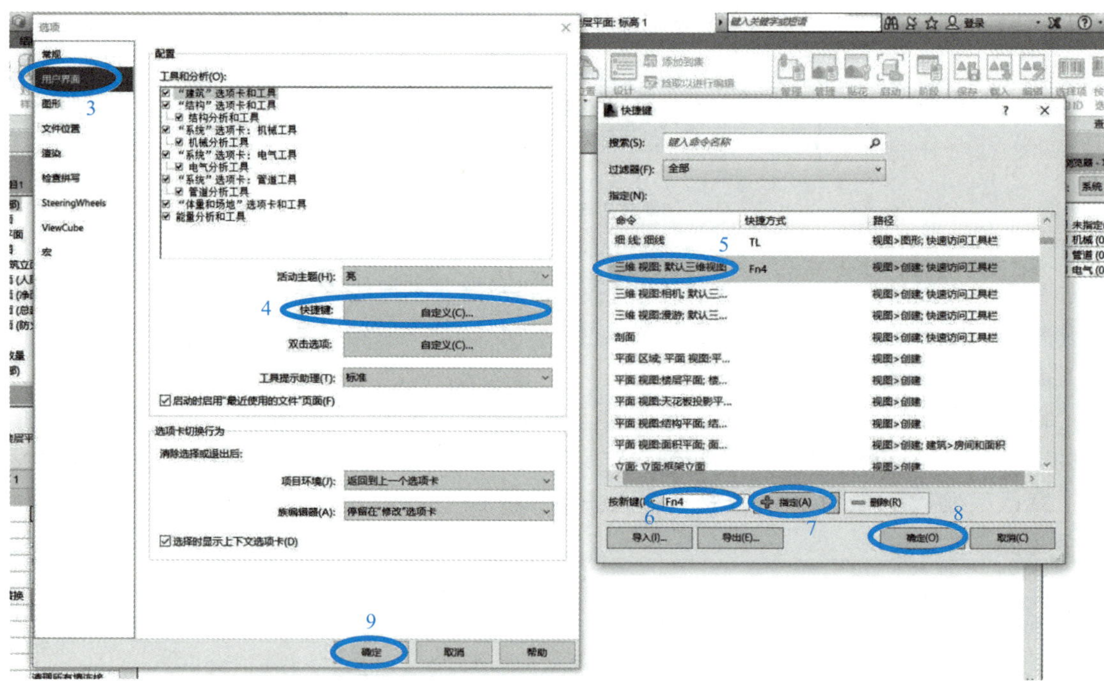
选项
常规
用户界面
3
图形
文件位置
渲染
检查拼写
SteeringWheels
ViewCube
宏
配置
工具和分析(O):
活动主题(H):
亮
4
快捷键:
自定义(C)...
双击选项:
自定义(C)...
工具提示助理(T):
标准
启动时启用"最近使用的文件"页面(F)
选项卡切换行为
项目环境(J):
返回到上一个选项卡
族编辑器(A):
停留在"修改"选项卡
选择时显示上下文选项卡(D)
9
确定
取消
帮助
快捷键
搜索(S):
过滤器(F):
全部
指定(N):
命令
快捷方式
路径
细线: 细线
TL
5
三维 视图: 默认三维视图
Fn4
剖面
按新键(:
Fn4
6
指定(A)
7
删除(R)
导入(I)...
导出(E)...
8
确定(O)
取消(C)

图 3.2-8 调整快捷键

3.3　标高系统

标高识图

在 Revit 绘图中，一般为先创建标高，再绘制轴网。这可以保证后画的轴网系统正确体现在每一个标高（建筑和结构两个专业）视图中。在 Revit 中，标高标头上的数字是以“米”为单位的，其余位置以“毫米”为单位，在绘制中要注意，避免出现单位上的错误。

在一层楼的标高系统中，建筑标高肯定高于结构标高。在住宅设计中，建筑标高比结构标高高出 30～50mm，而在公共建筑设计中，建筑标高比结构标高高出 100mm 左右，本案例中的高差是 100mm。

3.3.1　定义标高标头的族

由于 Revit 中的标高标头族是各专业通用的，而本案例中建筑与结构专业的标高系统在一个项目文件中，为了方便作图，会把建筑与结构两个专业的标高区分开。由于系统自带标高族为“建筑专业”标高族，故本节将介绍如何将建筑标高族修改成“结构专业”标高族。

1. 打开标高族

点击左上角应用程序菜单中的“打开”按钮旁的小三角按钮，选择“族”命令，在弹出的“打开”对话框中选择“注释”→“符号”→“建筑”→“标高标头上 .rfa”的族文件，点击“打开”按钮（图 3.3–1）。

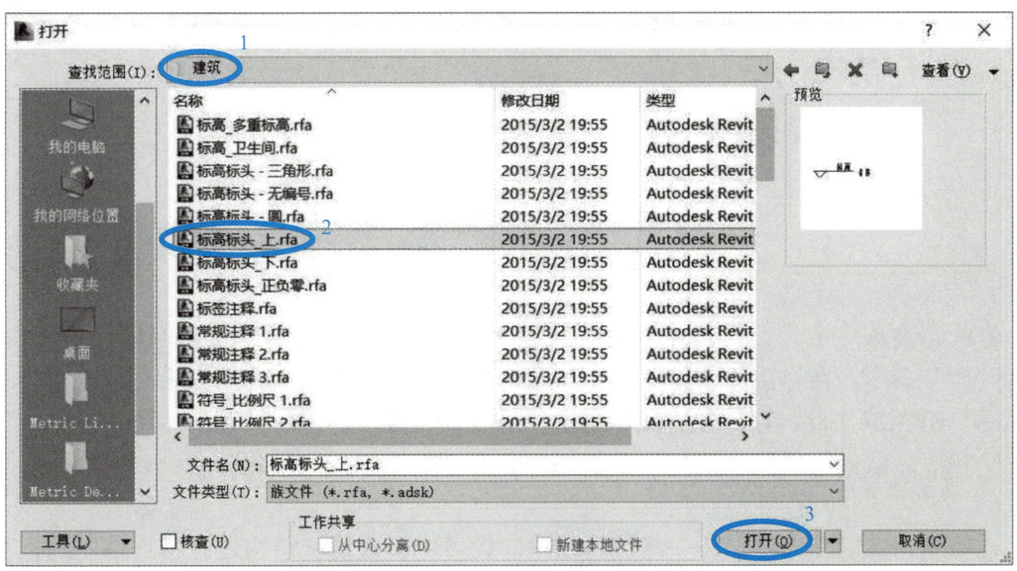

图 3.3–1　打开标高族

2. 修改标高族

选择屏幕操作区标高标头中的“名称”文字，在属性对话框中点击“编辑”按钮，在弹出的“编辑标签”对话框中，在前缀位置中输入“结构：”字样，在后缀中输入“层”字样，点击“确定”按钮（图 3.3–2）。

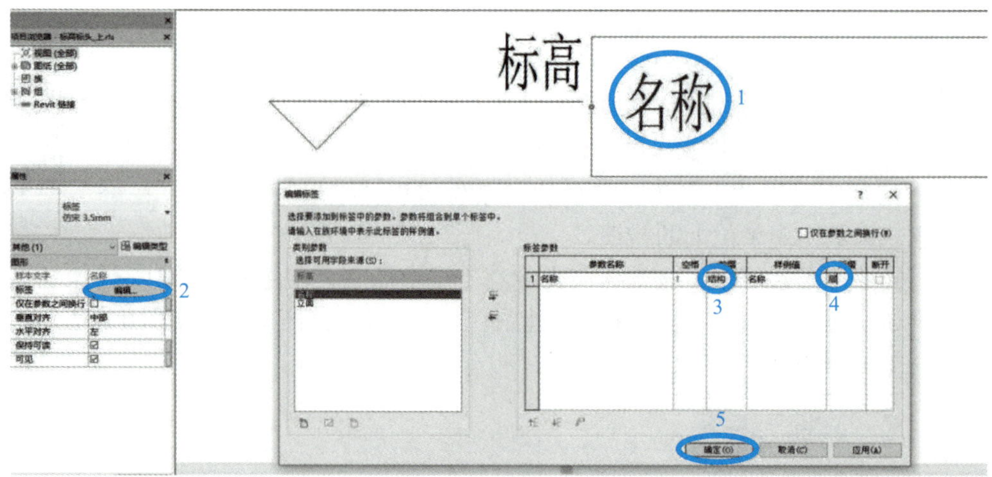

图 3.3–2　修改标高族

操作后可以观察到，屏幕操作区的标高标头的文字变为“结构：名称层”字样，在插入该标高族后，其名称字样变为相应的层号（图 3.3–3）。

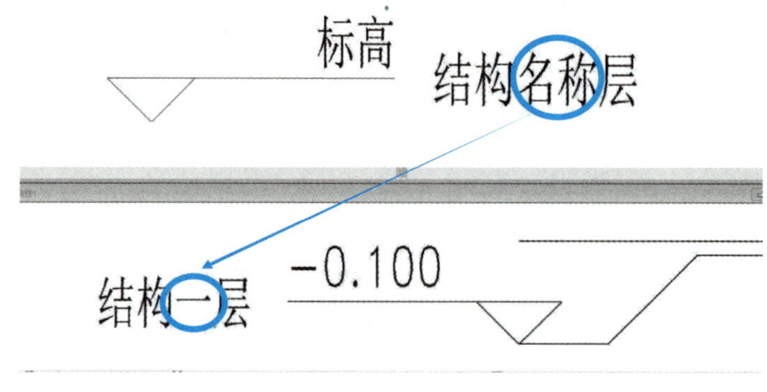

图 3.3–3　结构标高族成果

3. 另存为结构标高

修改标高族完成后，点击左上角应用程序菜单中的“另存为”按钮旁的小三角按钮，选择“族”命令，在弹出的“另存为”对话框中将已经调整好的标高标头文件另存为“结构标高”RFA 族文件，存储位置应尽量选择易查找位置，方便后续调用（图 3.3–4）。

3. 3. 2　建筑专业标高系统绘制

在房屋建筑的三大专业——建筑、结构、设备中，建筑与结构是有各自独立的标高系统的，而设备专业是依赖于这两个专业的标高系统。因此在本案例中，建筑与结构两个专业的标高在一个项目文件中。这个带有标高系统的项目文件，一次性可以提供给三大专业。

1. 查看建筑标高

选择项目浏览器中的“立面（建筑立面）”，点击“东”立面命令按钮，可以观察到系统自带的一些标高（图 3.3–5）。注意：标高只能在立面视图中创建与编辑。

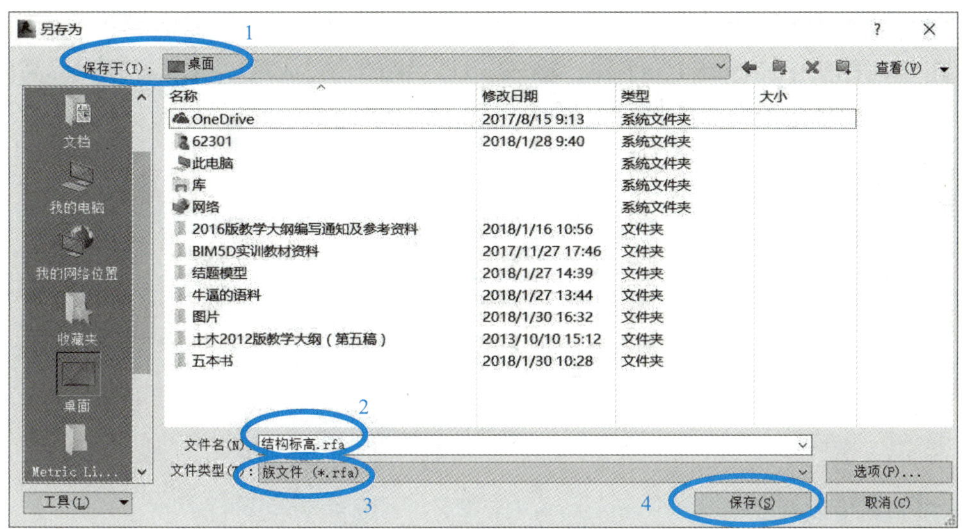

图 3.3–4　另存为结构标高

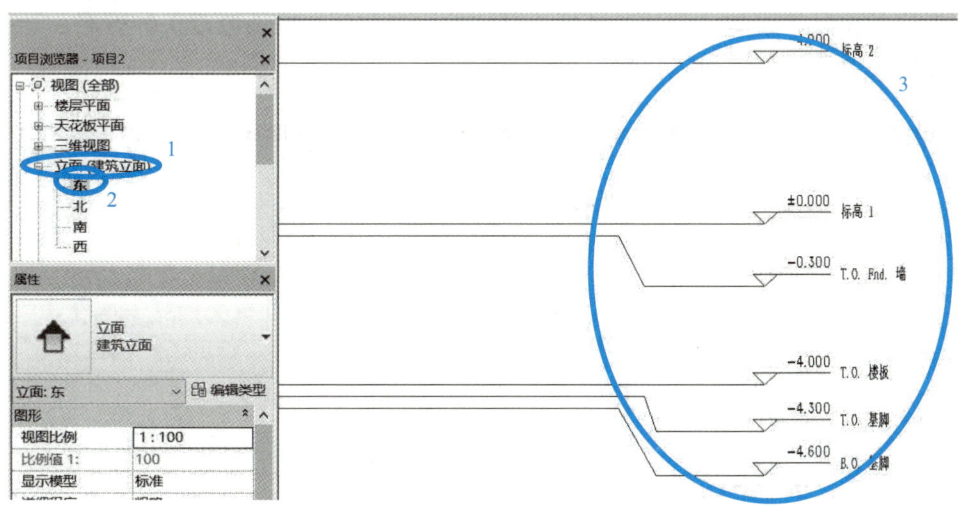

图 3.3–5　查看建筑标高

2. 删除不需要的建筑标高

选择除“±0.000 标高 1”以外的所有标高，按 Delete 键将其删除。删除后，可以观察到“标高 1”与项目浏览器中的楼层平面视图“标高 1”相对应（图 3.3–6）。

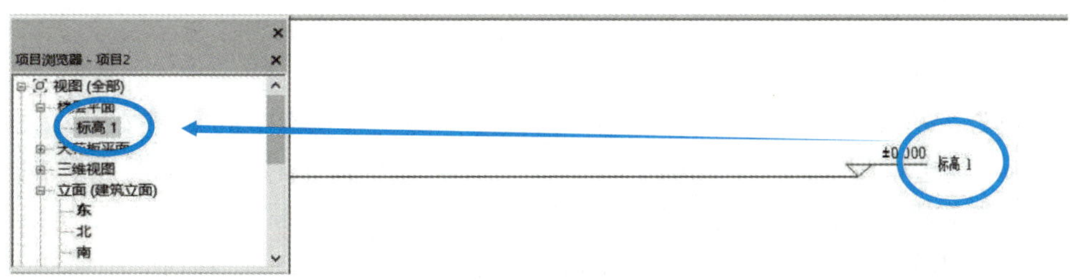

图 3.3–6　删除不需要的建筑标高

3. 更改建筑标高名称

双击标高标头中“标高 1”字样，输入“1F”字样。完成后，可以观察到标高的名称与项目浏览器中楼层平面视图相对应都改为 1F（图 3.3–7）。

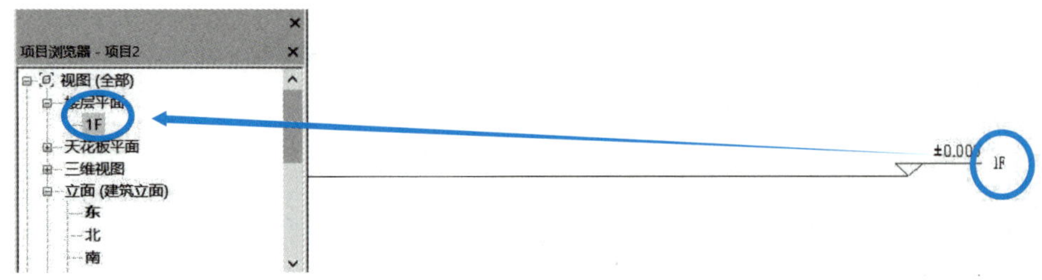

图 3.3–7　更改建筑标高名称

4. 绘制其他层标高

（1）添加其他层标高

点击“建筑”选项卡中的“标高”按钮，进入标高绘制界面，在绘图区域以 1F 标高左右相对应的位置，绘制一个任意高度（具体的标高数值在后面修改）的标高，绘制完成后根据图纸更改楼层名称与标高数值（图 3.3–8）。

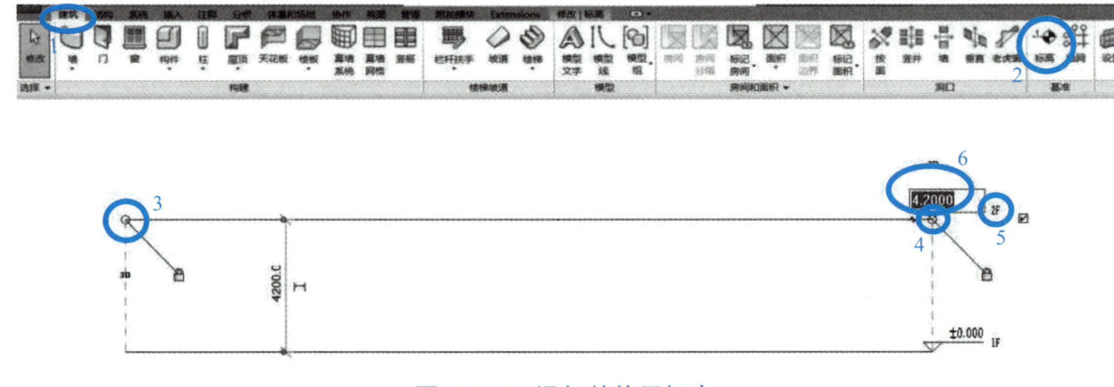

图 3.3–8　添加其他层标高

（2）阵列标高

选择已经建好的 2F 标高，点击“修改 | 标高”选项卡中的阵列按钮，取消选中“成组并关联”复选框，“项目数”设为 4，“移动到”选“第二个”选项，点击 2F 标高的任意一点，将光标向上移动，输入数值 3900，按“Enter”键完成对标高的阵列（图 3.3–9）。系统会以 3900mm 为间距，生成三个楼层的标高，生成后手动更改各楼层层号。

（3）复制标高

选择已经阵列生成的 5F 标高，点击“修改 | 标高”选项卡中的复制按钮，选中“约束”“多个”复选框，点击 5F 标高的任意一点，将光标向上移动，输入数值 5400，按“Enter”键完成对第一条标高的复制，连续输入 2400，按“Enter”键完成对第一条标高的复制（图 3.3–10）。复制后，将生成的两个标高名称改成“女儿墙层”与“出屋面层”。

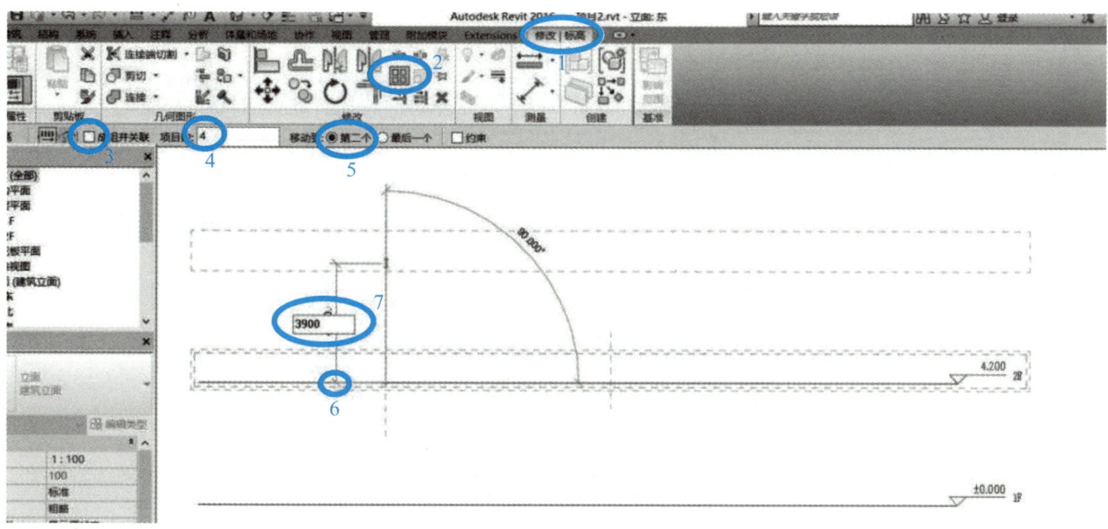

图 3.3-9　阵列标高

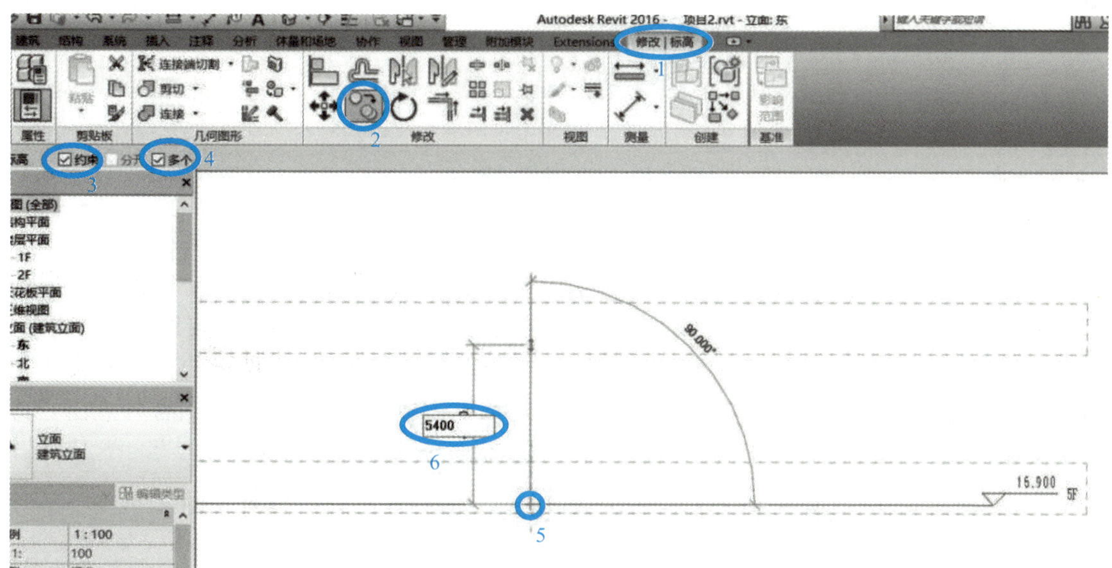

图 3.3-10　复制标高

注意：在标高间距一样的情况下，应使用阵列命令进行标高的绘制，这样可以一次性生成多个间距一致的标高。在标高间距不一样的情况下，应使用复制命令进行标高的复制。

完成“女儿墙层”与“出屋面层”的复制绘制后，还应在建筑标高系统中用同样的方法，在 1F 的基础上向下复制室外地坪标高。

5. 生成与标高相对应的楼层平面视图

选用复制与阵列的方法绘制的标高，将无法在楼层平面视图下显示，需进行手动添加。选择“视图”选项卡中的“平面视图”按钮，点击“楼层平面”命令，在弹出的“新建楼层平面”对话框中，选择还未生成楼层平面视图的所有标高，并点击“确定”按钮（图 3.3-11）。完成此步操作后，可以在“项目浏览器”面板中观察到系统生成了与标高相对应的楼层平面视图。

图 3.3–11　添加楼层平面

6. 建立建筑标高类型

在 Revit 中，标高是族的一个类型，如果建立的建筑标高此处不全为单一族类型，则在结构标高绘制中产生联动变化，所以此步骤是建筑与结构在同一模型下共建的关键一步。

框选全部标高，在右侧“属性”栏中选择“编辑类型”按钮，在弹出的“类型属性”对话框中点击“复制”按钮，在弹出的“名称”对话框中输入“建筑标头”名称并点击“确定”按钮（图 3.3–12）。

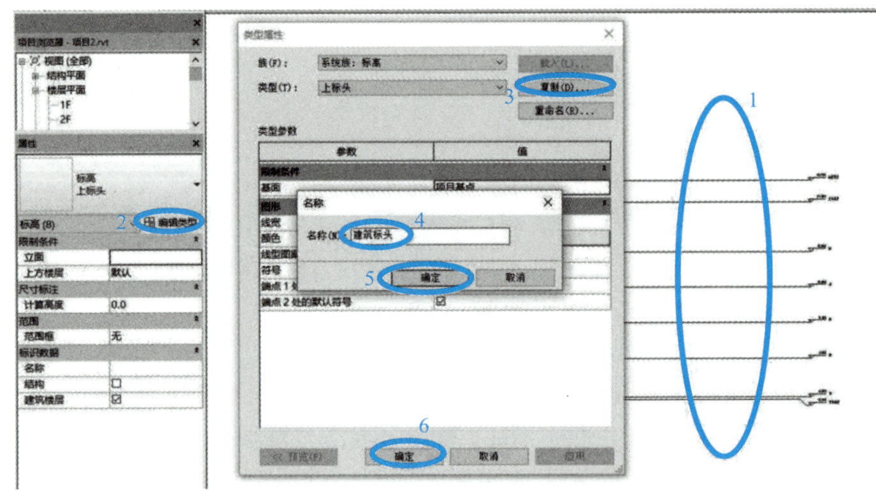

图 3.3–12　建立建筑标高类型

3.3.3　结构专业标高系统绘制

建筑与结构的标高系统在一个文件中有很多优势，可以将此文件共享，让建筑、结构、设备专业调用。修改这个文件时，建筑、结构、设备专业联动变化，可以很清楚地观察到建筑与结构专业的构件在垂直尺寸上的关系。

1. 绘制结构标高

点击“结构”选项卡中的“标高”按钮，在任意高度自右向左（和已有的建筑标高反方向）绘制一条标高线（图 3.3–13）。

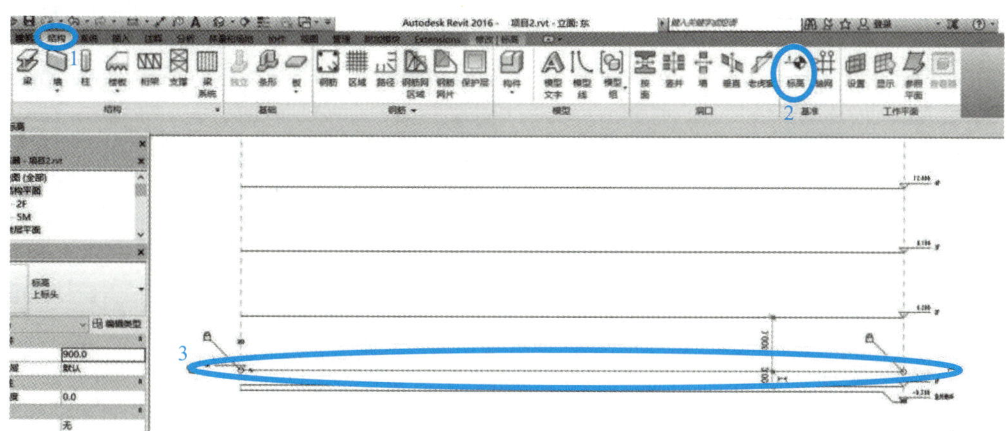

图 3.3–13　绘制结构标高

2. 载入结构标高族

在“插入”选项卡中选择“载入族”按钮，在弹出的“载入族”对话框中找到 3.3.1 节中所建立的“结构标高”RFA 族文件，点击“打开”（图 3.3–14）。

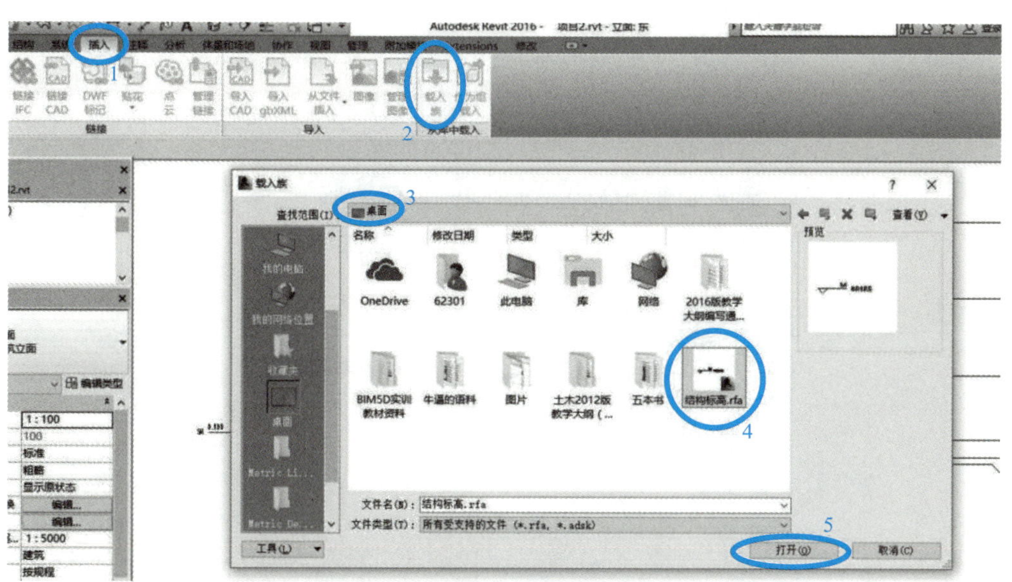

图 3.3–14　载入结构标高族

3. 建立结构标高类型

选择刚绘制的结构标高，在“属性”面板中点击“编辑类型”按钮，在弹出的“类型属性”对话框中点击“复制”按钮，在弹出的“名称”对话框中输入“结构标高”名称并点击“确定”按钮（图 3.3–15）。命名完成后需选择符号类型，在“符号”栏中选择“结构标高”并点击“确定”按钮（图 3.3–16）。

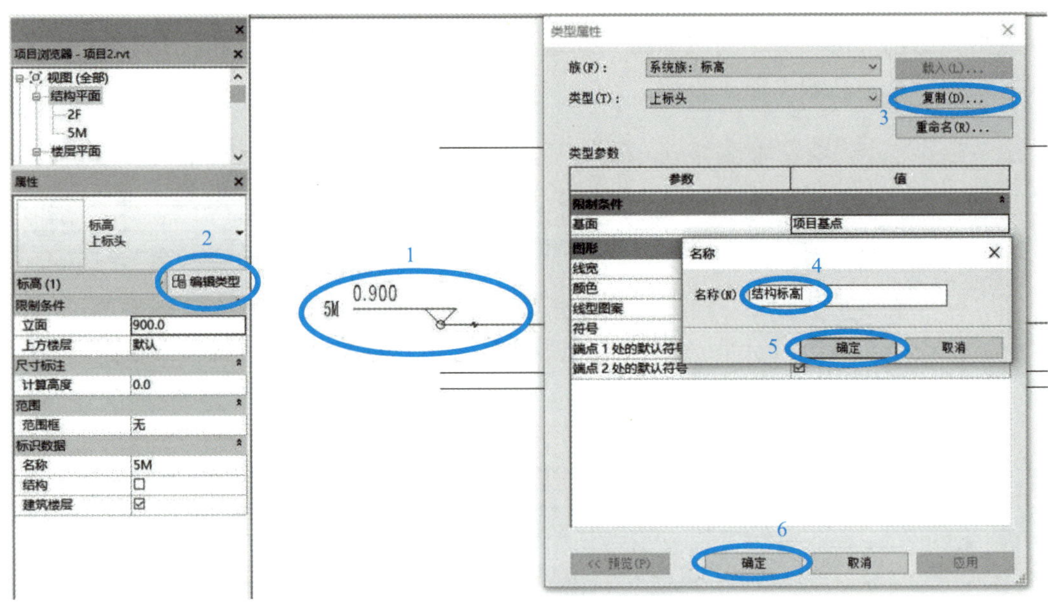

图 3.3–15　建立结构标高类型

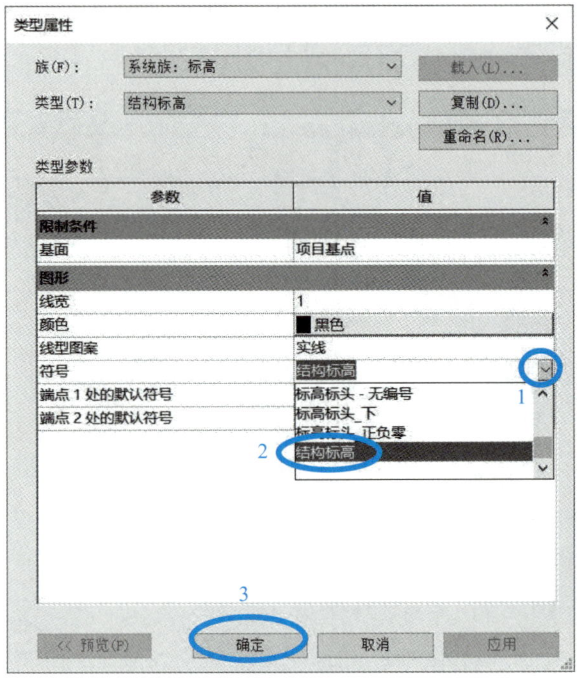

图 3.3–16　更改结构标高符号类型

4. 更改结构标高的名称与数值

更改标高数值为 -0.100，重命名为“结构一层”，此时在项目浏览器中的结构平面栏会有“一”这个结构平面视图。在结构平面删除其他非结构标高，在楼层平面删除非建筑标高（图 3.3–17）。

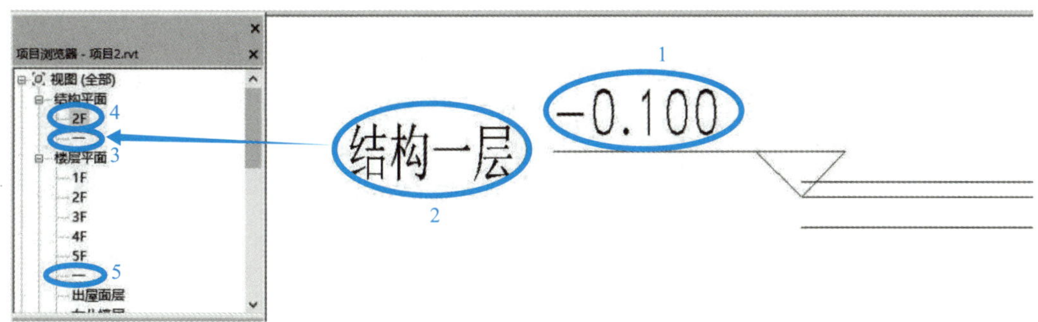

图 3.3–17 更改结构标高符号类型

5. 绘制其他结构标高

按照建筑标高中介绍的“复制”与“阵列”方法，绘制其他结构标高。绘制完成后，将所建立的结构标高全部生成与标高相对应的结构平面视图（图 3.3–18）。

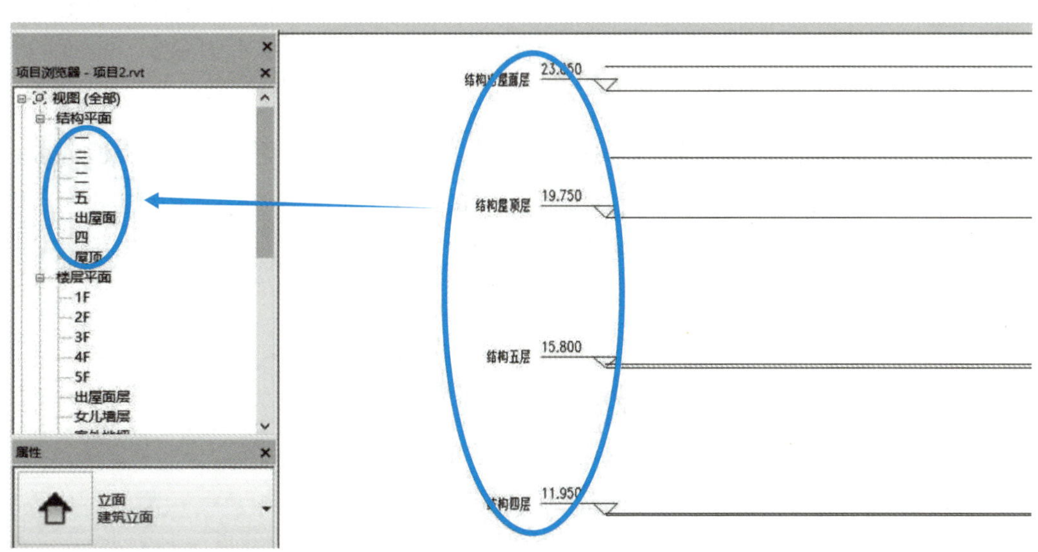

图 3.3–18 绘制其他结构标高

3.3.4 标高编辑

选择标高线，会出现标高间尺寸、控制符号等（图 3.3–19）。

（1）点击标高间尺寸数字或标头数字，可完成对间隔的修改。

（2）标头“隐藏 / 显示”，控制标头符号的关闭与显示。

（3）点击“添加弯头”的折线符号，可偏移标头，用于标高间距过小时的图面内容调整。

（4）点击蓝圈“拖动点”可进行标头位置调整。

（5）“标头对齐锁”按钮可保证拖曳一个标头，使之全部在同一“标头对齐线”上的标头同时移动。

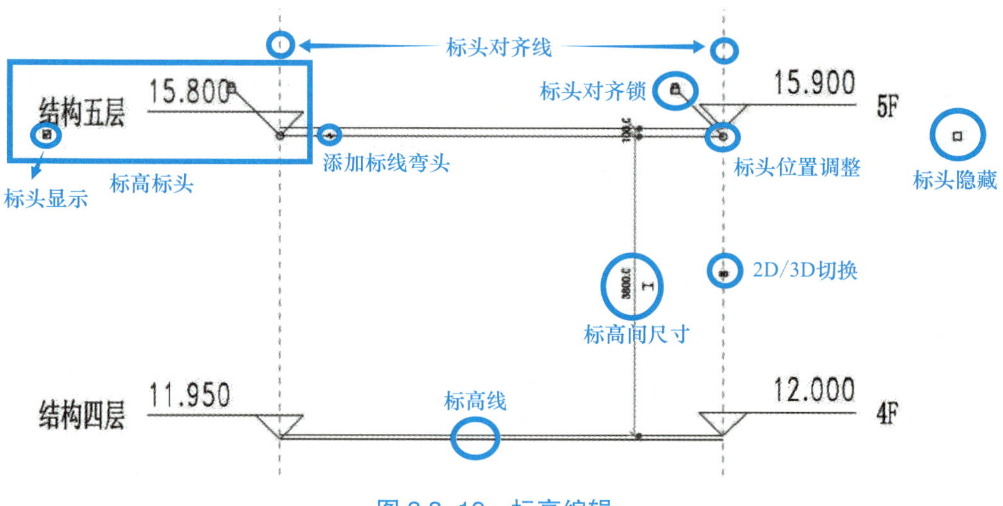

图 3.3–19　标高编辑

标高作为重要建模参照，为避免其在建模过程中发生移动，需对标高进行锁定，使其无法移动、删除、修改。选中全部标高线，在“修改 | 标高”选项卡中点击“锁定”按钮（图 3.3–20）。

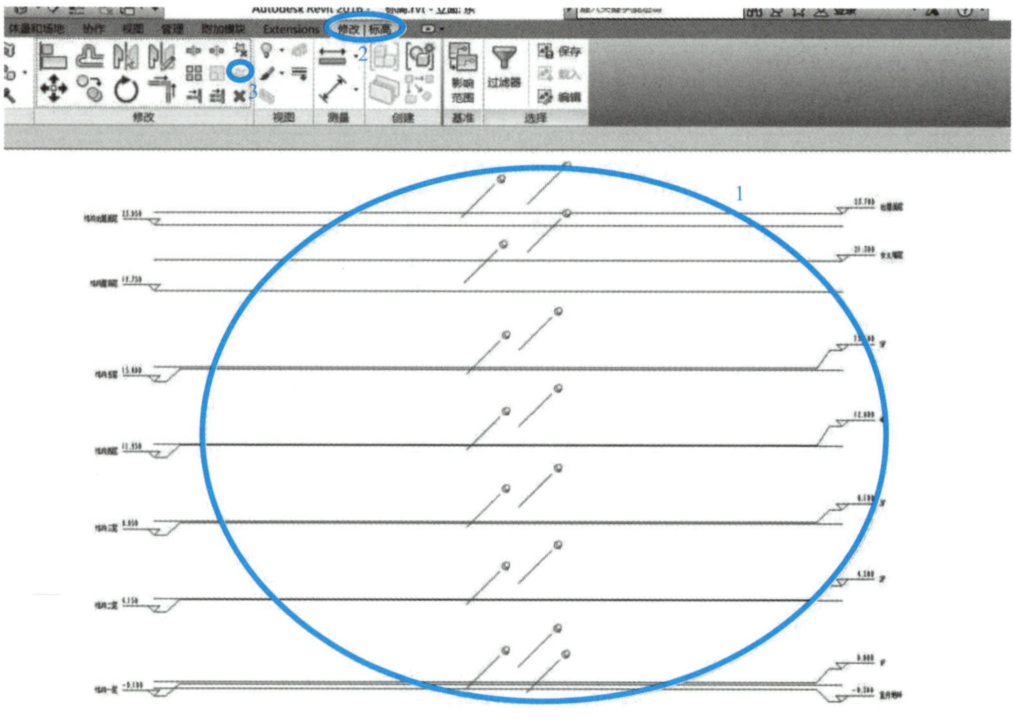

图 3.3–20　标高锁定

3.4　轴网的设计

轴网识图与绘制

平面定位轴线是确定房屋主要构件位置和标志尺寸的基准线，是施工放线和安装设备的依据。确定建筑平面轴线的原则是：在满足建筑使用功能要求的前提下，统一与简化结构、构件的尺寸和节点构造，减少构件类型的规格，扩大预制构件的通用与互换性，提高施工装配化程度。

3.4.1　创建轴网

定位轴网的具体位置，因房屋结构体系的不同而有所差别，定位轴线之间的距离及标志尺寸应符合模数制的要求。在模数化空间网格中，确定主要结构位置的定位线为定位轴线，其他网格线为定位线，用于确定模数化构件的尺寸。

1. 切换到 1F 楼层平面视图

为保证所建立的轴网通用性与标准型要求，需进入首层平面视图绘制轴网。在项目浏览器中，点击“楼层平面”栏中的“lF”视图，从立面进入 1F 楼层平面视图。

注意：轴网只能在平面视图中绘制。

2. 绘制一根水平轴线

点击“建筑”选项卡中的“轴网”按钮，在“修改 | 放置轴网”选项卡中点击“直线”按钮，从屏幕操作区的左侧向右侧绘制一条任意长度的水平轴线（图 3.4–1）。

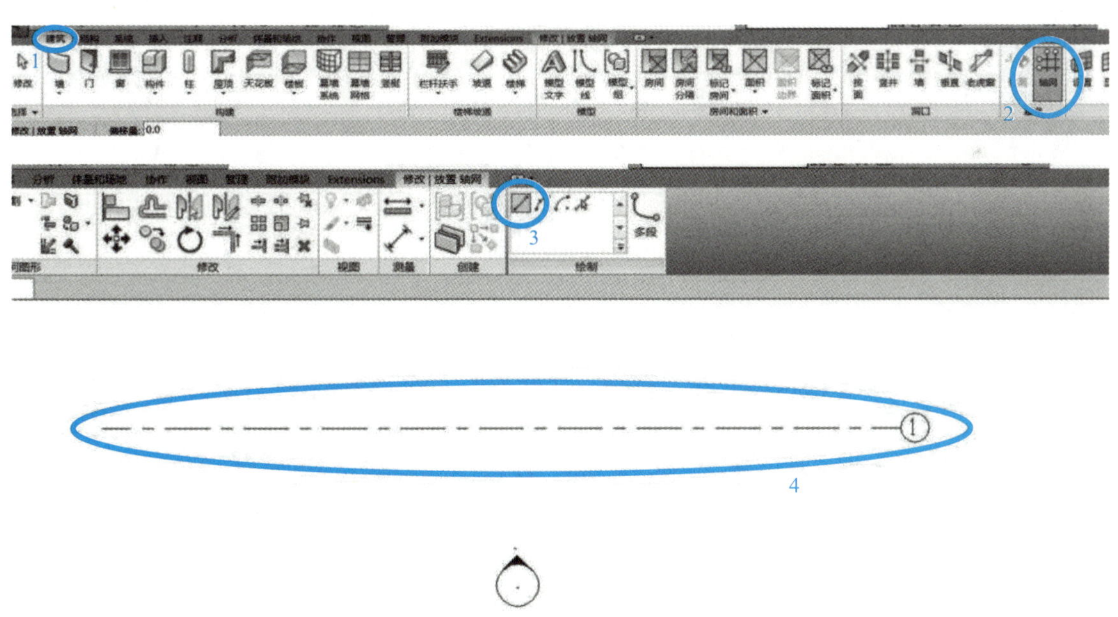

图 3.4–1　绘制一根水平轴线

3. 更改轴号

默认情况下，无论是绘制的水平还是垂直轴线，第一线都被系统命名为 1 轴。案例图纸中所标横向第一根轴号为 A 轴，且因我国的建筑制图标准规定，水平方向轴线的轴号以字母命名，而垂直方向轴线的轴号以数字命名，为保证绘图过程的准确性，需对其进行修改。双击轴头，输入字母“A”。在轴线的左侧，点击轴号显示框，显示此处的轴号，使其绘制的轴线双侧显示轴号（图 3.4–2）。

图 3.4–2　更改轴号

4. 绘制其他轴线

（1）阵列轴线

选择已经绘制完成的 A 轴线，点击“修改丨轴网”选项卡中的阵列按钮，取消选中“成组并关联”复选框，“项目数”设为 3，“移动到”选“第二个”选项，点击 A 轴的任意一点，将光标向上移动，输入数值 5100，按“Enter”键完成对标高的阵列（图 3.4–3）。系统会以 5100mm 为间距，生成两条轴网。阵列完成后，需根据图纸所标轴号更改相应轴线（图 3.4–4）。

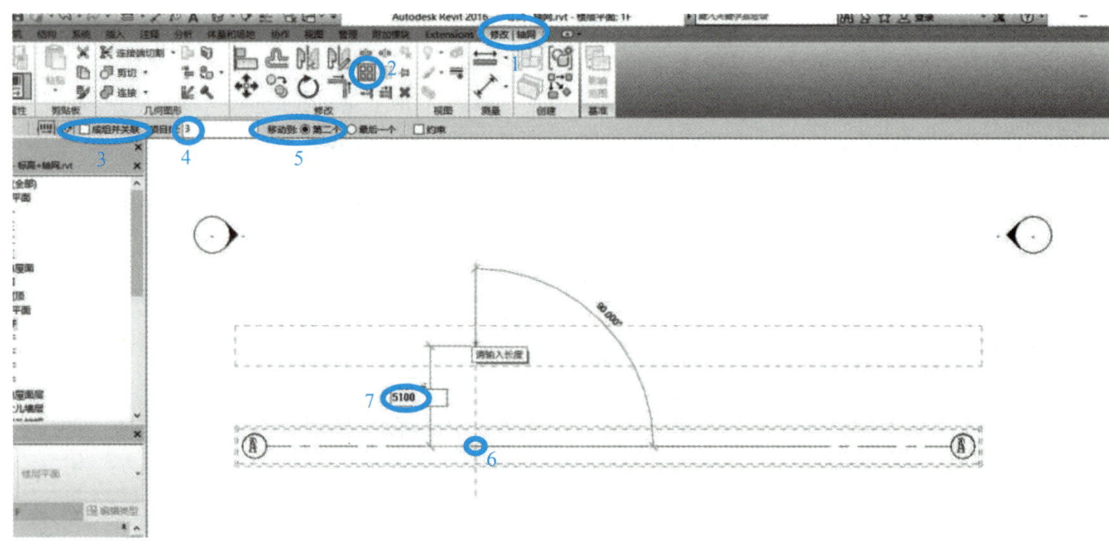

图 3.4–3　阵列轴线

图 3.4–4　更改轴号

（2）复制轴线

选择经过阵列生成的 F 轴，点击“修改 | 轴网”选项卡中的复制按钮，选中“约束”“多个”复选框，点击 F 轴的任意一点，将光标向上移动，输入数值 3600，按“Enter”键完成对第一条标高的复制，连续输入 1800、1350、6600、3300、1500、3900、4200、1350，完成其他轴网绘制（图 3.4–5）。复制后，需根据图纸逐一修改轴号。

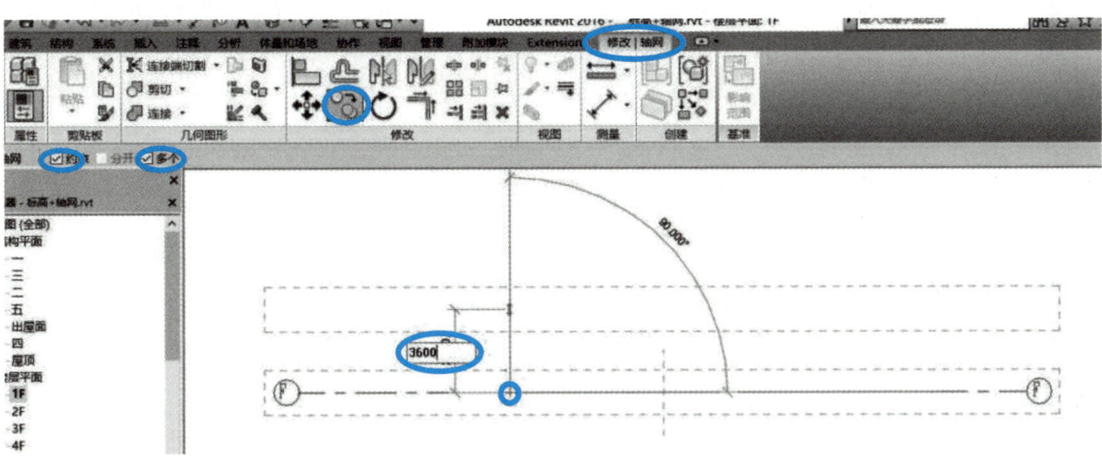

图 3.4–5　复制轴线

（3）绘制右侧其他轴网

由于右侧轴线编号与左侧不一致，需单独绘制。绘制方法为：寻找左右轴号编码相同的轴线作为基准线，在基准线的基础上进行复制，并根据实际图纸更改轴号信息（图 3.4–6）。

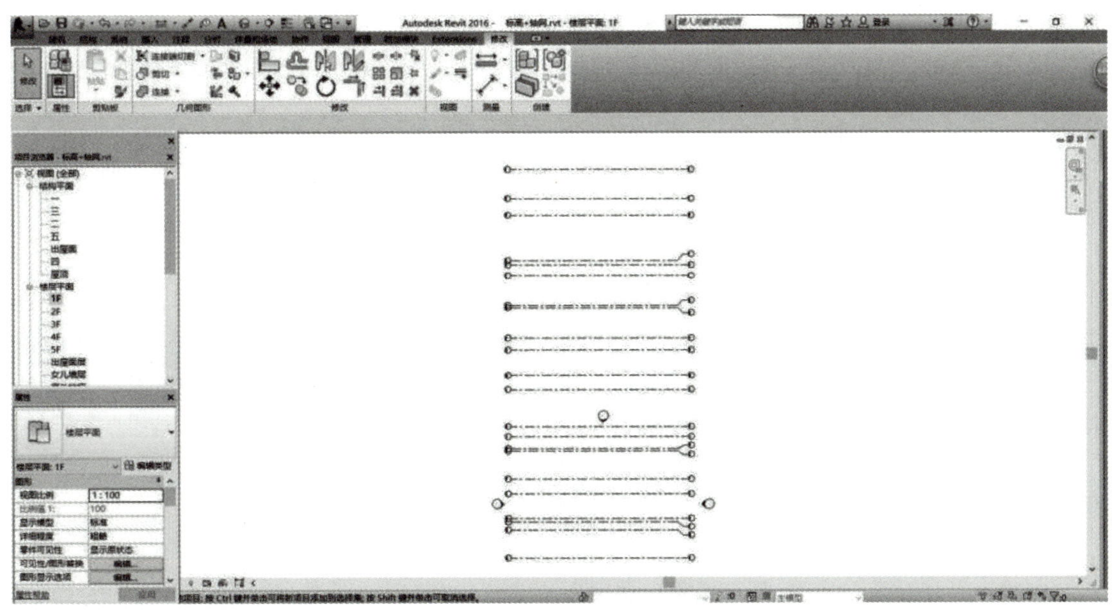

图 3.4–6　全部横向轴线

注意：因左右轴线编号体系相同，故在定义右侧轴号信息时，不应改变左侧原有轴线信息。

5. 绘制垂直轴线

点击“建筑”选项卡中的“轴网”按钮，在“修改 | 放置 轴网”选项卡中点击“直线”按钮，从屏幕操作区的下侧向上侧绘制一条上下端超出横向坐标的垂直轴线，绘制完成后需更改轴号，以保证所绘制的其他竖向轴线体系与该轴线相同。其他竖向轴网的绘制方法与横向轴网的绘制方法相同。竖向轴网绘制完成后，需拉长水平方向轴线使水平方向的轴线左右两端超出竖向轴线（图 3.4–7）。

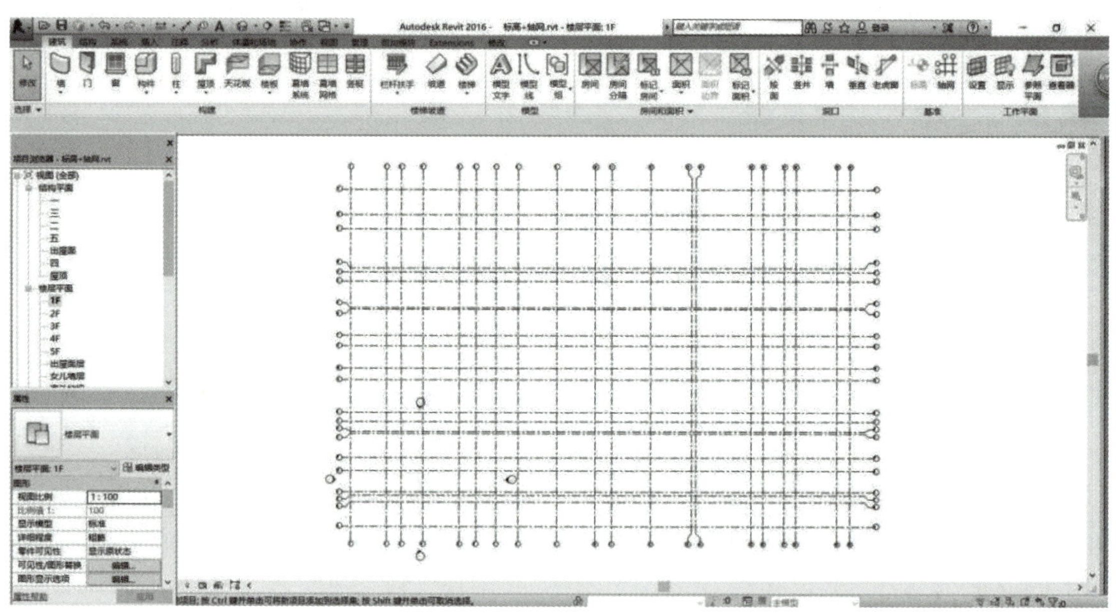

图 3.4–7　全部轴线绘制完成

3. 4. 2　轴网调整

轴网绘制完成后，还需要对其进行调整，如轴线的颜色、轴线的影响范围、轴线尺寸标注等。

1. 轴线的颜色

轴线默认情况下的颜色是黑色，对于出施工图而言，因为最后是黑白打印，什么样的颜色没有区别。由于轴线是最重要的定位线，建筑、结构、设备专业都要参照其进行绘图。Revit 绝大部分的构件是黑色，如果轴线也是黑色，就容易混淆，所以应该将其换成其他颜色。

点击任意轴线，在“属性”面板中点击“编辑类型”按钮，在弹出的“类型属性”对话框中将“轴线末段颜色”设置为“红”色（图 3.4–8）。

2. 调整影响范围

在 Revit 中轴网是有影响范围的，也就是说轴网调整后，不是每个楼层平面视图都可以影响到，需要设置这样的范围。选择所有轴线，在“修改 | 轴网”选项卡中选择“影响

范围”命令，在弹出的“影响基准范围”对话框中选择所有的楼层平面与结构平面，并点击“确定”按钮完成操作（图 3.4–9）。

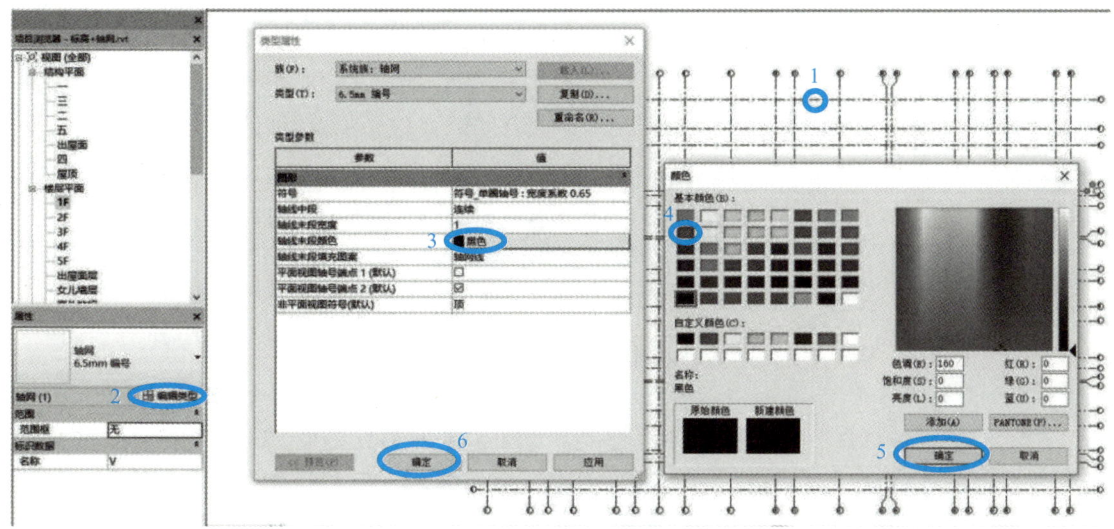

图 3.4–8　调整轴线颜色

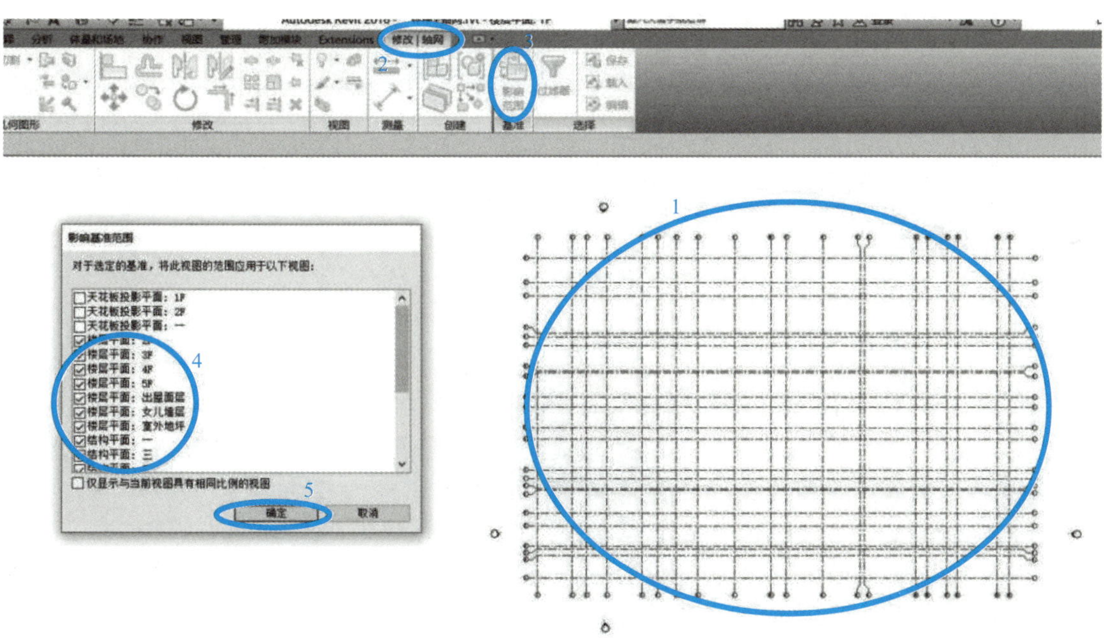

图 3.4–9　调整影响范围

注意：在完成轴网调整影响范围后，应进入其他楼层检查是否调整成功。

3. 轴网标注

点击“注释”选项卡中的“对齐”按钮，向右依次选择 1、2、3、4……20 轴线。使用同样的命令与方法，从下向上完成对 A 轴至 Y 轴的轴线标注（图 3.4–10）。

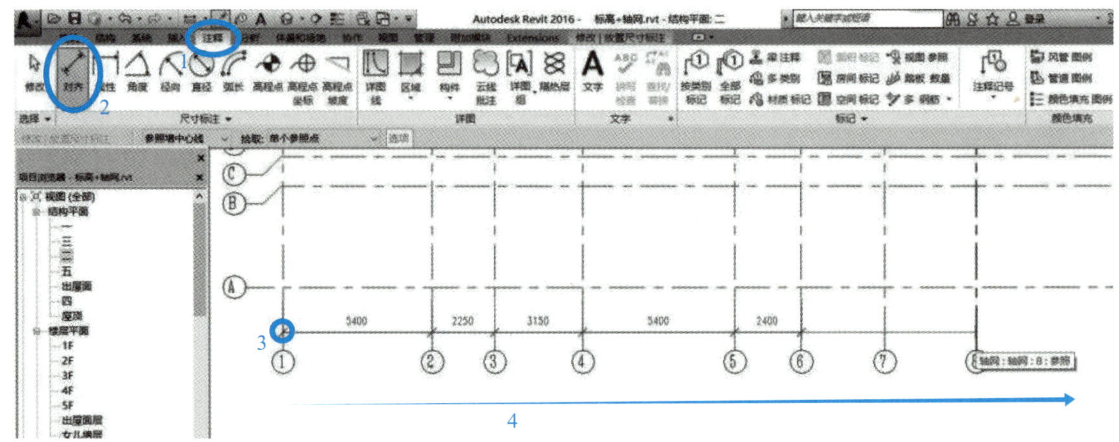

图 3.4-10　轴网标注

注意：轴网的标注一次只针对一个楼层。如果需要对另外楼层进行轴网标注，可以使用复制楼层的方法完成。点击所需要复制的轴线标注线，点击“修改 I 尺寸标注”选项卡中的复制到剪贴板按钮，之后点击“粘贴”按钮下侧的小三角，选择“与选定的视图对齐”按钮，在弹出的“选择视图”对话框中框选楼层平面与结构平面，点击“确定”完成复制（图 3.4-11）。

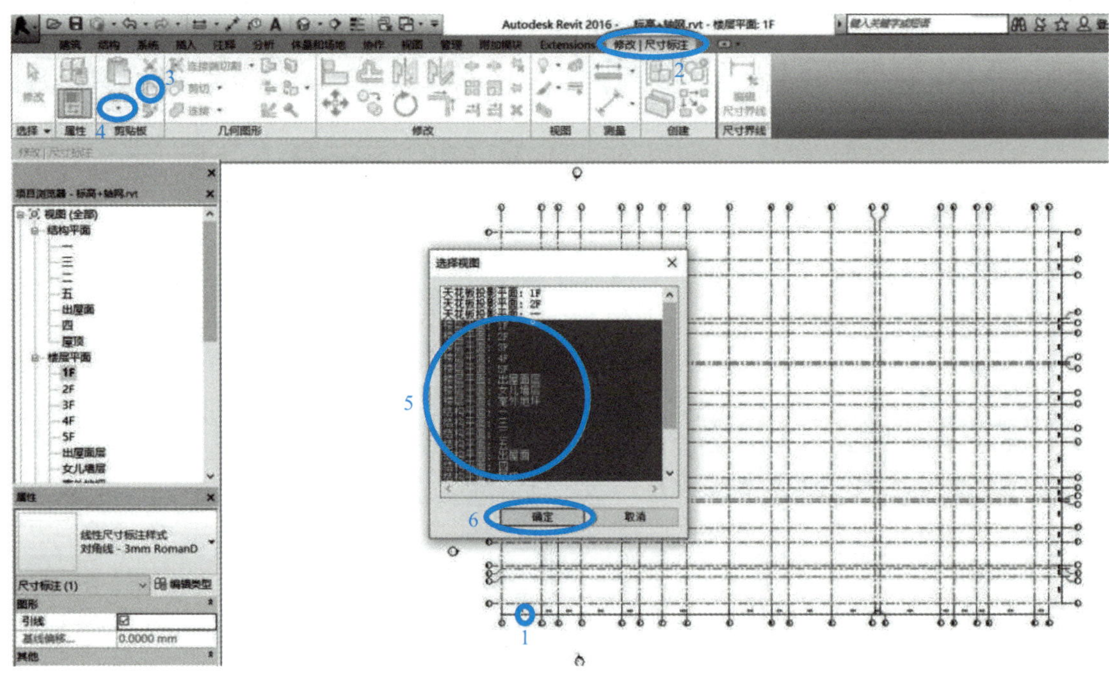

图 3.4-11　轴网标注复制到其他楼层

轴网作为重要建模参照，为避免其在建模过程中发生移动，需对轴网进行锁定，使其无法移动、删除、修改。具体锁定方法同标高锁定方法。

【知识拓展】

1. 建模标准——规则意识与团队协作精神的体现

以命名规则为例，每一个部分都蕴含着特定信息，清晰明了。这不仅方便了模型的管理与查找，更重要的是，它让每一位参与者都清楚地知道自己的工作成果在整个项目中的位置，如同齿轮在精密仪器中各自发挥作用，共同推动项目前进。这启示学生们在未来的工作中，要树立强烈的规则意识，遵守行业规范与团队约定。同时，要明白个人工作与团队目标的紧密联系，培养团队协作精神，学会在集体中发挥自己的价值。

2. 项目信息设置——诚信严谨与协作共享

Revit 软件提供了建筑样板、结构样板、构造样板等多种选项，不同专业需根据项目需求精准选择。建筑专业选“建筑样板”，结构专业选“结构样板”，综合性项目则需选择“构造样板”。这一过程如同医生诊断病情时选择合适的治疗方案，需要对不同选项的特点和适用场景有清晰认知，精准决策。这要求学生在学习过程中，培养严谨细致的工作态度，认真分析项目需求，对每一个决策负责。同时，项目信息的设置便于其他专业随时调用，体现了协作共享的理念。在 BIM 项目中，建筑、结构、设备等多个专业需要协同工作，项目信息是各专业沟通交流的基础。学生要理解，只有每个人都认真、准确地完成自己负责的信息录入，才能确保整个项目团队信息畅通，实现高效协作。培养学生的团队协作意识和共享精神，要明白个人工作与团队整体利益息息相关。

3. 创建轴网——规范意识与精准思维的培养

轴网创建过程中的每一个步骤都有着严格的规范和要求。按照建筑制图标准，水平方向轴线以字母命名，垂直方向轴线以数字命名，对默认轴号进行修改，保证绘图的准确性；运用阵列、复制等命令绘制其他轴线时，严格遵循图纸要求设置间距和轴号。

在实际操作中，一个微小的轴号错误或间距偏差，都可能导致施工放线失误，影响整个建筑的结构安全和使用功能。这要求学生在学习过程中，养成严谨细致的工作习惯，树立强烈的规范意识。同时，轴网创建需要精确的空间思维和计算能力，学生在掌握专业知识的同时，能够不断提升自己的精准思维能力，塑造良好的职业素养和价值观，为培养德才兼备的新时代工程人才奠定坚实的基础。

第 4 章　基本建模操作

学习目标

1. 掌握 Revit 各类构件（柱、梁、板、墙、门窗、楼梯）的绘制方法、属性参数设置。

2. 学会运用 CAD 底图完成建模的操作流程。

4.1　绘制柱

Revit 的柱包括结构柱和建筑柱。结构柱用于承重，如钢筋混凝土的框架结构中的承重柱。建筑柱适用于墙垛等柱子类型，主要用于装饰和围护。本书围绕实际案例工程，主要介绍结构柱的建立与绘制。

绘制柱

4.1.1　柱的创建

在进行柱子建模之前，需对柱子进行类型创建与属性编辑。根据案例工程图纸举例创建 KZ1。

1. 结构柱族载入

点击“结构”选项卡中的“柱”功能按钮，在“属性”面板点击“编辑类型”，在弹出的“类型属性”对话框中点击“载入”按钮，加载相应的结构柱系统族（因案例工程中无自建柱族，且系统族中提供了多数结构柱，故本部分将不讲解柱族的绘制与加载）。在弹出的系统族“打开”对话框中找到“结构 / 柱 / 混凝土 / 混凝土 – 矩形柱”，点击打开（图 4.1–1）。

2. 柱尺寸属性编辑

在载入柱族完成后，无须点击“确定”按钮。结合案例图纸《1～3 层柱定位图》中 A 轴与 1 轴交汇处的 KZ1 相关信息，在“类型属性”对话框中点击“复制”按钮，新建 KZ1 柱大类（注意：不可点击“重命名”，重命名按钮为对上一类型进行名称更改，无法实现新建的目的）。在弹出的“名称”对话框中输入新类型名称“KZ1500×500”。完成 KZ1 的新建后，需对 KZ1 的尺寸参数进行修改，点击“尺寸标注”中的“b”“h”对话框，将其数值改为 500（图 4.1–2）。

3. 柱材料属性编辑

完成 KZ1 的建立及截面尺寸编辑后，为减少后续工作量，需在此处对 KZ1 的材料属性进行设置。点击“属性”对话框中的“结构材质”按钮旁的小三点按钮，进入“材料浏览器”对话框后，选择“混凝土 – 现场浇筑混凝土”材料类型。修改“表面填充图案”与

"截面填充图案"，在弹出的"填充样式"对话框中选择"混凝土 - 钢砼"，点击"确定"完成材料编辑（图 4.1–3）。

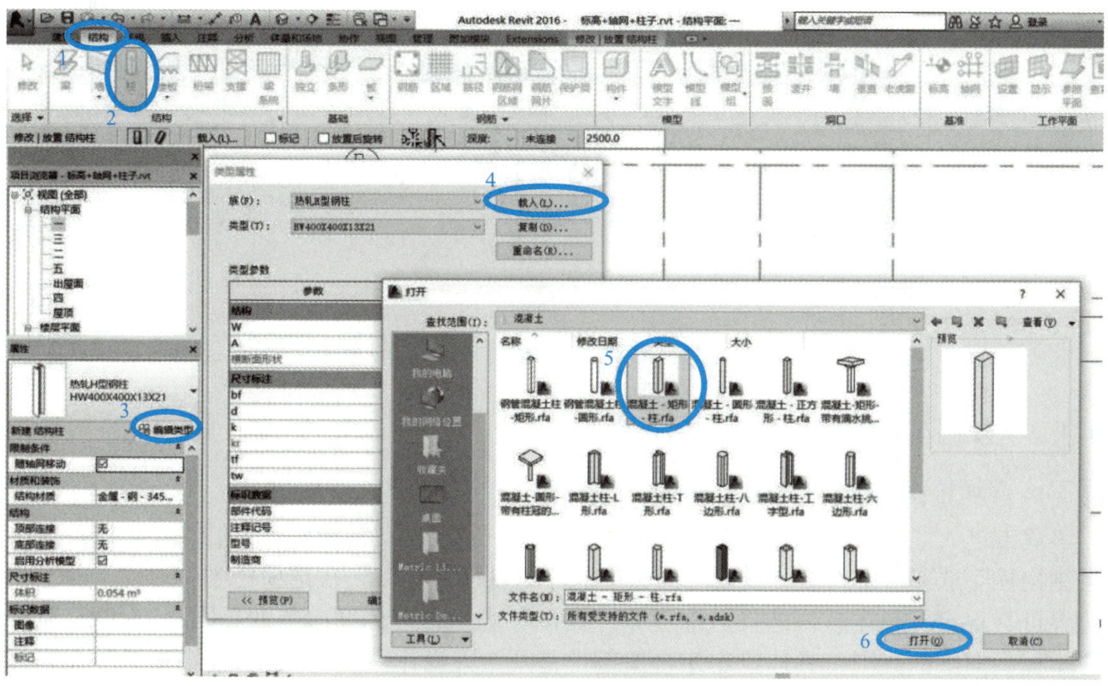

图 4.1–1　载入结构柱族

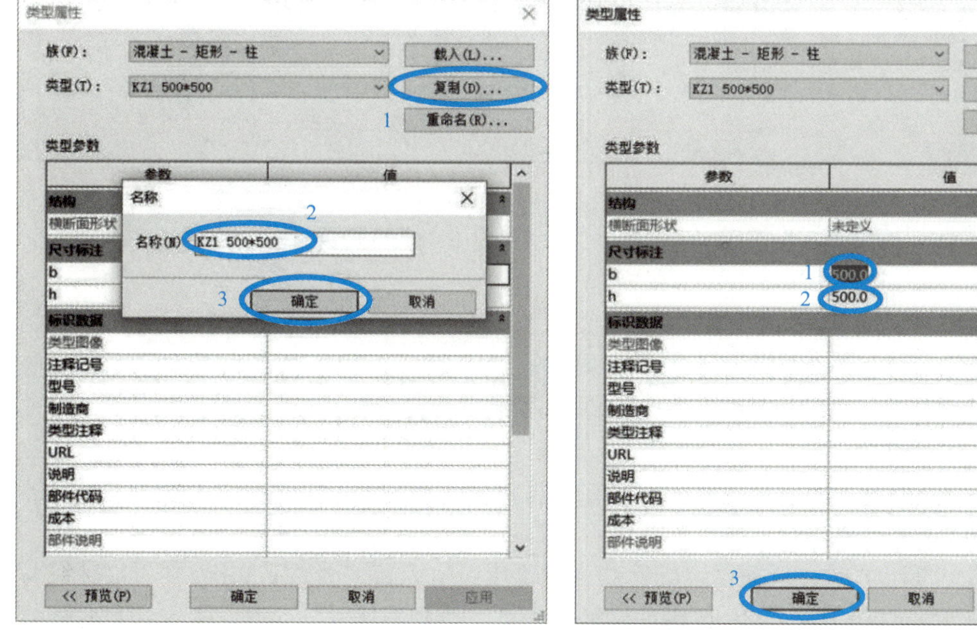

图 4.1–2　柱尺寸属性编辑

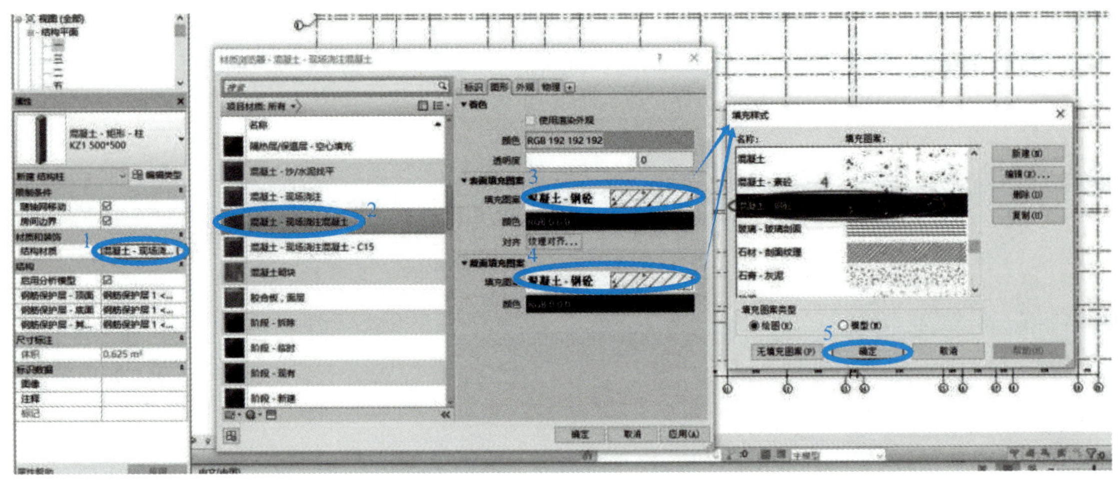

图 4.1–3　柱材料属性编辑

4.1.2　柱的布置

1. 柱布置高度修改

双击进入“项目浏览器”中的“结构平面”一层。启动结构柱命令后，在“修改｜放置结构柱”选项卡中点击“放置”面板中的“垂直柱”按钮。在选项栏中，对柱子的上下边界进行设定。程序默认选择“深度”（“高度”表示自本标高向上的界限；“深度”表示自本标高向下的界限，具体设定结合案例工程及个人操作习惯），由于本案例工程在布置 KZ1 时进入的结构一层平面，故需将“深度”改为“高度”，将延伸高度改为“二”，使 KZ1 的上下边界为“−0.100～4.150”（图 4.1–4）。

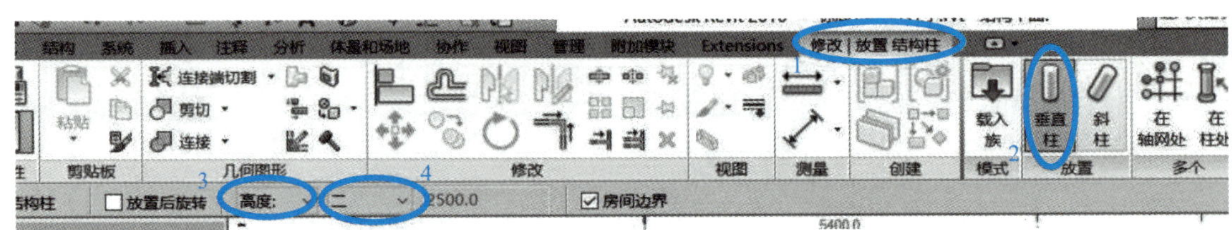

图 4.1–4　柱布置高度修改

注意：

（1）如果在延伸高度选项栏中选择“无连接”，需要在右侧的框中输入具体的数值。“无连接”是指该构件向上或向下的具体尺寸，是一个固定值，在标高修改时，构件的高度保持不变。用户不能输入 0 或负值，否则系统会弹出警示，要求用户输入小于 9144000mm 的正值。

（2）用户只能在平面中放置结构柱。在放置柱时，柱子的一个边界已经被固定在该平面上，且会随该平面移动。

（3）选择“高度”时，后面设定的标高一定要比当前标高平面高。同样的，当选择“深度”时，后面设定的标高一定要比当前标高平面低。否则程序无法创建，并会出现提示框（图 4.1–5）。

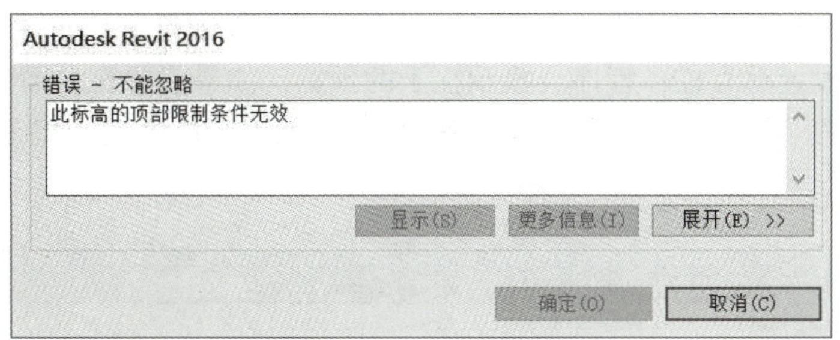

图 4.1–5　标高错误提示框

2. 放置柱

在视图中放置结构柱，可以一个一个地将柱子放置在所需要的位置。

如果几条轴网交点的柱子类型、位置相同，可框选布置柱子。点击“修改 | 放置结构柱”选项卡中的“多个”面板下的“在轴网处”按钮（图 4.1–6）。选择需要放置柱子处的两条相交轴网，按“Ctrl”键可以继续选择轴网，程序会在选择好的轴网处生成柱子的预览。也可以框选多根轴线，框选时可以配合“Ctrl”键。选择好后，点击“修改 | 放置结构柱在轴网交点处”选项卡中的“完成”按钮，完成放置（图 4.1–7）。

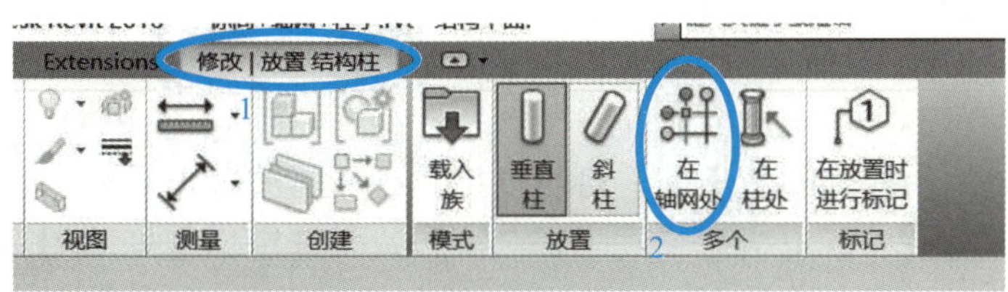

图 4.1–6　连续放置柱选项卡

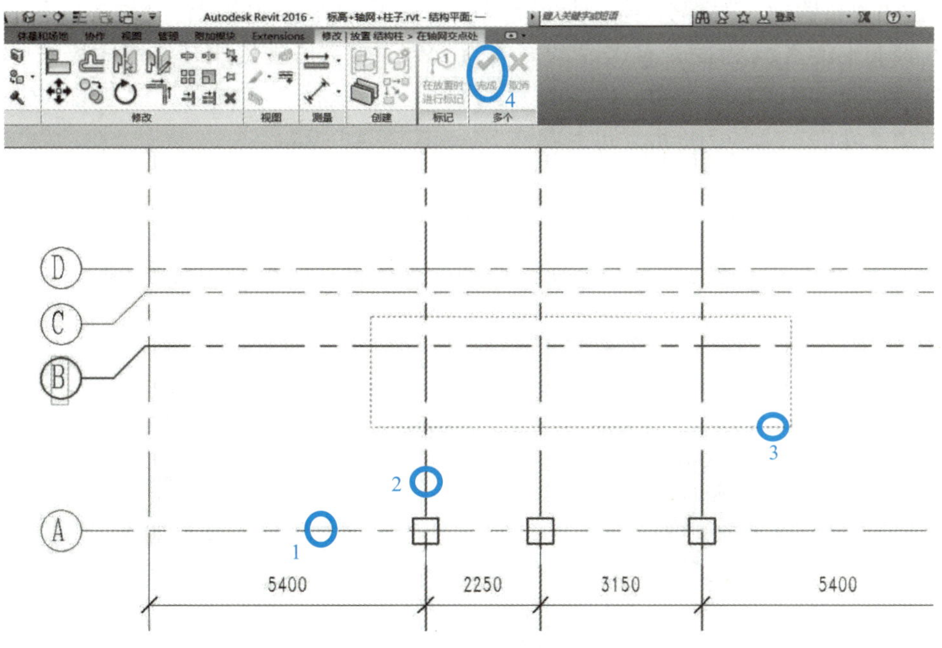

图 4.1–7　连续放置柱操作

3. 放置后旋转

在平面视图放置垂直柱，程序会显示柱子的预览。如果需要在放置时完成柱的旋转，则要勾选选项栏的“放置后旋转”，点击放置后拖动鼠标选择角度，或输入数值选择角度（图 4.1–8）。

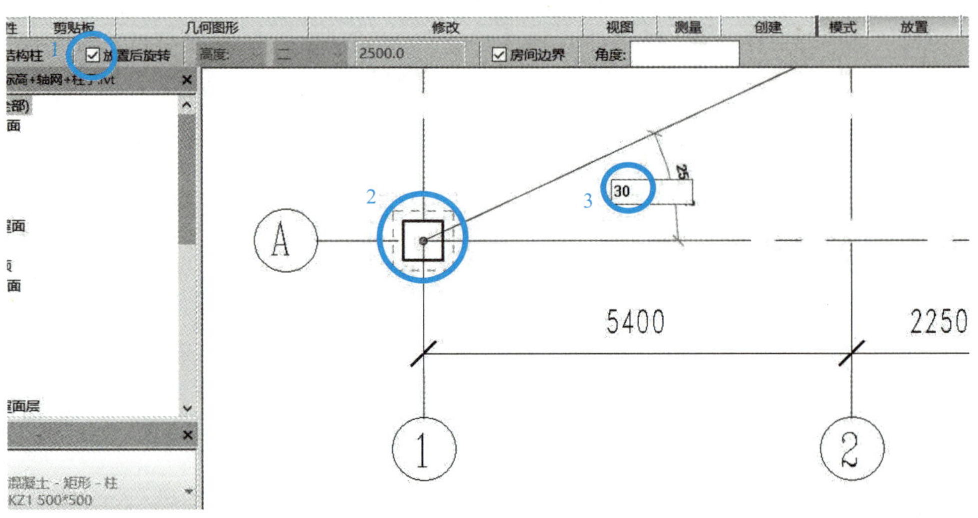

图 4.1–8　放置后旋转

如果放置旋转的角度为整数角度，可将柱拖曳到所需放置位置后，无须点击放置，按空格键旋转角度，每按一下空格键，柱子都会旋转，与选定位置处的相交轴网对齐，若没有轴网，按空格键时柱子会旋转 90°。

4. 柱偏移

完成柱的布置后，对部分不在轴线交界点的柱子进行相应的偏移处理。以案例工程 L 轴与 16 轴交汇的 KZ4 为例，点击绘制完成的 KZ4，按空格键更改柱边线距离相应参照点的距离，确定好相应参照点后，结合图纸对柱子进行偏移。本案例工程中的 KZ4 自 L 轴与 16 轴交汇处向左偏移 50mm，向上偏移 50mm（图 4.1–9）。

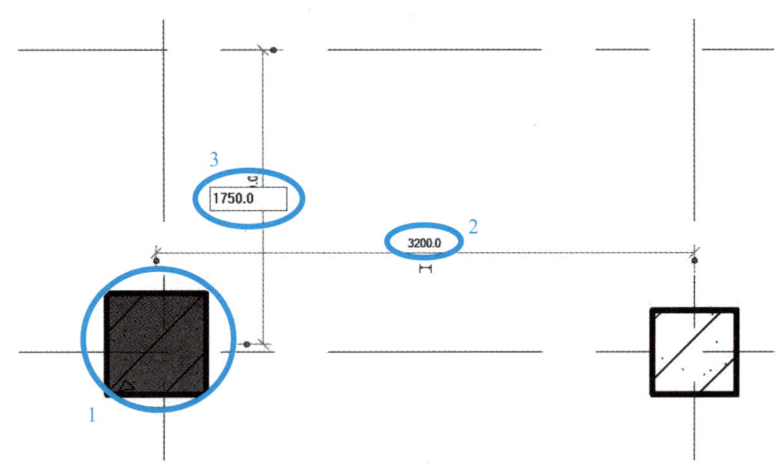

图 4.1–9　柱偏移

5. 柱属性编辑

完成柱放置后，可根据图纸实际情况更改柱子相应属性。柱参数的含义，详细介绍如下。

（1）柱定位标记：轴网上垂直柱的坐标位置，此项不可手动修改数值，软件根据柱子的布置位置自动给出相应的数值。

（2）底部标高：柱底部标高的限制，绘制柱子时如果选择“高度”，则该项默认为所在平面；如果选择“深度”，则该项默认为目标平面。

（3）底部偏移：从底部标高到底部的偏移，输入正值为向上偏移，输入负值为向下偏移。

（4）顶部标高：柱顶部标高的限制，与底部标高默认值相反。

（5）顶部偏移：从顶部标高到顶部的偏移，输入正值为向上偏移，输入负值为向下偏移。

（6）柱样式：“垂直”“倾斜 – 端点控制”或“倾斜 – 角度控制”。指定可启用类型特有修改工具的柱的倾斜样式。

（7）随轴网移动：将垂直柱限制条件框选。结构柱会固定在该交点处，若轴网位置发生变化，柱会跟随轴网交点的移动而移动。

（8）房间边界：将柱限制条件改为房间边界条件。

（9）结构材质：定义该构件的材质，本案例工程更改材质的具体方法在 4.1.1 节中已经详细解释。

（10）启用分析模型：显示分析模型，并将其包含在分析计算中。默认情况下处于选中状态。

（11）钢筋保护层 – 顶面 & 底面 & 其他面：只适用于混凝土柱。设置于柱外表面间的钢筋保护层厚度。

（12）体积：所选柱的体积。该值为只读。

4.1.3　导入 CAD 底图布置柱

柱子除了可以对照图纸布置外，还可以将已经设计好的 CAD 底图导入 Revit 软件中，在软件中根据图纸底图点布即可。

打开“插入”选项卡中的“导入 CAD”选项按钮，在弹出的“导入 CAD 格式”对话框中找到已经分割好的 CAD 底图，“导入单位”切记一定要选为“毫米”，以保证 CAD 底图与模型单位和大小一致（图 4.1–10）。

CAD 底图导入后，需对底图进行处理。首先需要将 CAD 底图与模型重合，点击 CAD 图纸任意一点，在“修改”选项卡中点击“解锁”按钮（图 4.1–11）。

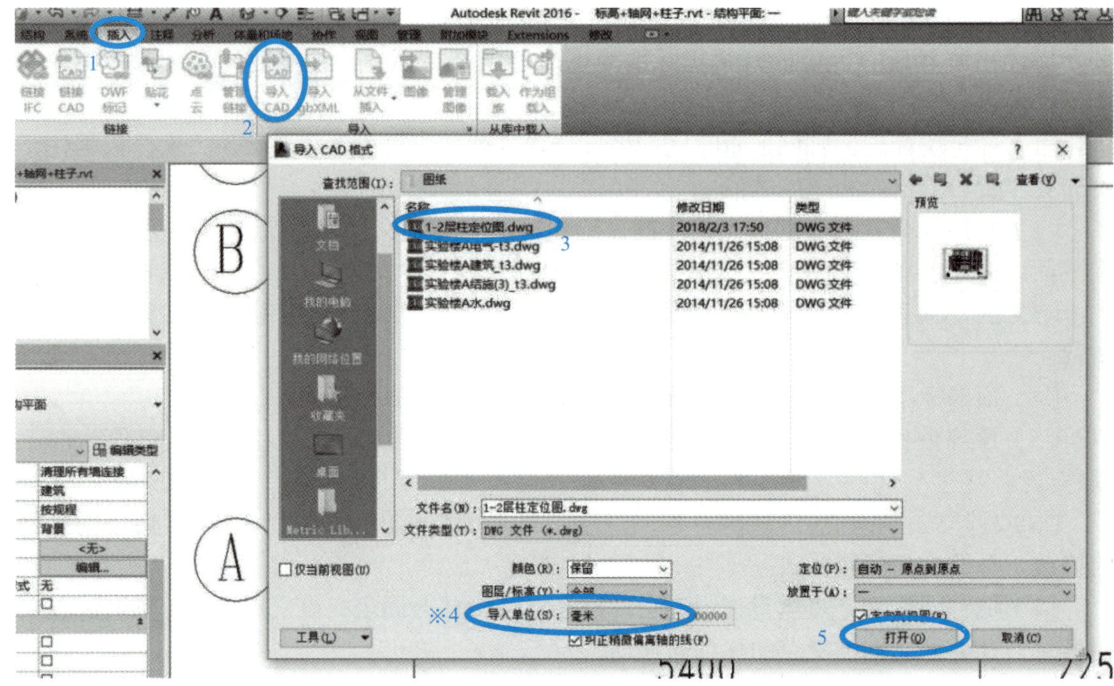

图 4.1–10　导入 CAD 底图

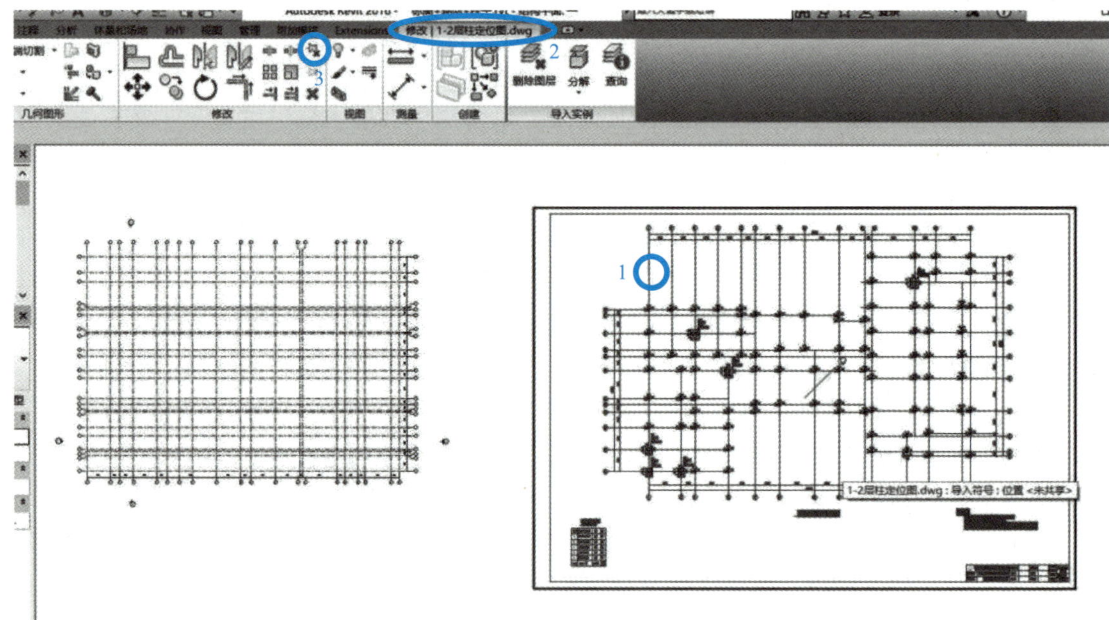

图 4.1–11　CAD 底图解锁

解锁后点击“移动”按钮，选择 CAD 底图中的 A 轴与 1 轴交汇点，拖动鼠标至模型 A 轴与 1 轴交汇处，点击“确认”（图 4.1–12）。

移动完成后，为保证在创建模型过程中不出现 CAD 底图错位移动，需将移动后的

CAD 底图锁定。点击 CAD 底图的任意一点，选择后点击“修改”选项卡中的“锁定”按钮（图 4.1–13）。

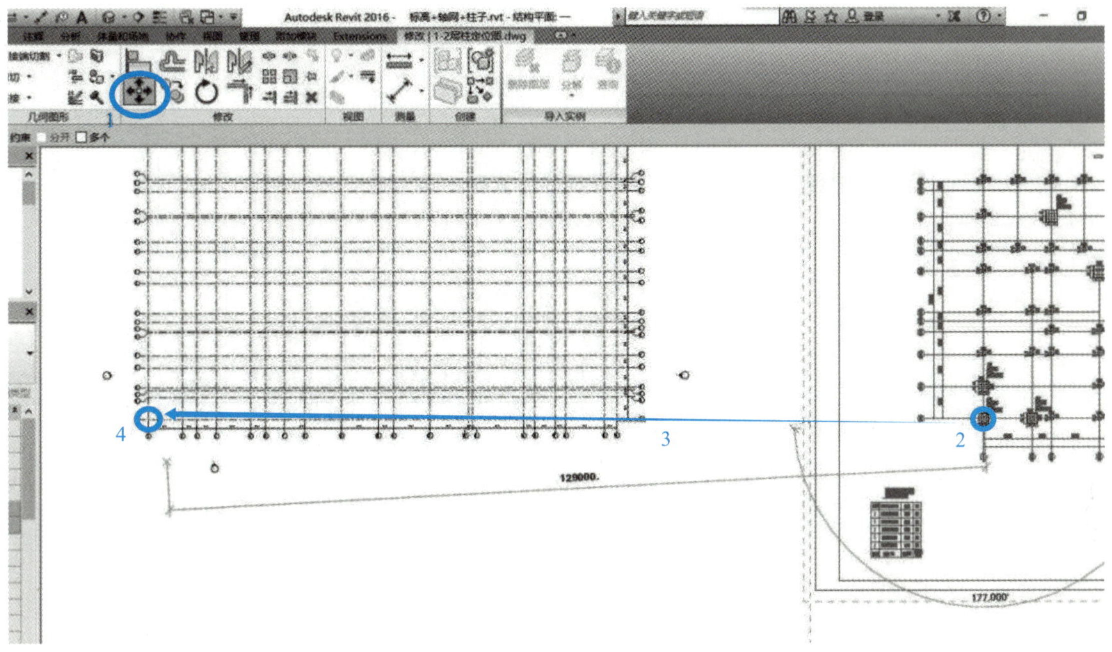

图 4.1–12　CAD 底图移动

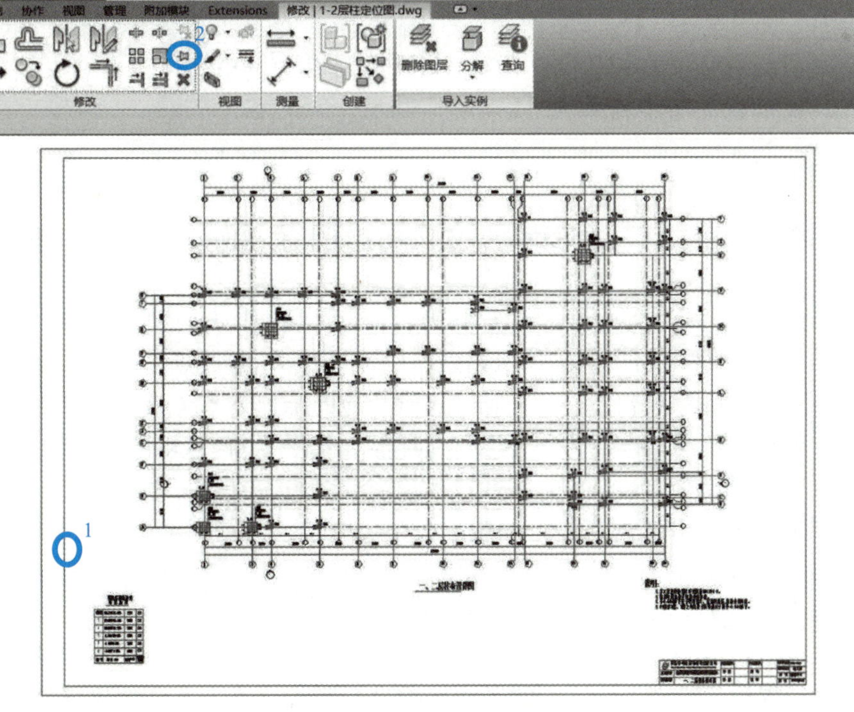

图 4.1–13　CAD 底图锁定

导入底图后，创建柱与布置柱的方法与上文介绍的相同。绘制完成本层相关构件后，应解锁图纸，并删除图纸，以保证 Revit 软件的顺利实施并为下一步操作作出铺垫。

4.1.4 案例工程成果展示

请各位同学按照以上所讲授的内容，绘制案例工程一层柱模型（图 4.1–14）。

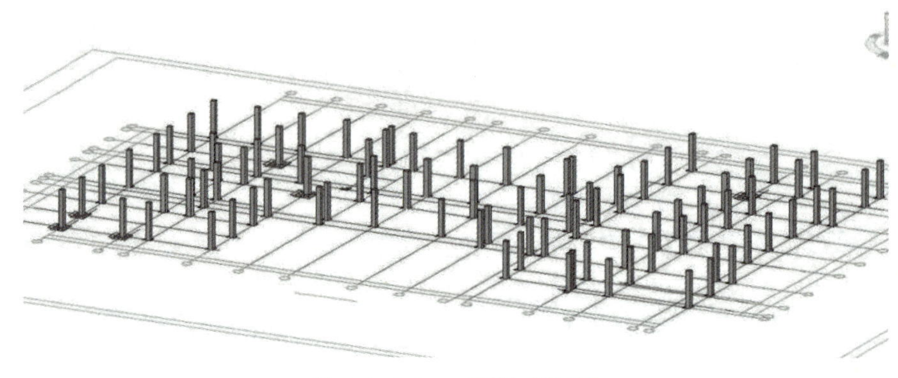

图 4.1–14 一层柱成果图

4.2 绘制梁

梁构件仅指结构专业中的结构梁，主要用于承载板构件所传输的力，经由结构梁将受力传于结构柱，起到整体结构承重作用。在 Revit 模型创建过程中，如果需要对建筑整体模型进行创建，就必须绘制相应的结构梁，才能保证建筑的整体性。本书围绕实际案例工程，介绍结构梁的建立与绘制。

4.2.1 梁的创建

在进行梁建模之前，需对梁进行类型创建与属性编辑。根据案例工程图纸，举例创建 KL1。

1. 结构梁族载入

点击“结构”选项卡中的“梁”功能按钮，在“属性”面板点击“编辑类型”，在弹出的“类型属性”对话框中点击“载入”按钮，加载相应的结构梁系统族。在弹出的系统族“打开”对话框中找到“结构 / 框架 / 混凝土 / 混凝土 – 矩形梁”，点击“打开”（图 4.2–1）。

2. 梁尺寸属性编辑

在载入梁族完成后，无须点击“确定”按钮。结合案例图纸《地梁配筋图》中左上角第一根梁 KLA–25 相关信息，在“类型属性”对话框中点击“复制”按钮，新建 KLA–25 梁大类（注意：不可点击“重命名”，重命名按钮为对上一类型进行名称更改，无法实现新建的目的）。在弹出的“名称”对话框中输入新类型名称“KLA–25（4）300*700”。完成 KLA–25 的新建后，需对 KLA–25 的尺寸参数进行修改，点击“尺寸标注”中的“b”“h”对话框，将其数值改为 300、700（图 4.2–2）。

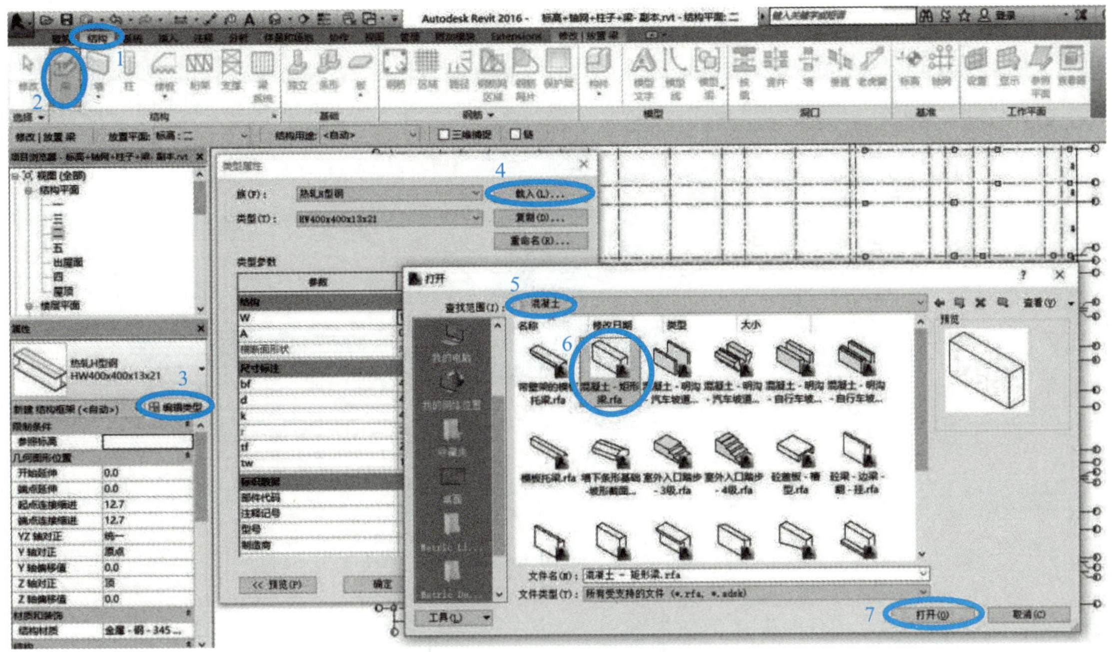

图 4.2-1　载入结构梁族

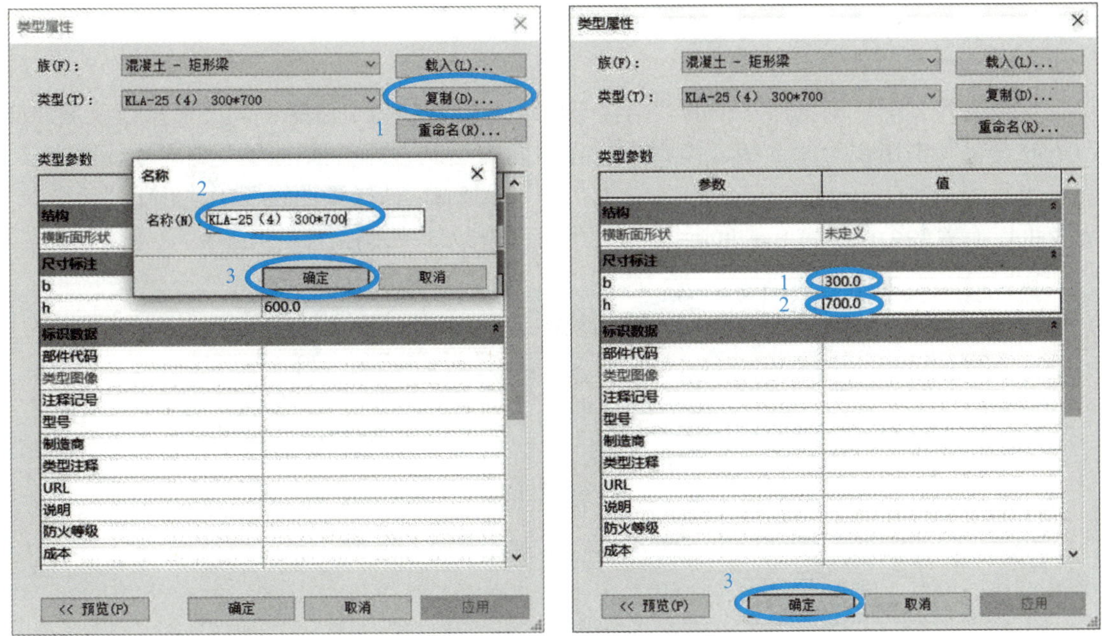

图 4.2-2　梁尺寸属性编辑

3. 梁材料属性编辑

完成 KLA-25 的建立及截面尺寸编辑后，为减少后续工作量，需在此处对 KLA-25 的材料属性进行设置。点击“属性”对话框中的“结构材质”按钮旁的小三点按钮，进入“材料浏览器”对话框后，选择“混凝土 - 现场浇筑混凝土”材料类型。修改“表面填充图案”

与“截面填充图案”，在弹出的“填充样式”对话框中选择“混凝土 - 钢筋混凝土”，点击“确定”完成材料编辑（图 4.2-3）。

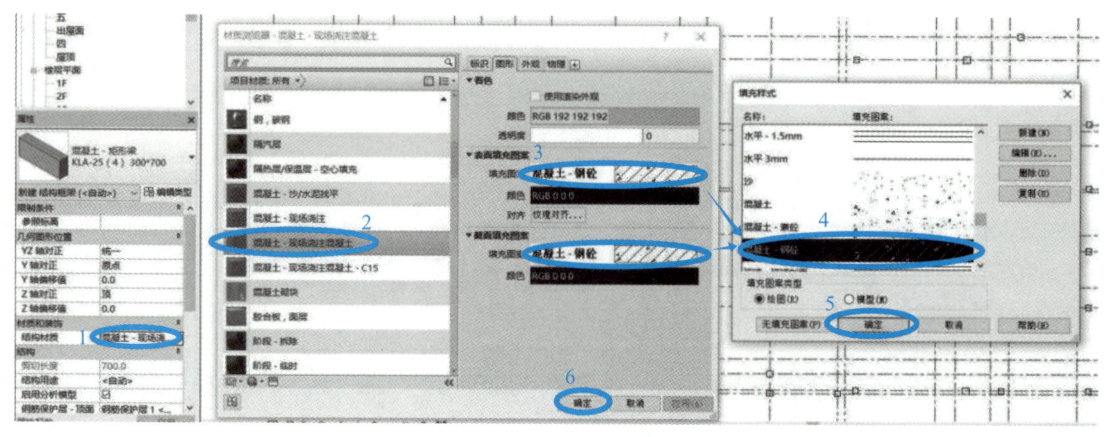

图 4.2-3　梁材料属性编辑

4.2.2　梁的布置

绘制案例工程中的《地梁配筋图》，首先需确定地梁所在的高度。Revit 中的层仅代表相应的高度，不代表具体的层。从图纸可以看出，地梁的高度为“-0.100”，所以绘制地梁模型应进入“结构一层”进行绘制。

1. 绘制方法选择

双击进入“项目浏览器”中的“结构平面”一层。启动梁命令后，上下文选项卡“修改 | 放置梁”中出现绘制面板，面板中包含不同的绘制方式，依次为“直线”“起点 - 终点 - 半径弧”“圆心 - 端点弧”“相切 - 端点弧”“圆角弧”“样条曲线”“半椭圆”“拾取线”以及可以放置多个梁的“在轴网上”。一般使用直线方式绘制梁（图 4.2-4）。

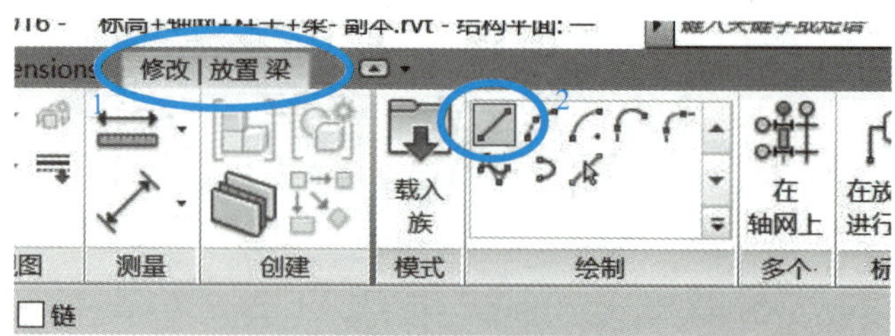

图 4.2-4　梁绘制界面

2. 梁绘制状态栏参数设定

在绘制梁前，需对“状态栏”中的相关参数进行编辑，具体编辑方法与说明如下：

（1）放置平面：系统会自动识别绘图区当前标高平面，不需要修改。

（2）结构用途：这个参数用于指定结构的用途，包含“自动”“大梁”“水平支撑”“托梁”“其他”和“檩条”。系统默认为“自动”，会根据梁的支撑情况自动判断，用户也可以在绘制梁之前或之后修改结构用途。结构用途参数会被记录在结构框架的明细表中，方便统计各种类型的结构框架的数量（图 4.2-5）。

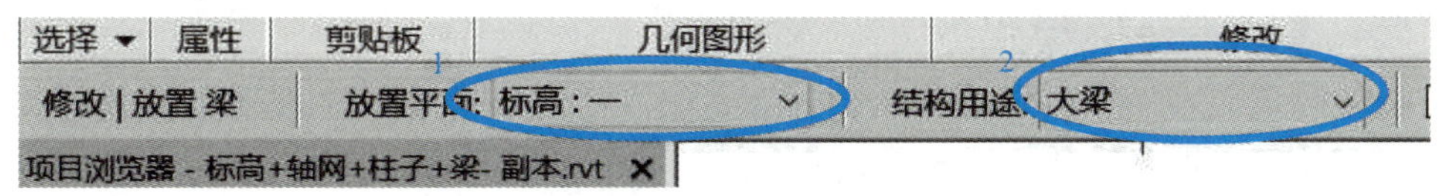

图 4.2-5　梁绘制状态栏参数设定（一）

（3）三维捕捉：勾选“三维捕捉”，可以在三维视图中捕捉到已有图元上的点，从而便于绘制梁，不勾选则捕捉不到点（图 4.2-6）。

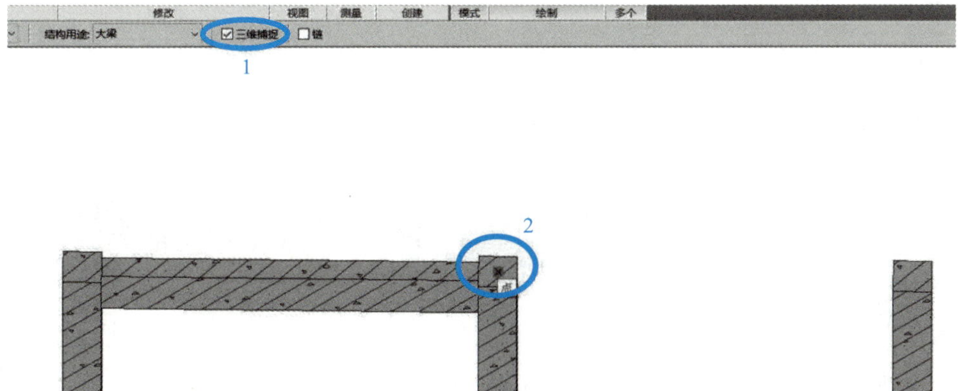

图 4.2-6　梁绘制状态栏参数设定（二）

注意：如果在平面视图下绘制梁，不可点击“三维捕捉”，在平面视图下三维捕捉可能对应的识别点出错，系统将会报“视图不可见”错误（图 4.2-7）。

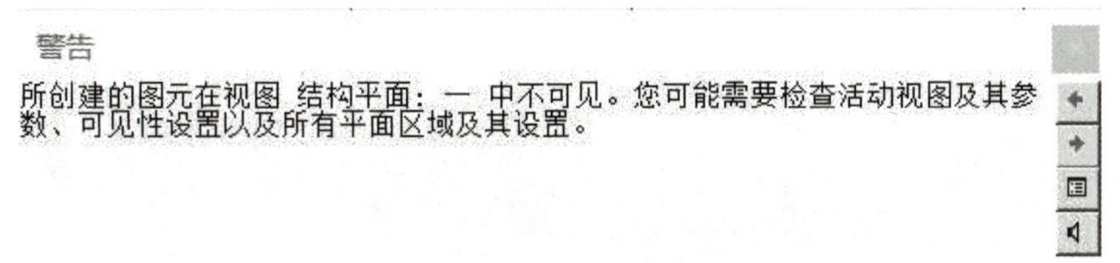

图 4.2-7　“视图不可见”错误

（4）链：勾选“链”，可以连续地绘制梁；若不勾选，则每次只能绘制一根梁，即每次都需要点选梁的起点和终点。当梁较多且连续集中时，推荐使用此功能（图 4.2-8）。

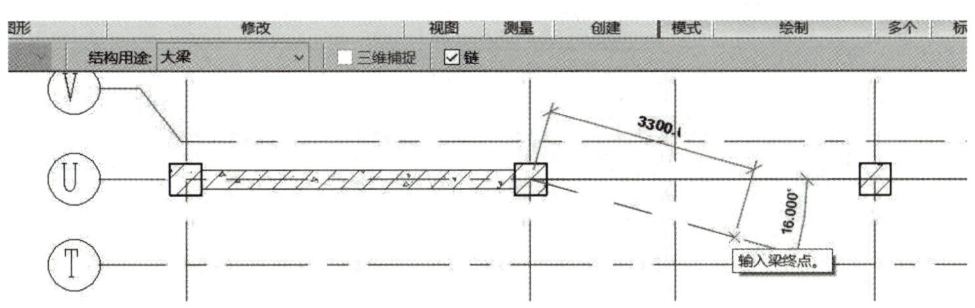

图 4.2-8　梁绘制状态栏参数设定（三）

3. 梁绘制属性参数设定

绘制梁前可以在“属性”面板中修改梁的实例参数，也可以在放置后修改这些参数。下面对“属性”面板中一些主要参数进行说明：

（1）参照标高：标高限制，取决于放置梁的工作平面。

（2）YZ 轴对正：包含“统一”和“独立”两种。使用“统一”可为梁的起点和终点设置相同的参数。使用“独立”可为梁的起点和终点设置不同的参数。如果梁的起点与终点标高一致，则选择“统一”；如果标高不一致，则选择“独立”，将其起点与终点分开操作（图 4.2-9）。

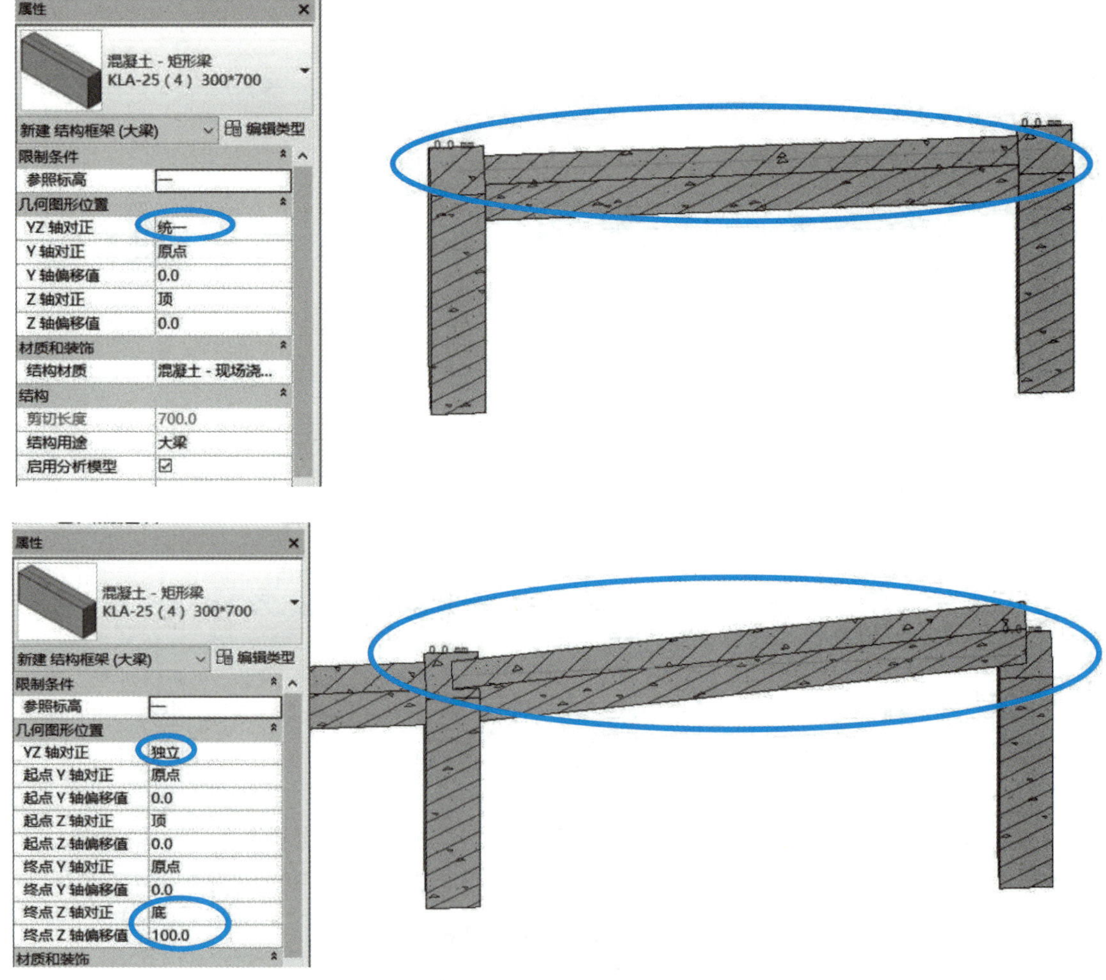

图 4.2-9　YZ 轴对正选择

（3）结构用途和保护层厚度：用于指定梁的用途及梁钢筋距离外表面的距离。

本案例工程中对 KLA-25 的基本属性设定如图 4.2-10 所示。

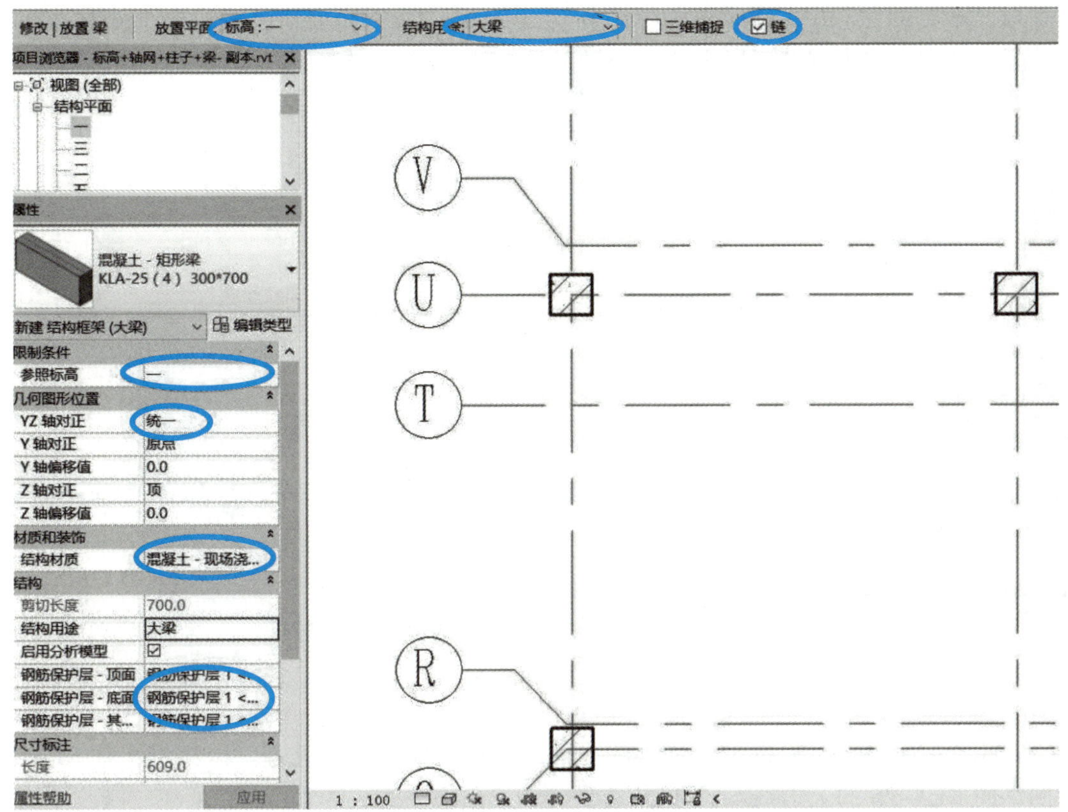

图 4.2-10　案例工程 KLA-25 基本属性设定

4. 梁绘制及绘制后调整

在结构平面视图的绘图区绘制梁，点击选取梁的起点，拖动鼠标绘制梁线，至梁的终点再点击，完成一根梁的绘制。在绘制梁时要注意，一定是“从左向右，自下而上”地绘制，切不可以随意绘制，该绘制方法对后续结构分析及相关钢筋布置存在一定影响。绘制梁需按照图纸所标相应跨数，整条绘制，切不可以分段绘制梁（图 4.2-11）。

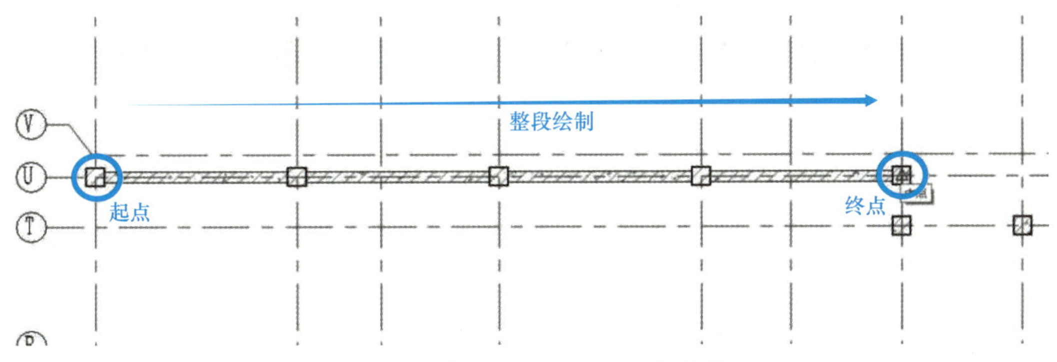

图 4.2-11 案例工程 KLA-25 的绘制

梁添加到当前标高平面，梁的顶面位于当前标高平面上。用户可以更改竖向定位，选取需要修改的梁，在属性对话框中设定起点终点的标高偏移，正值向上，负值向下，单位为毫米。本案例工程中 KLA-25 的标高为“-0.400”，所以需要对其进行向下偏移 300mm 的处理。处理方法为现选定所需调整的梁构件，输入“起点标高偏移”与“终点标高偏移”的数值“-300”，完成后点击“应用”确认（图 4.2-12）。

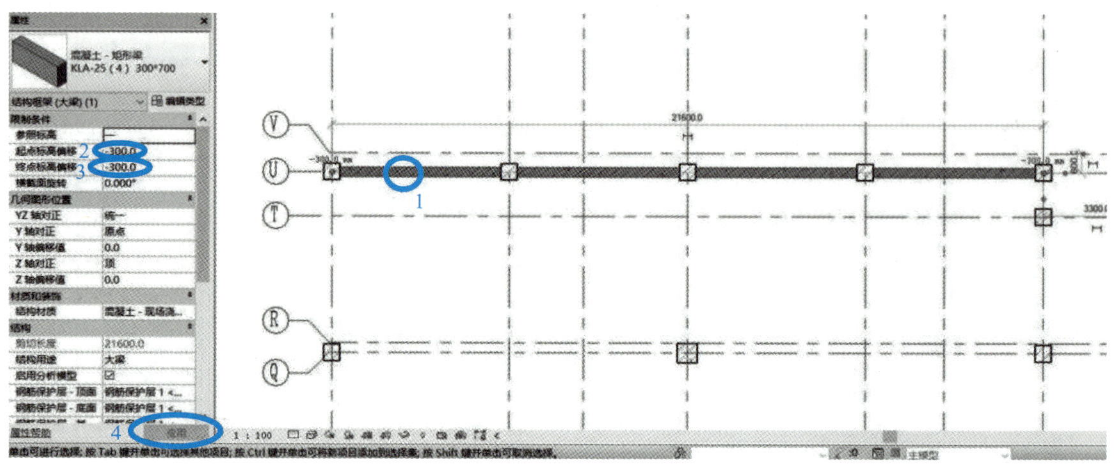

图 4.2-12　案例工程 KLA-25 的绘制后调整

5. 梁偏移

完成梁的绘制后，对部分不在轴线上的梁进行相应的偏移处理。以案例工程 KLA-25 为例，使 KLA-25 的上边线与柱上边线重叠。点击绘制完成的 KLA-25，在“修改 | 结构框架”选项卡中选择“对齐”按钮，在绘图区域首先点击柱上边线，然后点击梁上边线（图 4.2-13）。

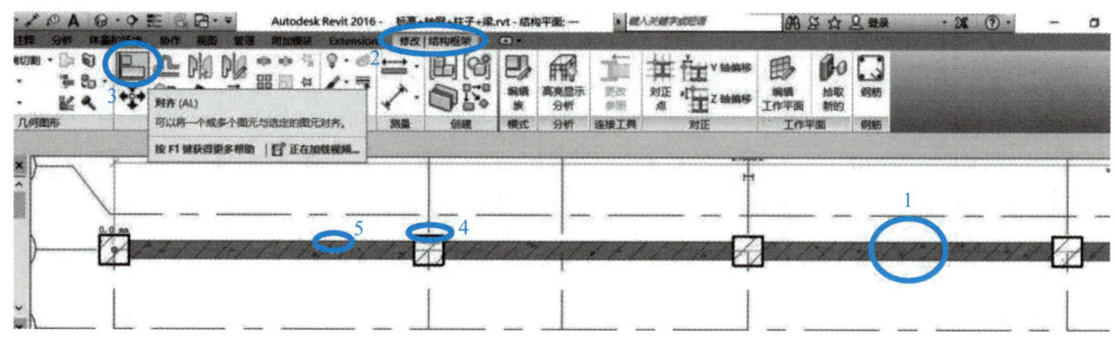

图 4.2-13　梁偏移

4. 2. 3　导入 CAD 底图布置梁

梁除了可以对照图纸布置外，还可以将已经设计好的 CAD 底图导入 Revit 中，在软件中根据图纸底图点布绘制。

打开“插入”选项卡中的“导入 CAD”选项按钮，在弹出的“导入 CAD 格式”对话框中找到已经分割好的 CAD 底图，“导入单位”切记一定要选择“毫米”，以保证 CAD 底图与模型单位和大小一致（图 4.2-14）。

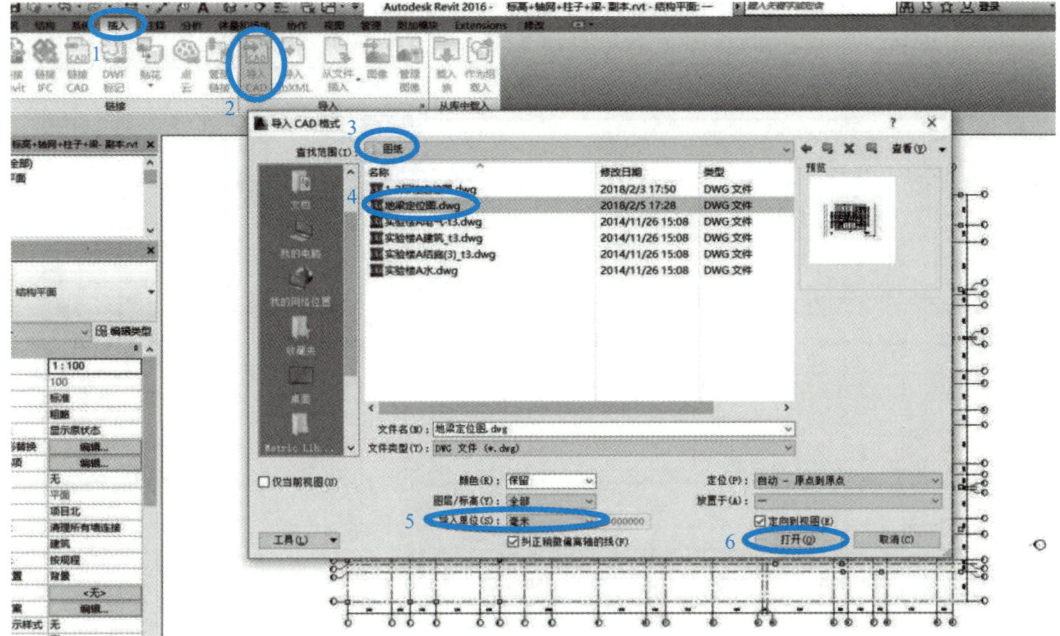

图 4.2-14　导入 CAD 底图

CAD 底图导入后，需对底图进行处理。首先需要将 CAD 底图与模型重合，点击 CAD 图纸任意一点，在“修改”选项卡中点击“解锁”按钮（图 4.2-15）。

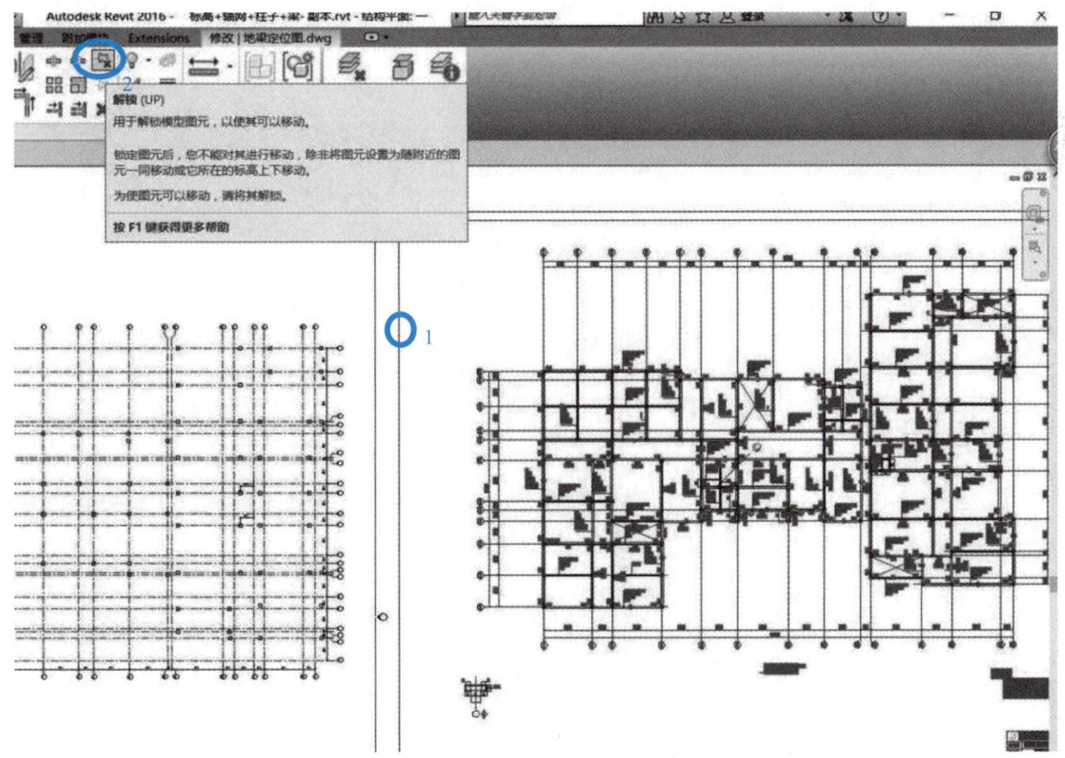

图 4.2-15　CAD 底图解锁

解锁后点击“移动”按钮，选择 CAD 底图中的 A 轴与 1 轴交汇点，拖动鼠标至模型 A 轴与 1 轴交汇处，点击“确认”（图 4.2–16）。

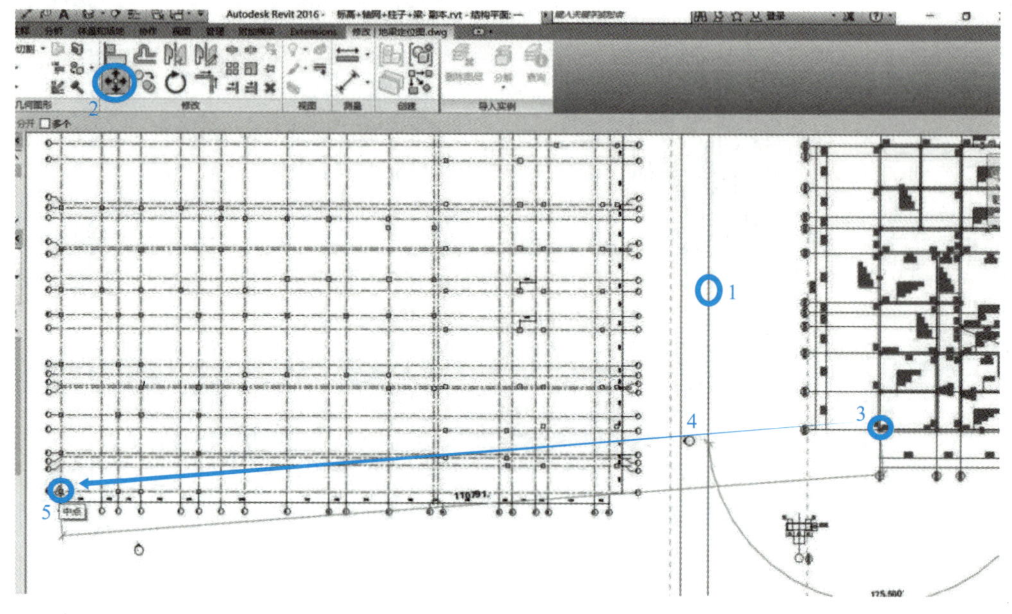

图 4.2–16　CAD 底图移动

移动完成后，为保证在创建模型过程中不出现 CAD 底图错位移动，需将移动后的 CAD 底图锁定。点击 CAD 底图的任意一点，选择后点击“修改”选项卡中的“锁定”按钮（图 4.2–17）。

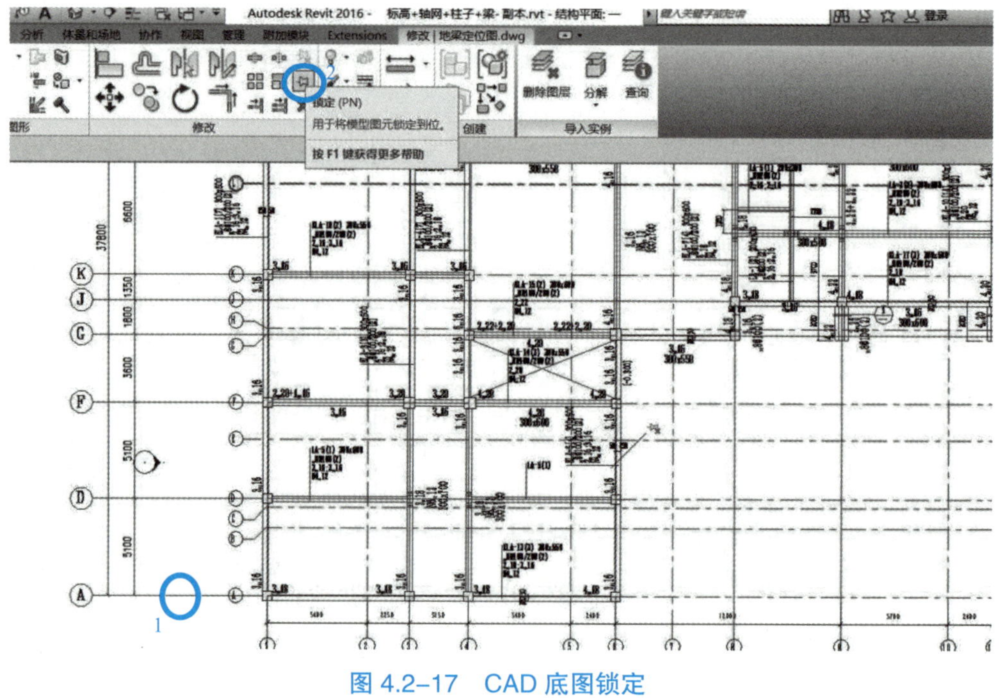

图 4.2–17　CAD 底图锁定

导入底图后，创建梁与布置梁的方法与上文所介绍的相同。绘制完成本层相关构件后，应解锁图纸，并删除图纸，以保证 Revit 软件的顺利实施并为下一步操作作出铺垫。

4.2.4　案例工程成果展示

请各位同学按照以上所讲授的内容，绘制案例工程地梁和一层梁模型（图 4.2-18、图 4.2-19）。

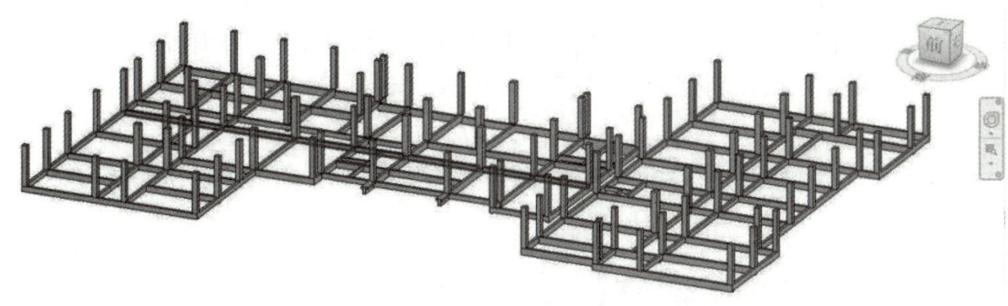

图 4.2-18　地梁成果图

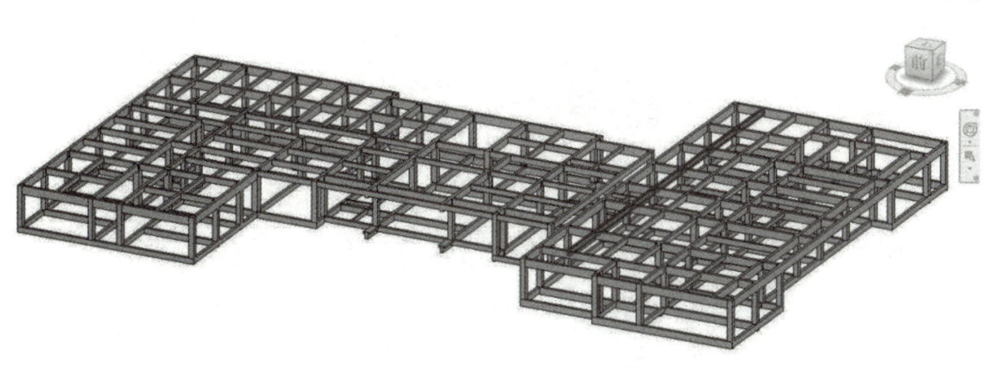

图 4.2-19　一层梁成果图

4.3　绘制板

绘制板

楼板是建筑物中重要的水平构件，起到划分楼层空间与基本承重的双重作用。在 Revit 中楼板属于平面草图绘制构件，与之前创建单独构件的绘制方式不同。

楼板是系统族，无须自建楼板族。在 Revit 中提供了四个楼板相关的命令：建筑楼板、结构楼板、面楼板、楼板边。建筑楼板主要用于绘制单建筑专业时，起到划分楼层空间作用，建筑板非真正的楼板，而仅起到示意作用；结构楼板是在做全专业模型时使用的板，是通常意义上起到承重作用的板，结构板可以布置钢筋。

4.3.1 板的创建

在进行板建模之前，需对板进行创建与属性编辑。根据案例工程图纸，举例创建一层 120mm 顶板的绘制方法。

结合案例工程结构图纸，找到《一层顶板配筋图》，观察一层顶板的高度为“4.150”，故在绘制一层结构顶板时，应进入 Revit 中的“结构二层”平面进行绘制。

1. 新建楼板

首先双击进入结构二层平面，点击“结构”选项卡中的“楼板”下拉菜单，点击“楼板：结构”功能按钮。在“属性”功能菜单中点击“编辑类型”，在弹出的“类型属性”对话框中点击“复制”按钮新建楼板“一层顶板 120mm”（图 4.3–1）。

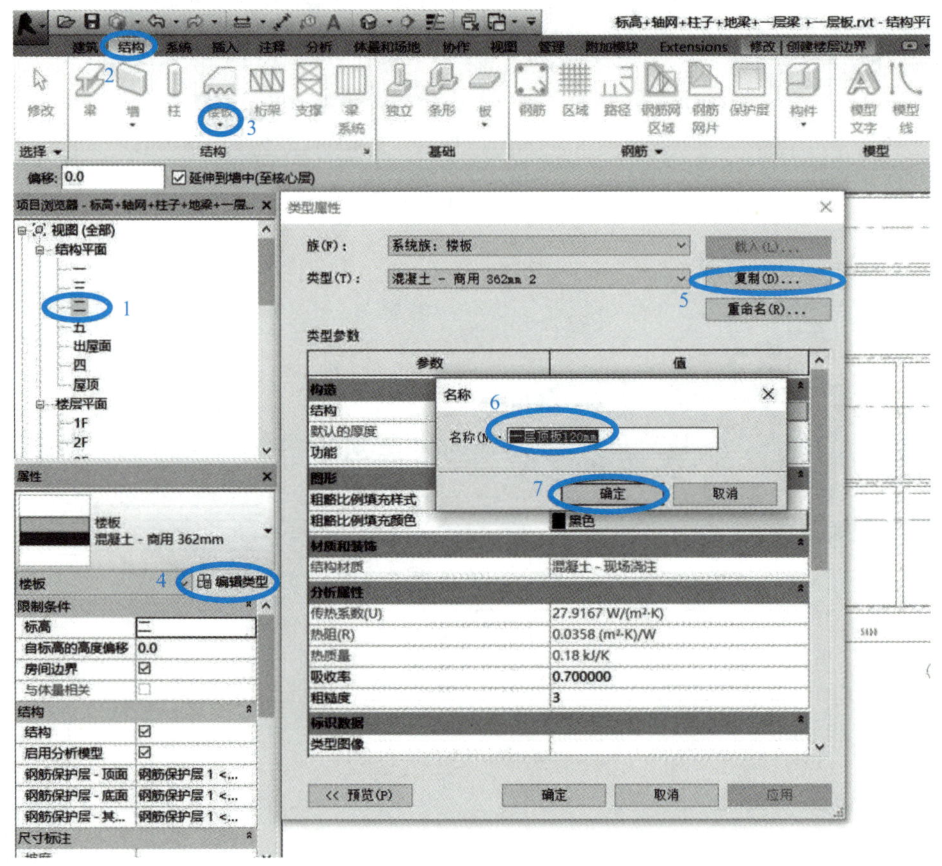

图 4.3–1　板新建

2. 编辑板结构

完成板创建后，点击“类型属性”对话框中的“编辑…”按钮，进入“编辑部件”对话框，对楼板的结构进行编辑。因为本次举例绘制的是一层顶结构板，故仅留核心层中的混凝土结构层即可，其他面板删除。删除完成后，将核心层的厚度改为“120mm”（图 4.3–2）。

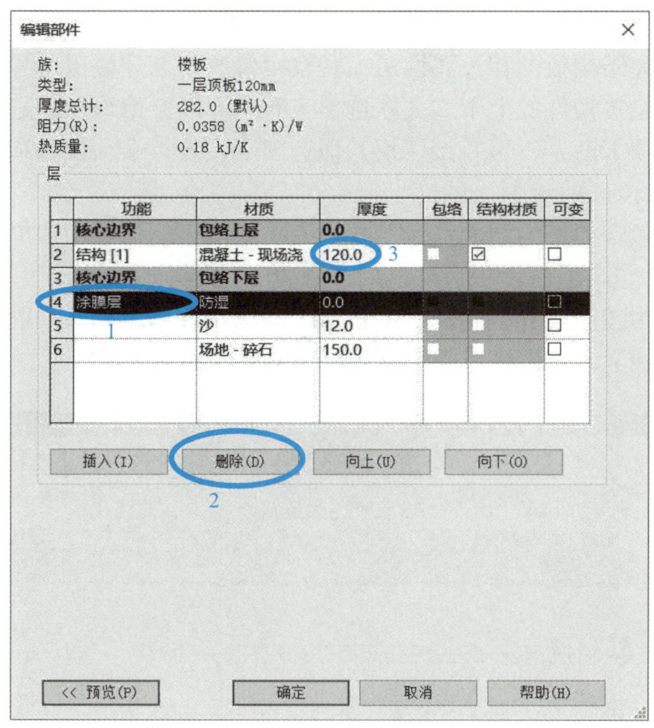

图 4.3–2　编辑板结构

4.3.2　板的绘制

1. 板识图

在绘制结构板前，为了保证所建模型的精准度与可布置钢筋性，需要结合图纸，识别所绘制板的边界及板大小。判断板大小及边界的方法通常为：找到结构板配筋图，观察一个区域内的受力底筋或受力面筋，受力底筋或受力面筋所围合形成的区域就是一块板的边界。以本案例工程图纸为例，举例说明（图 4.3–3）。

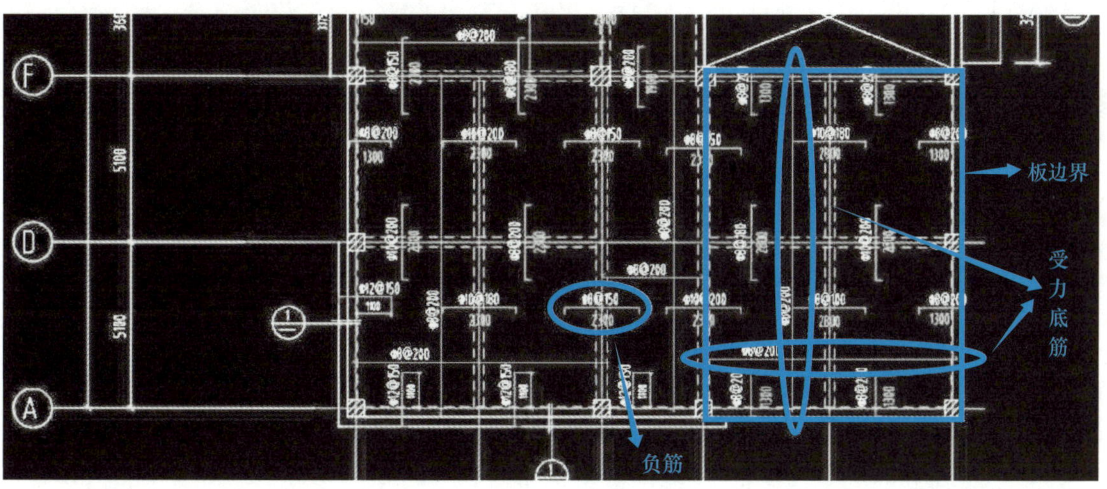

图 4.3–3　案例识别板边界

2. 板绘制

在新建、修改完结构板的相关属性后，观察“修改｜创建楼层边界”选项卡。需要注意该选项卡与柱、梁等构件的上下文关联选项卡有所不同，编辑板的选项卡称为在位选项卡。当进入在位选项卡后，不可直接切换其他选项卡，需点击在位选项卡中的“对钩”或“叉”后，方可退出该选项卡。

在位选项卡中包含楼板的绘制命令。在进入“修改｜创建楼层边界”选项卡后默认选择“边界线”，其中包含绘制楼板边界线的“直线”“矩形”“多边形”“圆”等工具。通常情况下的绘制方法为按照边界线轮廓，用矩形绘制按钮绘制结构板。通过观察，该案例工程的板边延伸到柱边界，所以终点需绘制到柱边界点（图 4.3–4）。

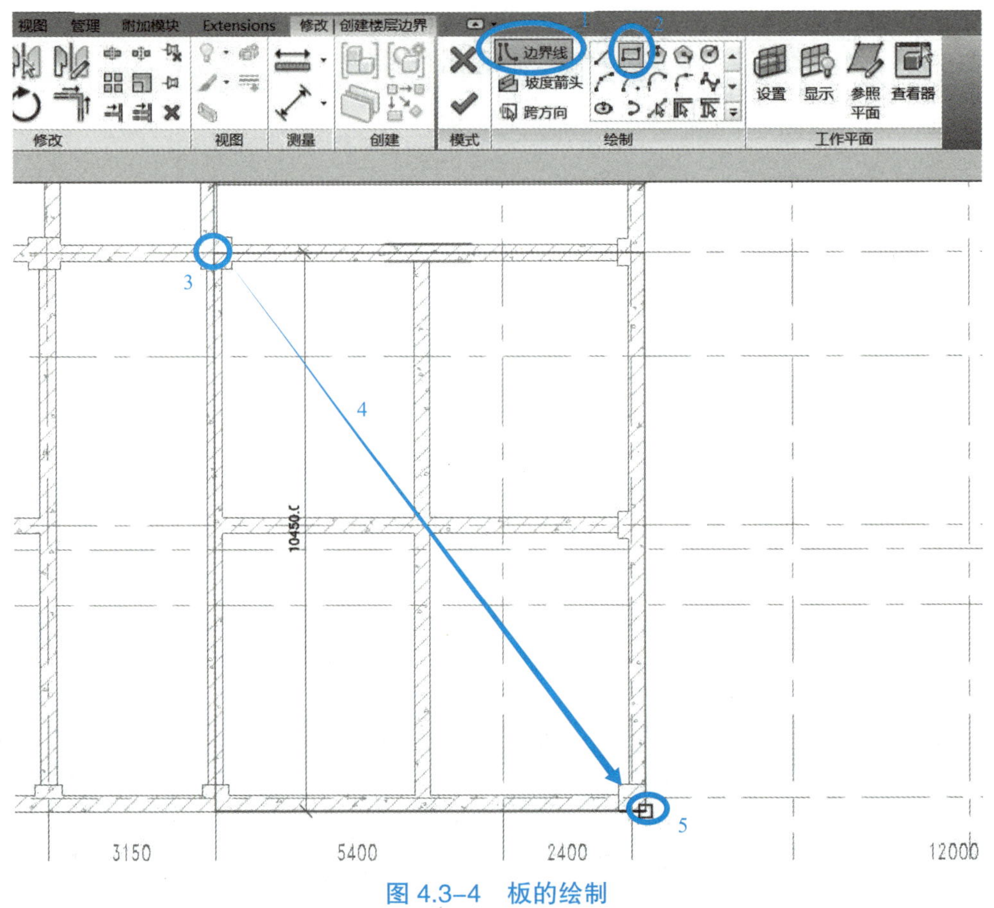

图 4.3–4　板的绘制

注意：

（1）由于板的支座为梁，所以在绘制板的时候，应尽量使板边界进入梁内，软件会根据相应的计算规则扣减。

（2）绘制板时，每绘制完成一块板，均需点击在位选项卡中的对勾确认，如果未点击对勾连续绘制板，软件会将所绘制的板识别成一块。

3. 板标高修改

如果某些板的标高与所绘制标高不一致，需对其进行标高偏移。点击绘制好的结构楼板，在左侧属性菜单中找到“自标高的高度偏移”，在其对话框内输入相应的偏移数值（图 4.3–5）。

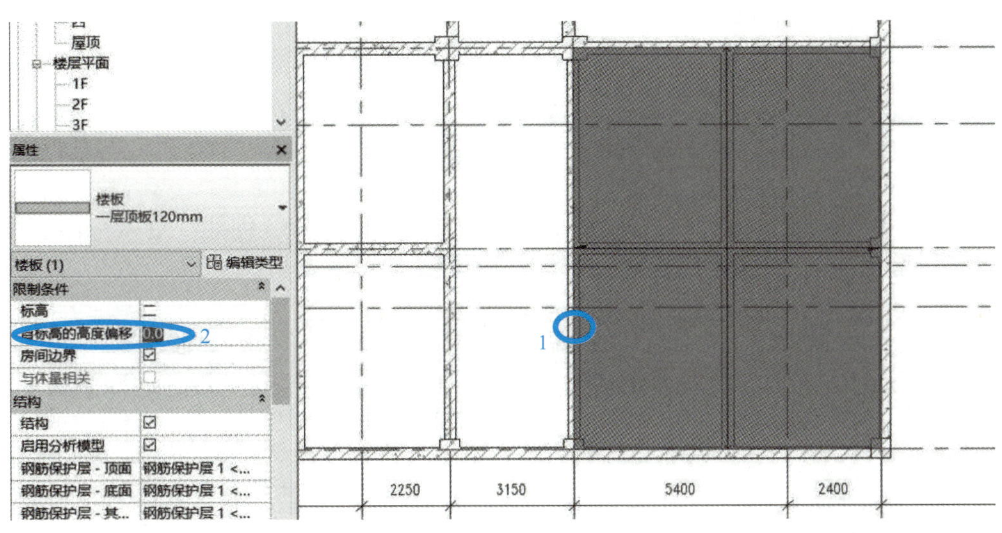

图 4.3–5　板标高修改

4.3.3　案例工程成果展示

请各位同学按照以上所讲授的内容，绘制案例工程一层顶结构板模型（图 4.3–6）。

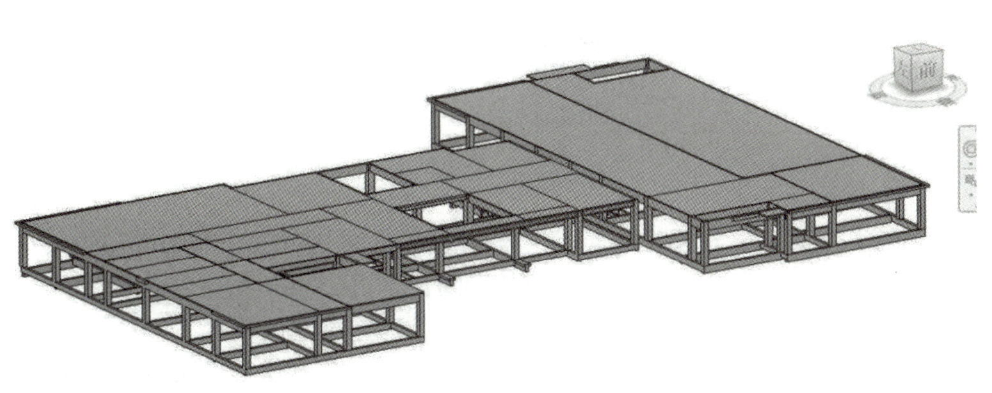

图 4.3–6　板标高修改

4.4　绘制墙体

墙体不仅是建筑空间的分隔主体，而且是门窗、墙饰条与分隔缝、卫浴灯具等设备的承载主体，在创建门窗等构件之前需要先创建墙体。同时墙体构造层设置及其材质设置，不仅影响着墙体在三维、透视和立面视图中的外观表现，更直接影响着后期施工图设计中墙身大样、节点详图等视图中墙体

绘制墙体

截面的显示。

本节介绍墙体模型创建。在进行墙体创建时，需要根据墙的用途及功能，例如墙的高度、墙体构造、内外墙的区别等，创建不同墙体类型和定义不同的属性。本书围绕实际案例工程，主要介绍墙体的建立与绘制。

4.4.1 墙体的创建

1. 墙体概述

在 Revit 中创建墙体模型，可以通过功能区中的【墙】命令创建，进入平面视图中，点击“建筑”选项卡→“构件”面板→“墙”下拉按钮（图 4.4–1）。

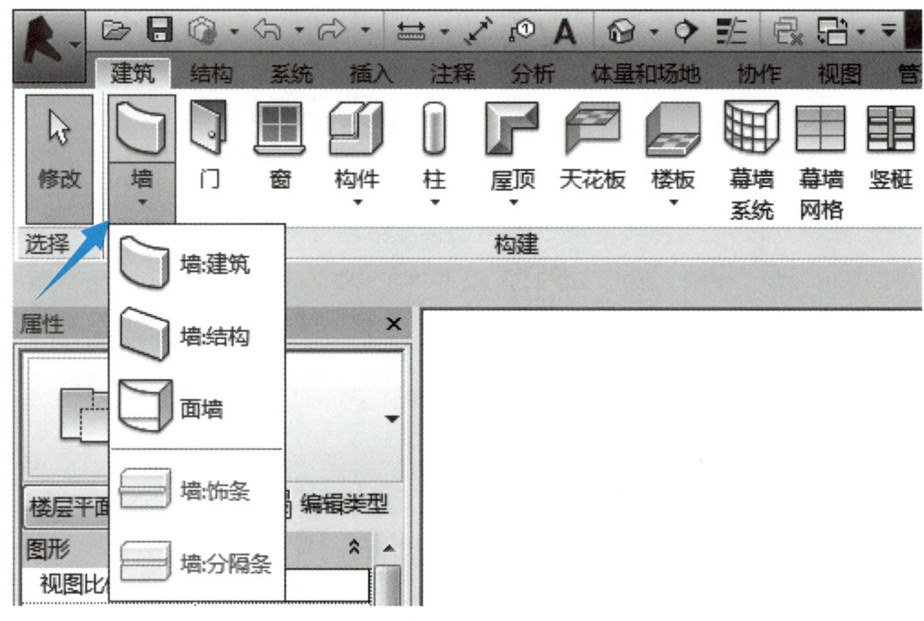

图 4.4–1　墙菜单

Revit 提供了建筑墙、结构墙和面墙三种不同的墙体创建方式，以及“墙饰条”“墙分隔缝”创建，“墙饰条”“墙分隔缝”只有在三维的视图下才能激活亮显，用于墙体绘制完成后添加。

建筑墙：主要用于分割空间，不承重，主要用来绘制建筑中的填充墙、隔墙。

结构墙：绘制方法与建筑墙完全相同，但使用结构墙工具创建的墙体，可以在结构专业中为墙图元指定结构受力计算模型，并配置钢筋，因此该工具可以用于创建剪力墙等墙图元。

面墙；根据体量或者常规模型表面生成墙体图元。

2. 墙体创建

在进行墙体建模之前，需对墙体进行类型创建与属性编辑。根据案例工程图纸，举例创建外墙、内墙。墙体属性和类型点击“建筑”选项卡中的“墙”功能按钮，功能区显示“修改 | 放置墙”面板（图 4.4–2）。

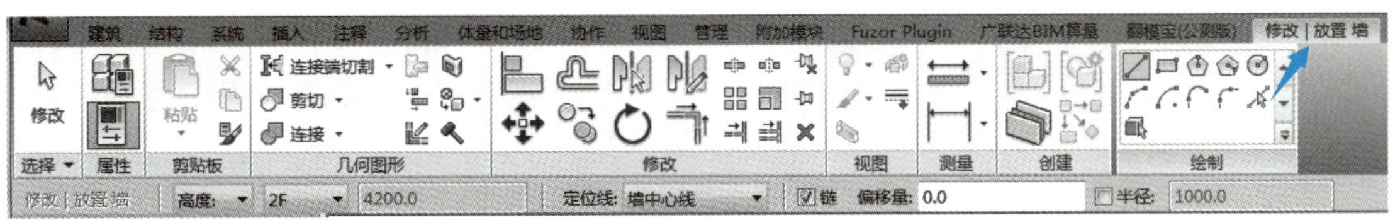

图 4.4–2　修改 | 放置墙

在“绘制”面板中，可以选择绘制墙的工具。该工具包括默认的“直线”“矩形”“多边形”“圆形”“弧形”等工具。其中需要注意的是，两个工具一个是“拾取线”，使用该工具可以直接拾取视图中已创建的线来创建墙体，另一个是“拾取面”，该工具可以直接拾取视图中已经创建体量面或是常规模型面来创建墙体。

点击“墙”按钮后，在“属性”面板中选择“基本墙”“常规 200mm”来修改创建案例中的外墙（图 4.4–3）。

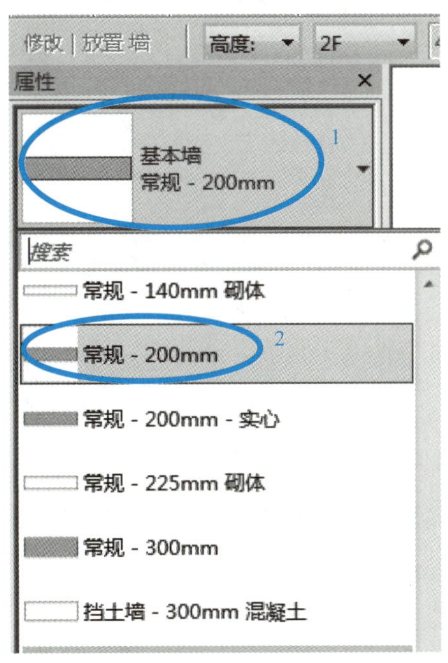

图 4.4–3　选择基本墙

复制创建“仿砖真石漆涂料外墙 200mm”，点击“属性”面板中的“编辑类型”按钮，在弹出的“类型属性”对话框中点击“复制”按钮，在弹出的“名称”对话框中输入“仿砖真石漆涂料外墙 200mm”，点击“确定”按钮返回“类型属性”对话框（图 4.4–4）。

编辑墙体“结构 [1]”材质。在“类型属性”对话框中点击“结构”一栏中的“编辑”（图 4.4–5），出现“编辑部件”对话框，在“编辑部件”对话框中点击“结构 [1]”对应的“材质”，在弹出的材质浏览器对话框中，选择“混凝土砌块”，点击“确定”按钮返回“编辑部件”对话框，厚度修改为 190（图 4.4–6）。

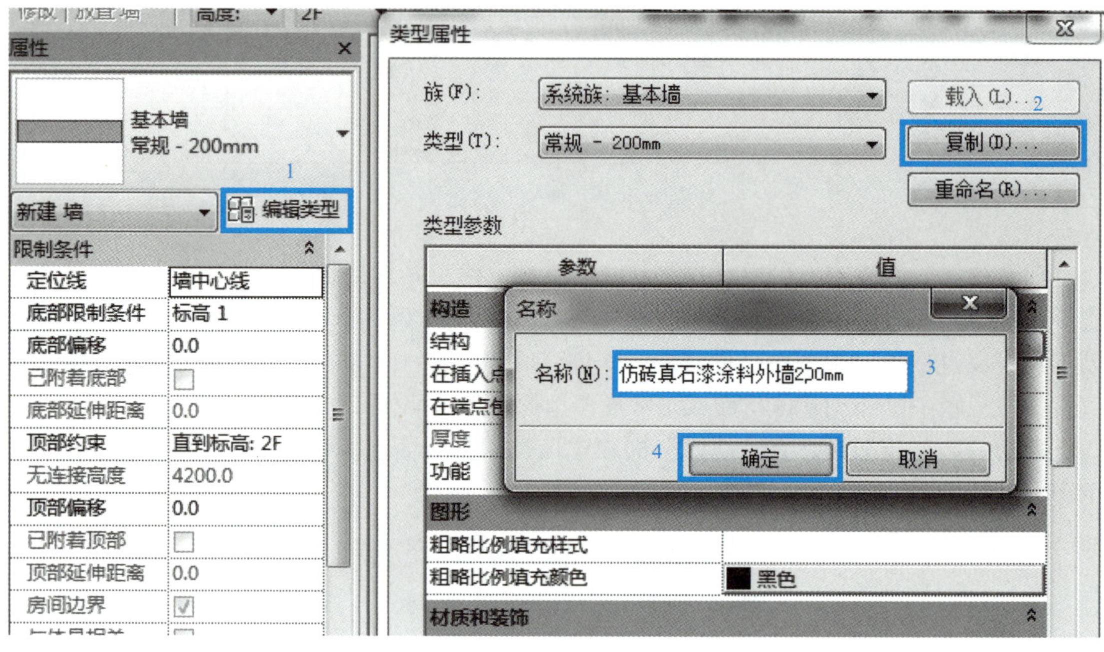

图 4.4–4　复制墙体

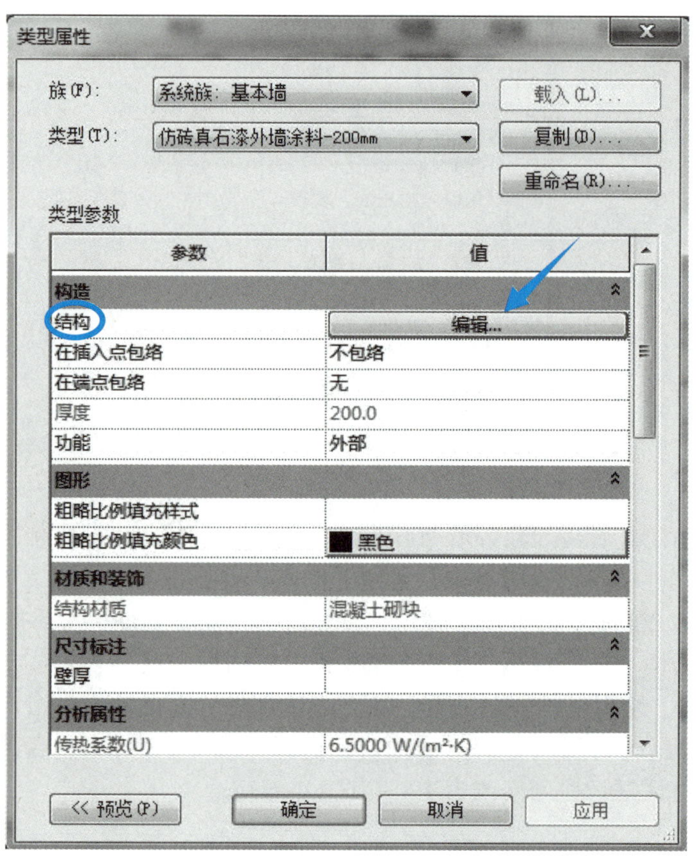

图 4.4–5　墙体属性定义

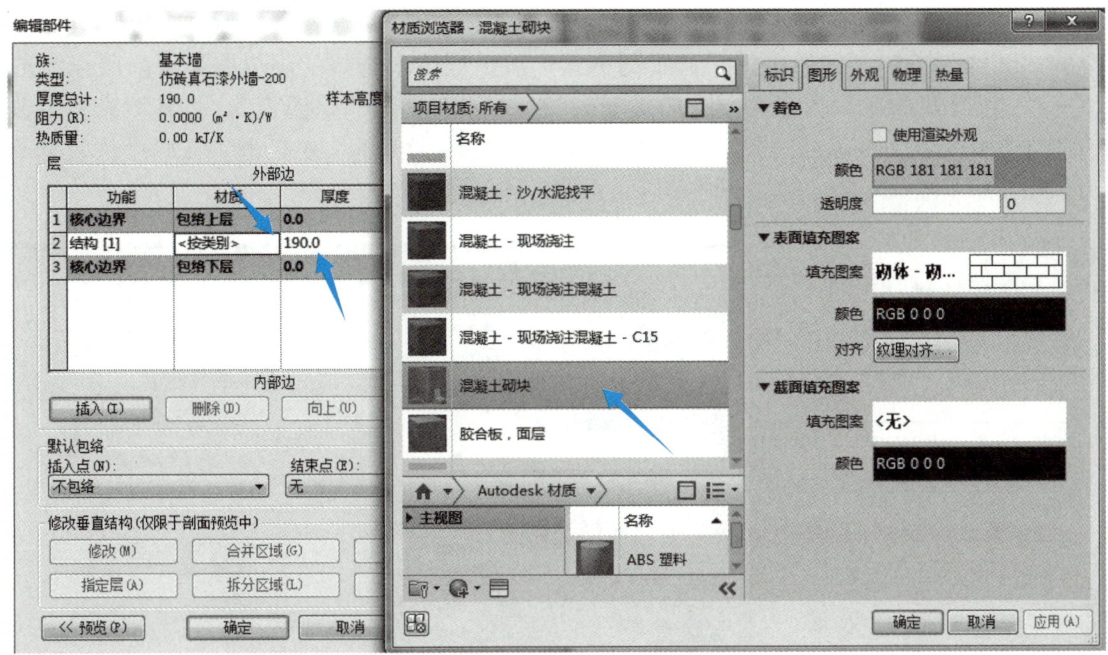

图 4.4-6　编辑“结构［1］”材质

添加“保温层 / 空气层”功能。在“编辑部件”对话框，点击“插入”—“向上”按钮，在“功能”参数下将“结构［1］”改为“保温层 / 空气层”（图 4.4-7）。

编辑部件

族：基本墙
类型：仿砖真石漆涂料外墙200mm
厚度总计：200.0　　样本高度 (S)：6096.0
阻力 (R)：0.0000 (m²·K)/W
热质量：0.00 kJ/K

层

外部边

3	功能	材质	厚度	包络	结构材质
1	保温层/空气	<按类别>	0.0	☑	☐
2	核心边界	包络上层	0.0		
3	结构 [1]	<按类别>	200.0	☐	☑
4	核心边界	包络下层	0.0		

内部边

1 插入 (I)　删除 (D)　2 向上 (U)　向下 (O)

默认包络
插入点 (N)：不包络　　结束点 (E)：无

修改垂直结构 (仅限于剖面预览中)
修改 (M)　合并区域 (G)　墙饰条 (W)
指定层 (A)　拆分区域 (L)　分隔条 (R)

<< 预览 (P)　确定　取消　帮助 (H)

图 4.4-7　添加保温层 / 空气层

编辑“保温层 / 空气层”材质。在“编辑部件”对话框中点击“保温层 / 空气层”对应的“浏览”按钮，在弹出的“材质浏览器”对话框中，选择“隔热层 / 保温层 – 空心填充”，将其复制后，将保温层材质重命名为“A 级改性酚醛保温板”，将其填充图案改为“对角交叉线 1.5mm”，点击“确定”按钮返回“编辑部件”对话框，在厚度位置处改为“80mm”（图 4.4–8）。

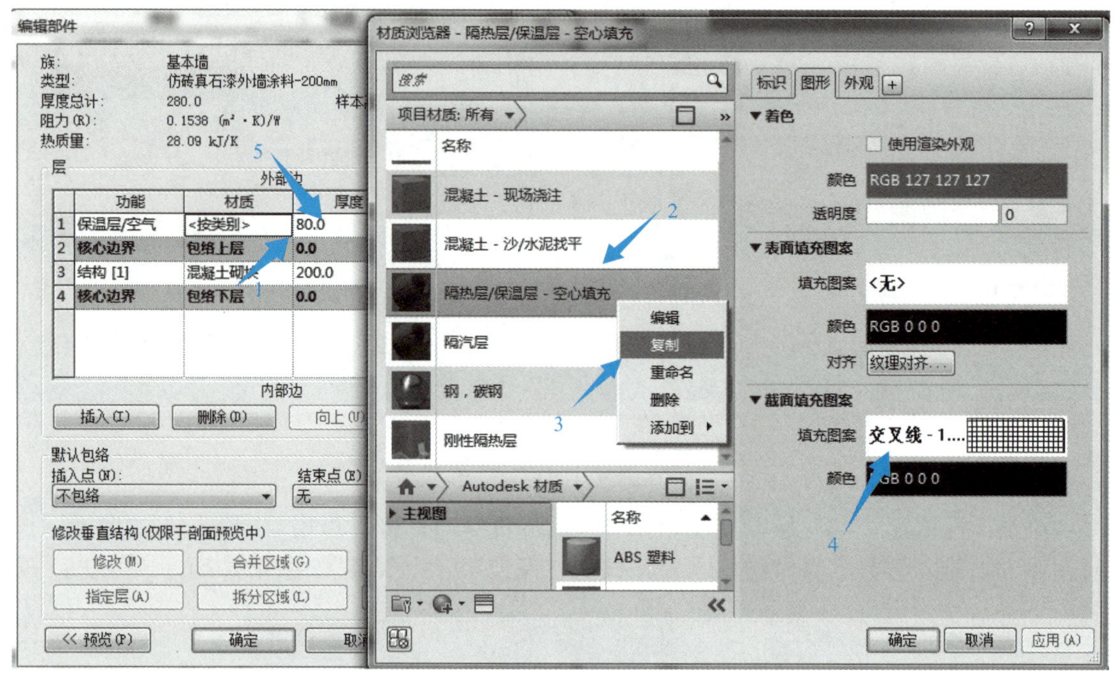

图 4.4–8 “A 级改性酚醛保温板”材质创建

添加“面层 1［4］”水泥砂浆功能。在“编辑部件”对话框，单击“插入”—“向上”按钮，在“功能”参数下将“结构［1］”改为“面层 1［4］”，点击“编辑部件”对话框中“面层 1［4］”材质浏览按钮，在弹出的“材质浏览器”对话框中，复制“默认”材质，将其复制后的材质重命名为“水泥砂浆”（图 4.4–9）；编辑“水泥砂浆”材质图，在“材质浏览器”对话框中“截面填充”选择“砂浆”，点击“确定”返回“编辑部件”对话框，将“厚度”修改为 20（图 4.4–10 材质）。

添加“衬底［2］”创建“聚合物水泥砂浆”，在“编辑部件”对话框，点击“插入”—“向上”按钮，在“功能”参数下将“结构［1］”改为“衬底［2］”，点击“编辑部件”对话框中“衬底［2］”材质浏览按钮，在弹出的“材质浏览器”对话框中选择“水泥砂浆”，点击“确定”返回“编辑部件”对话框，将“厚度”修改为 5（图 4.4–11 材质）。

添加“面层 2［5］”创建仿砖真石漆外墙涂料，在“编辑部件”对话框，点击“插入”—“向上”按钮，在“功能”参数下将“结构［1］”改为“面层 2［5］”，点击“编辑部件”对话框中“仿砖真石漆外墙涂料”材质浏览按钮，在弹出的“材质浏览器”对话框中复制“默认”材质，将其复制后的材质重命名为“仿砖真石漆涂料”；编辑“仿砖真石漆涂料”材质图，在“材质浏览器”对话框中“颜色”选择“褐色”，点击“确定”返回“编辑部件”

对话框，将“厚度”修改为 5，点击“类型属性”中“确定”，完成案例工程中“仿砖真石漆涂料外墙”的创建（图 4.4–12）。

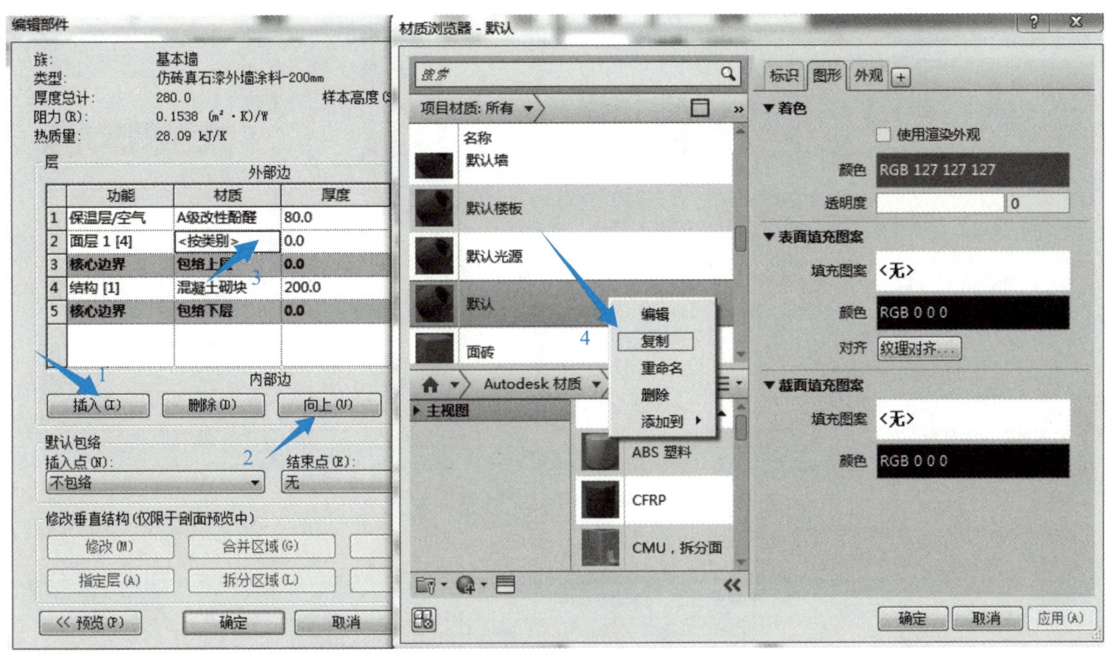

图 4.4–9　添加“水泥砂浆”材质

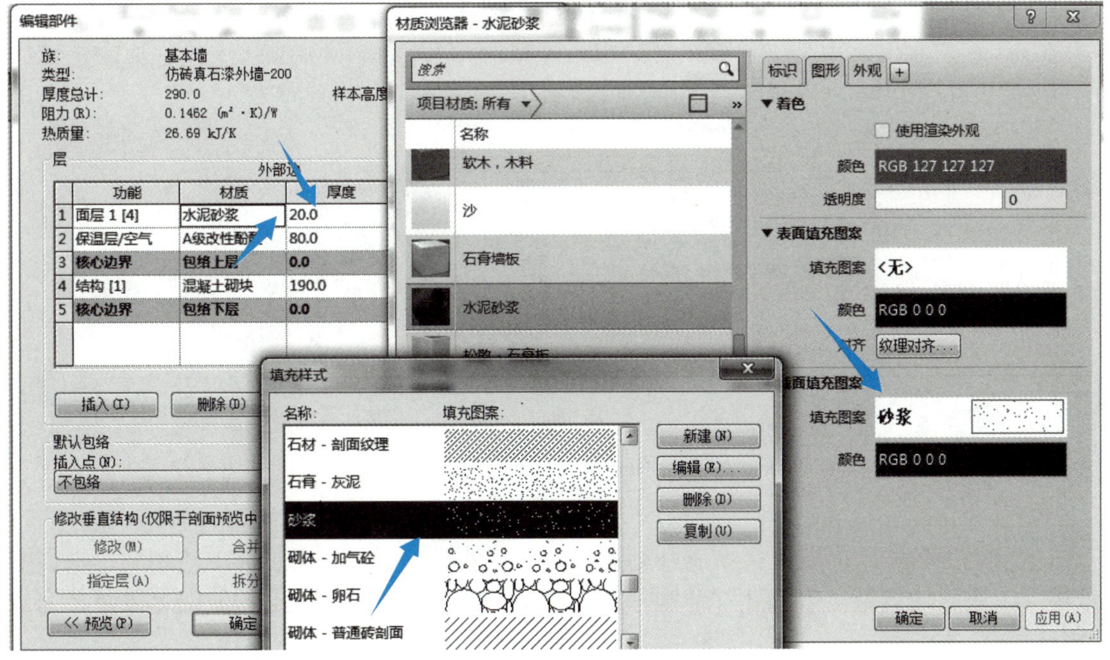

图 4.4–10　“水泥砂浆”材质编辑

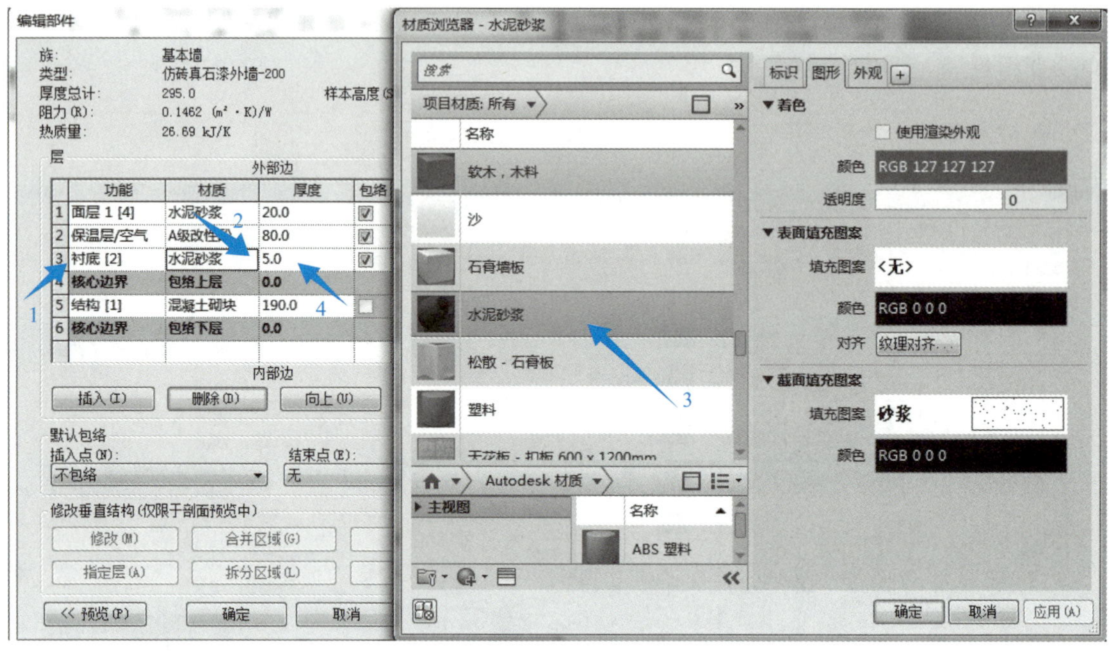

图 4.4-11 “聚合物水泥砂浆”材质定义

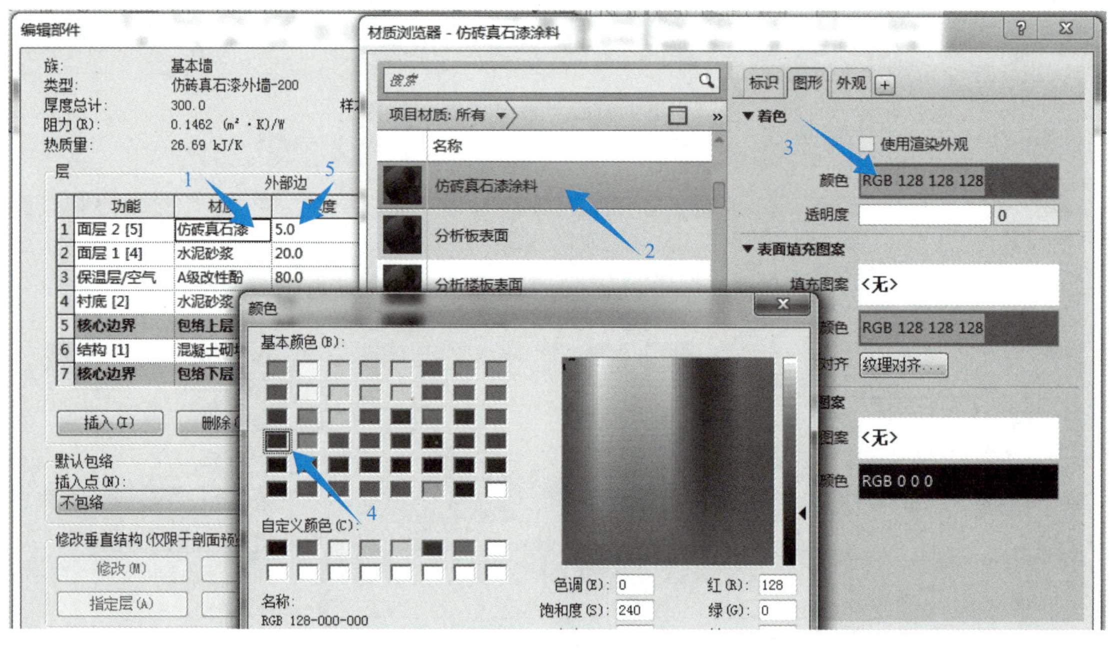

图 4.4-12 编辑外墙涂料“面层 2［5］”

本案例工程中“内墙”类型属性创建方法与“外墙”属性定义创建方法相同，根据图纸中“内墙”构造做法来创建“结构［1］”混凝土砌块和“面层 1［4］”混合砂浆，完成“内墙 200”的定义。

注意：我们在这定义的墙厚是指“核心层”两个核心边界墙体的结构厚度，而在墙体

"类型属性"对话框中的"厚度"是所有材质厚度的总和（图 4.4–13）。

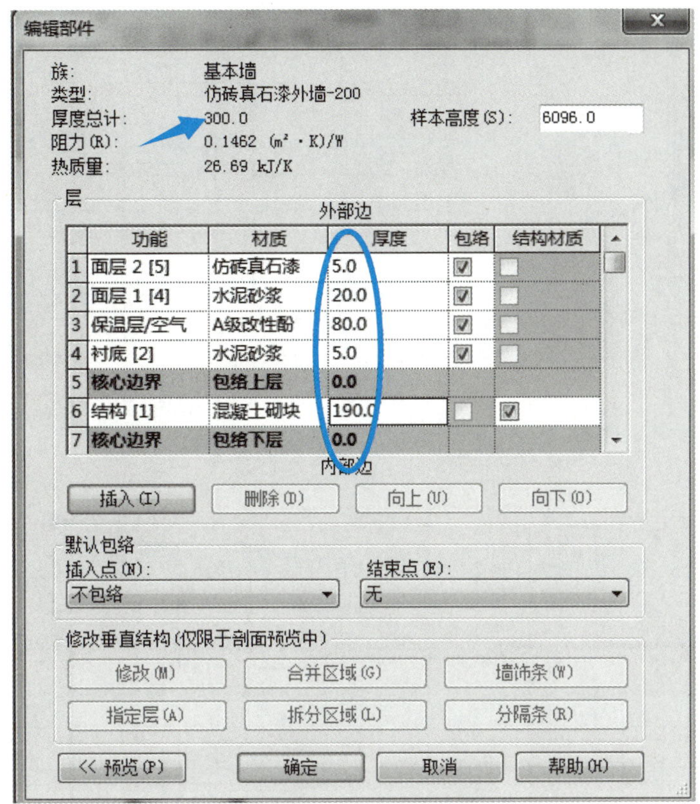

图 4.4–13　"墙体厚度"

4.4.2　墙体的绘制

1. 墙体的绘制

双击进入"项目浏览器"中的"楼层平面 –1F"。启动"建筑"面板下"墙"命令后，选择刚创建好的"仿砖真石漆外墙 –200mm"，在"修改 | 放置墙"选项卡中点击"绘制"面板中的"按直线"按钮绘制本案例工程的外墙、内墙。

在"选项栏"设置"高度"为"2F"，勾选"链"（勾选"链"可以连续绘制墙），定位线选择的"墙体中心线"，设置"偏移量"为"200"（图纸中外墙边线距离轴线偏移 50mm，所以墙体中心距离轴线偏移值为 200）。"属性"面板中设置"底部限制条件"为"1F"，"底部偏移"为"0"，"顶部约束"为"直到标高：2F"（图 4.4–14）。

点击平面图左下角 1 轴线与 A 轴线的交点，沿着垂直方向顺时针方向移动光标，这样能够保证绘制的外墙的外墙面在外侧，参照图纸完成 1F 外墙体的绘制（图 4.4–15）。

对墙体与柱子转角处进行连接修改，点击绘制好的"墙体"，在"修改 | 放置墙"选项卡中"修改"面板中选择"修剪 / 延伸为角"。首先点击与 A–1 轴线柱竖向垂直的墙体，然后选择水平段墙体，完成墙体转角处的连接，采用相同的方法，将绘制好的外墙与柱连接处连接成整体（图 4.4–16）

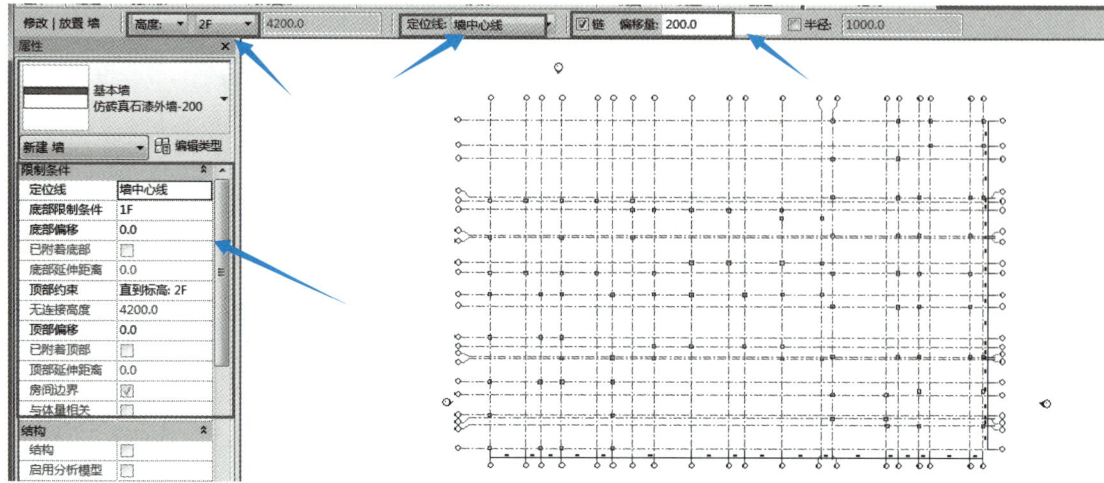

图 4.4–14 “墙”参数设置

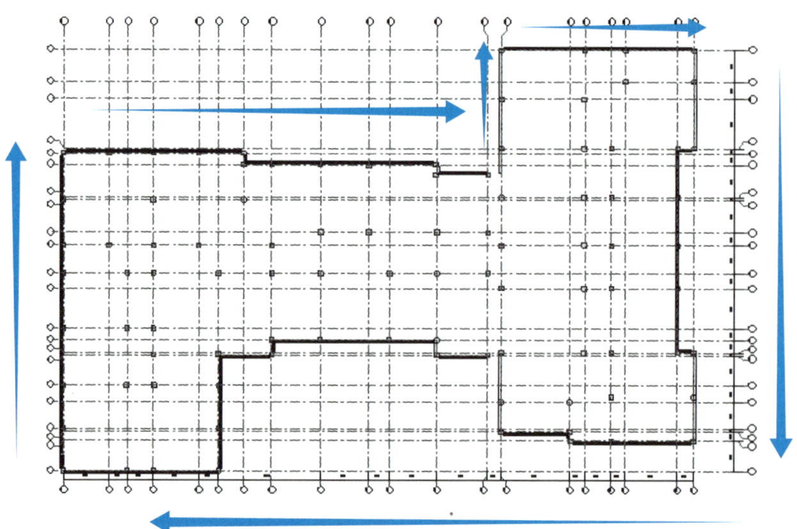

图 4.4–15 墙体绘制

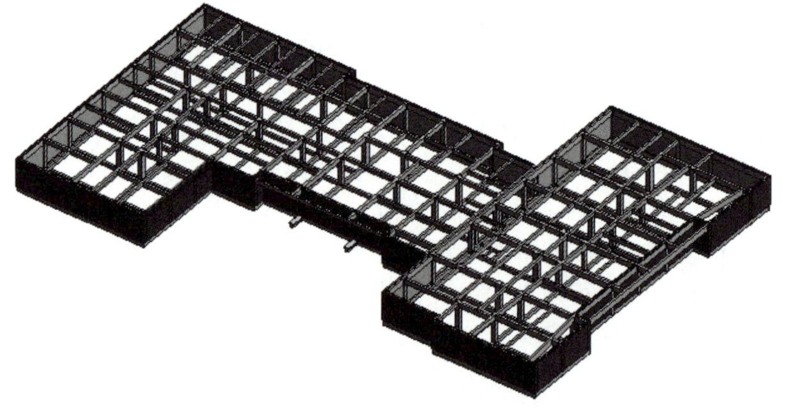

图 4.4–16 一层平面外墙

2. 墙体属性编辑

如图 4.4–17 所示，该属性为墙的实例属性，主要设置墙体的墙体定位线、高度、底部和顶部约束与偏移等，有些参数为暗显，该参数可在三维视图、选中构件、附着时或改为结构墙等情况下亮显。

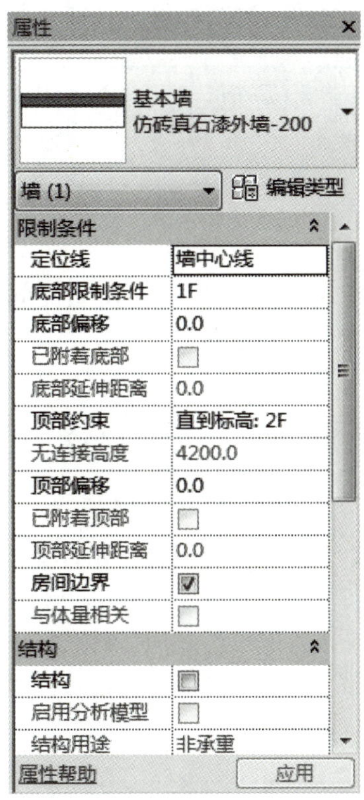

图 4.4–17　墙体实例属性

（1）定位线

与墙体设置选项卡中的定位方式相同。在 Revit 中，墙的核心层指的是其结构层在单一材质的砖墙中，墙体中心线和核心层中心线平面将会重合，然而它们在复合墙中可能会发生变化。在绘制墙体时，顺时针绘制墙时其外部面（面层面：外部）默认情况下位于外侧，当墙体绘制完成后如需要调整墙体外侧面朝向时，可以通过“翻转控件”⇕调整墙体的方向。

注意：墙体定位线是指在平面上的定位线位置，默认为墙中心线，包括核心层中心线、面层面外部、面层面内部、核心面外部、核心面内部，墙体平面定位示意图如图 4.4–18 所示。

（2）底部限制条件 / 顶部约束

表示墙体上下的约束范围。

（3）底 / 顶部偏移

在约束范围条件下，可上下微调墙体的高度，如果同时偏移 200mm，表示墙体高度不变，整体向上偏移 200mm。+200mm 为向上偏移，−200mm 为向下偏移。

（4）无连接高度

表示墙体顶部在不选择“顶部约束”时高度的设置。

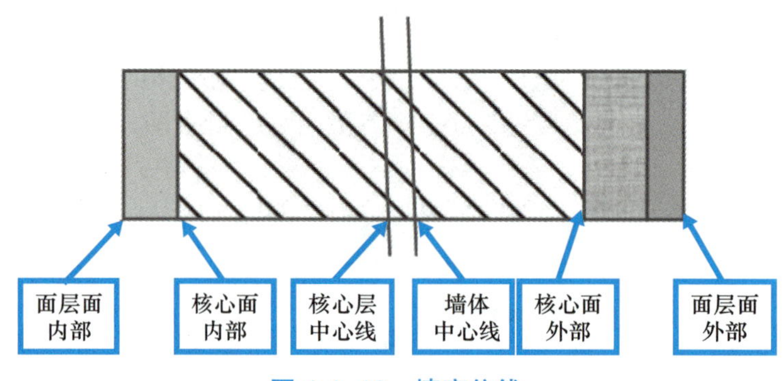

图 4.4–18　墙定位线

（5）房间边界

在计算房间的面积、周长和体积时，Revit 会使用房间边界。可以在平面视图和剖面视图中查看房间边界。墙则默认为房间边界。

（6）结构

表示该墙是否为结构墙，勾选后，则可用于后期受力分析。

4. 4. 3　导入 CAD 底图布置内墙

墙体除了可以对照图纸布置外，还可以将已经设计好的 CAD 底图导入 Revit 中，在软件中根据图纸底图点布即可。

打开“插入”选项卡中的“导入 CAD”选项按钮，在弹出的“导入 CAD 格式”对话框中找到已经分割好的 CAD 底图，“导入单位”切记一定要选为“毫米”，以保证 CAD 底图与模型单位和大小一致（图 4.4–19）。

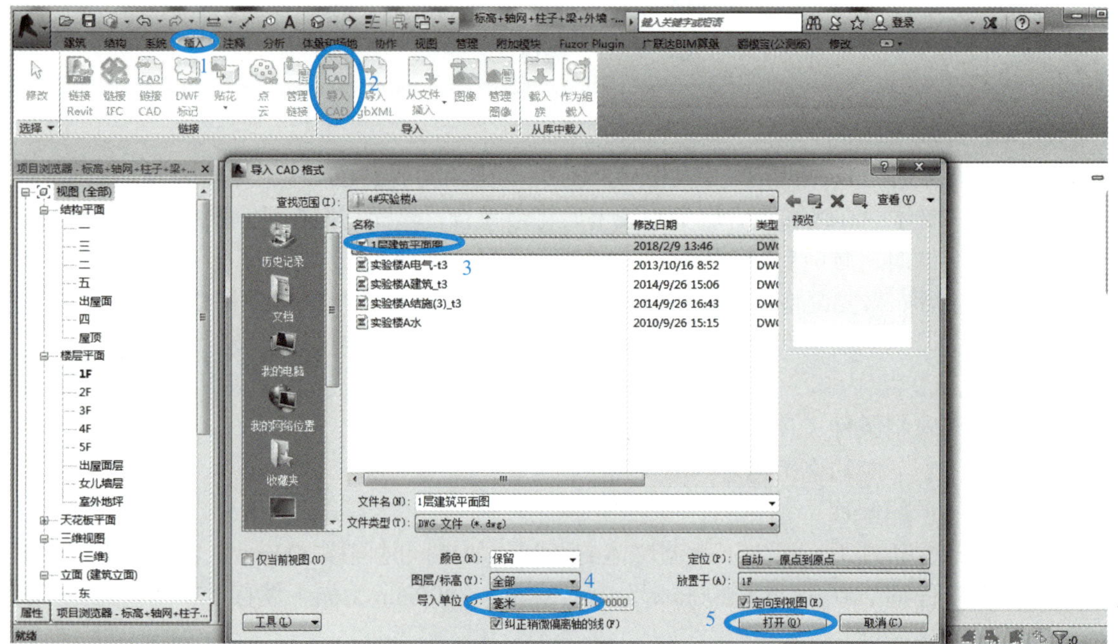

图 4.4–19　CAD 导入

CAD 底图导入后，需对底图进行处理。首先需要将 CAD 底图与模型重合，点击 CAD 图纸任意一点，在“修改”选项卡中点击“解锁”按钮（图 4.4–20）。

解锁后点击“移动”按钮，选择 CAD 底图中的 A 轴与 1 轴交汇点，拖动鼠标至模型 A 轴与 1 轴交汇处，点击“确认”。移动完成后，为保证创建模型过程中不出现 CAD 底图错位移动，需将移动后的 CAD 底图锁定。点击 CAD 底图的任意一点，选择后点击“修改”选项卡中的“锁定”按钮（图 4.4–21、图 4.4–22）。

为了简化 CAD 图中多余图层对绘制的影响，可以将绘制过程中不需要的 CAD 图层删掉，起到简化视图的作用。点击导入的 CAD 底图，在“导入实例”工具面板中选择“删除图层 删除图层”，删除图纸中多余的图层（图 4.4–23）。

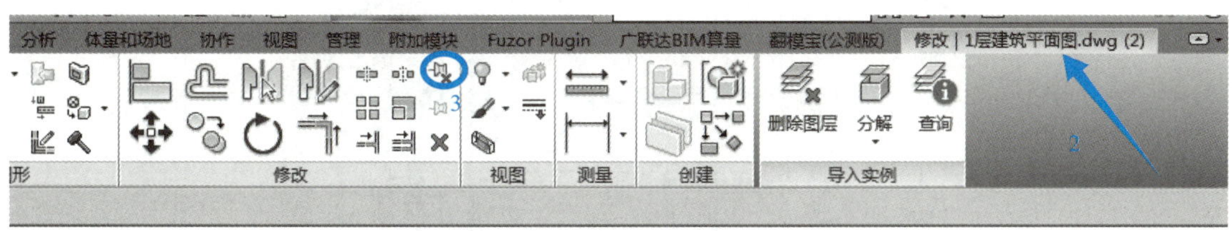

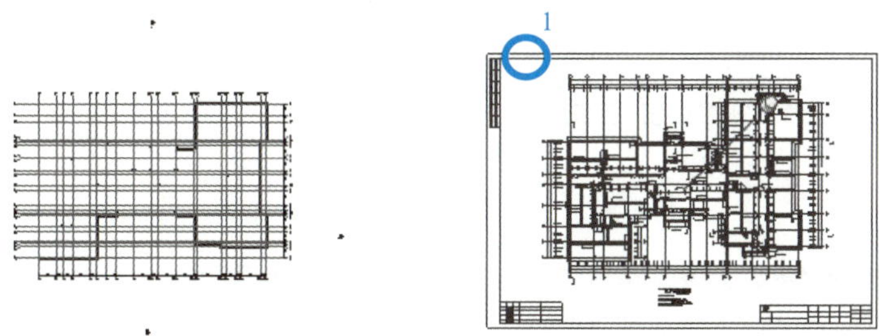

图 4.4–20　解锁 CAD 底图

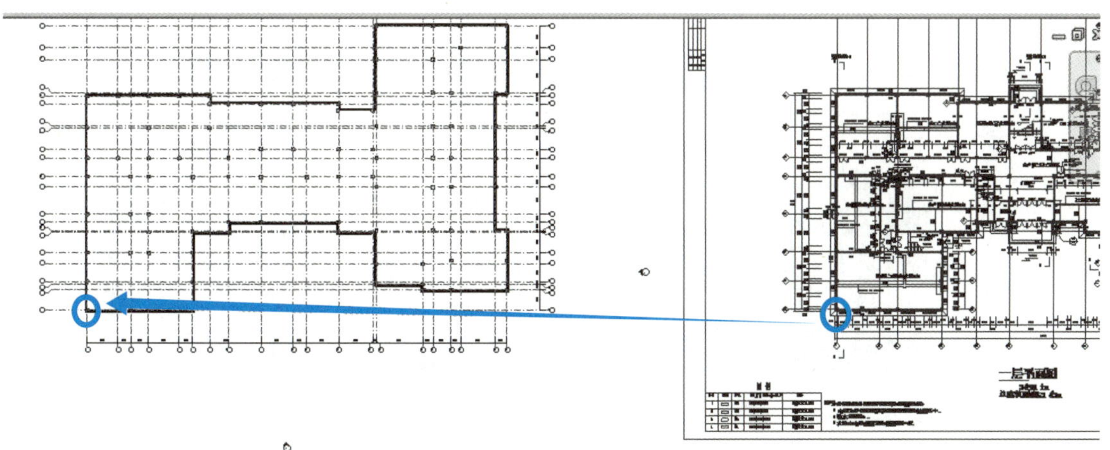

图 4.4–21　CAD 底图移动对齐

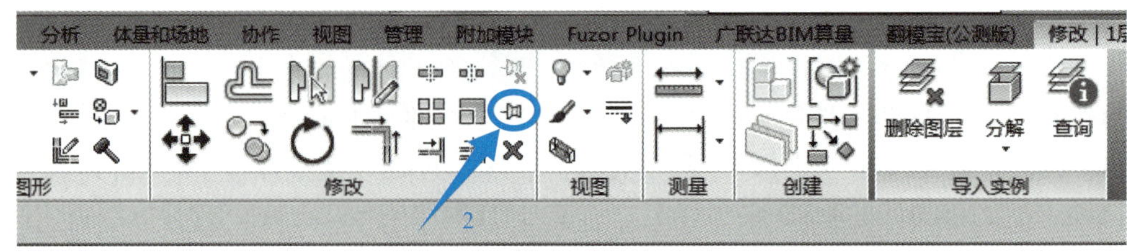

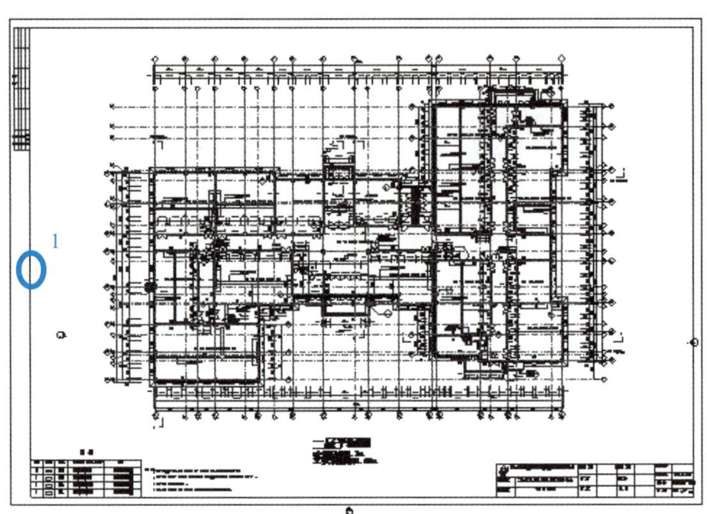

图 4.4–22　锁定 CAD 底图

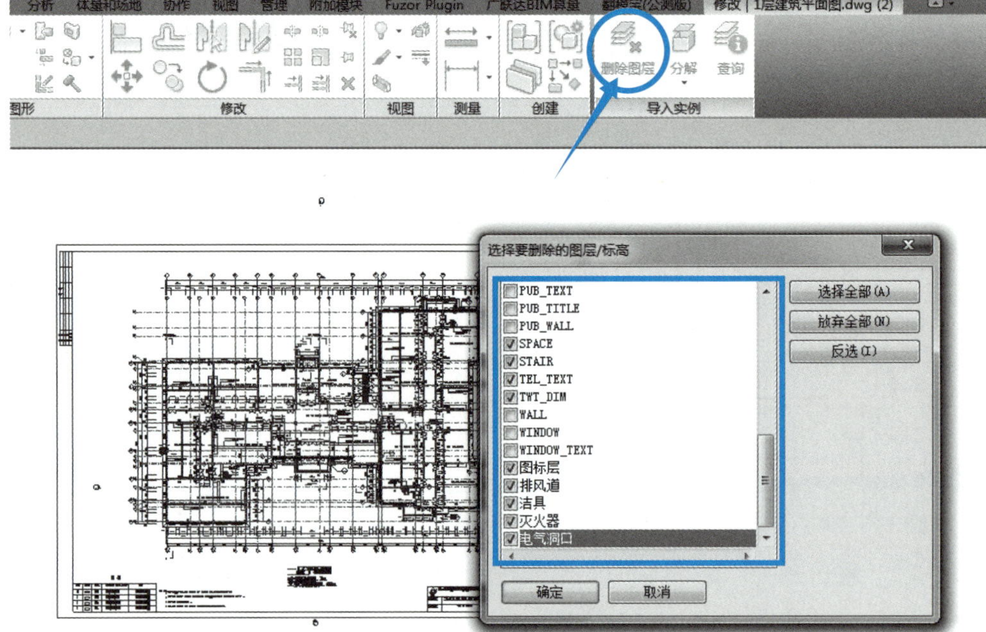

图 4.4–23　删除 CAD 图层

导入 CAD 底图后，创建、绘制墙体的方法与上面介绍的相同，请根据图纸完成 1 层墙体的绘制。

4.5　绘制门窗

门窗是建筑中最常用的构件。在 Revit 中提供了少量类型的门窗。一般情况下，在项目使用前，都是通过创建自定义门和窗来创建相应的门窗族，然后载入项目中。门和窗都是以墙、屋顶为主体放置的图元，这种依赖于主体图元而存在的构件称为“基于主体的构件”。本节将以案例工程中的门窗为例，介绍门窗的创建，并学习修改门窗信息的方法。

绘制门窗

4.5.1　门窗的创建

在进行门窗绘制之前，需对门窗进行类型创建与属性编辑，在 Revit 中门窗除了具体族的区别以外，创建步骤大体相似，在创建门窗的时候会自动在墙上形成剪切洞口，完成布置。

1. 门的创建及属性修改

（1）门的创建

因 Revit 自带的门族没有案例中对应的门的类型，需要从 Revit 安装所带族库中载入对应的门族（门窗族的路径默认安装在目录 C：Programdata\Autodesk\RVT2016\libraries），案例中其他门族的创建方法相同，本次以案例中“M1524”“FM 乙 1824”为例。

创建案例中“M1524”，点击“建筑”选项卡中的“门”功能按钮，在“属性”面板点击“编辑类型”，在弹出的“类型属性”对话框中点击“载入”按钮，加载相应的门系统族。在弹出的系统族“打开”对话框中找到“建筑 / 门 / 普通门 / 平开门 / 双扇嵌板木门 1”，点击“打开”（图 4.5–1）。

同样的方法创建案例中“FM 乙 1824”，点击“建筑”选项卡中的“门”对话框中点击“载入”按钮，加载相应的门系统族。在弹出的系统族“打开”对话框中找到“建筑 / 门 / 普通门 / 平开门 / 双扇嵌板镶玻璃门 4”，点击“打开”（图 4.5–2）。

（2）门属性编辑

在载入门族完成后，无须点击“确定”按钮，直接在“类型属性”对话框中点击“复制”按钮（注意：在“类型属性”对话框中修改门窗尺寸，在视图中所有同类型名称的门窗尺寸都会跟着变化，如果只是修改其中一个门尺寸，建议复制一个类型出来，在新类型中进行修改），在弹出的“名称”对话框中输入新名称“M1524–1500×2400mm”（图 4.5–3）。完成“M1524”的新建后，需对“M1524”的尺寸参数进行修改，点击“尺寸标注”中的“高度”将其数值改为 2400，在“标识数据”中“类型标记”修改为“M1524”，其他参数不作修改（图 4.5–4）。

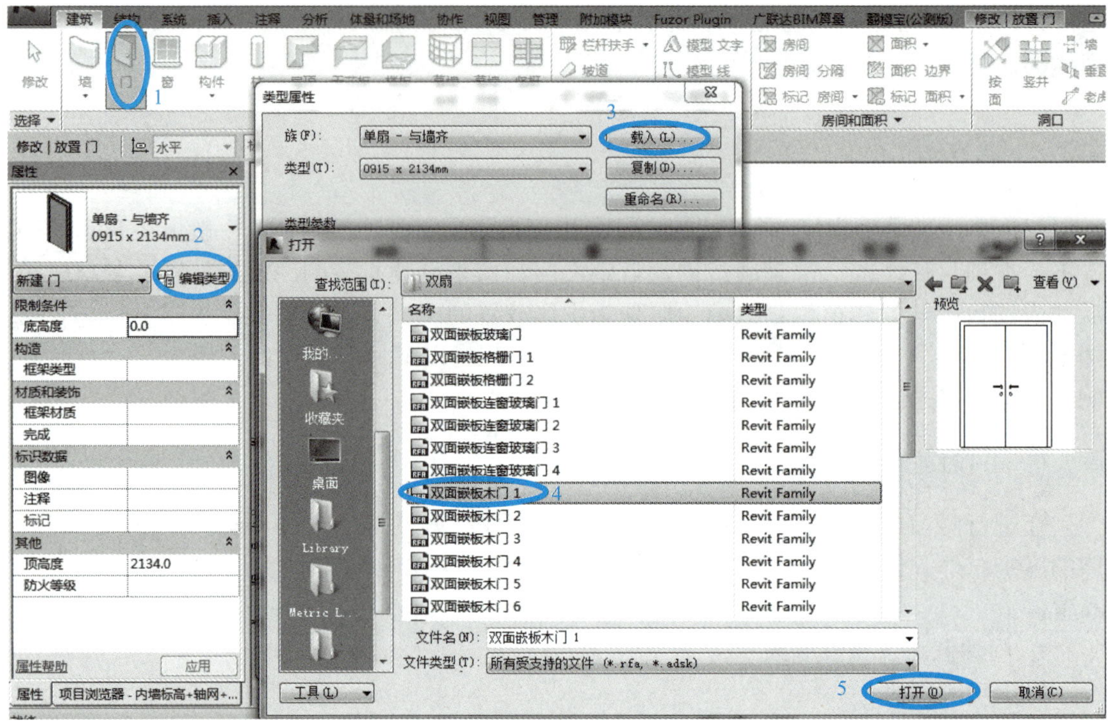

图 4.5-1 “M1524”族的载入

图 4.5-2 “FM 乙 1824”族载入

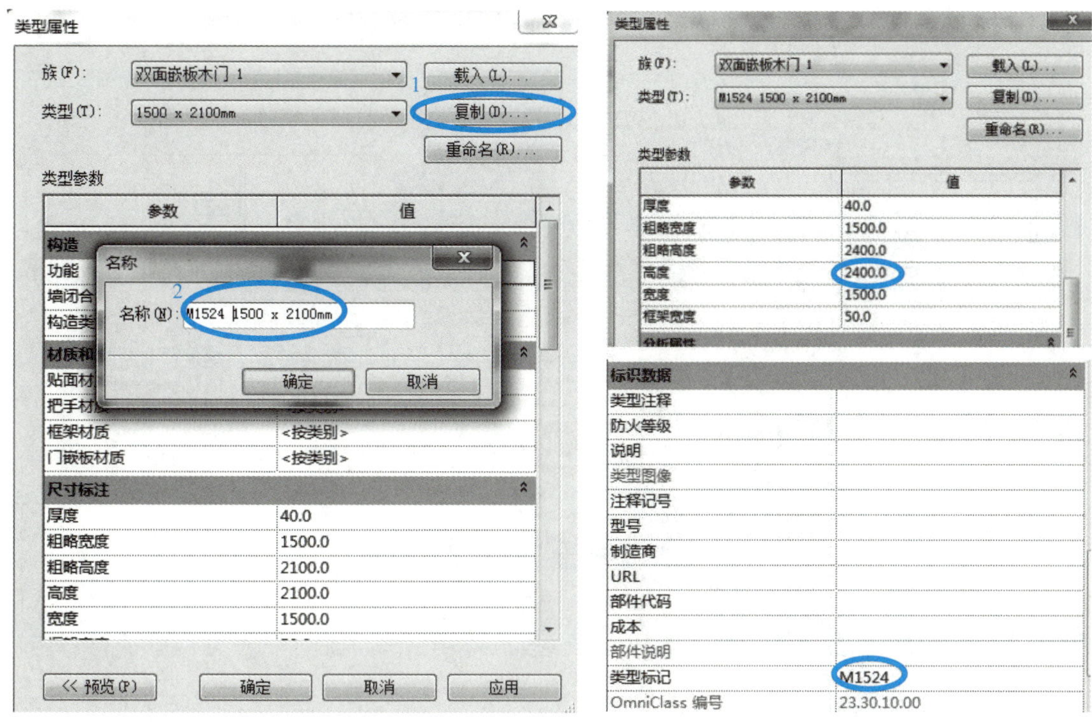

图 4.5-3　门名称修改　　　　图 4.5-4　"M1524" 参数编辑

同样的方法在"类型属性"对话框中选择"双扇嵌板镶玻璃门 4"，点击"复制"按钮，在弹出的"名称"对话框中输入新名称"FM 乙 1824–1800×2400mm"，点击"尺寸标注"中的"高度"将其数值改为 2400，宽度修改为 1800，在"标识数据"中"类型标记"修改为"FM 乙 1824"，完成"FM 乙 1824"创建。

2. 窗的创建及属性修改

（1）窗的创建

窗的创建方法与门的完全相似，首先载入对应的窗族，然后对其属性进行修改，本次以案例中"C1824"为例讲解窗的创建。

点击"建筑"选项卡中的"窗"功能按钮，在"属性"面板点击"编辑类型"，在弹出的"类型属性"对话框中点击"载入"按钮，加载相应的窗系统族。在弹出的系统族"打开"对话框中找到"建筑 / 窗 / 普通窗 / 组合窗 / 双层三列 – 上部三扇"，点击"打开"（图 4.5–5）。

（2）窗的属性编辑

在载入窗族完成后，直接在"类型属性"对话框中点击"复制"按钮，在弹出的"名称"对话框中输入新名称"C1824–1800×2400"，完成"C1824"的新建后，点击"尺寸标注"中的"高度"将其数值改为 2400，宽度修改为 1800，上部窗扇高度修改为 900，在"标识数据"中"类型标记"修改为"C1824"，点击"预览"可以查看三维中的样式，完成窗"C1824"创建（图 4.5–6）。其余类型窗的创建方法与此相同，自行完成其余窗的创建及属性编辑。

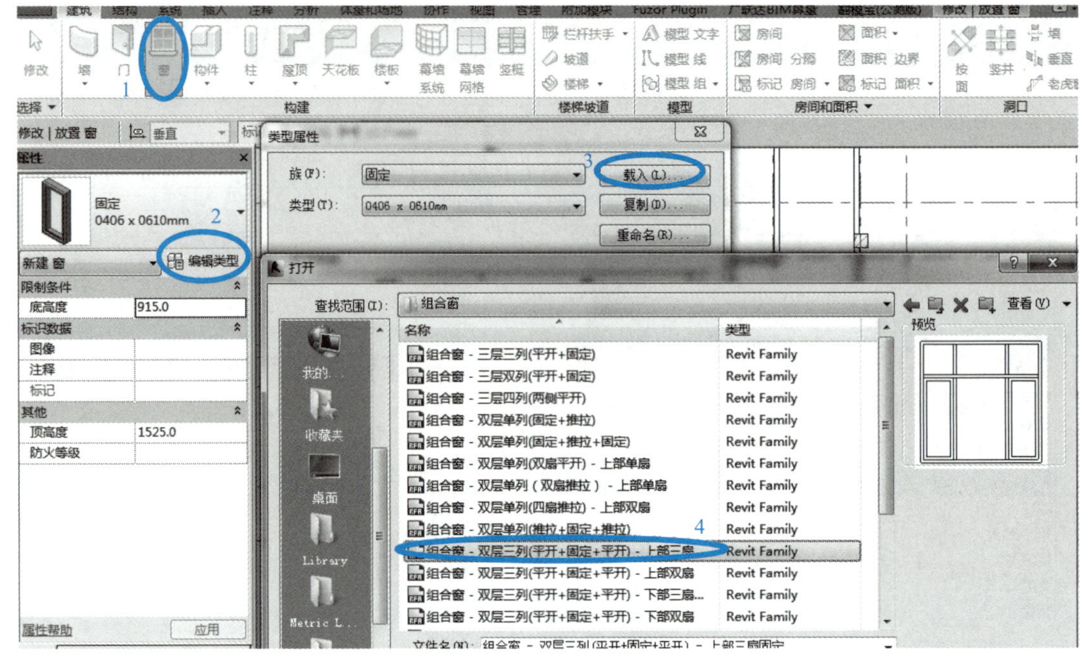

图 4.5-5　窗载入

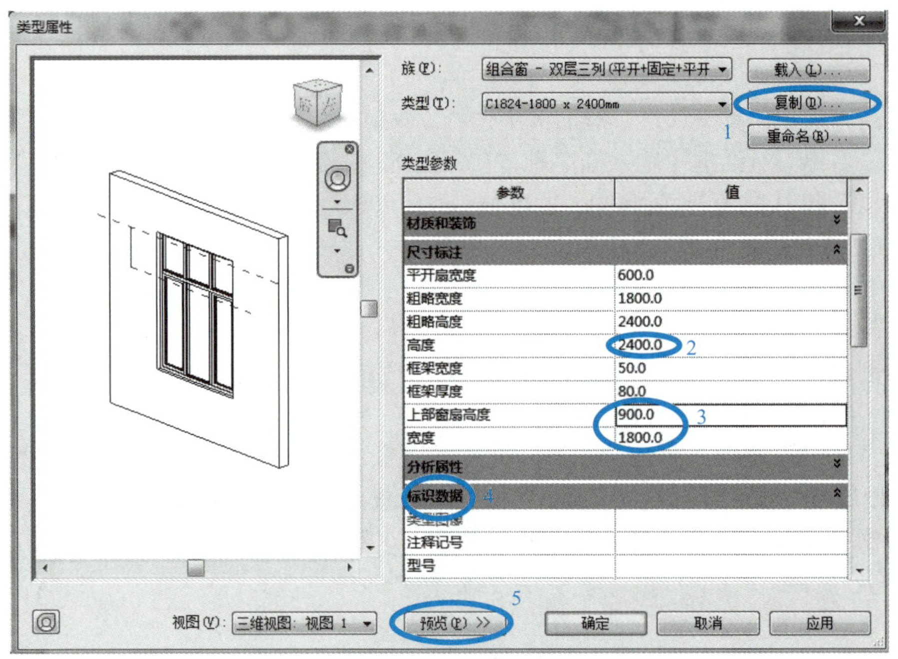

图 4.5-6　"C1824" 窗属性编辑

4.5.2　门窗的布置

1. 门的布置

打开之前创建好墙体的模型文件，双击进入"项目浏览器"中的"楼层平面 -1F"。启

动“建筑”面板下“门”命令后，选择刚刚创建好的“M1524 1500×2400”，在“修改 | 放置门”选项卡中点击“标记”面板中的“在放置时进行标记”按钮，可以将放置的门进行标记。如果在放置门窗时，未勾选“在放置时进行标记”，还可以在“注释”选项卡中“标记”面板，选择按“类别标记”或“全部标记”将光标移到 3～4 轴线与 F 轴线相交的墙上，此时光标会由圆形禁止符号变为十字光标，同时会出现一个临时尺寸标注（图 4.5-7）。

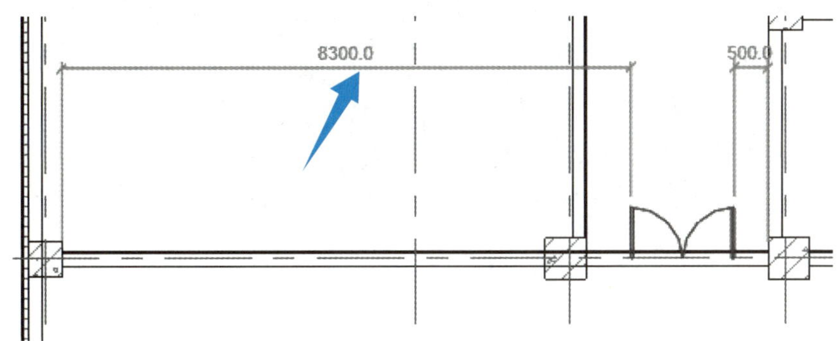

图 4.5-7　门临时尺寸标注

拖曳临时尺寸线中的标注点，调整临时尺寸线的起始点，调整门距①轴线柱边 8200mm 的位置，完成门的布置（图 4.5-8）。

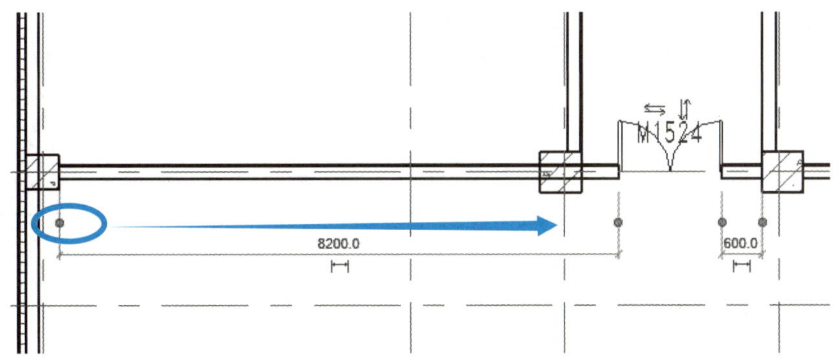

图 4.5-8　门位置定位

当想改变门开启方向时，点击门上蓝色翻转按钮或空格键可以更改门的方向（图 4.5-9），从项目浏览器切换到三维视图中，可以看到门在三维中的显示（图 4.5-10）。

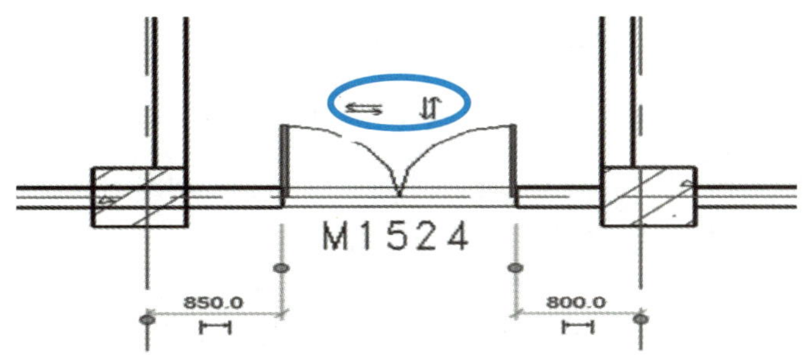

图 4.5-9　门控件

图 4.5–10　门三维显示

将光标移到 15 轴线与 C 轴线相交的墙上，“修改 | 放置门”选项卡中选择标记“垂直”，根据门所在的位置完成门“FM 乙 1824”布置（图 4.5–11）。

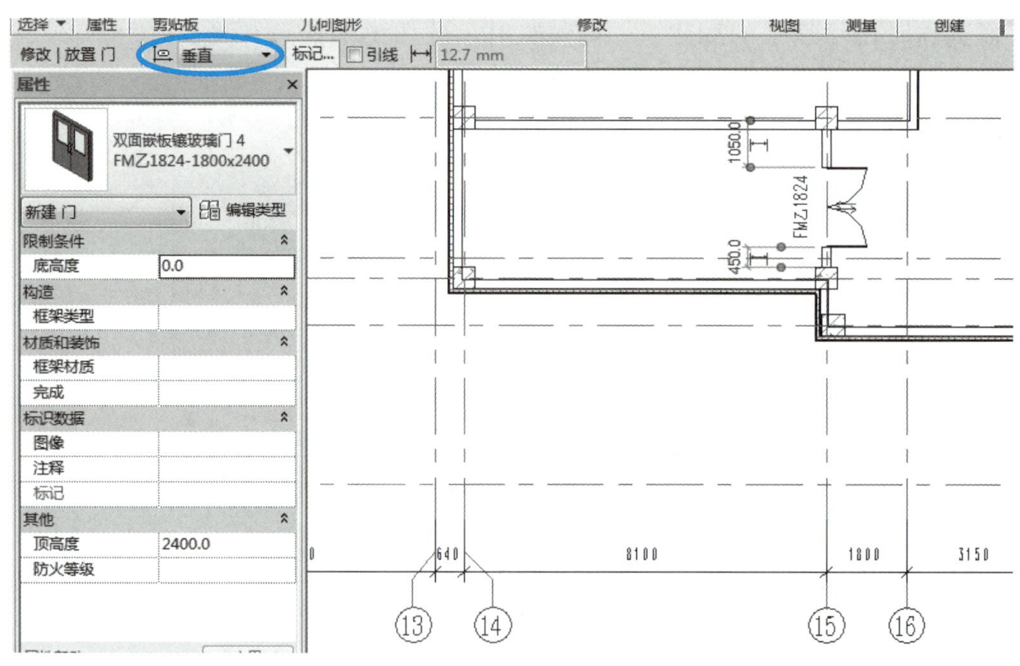

图 4.5–11　“FM 乙 1824”布置

2. 窗的布置

启动“建筑”面板下“窗”命令后，选择刚创建好的“C1824 1800×2400”，在“修改 | 放置窗”“标记”选项卡中点击“在放置时进行标记”，在选项栏中选择“水平”，在“属性”菜单“限制条件”中“底高度”设置为“900”，将光标移到 1 轴线与 A 轴线相交的墙上，此时光标会由圆形禁止符号变为十字光标，同时会出现一个临时尺寸标注，放置窗后，修改左侧临时尺寸线距离 1 轴数值为 300，完成“C1824”窗布置（图 4.5–12）。

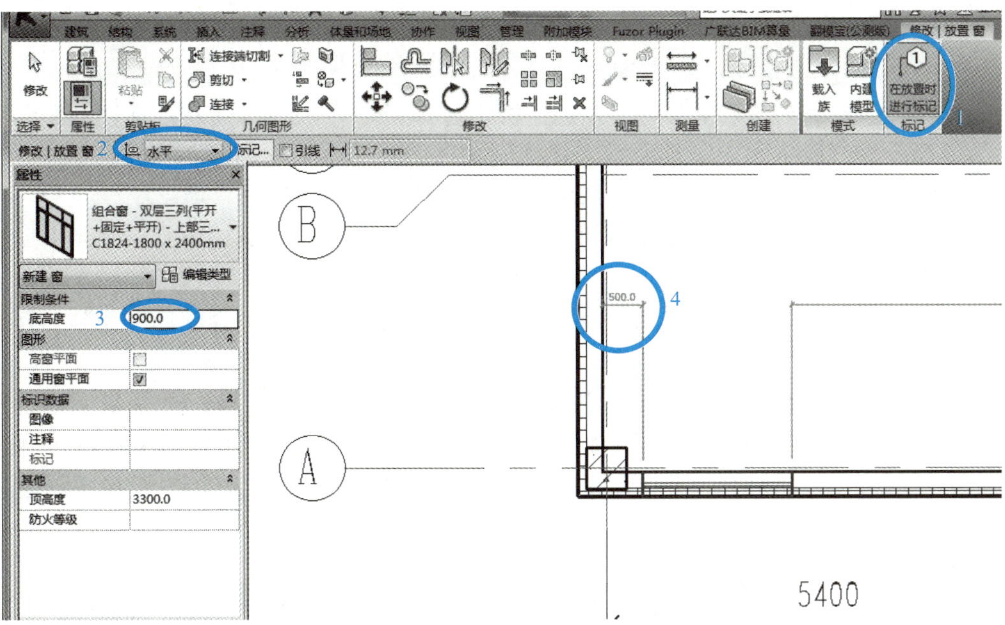

图 4.5–12 “C1824”窗布置

4.5.3 导入 CAD 底图布置门窗

打开“插入”选项卡中“导入 CAD”选项按钮，在弹出的“导入 CAD 格式”对话框中找到已经分割好的 CAD 底图，“导入单位”切记一定要选择“毫米”，以保证 CAD 底图与模型单位和大小一致（图 4.5–13）。

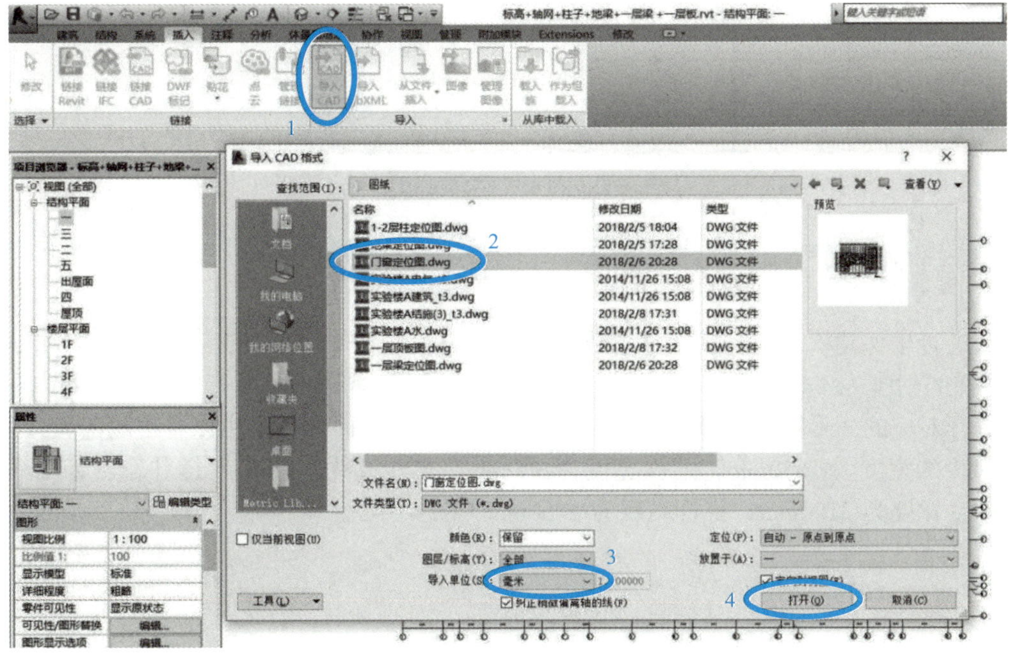

图 4.5–13 导入 CAD 底图

4.6 绘制楼梯

在 Revit 中楼梯与扶手均为系统族，楼梯主要包括梯段和平台部分，楼梯的绘制也分为“按构件”和“按草图”两种方式。建议创建楼梯时使用“按构件”方式，该方式可以直接放置梯段和平台，并且其在编辑的时候也可以使用“编辑草图”命令。

栏杆扶手可以直接在绘制楼梯或者坡道等主体时一起创建，也可以直接在平面中绘制路径来创建。

本节将以案例项目中 1 号、2 号楼梯为例讲述创建楼梯、扶手等构件的步骤，详细介绍这些构件的创建和编辑方式。

在 Revit 中创建楼梯模型可以通过【楼梯坡道】面板中【楼梯】命令来创建，Revit 提供了“按构件”和“按草图”两种创建方式，一般情况下建议创建楼梯时使用“按构件”方式，可以直接放置梯段和平台，对于复杂楼梯采用“按草图”方式创建楼梯（图 4.6–1）。

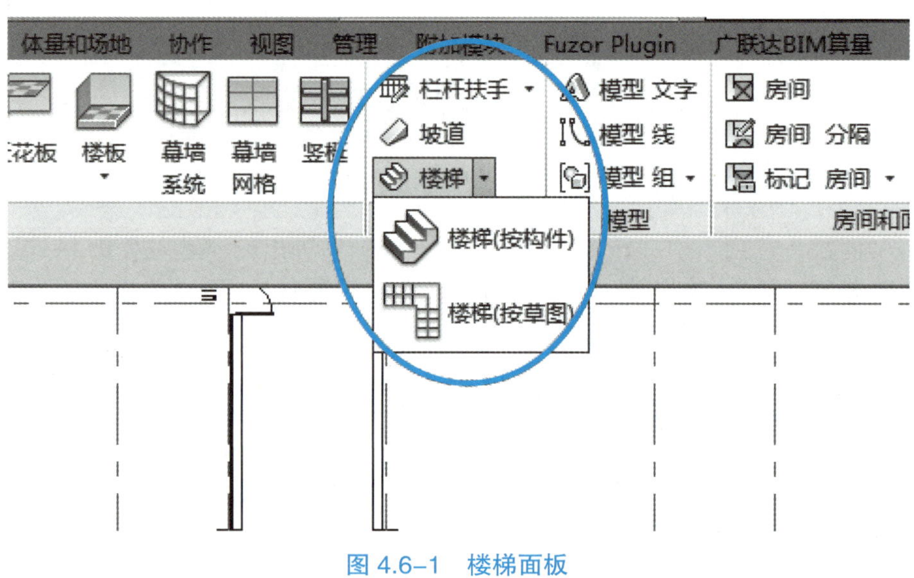

图 4.6–1 楼梯面板

4.6.1 楼梯识图

在进行楼梯建模之前，需对楼梯进行创建与属性编辑。根据案例工程图纸举例 1 号和 2 号楼梯的创建。

打开对应的 2 号楼梯图纸，在“一层平面图”及“剖面图”中可以看出踢面数共有 28 个，梯段的宽度为 1650mm，踏面宽度为 300mm，踏步高为 150mm，梯井宽度为 200mm，中间平台宽度为 2100mm，栏杆高度为 1050mm（图 4.6–2）。

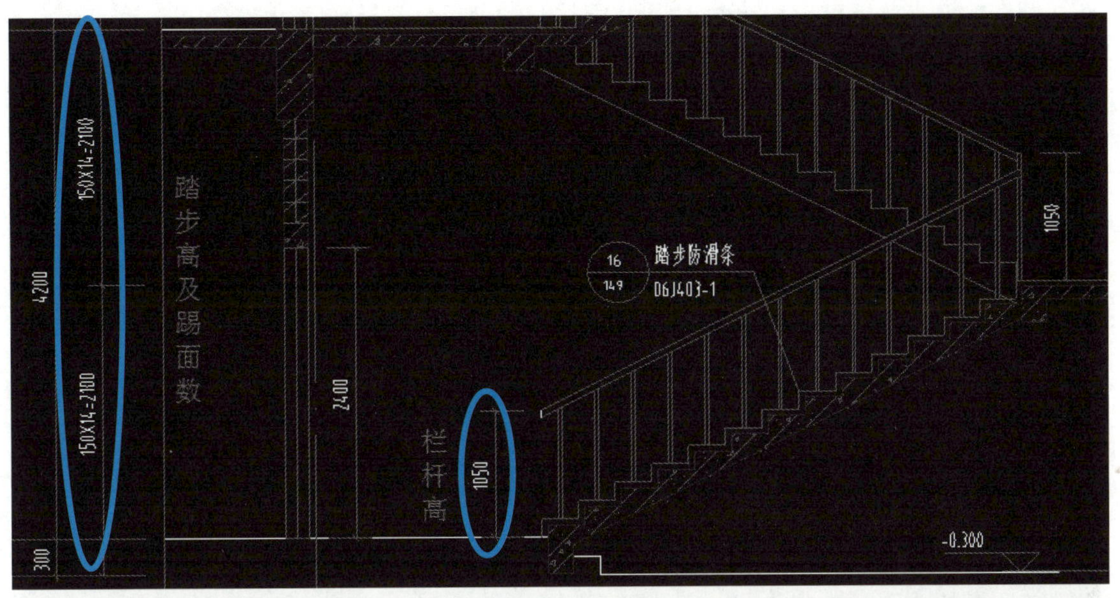

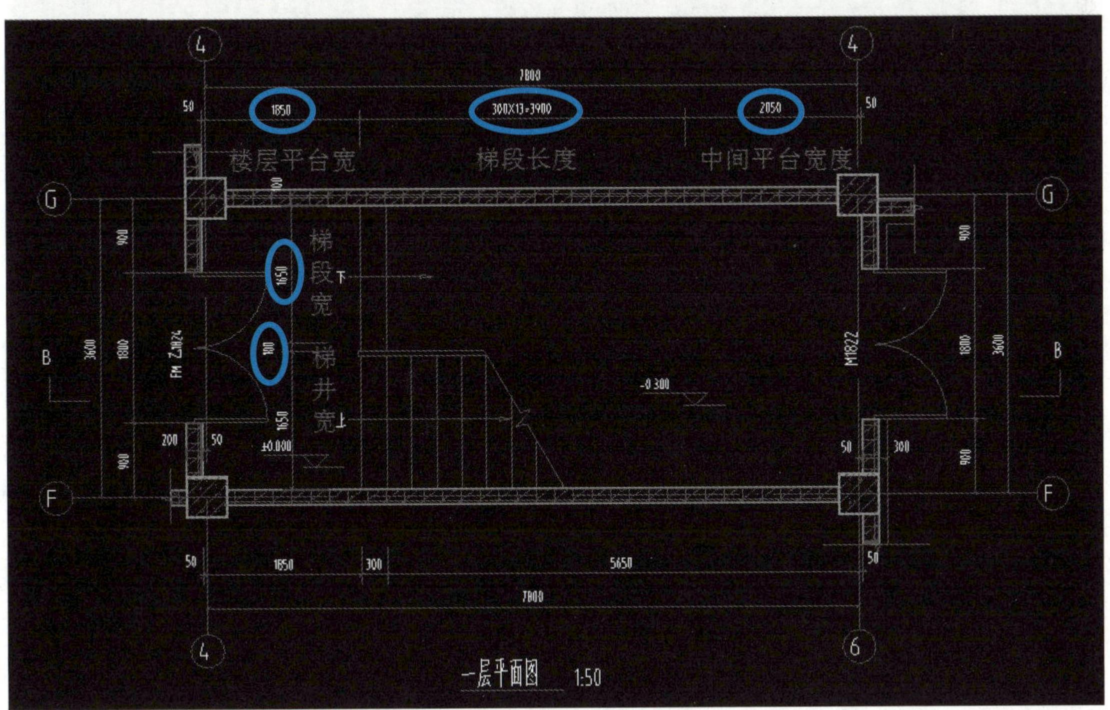

图 4.6-2　2 号楼梯读图

4.6.2　2 号楼梯创建

在绘制楼梯前，根据图纸中楼梯梯段位置首先进行楼梯的定位，建立参照平面来确定楼梯的起始位置，点击功能面板中“工作平面”选择“参照平面”，建立四个参照平面，分别为距 4 轴 1850、距 6 轴 2050、距 G 轴 825、距 F 轴 825（图 4.6-3）。

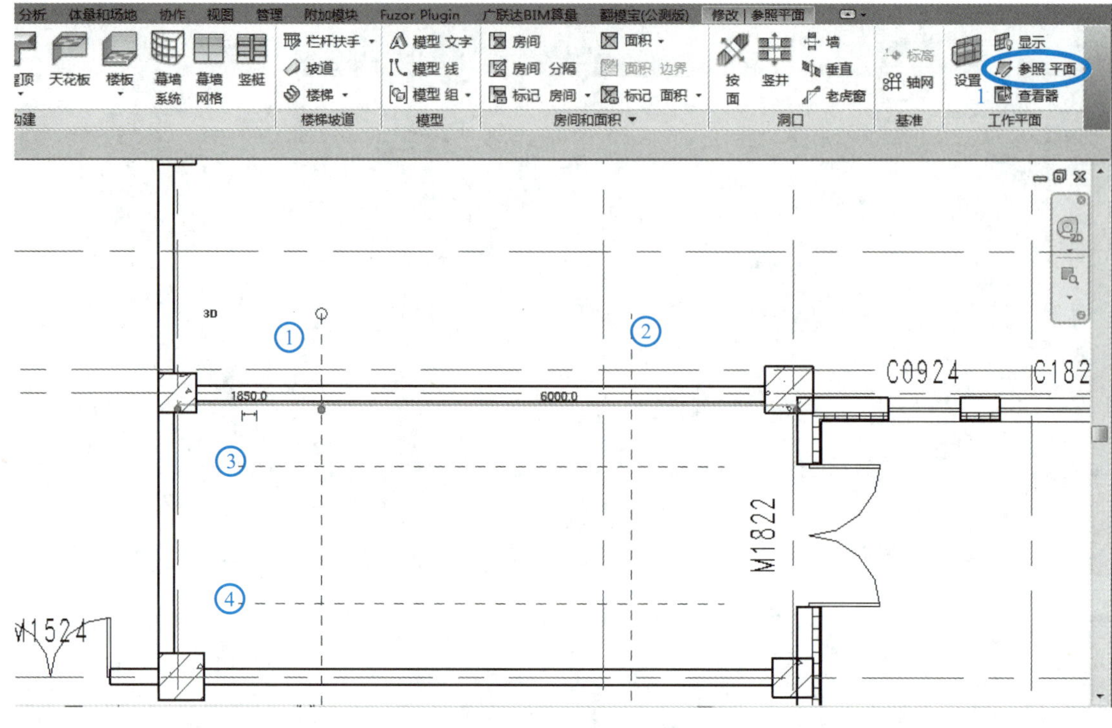

图 4.6–3　参照平面

打开绘制的模型，切换到 1F 平面图，点击“建筑”选项卡中的“楼梯”功能按钮，选择“楼梯（按构件）”，功能区显示“修改 | 创建楼梯”面板，包括“梯段绘制”“平台绘制”“支座绘制”（图 4.6–4）。

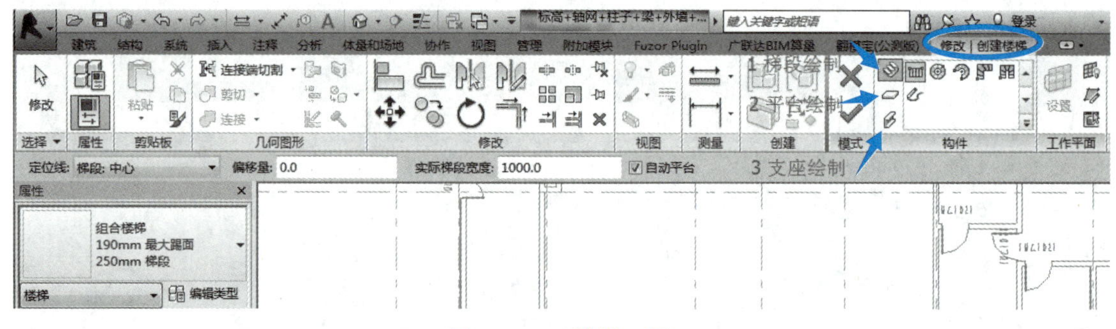

图 4.6–4　楼梯工具

在“修改 | 创建楼梯”面板中，点击“梯段”中的“直梯”，在“属性”栏中选择“整体浇筑楼梯”，底部标高设置为“1F”，顶部标高设置为“2F”，在尺寸标注中将踢面数设置为 28，踏板深度设置为“300”（图 4.6–5）。

点击 4～6 轴线与 F～G 轴之间下侧参考线交点，从左向右水平绘制，在显示还剩 14 踢面的时候，完成上梯段的绘制（图 4.6–6）

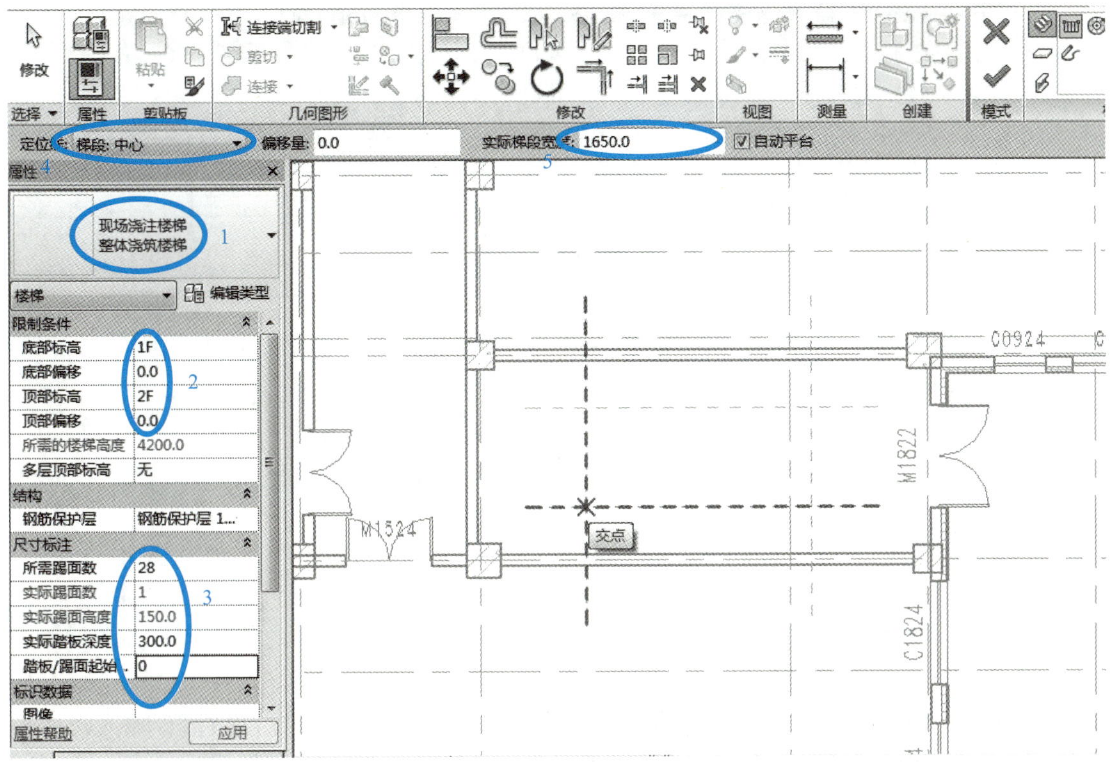

图 4.6–5　2 号楼梯参数设置

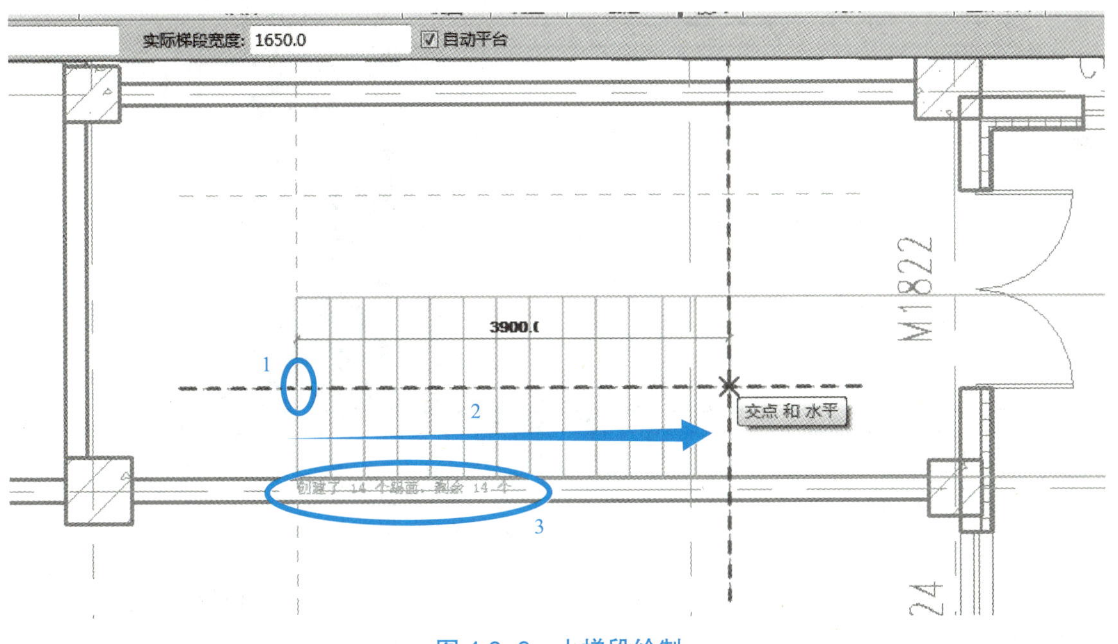

图 4.6–6　上梯段绘制

完成上梯段绘制后，将光标点击上侧参照平面的交点，从右向左绘制下梯段，点击完成下梯段的绘制（图 4.6–7）。

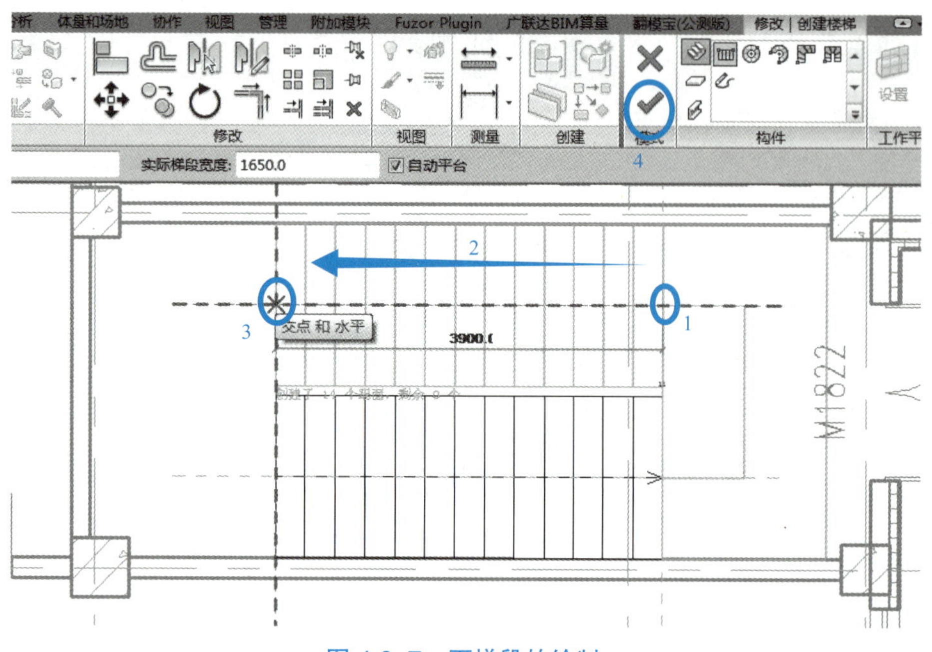

图 4.6–7　下梯段的绘制

选中楼梯中间平台，楼梯平台高亮显示，在平台中间点击平台宽度数值，输入楼梯平台宽度 2100，完成楼梯平台创建（图 4.6–8）。

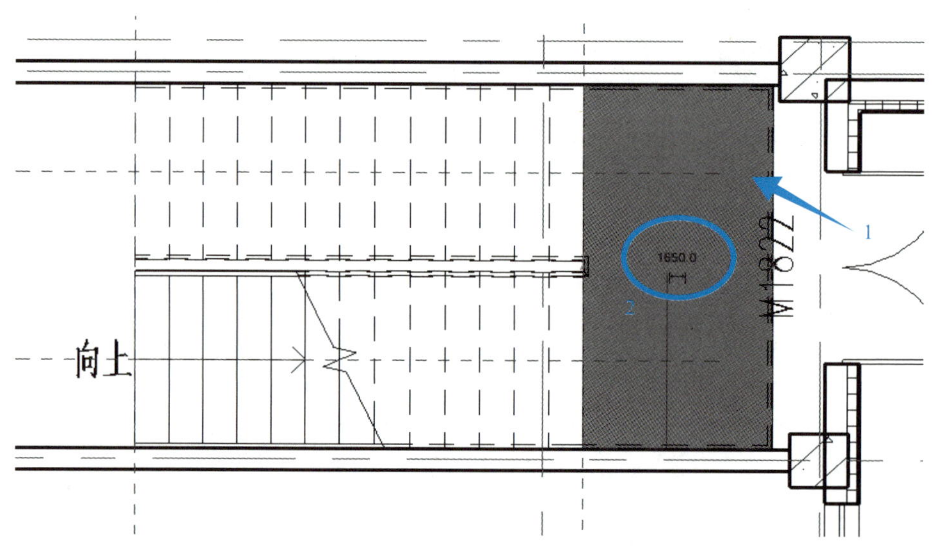

图 4.6–8　中间平台修改

修改楼梯栏杆扶手，在绘制楼梯时 Revit 会默认放置栏杆扶手，当绘制完楼梯后可以对绘制的栏杆扶手进行参数修改。在绘制楼梯时，可不进行栏杆扶手的默认添加，在“栏杆扶手”选项卡中选择“无”（图 4.6–9），通过“放置在主体上”和“绘制路径”两种方法创建栏杆扶手（图 4.6–10）。

点击绘制好的楼梯，选择已绘制的最外侧栏杆扶手，点击删除（图 4.6–11）。

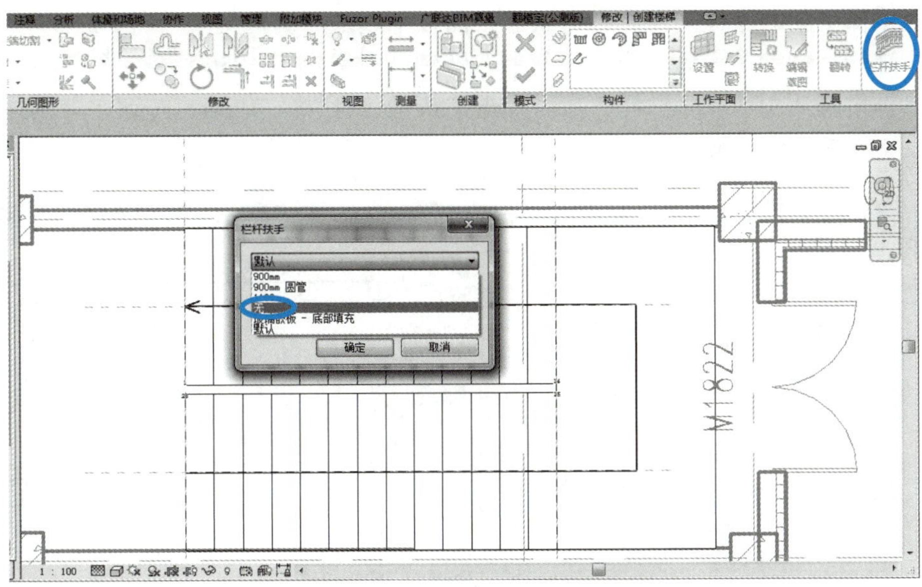

图 4.6-9　栏杆扶手绘制设置

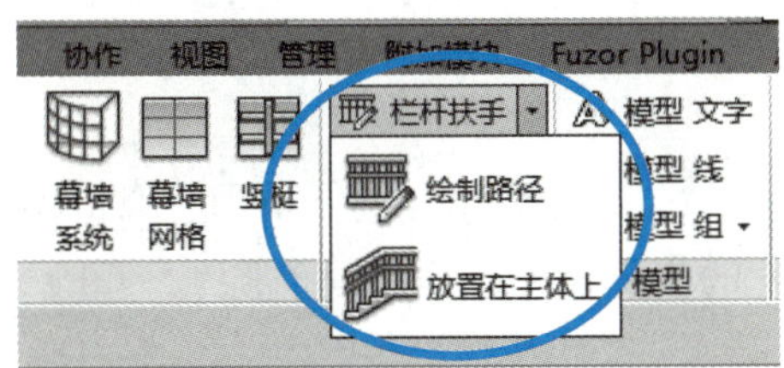

图 4.6-10　栏杆扶手绘制

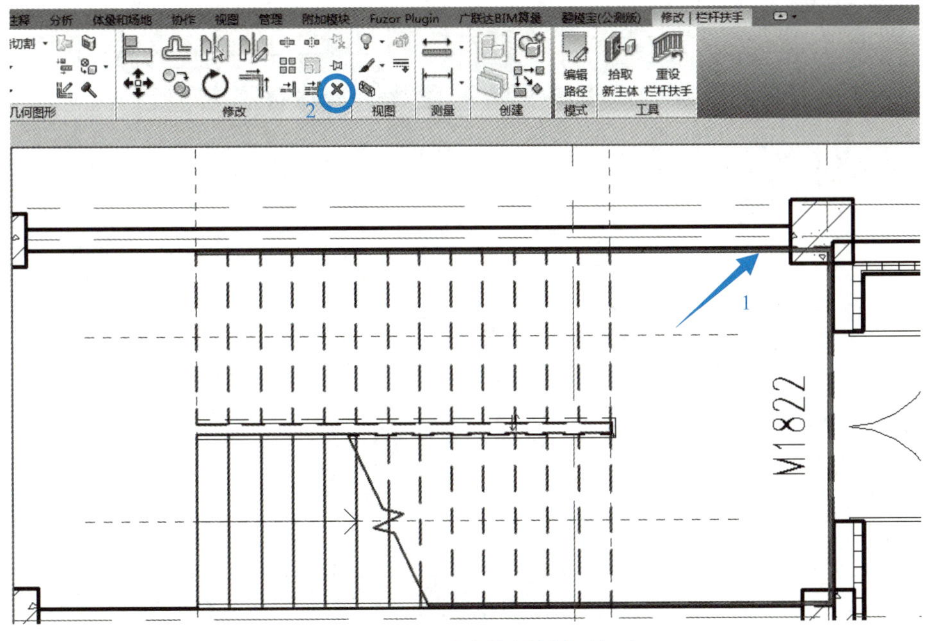

图 4.6-11　删除外侧栏杆扶手

选择楼梯中间的栏杆扶手，在“属性”面板中点击“编辑类型”，出现“类型属性”对话框，进行栏杆参数设置，点击“复制”按钮，对案例中 1050 栏杆进行创建，在“名称”对话框中输入 1050mm 栏杆，之后点击“扶栏”“栏杆”的编辑按钮，分别进行栏杆的参数设置（图 4.6–12）。

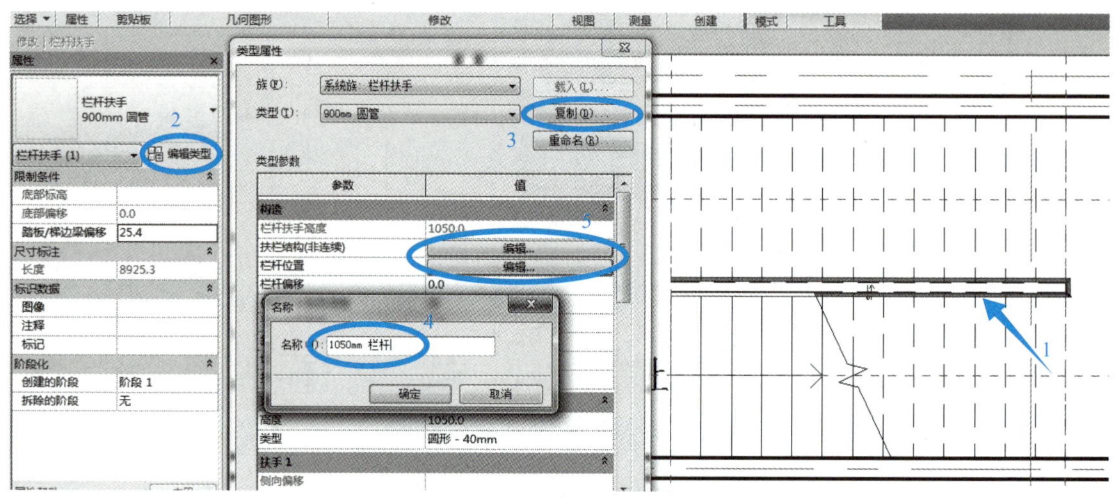

图 4.6–12　栏杆类型属性

点击“扶栏结构（非连续）”一栏的“编辑”，出现“编辑扶手”对话框，逐一选中“扶栏 1”～“扶栏 4”，激活下方的工具按钮，点击“删除”，删除设置的扶栏（图 4.6–13）。

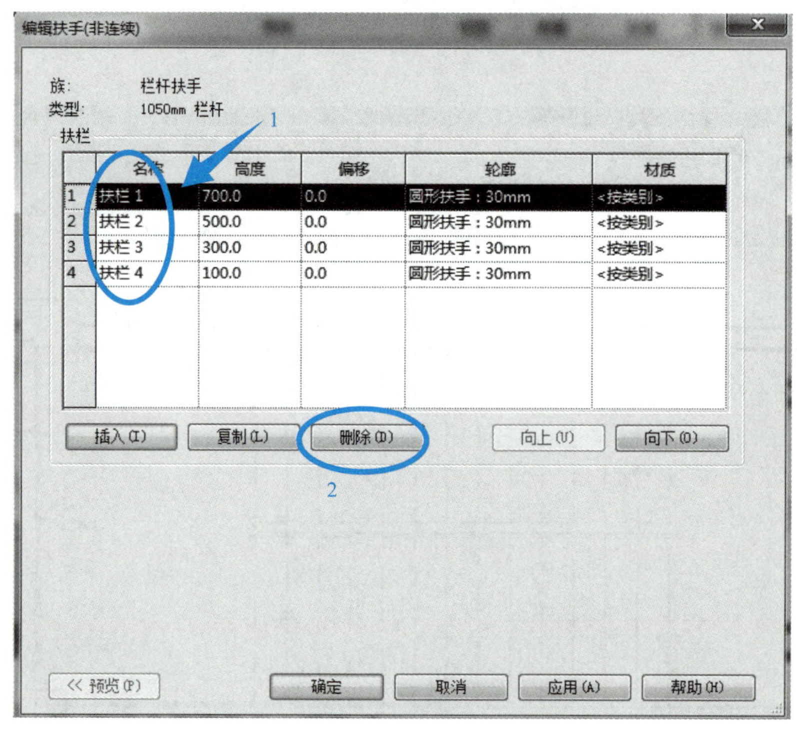

图 4.6–13　删除扶栏

点击“栏杆位置”中“编辑”的按钮，出现“编辑栏杆位置”对话框，选中“楼梯上每个踏板都使用栏杆”，在“每踏板栏杆数”设置为“1”，在“支柱”面板中选择“起点支柱”“转角处支柱”“终点支柱”，在“栏杆族”位置选择“无”，完成栏杆设置，点击“确定”（图 4.6–14）。

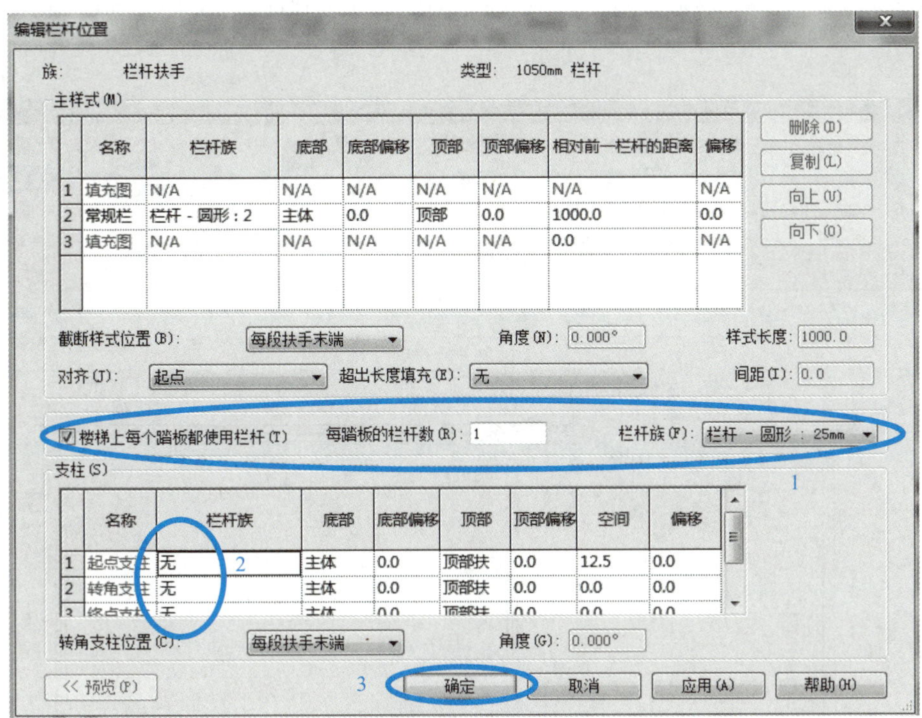

图 4.6–14　栏杆设置

点击“快速访问工具栏”中“三维视图按钮”，查看已经绘制好的楼梯（图 4.6–15）。

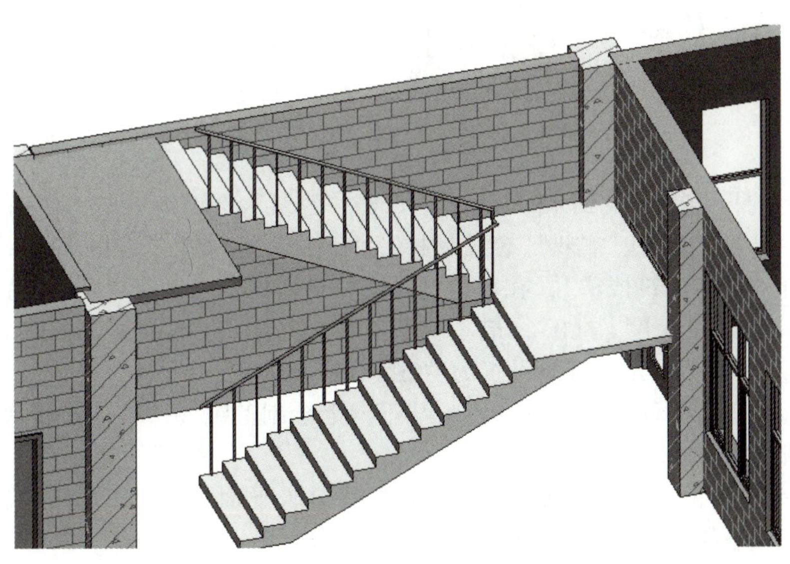

图 4.6–15　楼梯三维视图

4.6.3　1 号楼梯创建

在绘制楼梯前，根据图纸中楼梯梯段位置首先进行楼梯的定位，建立参照平面来确定楼梯的起始位置，点击功能面板中“工作平面”选择“参照平面”，建立五个参照平面，分别为距 11 轴 1300、距 11 轴 2850、距 12 轴 1300、距 N 轴 2150、距 R 轴 2050（图 4.6–16）。

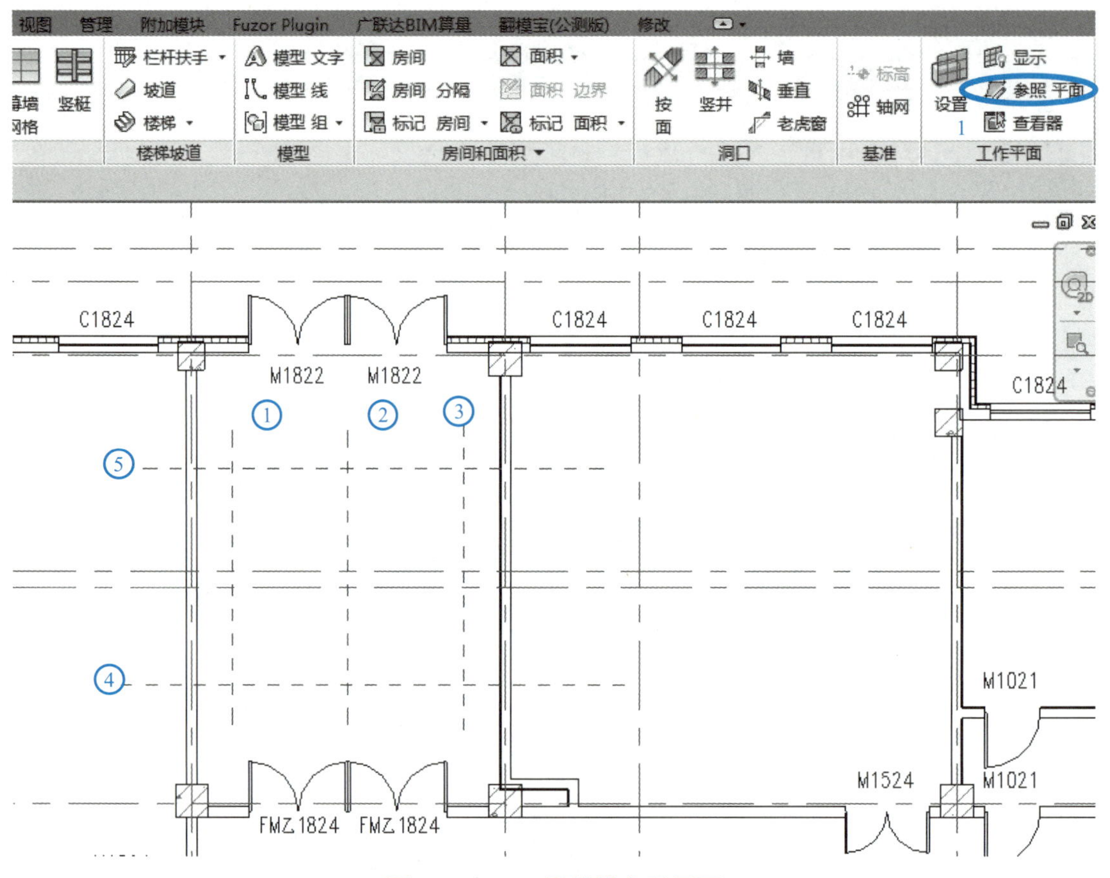

图 4.6–16　1 号楼梯参照平面

打开绘制的模型，切换到 1F 平面图，点击“建筑”选项卡中的“楼梯”功能按钮，选择“楼梯（按构件）”，在“修改丨创建楼梯”面板中点击“梯段”中的“直梯”，在“属性”栏中选择“整体浇筑楼梯”，在“类型属性”对话框中“计算规则”设置最大踢面高度“150”，最小踏板深度“300”，最小梯段宽度“2700”，平台类型修改为“120mm”，底部标高设置为“1F”，顶部标高设置为“2F”（图 4.6–17）。

点击中间位置与下侧参照平面交点，从下向上绘制上跑楼梯段，在显示还剩 14 踢面的时候，完成上梯段的绘制（图 4.6–18）。

完成上梯段绘制后，将光标点击上面左侧参照平面的交点，将梯段宽度修改为“1300”，从上向下绘制左侧梯段（图 4.6–19）。

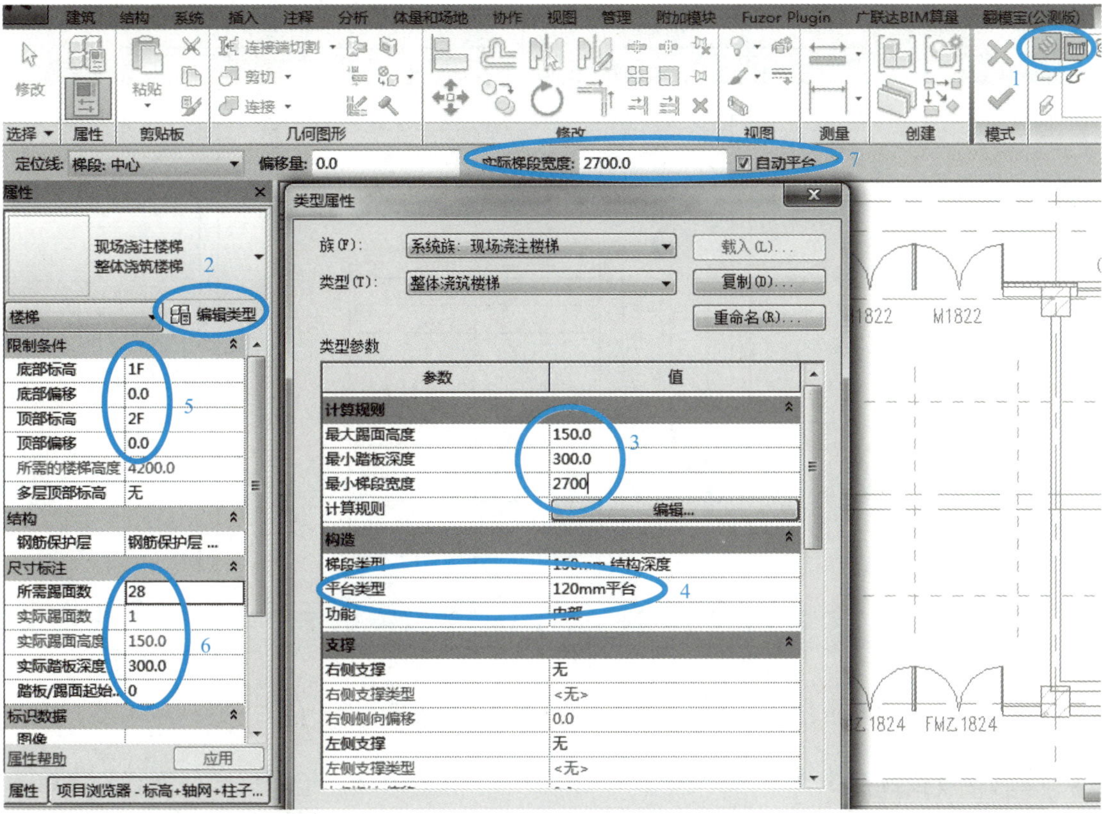

图 4.6–17　1 号楼梯上梯段绘制

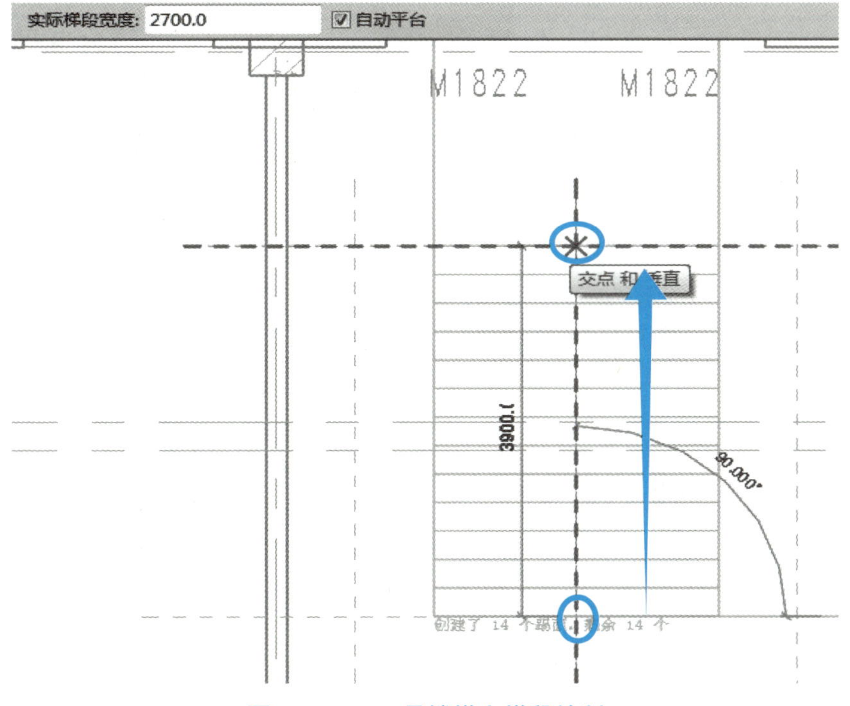

图 4.6–18　1 号楼梯上梯段绘制

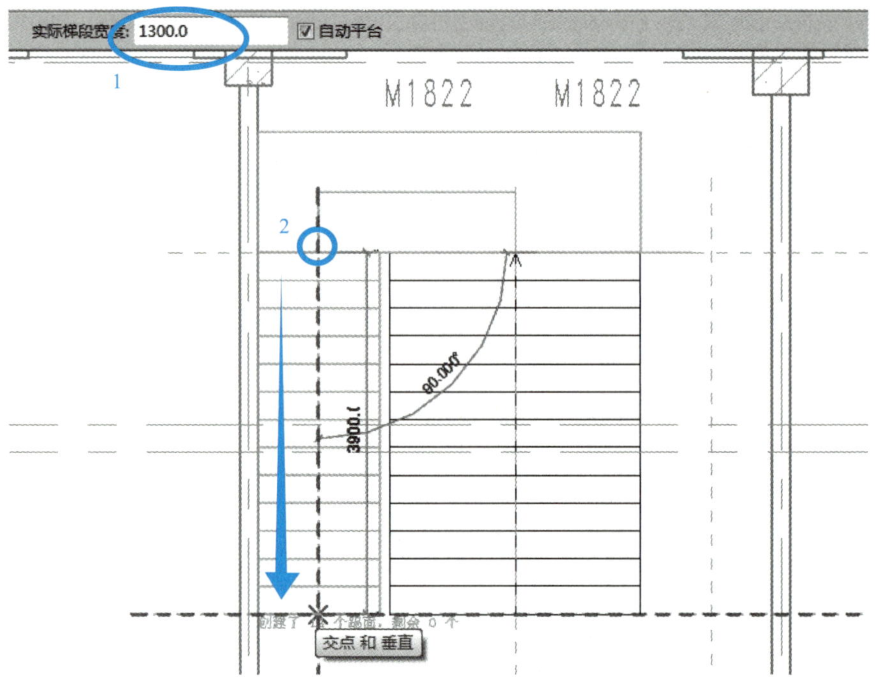

图 4.6–19　1 号楼梯左侧梯段绘制

绘制 1 号楼梯右半侧梯段，在“属性”菜单“限制条件”中将“底部偏移”修改为“2100”，“尺寸标注”中“所需踢面数”修改为“14”，“实际踏板深度”设置为“300”，梯段宽度设置为“1300”，点击右上侧参照平面交点，从上向下绘制右侧梯段（图 4.6–20）。

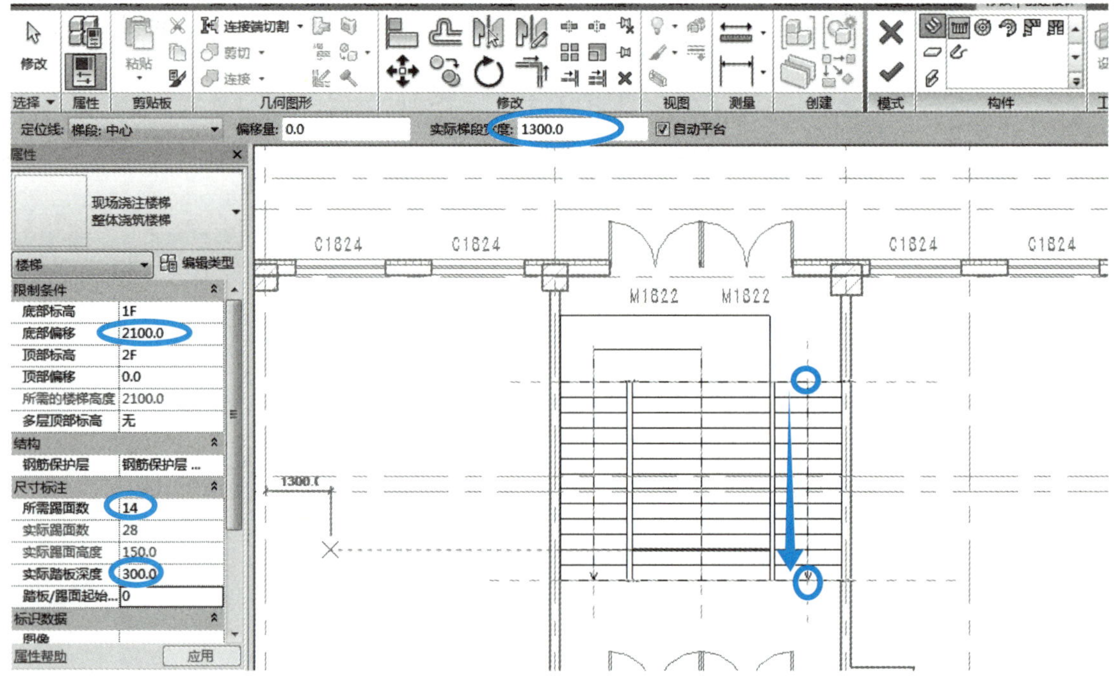

图 4.6–20　1 号右侧梯段绘制

点击绘制右侧的梯段，在出现的“属性”菜单栏中将“相对基准高度”修改为“2100”，“相对顶部高度”修改为“4200”，完成对右侧梯段的设置（图 4.6–21）。

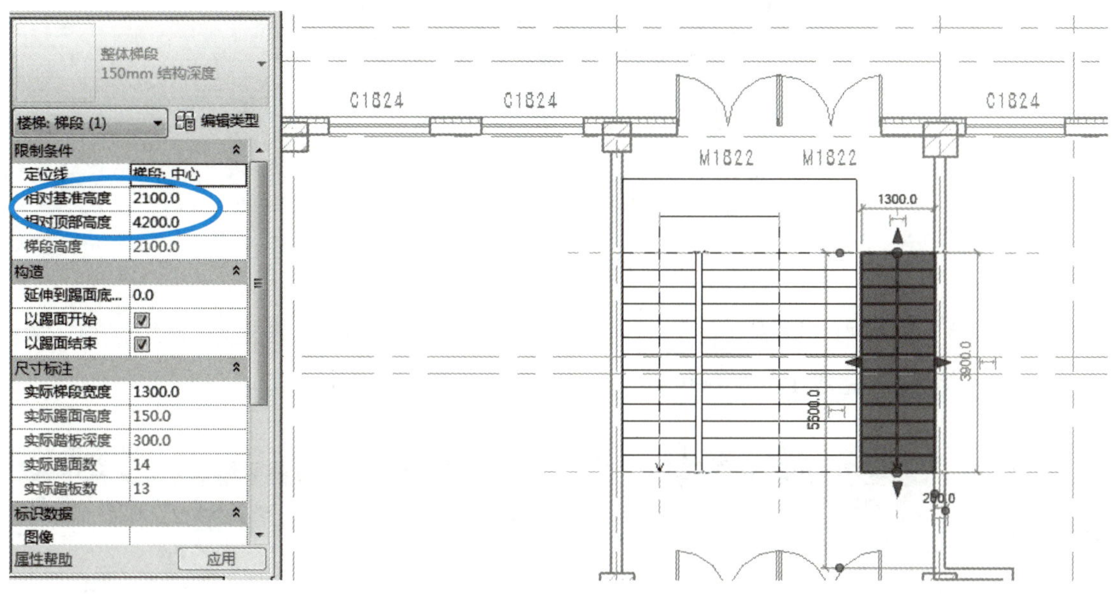

图 4.6–21　右侧梯段相对高度修改

点击已布置的楼梯中间平台，拖动两边的三角按钮▶，将中间平台边的位置拖曳到墙边线位置处，完成中间平台的修改（图 4.6–22）。

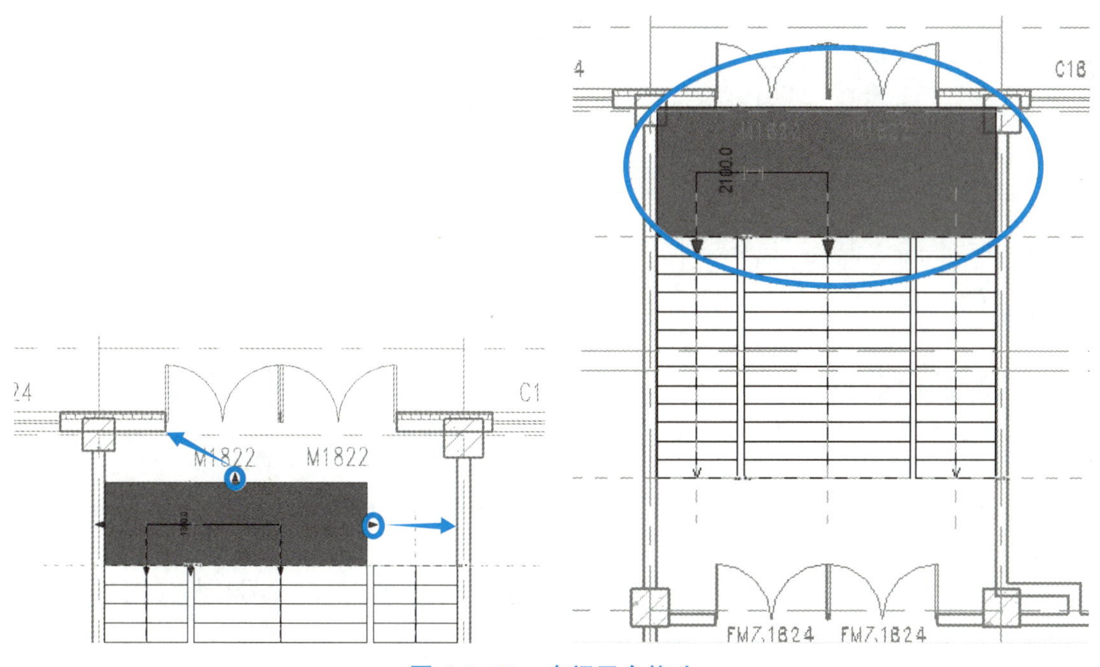

图 4.6–22　中间平台修改

点击“栏杆扶手”工具，在出现的“栏杆扶手”对话框中，位置选择“踏板”，默认下拉菜单选择“1050mm 栏杆”，完成栏杆的设置（图 4.6–23）。

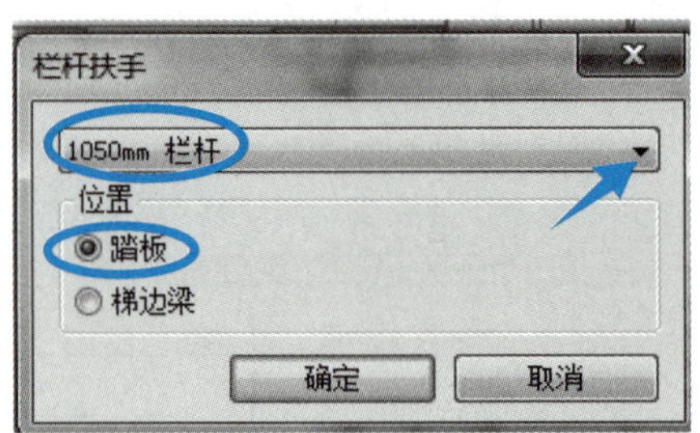

图 4.6–23　栏杆设置

在“属性”面板中“限制条件”中将设置的“底部偏移 2100”修改为“0”，点击“模式”面板下的 ✔ 模式，完成 1 号楼梯的参数定义及绘制（图 4.6–24）。

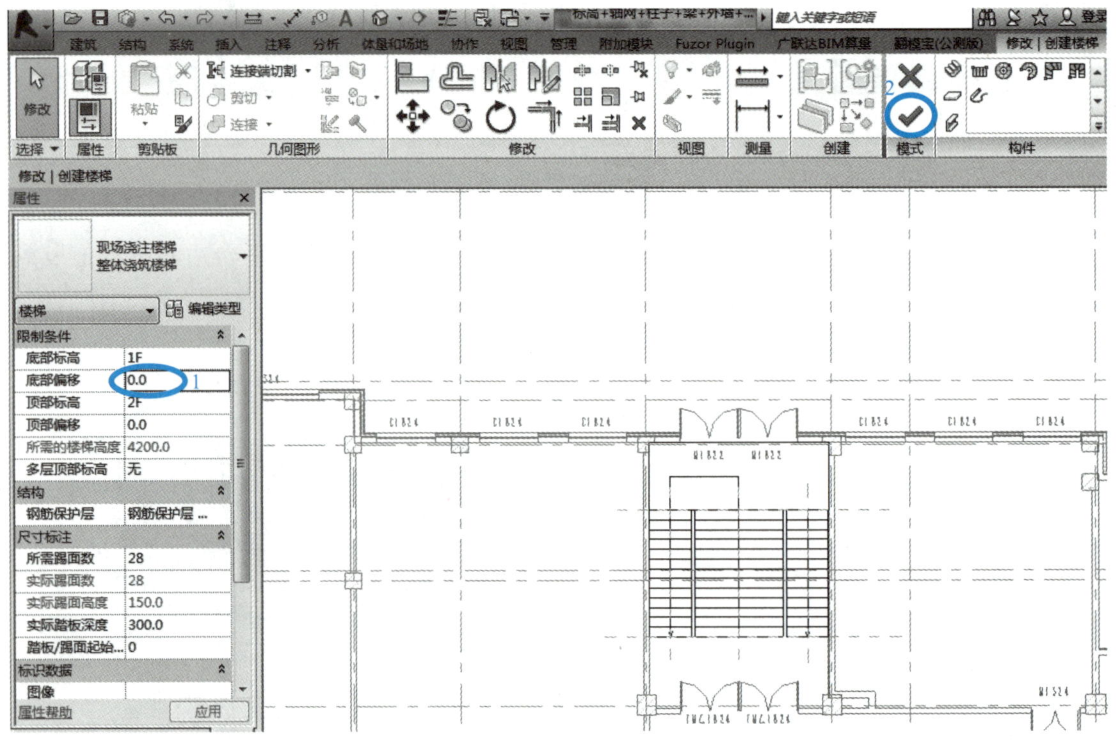

图 4.6–24　1 号楼梯位置调整

点击布置好的最外侧栏杆，点击删除，删除多余的栏杆扶手，完成 1 号楼梯的绘制（图 4.6–25）。

点击“快速访问工具栏”中三维视图按钮，查看绘制好的 1 号楼梯（图 4.6–26），其他楼梯按照以上方法自行完成绘制。

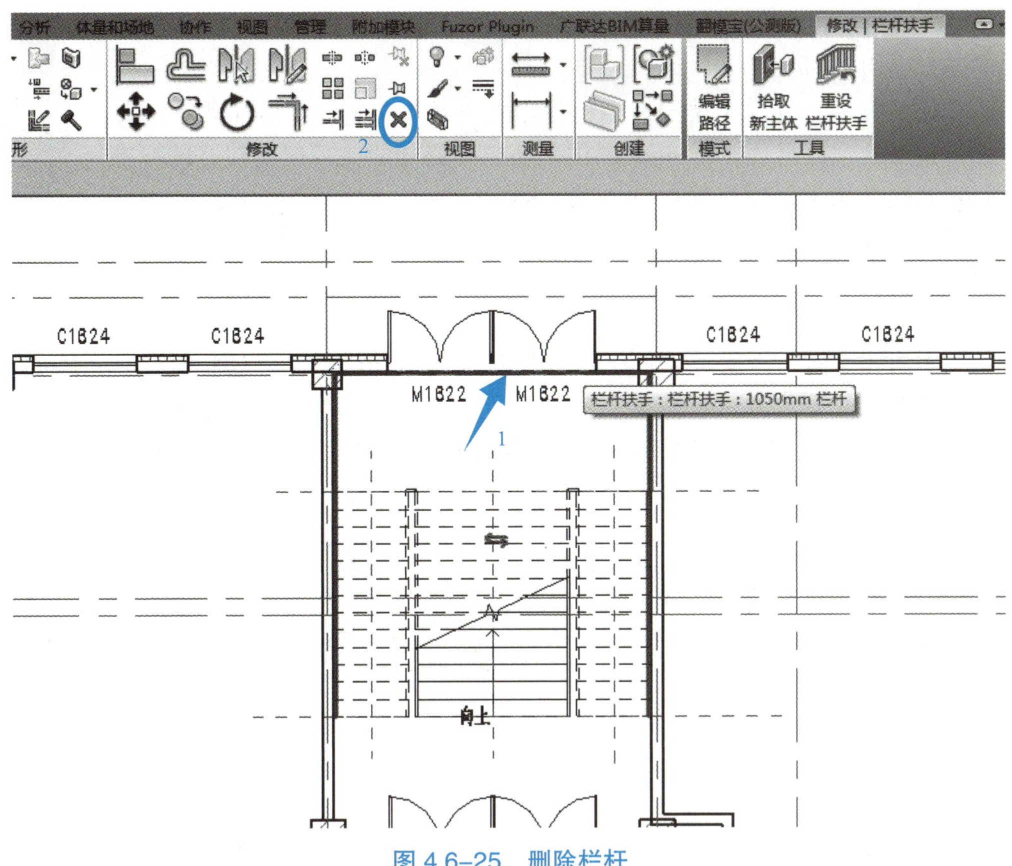

图 4.6-25　删除栏杆

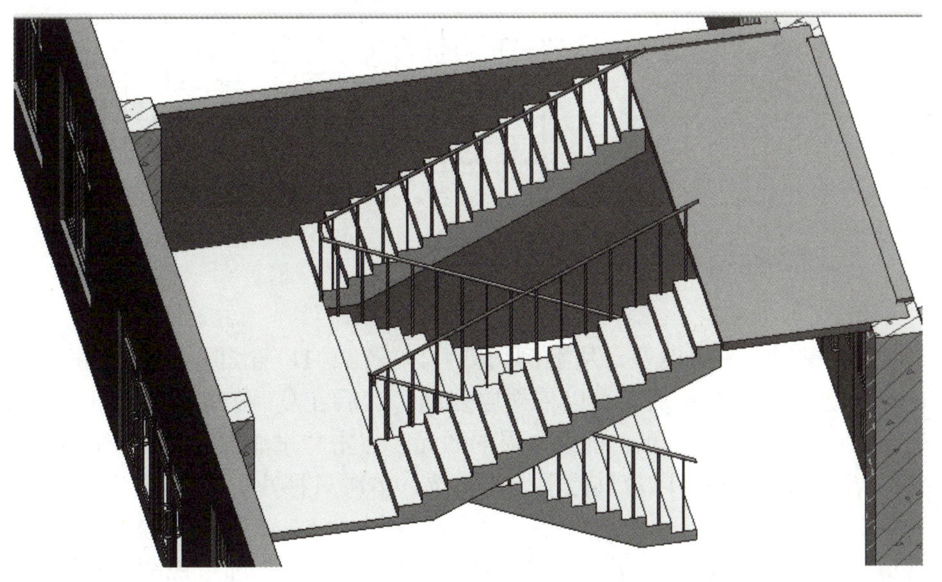

图 4.6-26　1 号楼梯三维展示

4.7 楼层复制

楼层复制

在实际工程中，有许多楼层各个构件布置是基本一样的，为了简化工作量，避免重复的建模过程，Revit 中提供了楼层复制功能，可以将建好的标准层复制到其他楼层上，通过简单的修改，即可完成其他楼层的创建，大大缩短了模型建立时间。

4.7.1 楼层复制

当选中图元之后，点击剪贴面板“复制”按钮，会自动激活粘贴工具。Revit 提供了六种粘贴图元的方法，一般情况下针对楼层复制常用的方法为“与选定标高对齐”“与选定视图对齐”，使用方法上完全一致。本次将结合案例讲述“与选定视图对齐”的楼层复制方法（图 4.7–1）。

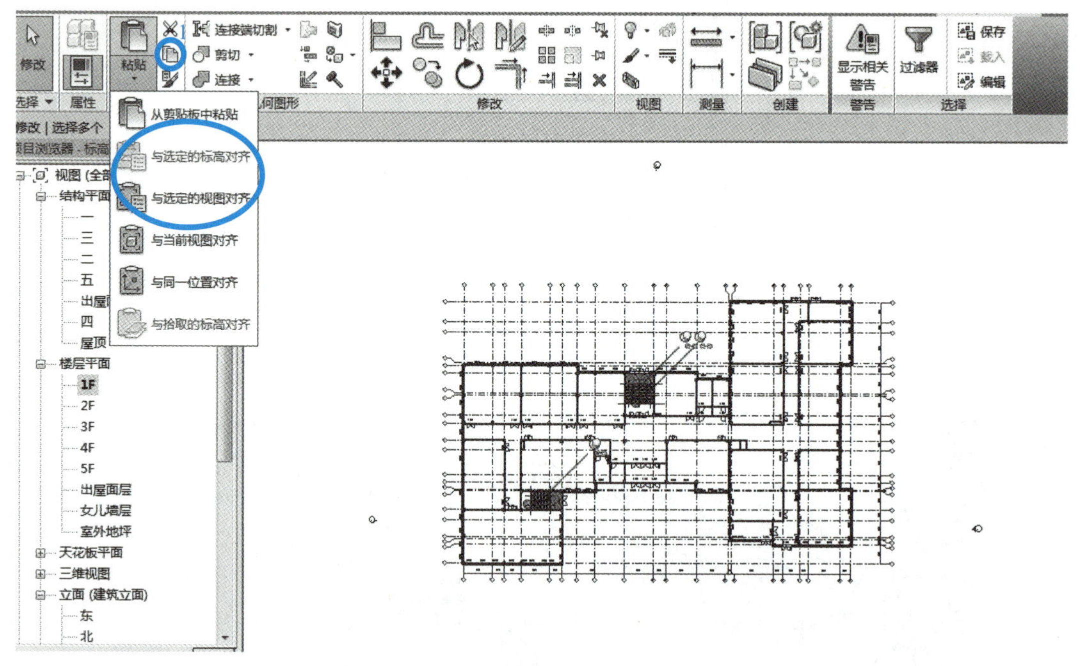

图 4.7–1 粘贴工具

打开绘制好的 1F 平面模型，从案例图纸可以看出，1F 与 2F 各个构件的布置位置基本相同，局部地方有细微差别，可以将楼层复制，然后在复制好的 2F 平面进行修改。适当缩放视图显示 1F 中全部图元，框选一层的图元，点击“过滤器”，在过滤器中取消楼梯（楼层高度发生变化）、轴网以及其他图元的勾选，本次只将柱、墙、门窗相关图元复制到 2F（图 4.7–2）。

点击剪贴板中的“复制”，激活“粘贴”按钮，选择与“选定视图对齐”，出现“选择视图”对话框，在此对话框中可以预览所有创建的视图。选择“楼层平面 2F”，点击“确定”完成楼层复制。可以通过点击“快速访问”工具栏中三维按钮查看复制后的三维模型（图 4.7–3、图 4.7–4）。

采用相同的方法可以将结构平面的相关构件复制到对应的结构平面视图中，完成相关结构楼层的创建，然后在对应的平面视图中进行构件的编辑和修改。

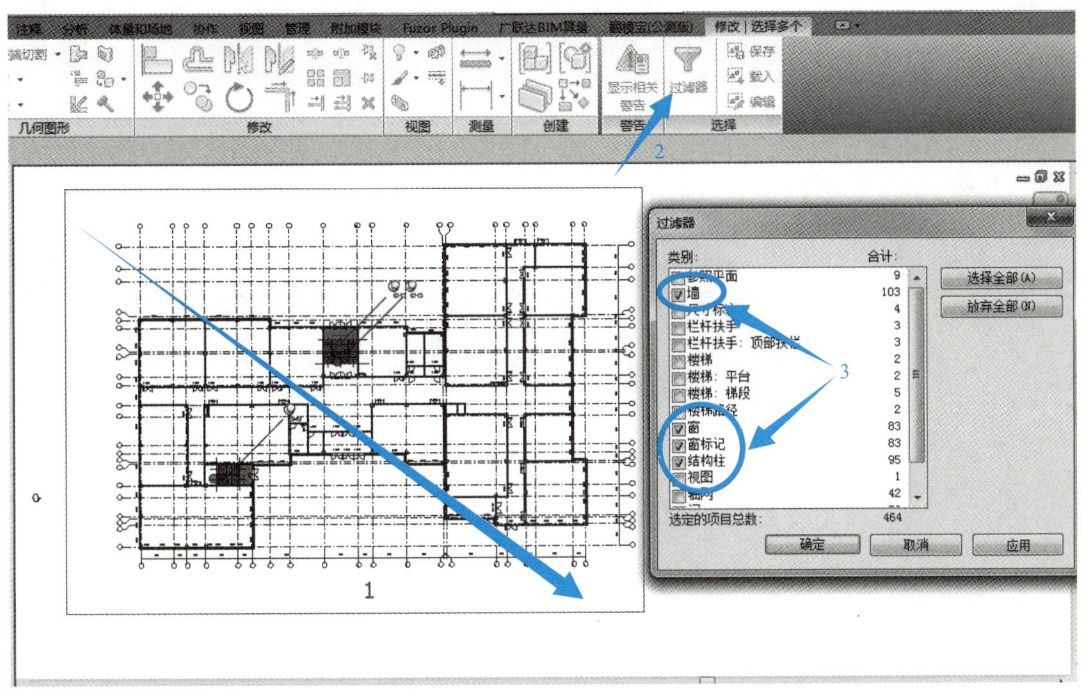

图 4.7–2　图元选择

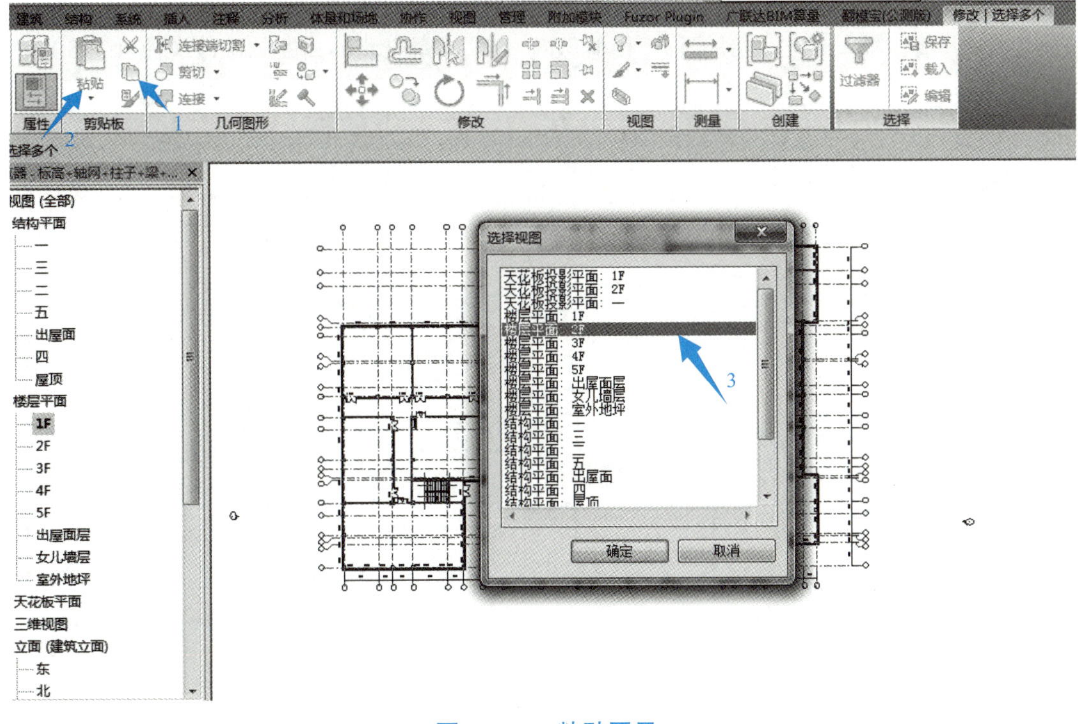

图 4.7–3　粘贴图元

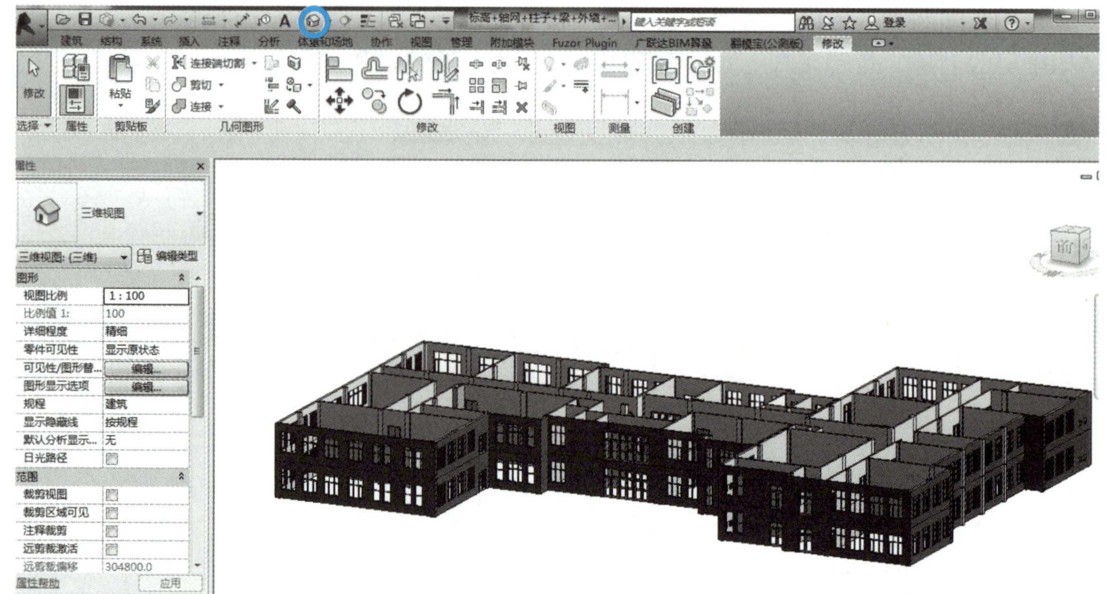

图 4.7-4　楼层三维显示

4.7.2　楼层修改

从模型中可以看出，1F 层高为 4.2m，2F 层高为 3.9m，故需要对复制后的墙体及柱子的高度进行修改。在 2F 楼层平面视图中，框选整个模型，在出现的“属性”面板中选择“墙”，从“属性”菜单中可以看出，在“顶部偏移”位置处显示“300”，主要是因为不同层高导致的构件约束位置变化（注意：在进行楼层复制时，特别需要注意不同层高时图元位置约束的变化），将“墙”的“顶部偏移”值修改为“0”，完成墙体高度的修改（图 4.7-5）。

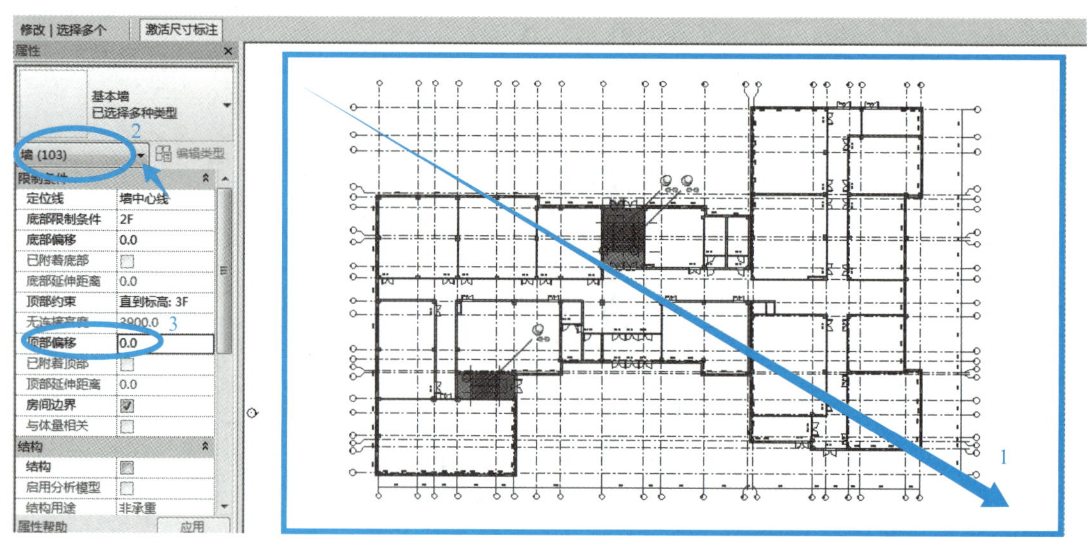

图 4.7-5　墙体高度修改

对结构柱的高度进行调整，在 2F 楼层平面视图中，框选整个模型，在出现的“属性”

面板中选择“结构柱”，在“限制条件”中将“底部偏移”修改为“0”，在“顶部标高”修改为结构标高“三”，“顶部偏移”改为“0”（图 4.7–6）。

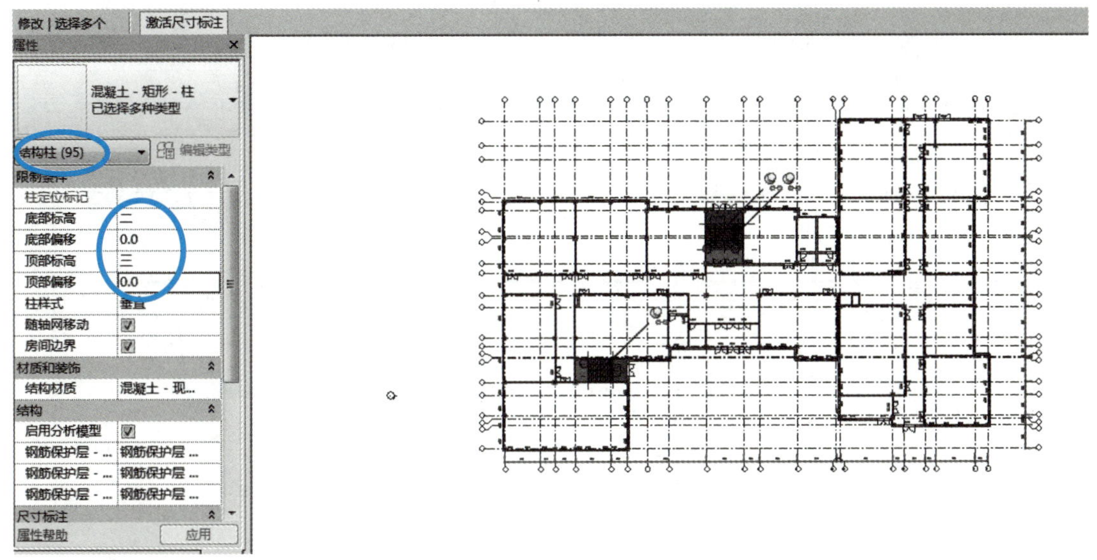

图 4.7–6　柱修改

对 2F 平面的门窗进行修改，本次以 1～3 轴线与 A 轴交汇窗户修改为例，点击布置的“C1824”，在“属性”面板中选择“C0622”，调整临时尺寸数值为“300”，完成“C0622”修改（图 4.7–7），其他门窗的修改请根据图纸自行完成创建。

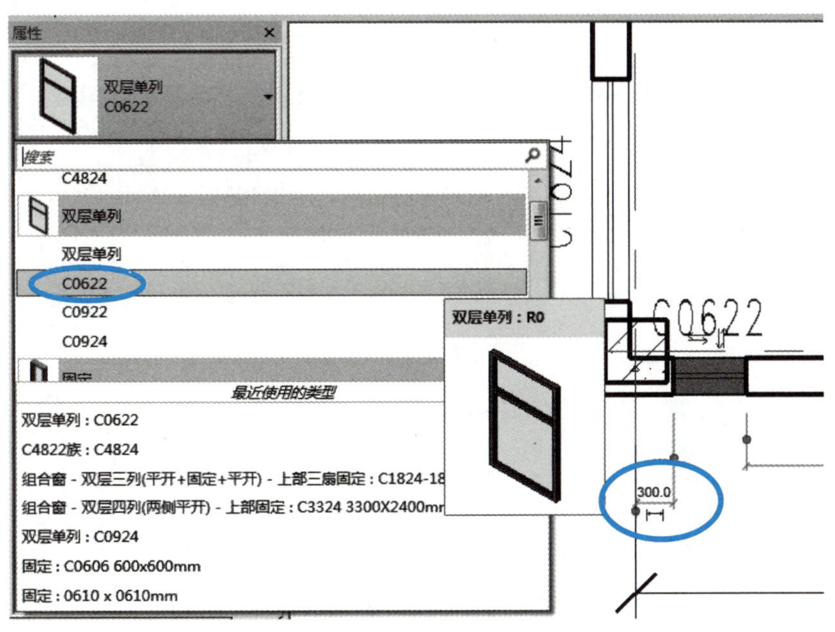

图 4.7–7　窗修改

在 2F 层 8～9 轴线之间墙体位置发生了变化，按住键盘“Ctrl”键，连续选中“墙体”，

在“修改 | 墙”面板中“修改”工具中点击删除“✖”，将墙体删除重新布置（图 4.7-8）。

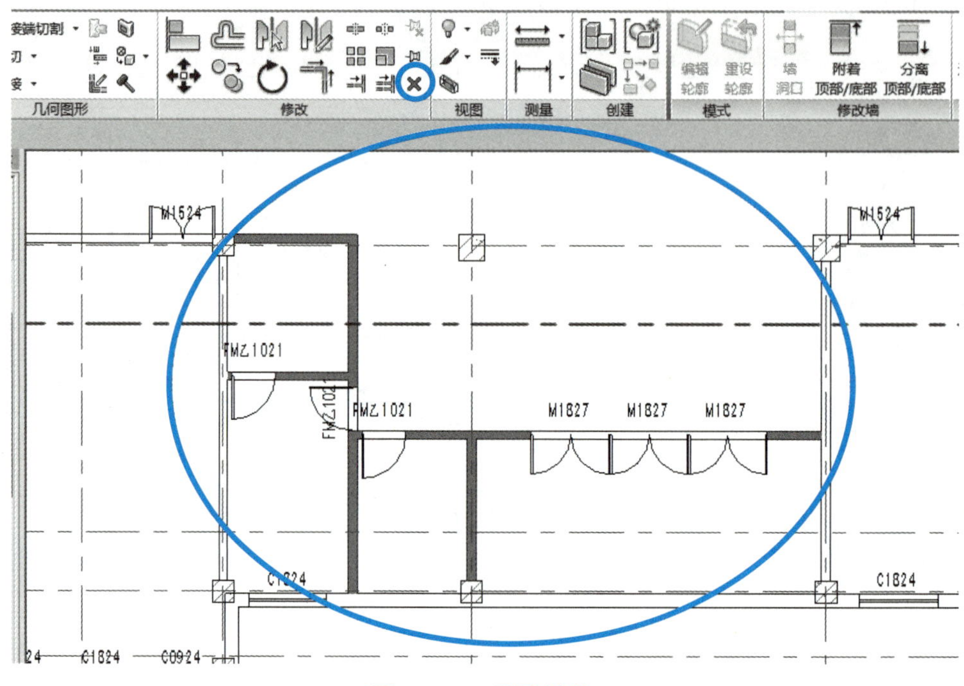

图 4.7-8　删除墙体

布置 8～9 轴与 M 轴之间的墙体，点击“建筑”选项卡中“墙”功能按钮，功能区显示“修改 | 放置墙”面板，在“属性”面板中选择“内墙 1-200mm”，在“限制条件”调整“顶部约束”为“直到 3F”，点击“绘制”面板中“直线▱”，完成墙体绘制（图 4.7-9）。

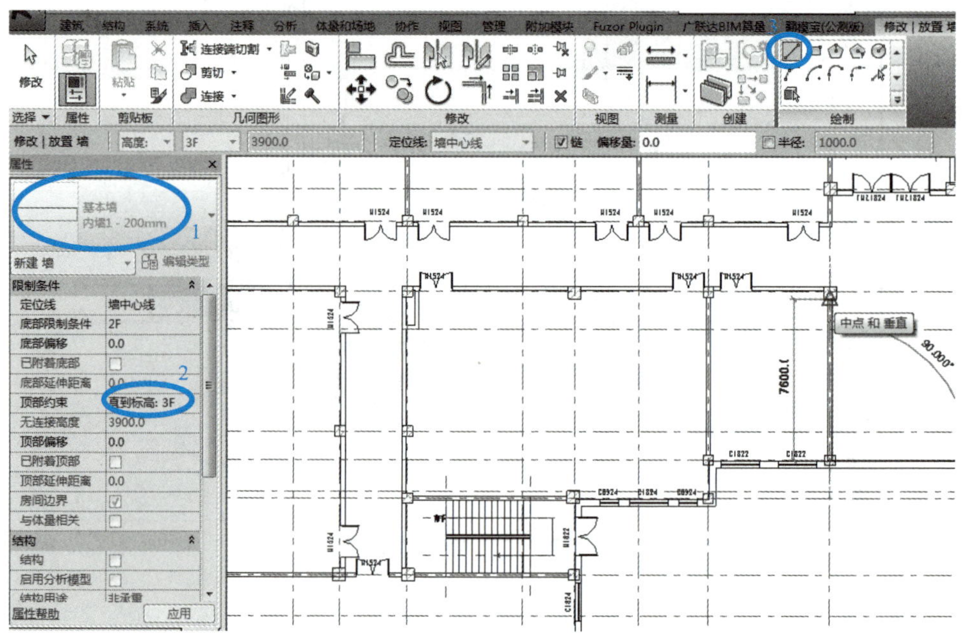

图 4.7-9　墙体绘制

按照上述介绍的楼层复制与修改方法，完成案例工程的模型创建。

【知识拓展】

1. 福建土楼

福建土楼宛如一部立体的人文典籍，全方位诠释着中华民族的生存智慧与精神内核。在建筑技艺层面，夯土墙与木构架的精妙结合堪称匠心典范——以黏土、砂石、竹片为基料，经层层夯筑而成的墙体，不仅坚固如磐，能抵御风雨侵袭与外敌侵扰，更兼具冬暖夏凉的实用效能；穿插其间的木构架巧妙承托屋顶重量，刚柔并济的构造体系，彰显出古人对材料特性与力学规律的深刻把握，是因地制宜、物尽其用的智慧结晶。在文化传承维度，土楼是宗族情感的物质载体，同一血脉的族人共居围合空间，共享公共设施，形成紧密的情感纽带；以祖堂为中心的空间布局，镌刻着对祖先的尊崇与家族绵延的祈愿，门窗上的吉祥纹饰、梁柱间的传统雕刻，皆以建筑为媒传递着对美好生活的向往。生态营建方面，土楼选址依山傍水、顺势而筑，充分利用自然地势实现通风、采光与排水的有机统一，内部精巧的水资源循环系统，更折射出古人敬畏自然、合理取用的生态哲学。面向未来，土楼独特的围合式造型与空间组织模式，为现代建筑设计注入创新灵感。传统工艺与现代技术的交融互鉴，让这座凝固的历史丰碑在新时代重焕生机，持续启发着人们在建筑实践中实现文化传承与创新发展的和谐共生。

2. 港珠澳大桥

港珠澳大桥横跨伶仃洋的壮阔身姿，不仅是连接粤港澳三地的钢铁脊梁，更是镌刻着责任与担当的时代丰碑。从工程构思之初，建设者便以服务国家发展战略、增进三地民生福祉为初心，直面强台风频发、地质条件复杂等世界级挑战。在设计阶段，创新采用桥、岛、隧三位一体的复合结构，通过上万次的力学模拟与数据推演，确保深埋沉管隧道能抵御百年一遇的自然灾害；施工过程中，建设团队将“零误差、零缺陷”作为质量标尺，在海底沉管毫米级对接、外海无围堰筑岛等攻坚任务中，以匠人精神雕琢每个施工细节，用3000 多个日夜的坚守完成了被外媒誉为“现代世界七大奇迹”的壮举。大桥建成后，运营团队依托智能监测系统构建起全天候守护网络，定期开展桥梁健康检测与安全评估，用科技力量为粤港澳大湾区的繁荣发展筑牢安全屏障。这座跨越沧海的世纪工程，不仅承载着三地协同发展的时代使命，更凝聚着建设者“功成必定有我”的责任意识，以工程建设者的赤子之心，书写着新时代家国情怀的生动注脚。

3. 北京大兴国际机场

北京大兴国际机场以破局者的姿态，将创新基因深植于建筑全生命周期，成为驱动行业发展、激发创造活力的时代丰碑。其建筑结构颠覆传统认知，无缝楼板设计突破结构分隔限制，以一体化力学体系强化建筑整体协同性能，为超大型交通枢纽的稳定性提供创新解决方案；抗震橡胶垫技术的创造性应用，以柔性耗能理念革新传统抗震思路，实现建筑安全防护技术的重大突破。在空间设计维度，这座“凤凰展翅”的巨型工程以独特的放射状构型打破机场建筑的固有形态，通过集约高效的功能布局与流线组织，重构现代交通枢纽的空间范式，彰显出突破常规、敢为人先的创新胆识。建设过程中，工程团队深度融合BIM 技术与智能建造体系，在数字化设计、模块化施工、绿色建材应用等领域不断探索，形成多项具有自主知识产权的创新成果。这座承载着中国智慧与创新精神的“国之门户”，不仅以领先全球的技术标准与设计理念树立行业标杆，更以生动实践激发建筑行业从业者突破思维定式、拥抱技术变革，在持续创新中推动建筑行业向更高质量发展，为新时代建筑创新注入生生不息的活力源泉。

第 3 篇　专业提高篇

第 5 章　结构专业建模深化

学习目标

1. 掌握 Revit 中独立基础、条形基础和基础底板的添加与参数设置方法。
2. 掌握应用 BIM 技术进行结构建模、设计的方法。

5.1　基础

绘制基础模型

5.1.1　添加基础

Revit 中的基础包含独立基础、条形基础和基础底板三种类型。

由于该案例工程及本书中所介绍的项目样板为“构造样板”，该样板中无相应的基础族，应先导入基础族。点击“插入”选项卡，点击“载入族”，选择“结构”中的“基础”按钮（图 5.1–1）。

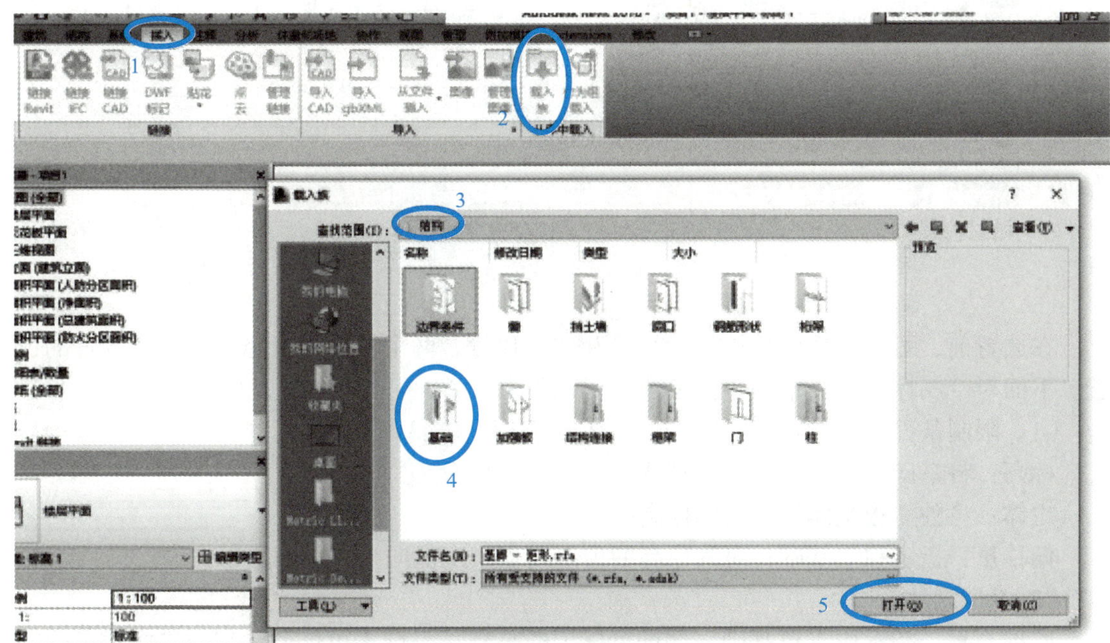

图 5.1–1　载入基础族

1. 独立基础

点击“结构”选项卡，在“基础”面板中点击“独立”按钮（图 5.1–2）。

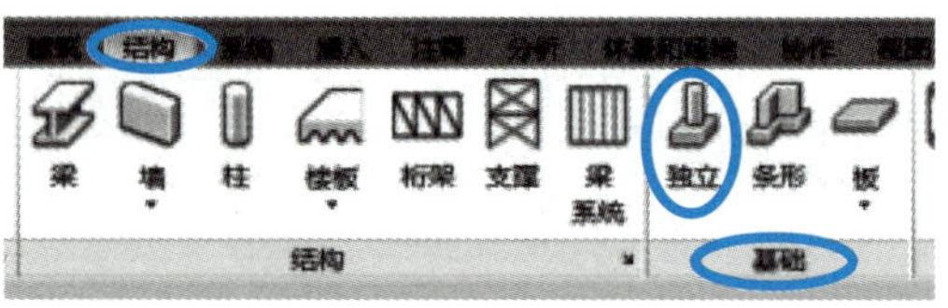

图 5.1–2　独立基础

启动命令后，在属性面板类型选择器下拉菜单中选择合适的独立基础类型，如果没有合适的尺寸类型，可以在属性面板“编辑类型”中通过复制的方法创建新类型（图 5.1–3）。

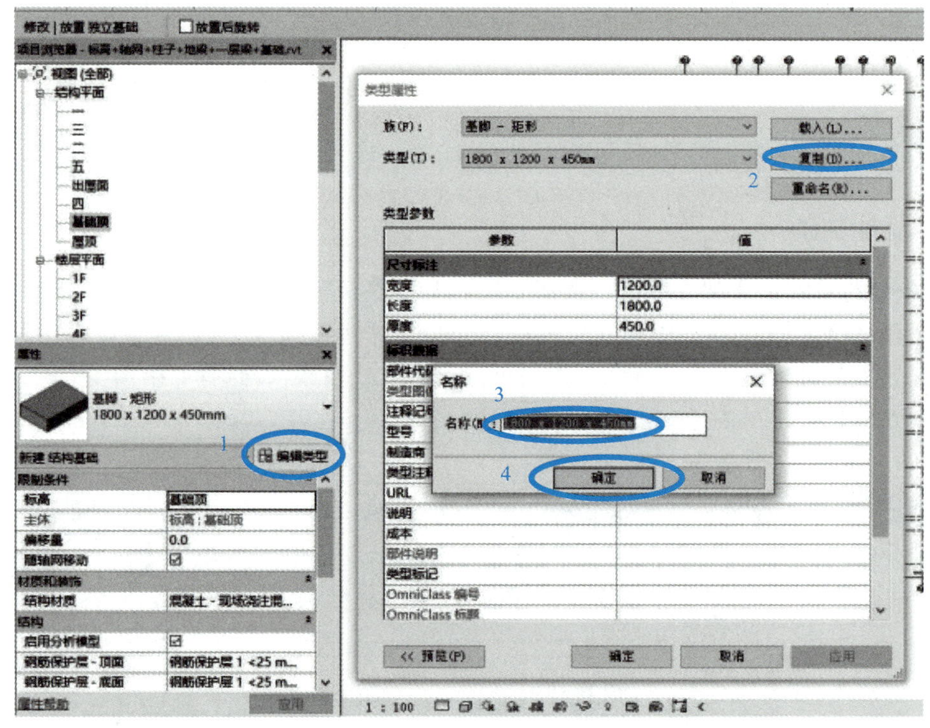

图 5.1–3　新建独立基础

在放置前，可对属性面板中“标高”和“偏移量”两个参数进行修改，调整放置的位置。下面对“属性”面板中的一些参数进行说明。

（1）限制条件

标高：将基础约束到的标高。默认为当前标高平面。

主体：将独立板主体约束到的标高。

偏移量：指定独立基础相对其标高的顶部高程。正值向上，负值向下。

（2）尺寸标注

底部高程：指示用于对基础底部进行标记的高程。只读不可修改，它报告倾斜平面的变化。

顶部高程：指示用于对基础顶部进行标记的高程。只读不可修改，它报告倾斜平面的变化。

类似结构柱的放置，独立基础的放置有三种方法：

方法 1：在绘图区点击直接放置，如果需要旋转基础，可在放置前勾选选项栏中的“放置后旋转”（图 5.1–4）。或者在点击鼠标放置前按“Enter”键进行旋转。

图 5.1–4 点画放置独立基础

方法 2：点击“修改 | 放置独立基础”选项卡→“多个”面板→“在轴网处”，选择需要放置基础的相交轴网，按住“Ctrl”键可以多个选择，也可以通过从右下往左上框选的方式来选中轴网。

方法 3：点击“修改 | 放置独立基础”选项卡→“多个”面板→“在柱处”，选择需要放置基础处的结构柱，系统会将基础放置在柱底端，并且自动生成预览效果，点击“✔”完成放置。

Revit 中的基础，上表面与标高平齐，即标高指的是基础构件顶部的标高（图 5.1–5）。如需将基础底面移动至标高位置，使用对齐命令即可。

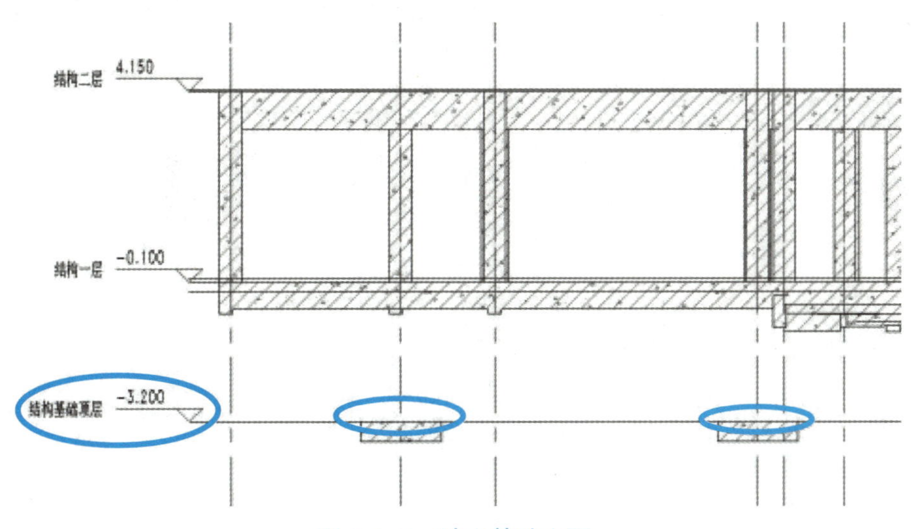

图 5.1–5 独立基础立面

2. 条形基础

点击“结构”选项卡，在“基础”面板中点击“条形”按钮（图 5.1–6）。快捷键：FT。

在“属性”面板类型选择器下拉菜单中选择合适的条形基础类型，主要有“承重基础”和“挡土墙基础”两种，用户可根据实际工程情况进行选择。

不同于独立基础，条形基础是系统族，用户只能在系统自带的条形基础类型下通过复制的方法添加新类型，不能将外部的族文件加载到项目中。点击“属性”面板的“编辑类型”，打开“类型属性”对话框，点击“复制”，输入新类型名称。点击“确定”完成类型创建，然后在“编辑类型”对话框中修改参数，注意选择基础的结构用途（图 5.1–7）。

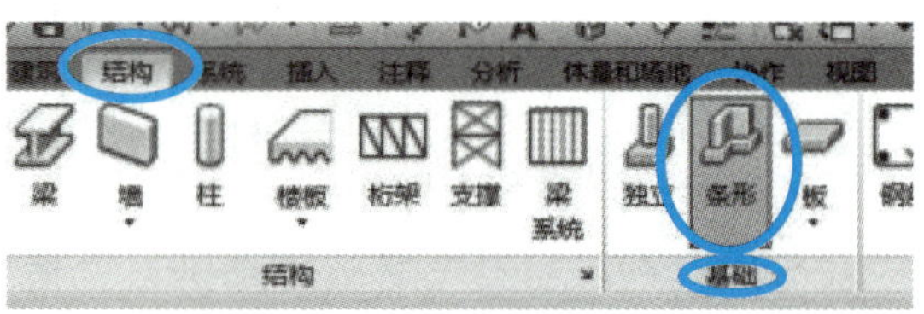

图 5.1–6　条形基础

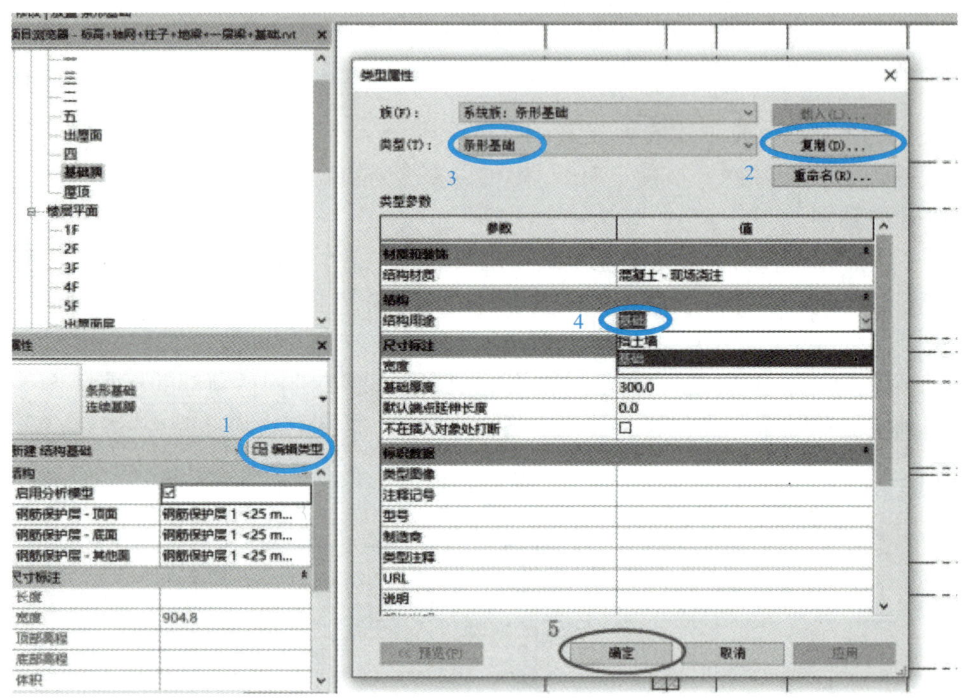

图 5.1–7　条形基础设置

下面对两种结构用途的各个类型参数进行说明：

（1）坡脚长度：挡土墙边缘到基础外侧面的距离。

（2）根部长度：挡土墙边缘到基础内侧面的距离。

（3）宽度：承重基础的总宽度。

（4）基础厚度：基础的高度。

（5）默认端点延伸长度：表示基础将延伸到墙端点之外的距离。

（6）不在嵌入对象处打断：表示基础在插入点（如延伸到墙底部的门和窗等洞口）下是连续还是打断，默认为勾选。

条形基础是依附于墙体的，所以只在有墙体存在的情况下才能添加条形基础，并且条形基础会随着墙体的移动而移动，如果删除条形基础所依附的墙体，则条形基础也会被删除。在平面标高视图中，条形基础的放置有两种方法：

方法 1：在绘图区直接依次点击需要使用条形基础的墙体。

方法 2：点击“修改 | 放置条形基础”选项卡→“多个”面板→“选择多个”，按住“Ctrl”键依次点击需要使用条形基础的墙体，或者直接框选，然后点击“完成”。

3. 基础板

点击“结构”选项卡，在“基础”面板中点击“板”按钮。

和条形基础一样，板基础也是系统族文件，用户只能使用复制的方法添加新的类型，不能从外部加载自己创建的族文件。

点击“板”下拉菜单中的“结构基础：楼板”，进入创建楼层边界模式，在“属性”面板类型选择器下拉菜单中选择合适的基础底板类型，默认结构样板文件中包含四种类型的基础底板，分别是“150mm 基础底板”“200mm 基础底板”“250mm 基础底板”“300mm 基础底板”，用户根据需要选择合适的类型。

然后点击“属性”面板中的“编辑类型”，打开“类型属性”对话框，点击“编辑”，进入“编辑部件”对话框，对结构进行编辑（图 5.1–8）。

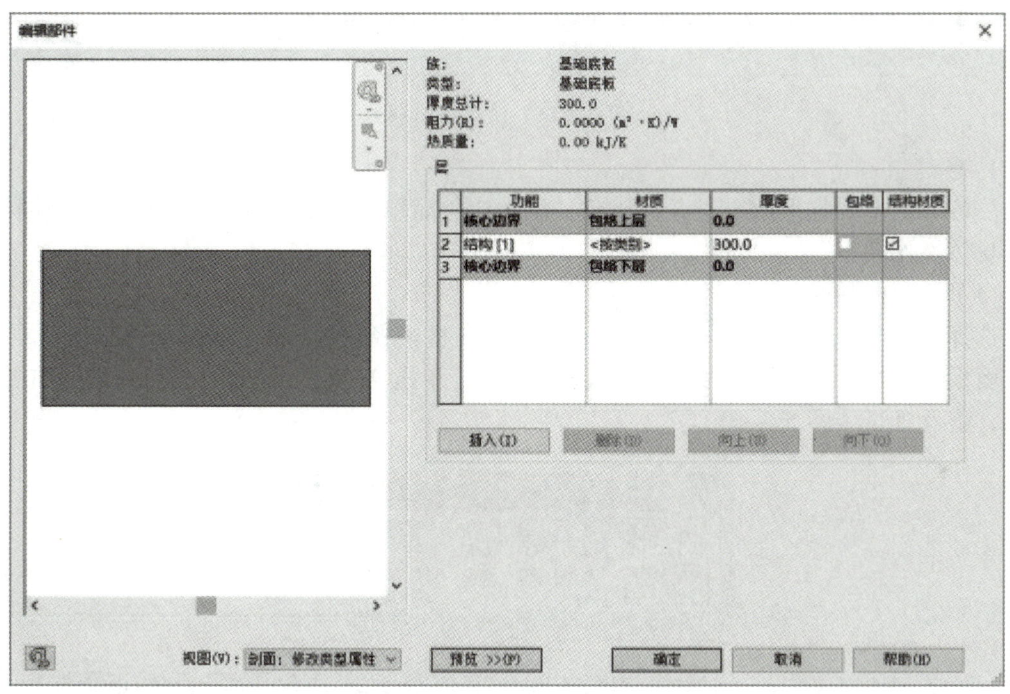

图 5.1–8　板基础设置

在“编辑部件”对话框中可以修改板基础的厚度和材质，还可以添加其他不同的结构层和非结构层，这些选项和普通结构楼板的设置基本相同。

板基础类型设置完后，可通过“绘制”面板中的绘图工具在绘图区绘制板基础的边界。绘制完成后点击“✔”，添加完毕。

5. 1. 2　基础族的创建

本节以承台桩基础为例，介绍如何使用族编辑器创建基础族。

点击“应用程序菜单”，点击“新建”“族”按钮，弹出“新族 – 选择族样板”对话框。选择“公制结构基础 .rft”族样板文件，点击“打开”，进入族编辑器（图 5.1–9）。

基础族创建

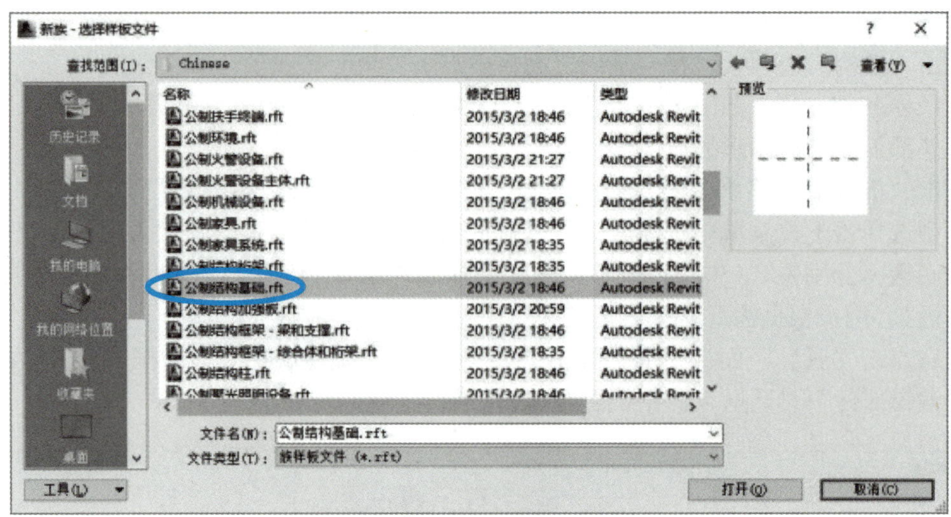

图 5.1–9　新建基础族

1. 创建桩

桩族为一个圆柱形的三维几何对象，制作比较简单。为了以后使用方便，应使用可变族。具体操作如下。

（1）绘制桩截面

选择“创建”→“拉伸”→“圆形”命令，输入桩半径数值300绘制圆形桩截面，在“属性”面板中，在“拉伸终点”后输入数值 −1000，单击“应用”按钮，在“立面→前视图”截面，查看桩长（图 5.1–10）。

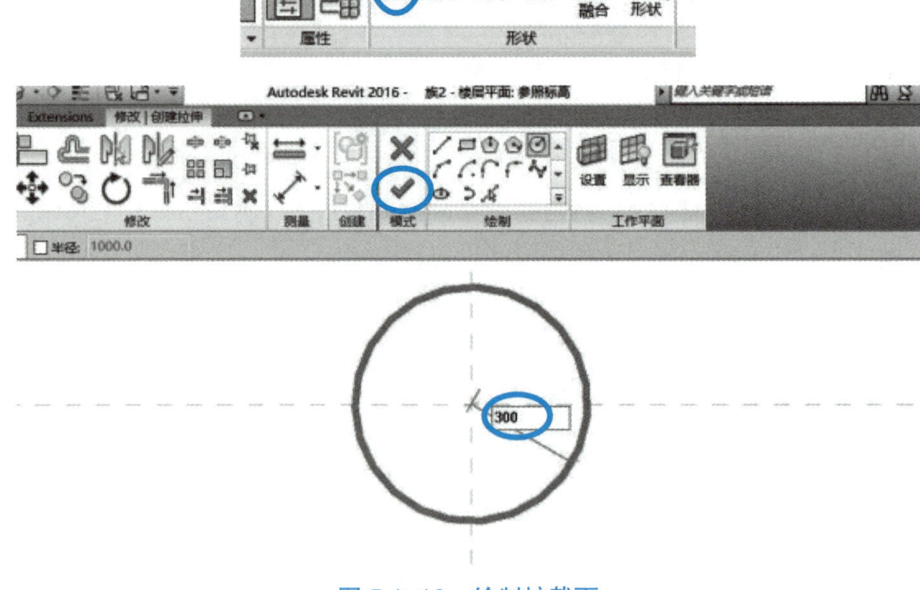

图 5.1–10　绘制桩截面

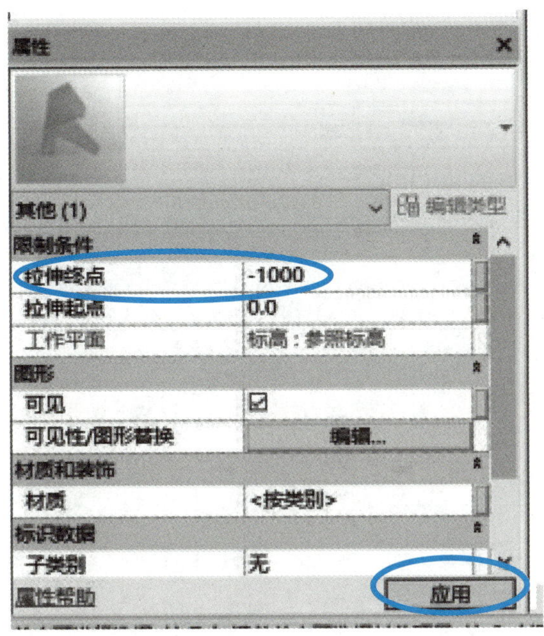

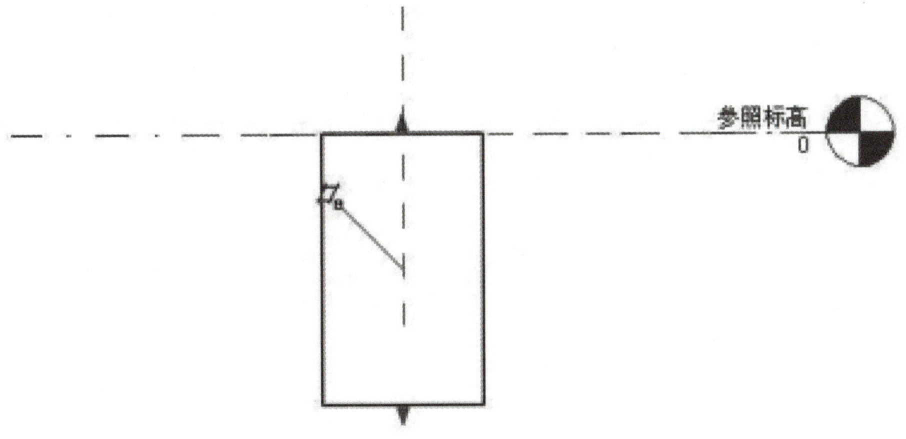

图 5.1–10　绘制桩截面（续）

（2）编辑活族桩

按快捷键 D＋I（选择“注释”→“对齐”命令），标注桩长，如图 5.1–10 所示。点击尺寸标注，选择“标签”下的“添加参数”，在弹出的“参数属性”对话框中，在“名称”栏中输入“桩长”，点击“确定”按钮（图 5.1–11）。

（3）对桩直径进行编辑

选择“楼层平面”→“参照标高”命令，在“修改 / 尺寸标注”选项卡下，双击桩截面，选择“注释”→“直径”命令，标注桩直径，如图 5.1–11 所示。点击尺寸标注，选择“标签”下的“添加参数”，在弹出的“参数属性”对话框中，在“名称”栏中输入“直径”，点击“确定”按钮（图 5.1–12）。

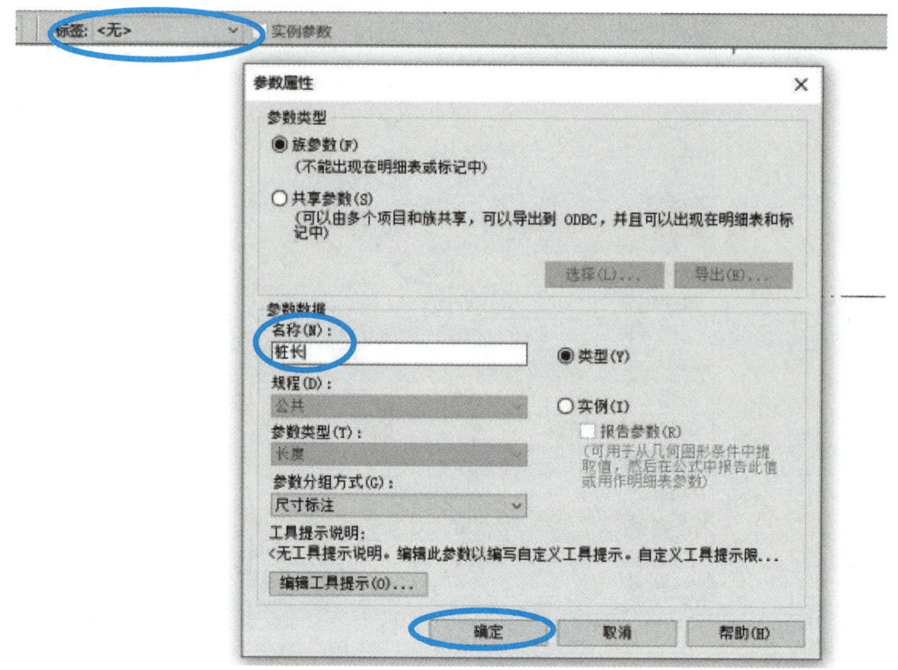

图 5.1–11　编辑活族桩

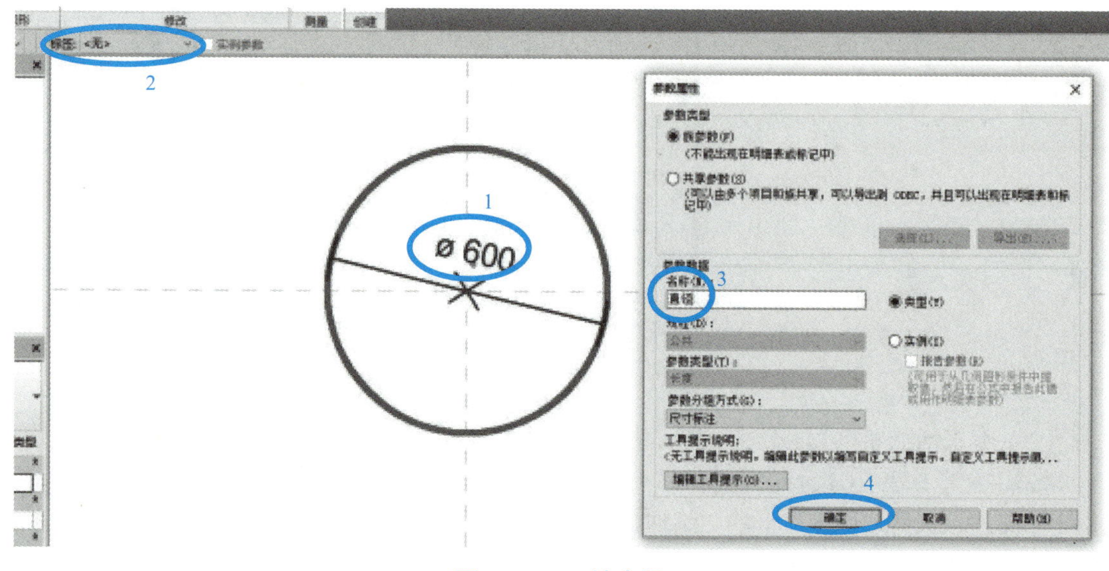

图 5.1–12　桩直径

（4）添加材质

选择“桩”，在“属性”面板中单击“材质”按钮，在弹出的“材质浏览器”对话框中，依次点击“混凝土现场浇筑混凝土”→“确定”按钮（图 5.1–13）。

点击“族类型”按钮，在弹出的“族类型”对话框中，点击“结构材质”按钮，在弹出的“材质浏览器”对话框中，依次点击“混凝土现场浇筑混凝土”→“确定”按钮（图 5.1–14）。

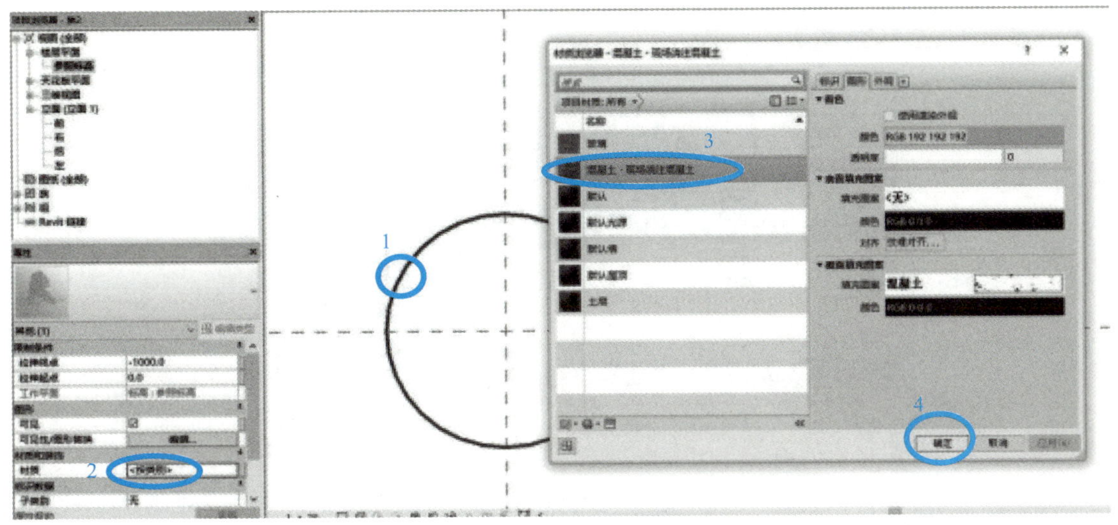

图 5.1–13　添加材质 1

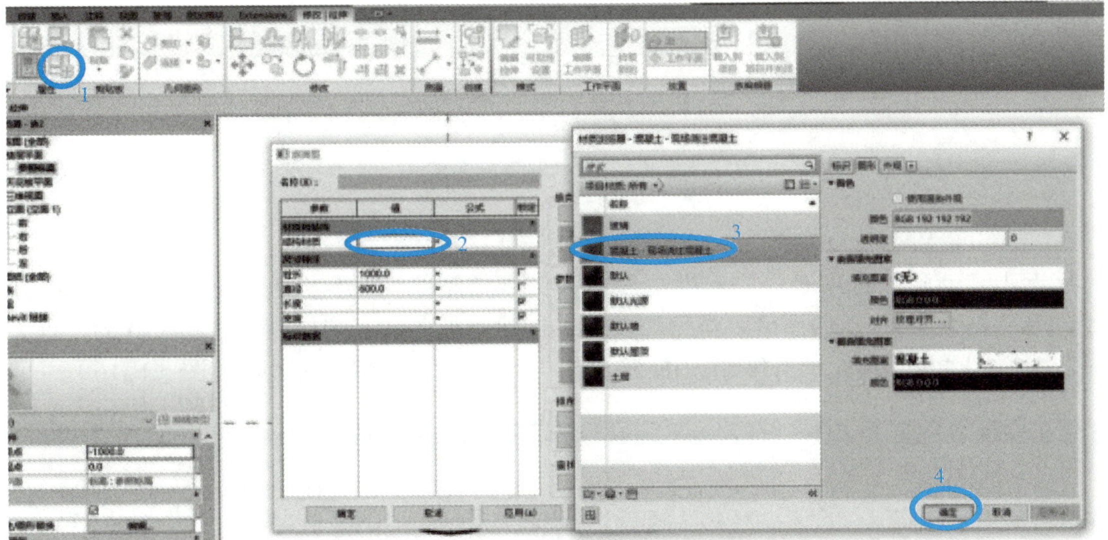

图 5.1–14　添加材质 2

（5）编辑族名称

点击“族类型”按钮，在弹出的“族类型”对话框中，点击“新建”按钮，在弹出的“名称”对话框中输入“桩”，并点击“确定”按钮（图 5.1–15）。

2. 创建承台

（1）选择族样板

选择“公制结构基础 .rft”族样板。

（2）设置族类别和族参数

点击“创建”选项卡→“属性”面板→“族类别和族参数”，弹出“族类别和族参数”对话框。结构基础样板默认将族类别设为“结构基础”。将用作“模型行为的材质”改为“混凝土”，其余参数不作修改。

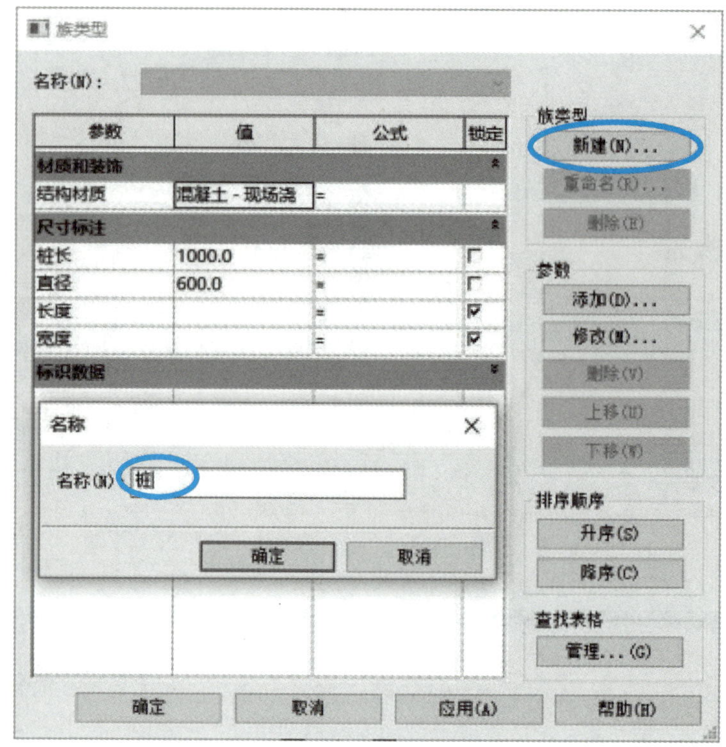

图 5.1–15　编辑族名称

（3）设置族类型和参数

点击“创建”选项卡→“属性”面板→“族类型”，打开“族类型”对话框，在其中创建“桩边距”“承台厚度”类型参数，再创建与准备嵌套的桩族参数相关联的“桩尖长”“桩长”“桩顶埋入承台尺寸”和“桩径”类型参数，并输入参数值（图 5.1–16）。

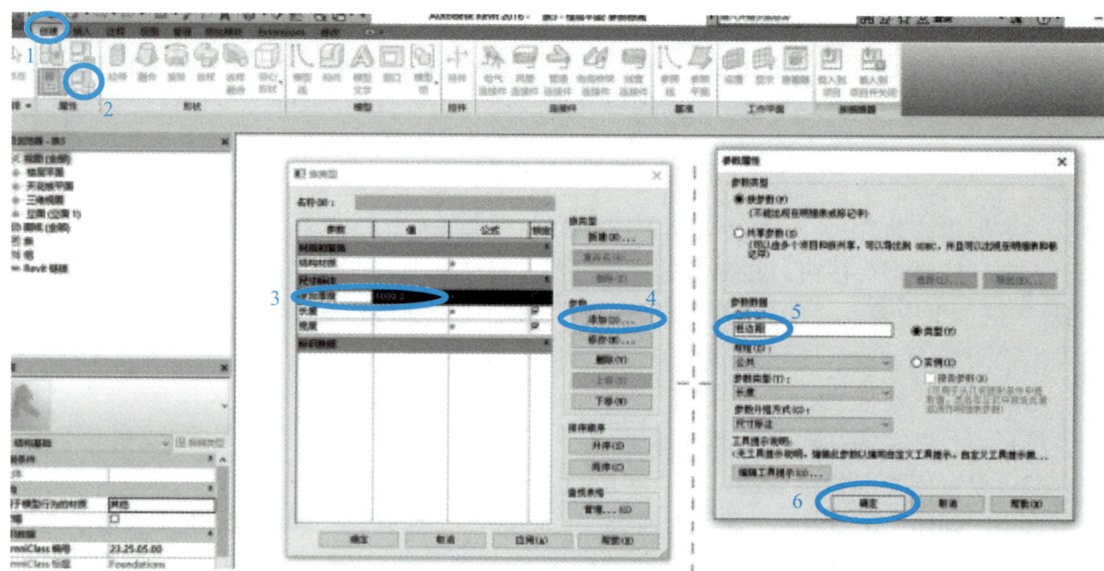

图 5.1–16　设置族类型和参数

（4）创建形状

进入“参照标高”视图，在绘图区绘制参照平面并添加尺寸标注，然后使用“拉伸”命令绘制截面形状，并与参照平面对齐锁定（图 5.1–17）。

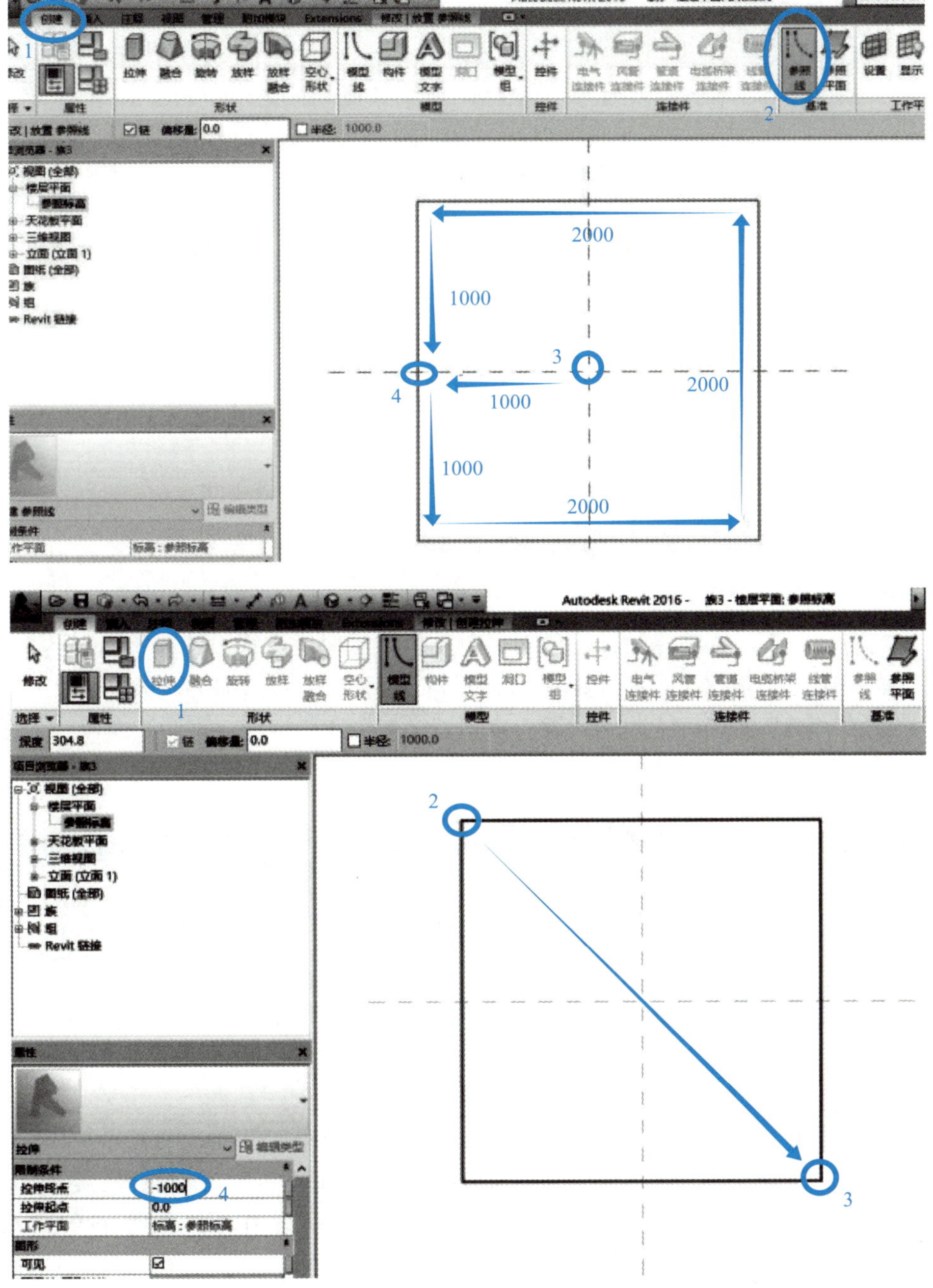

图 5.1–17　创建形状

转到前立面视图，绘制参照平面并添加尺寸标注，然后将拉伸形状的上下边缘和相应的参照平面对齐锁定（图 5.1–18）。

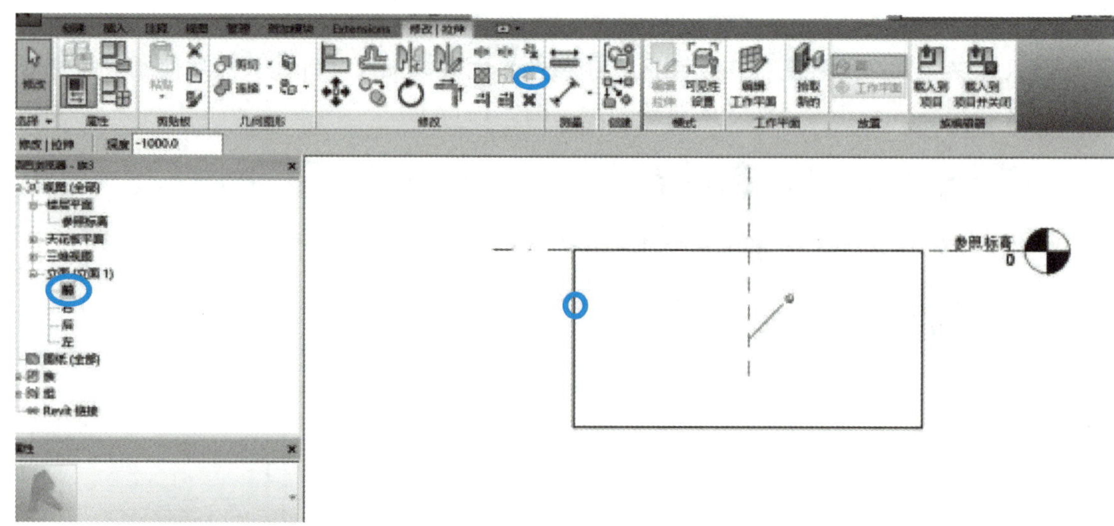

图 5.1-18　立面锁定

5.2　结构钢筋

5.2.1　设置混凝土保护层

使用钢筋命令添加钢筋之前，需要对混凝土保护层厚度进行设置。

项目样板中已经根据《混凝土结构设计标准》GB 50010—2010（2024 年版）的规定，对混凝土保护层的厚度进行了预先设置。点击“结构”选项卡→“钢筋”面板→“保护层”选项栏（图 5.2-1）。

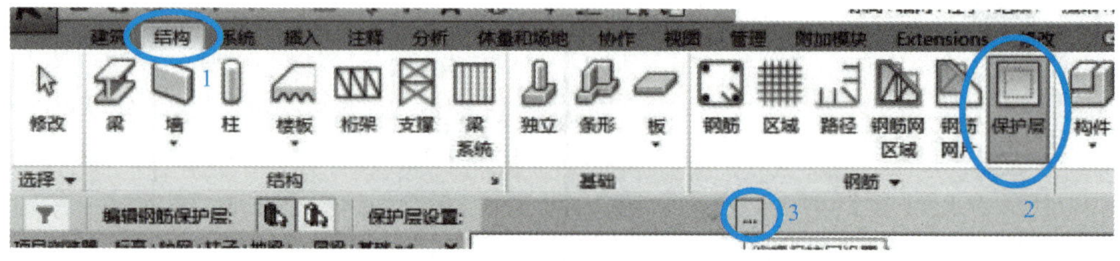

图 5.2-1　混凝土保护层选项

点击选项栏最右侧的“[...]（编辑保护层设置）”按钮，打开“钢筋保护层设置”对话框（图 5.2-2）。对话框中 I、Ⅱ、Ⅲ分别对应环境类别的一类、二类、三类。如果样板中预先设置的保护层不能满足用户的需求，用户可以在对话框中添加新的保护层设置。此外，用户也可对已有的保护层进行复制、删除、修改等操作。

向项目中添加的混凝土构件，程序会为其设置默认的保护层厚度。若要重新设置保护层厚度，可以启动保护层命令后，选择需要设置保护层的图元或者图元的某个面。选中后在选项栏会显示当前的保护层设置。在下拉菜单中可以进行修改，用户也可以在选中图元后，在属性栏对保护层进行修改。

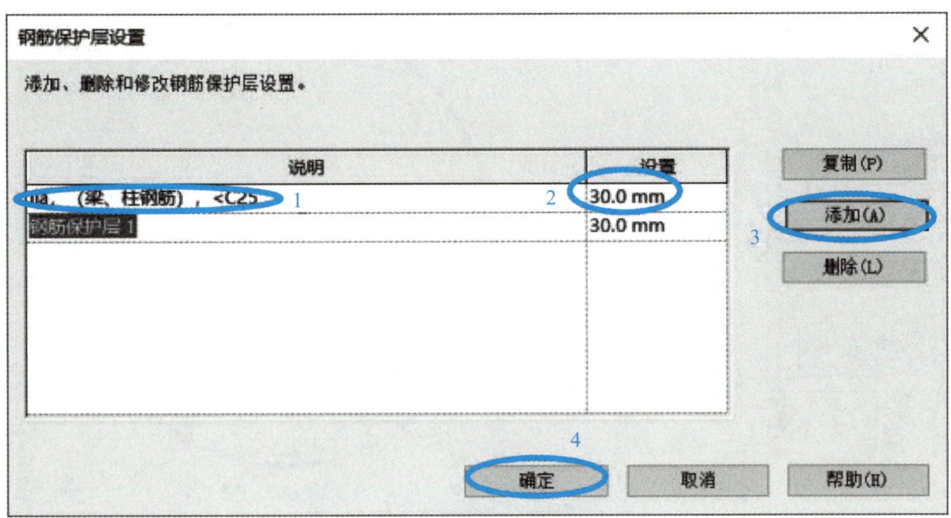

图 5.2–2　钢筋保护层设置

5.2.2　创建剖面视图

创建一个剖面视图，剖切将要配筋的混凝土图元。此处以梁为例。剖面命令“视图”选项卡中“创建”面板，点击“剖面”按钮。启动命令后，单击鼠标左键确定剖面的起点，再次单击鼠标左键确定剖面的终点。对构件进行剖切。绘制完毕或选中剖面后，点击 ⇆ 图标，可以对剖面进行翻转。剖面创建完毕后，可以鼠标右键点击所创建的剖面，点击“转到视图”，或是在项目浏览器中进入剖面视图中（图 5.2–3）。

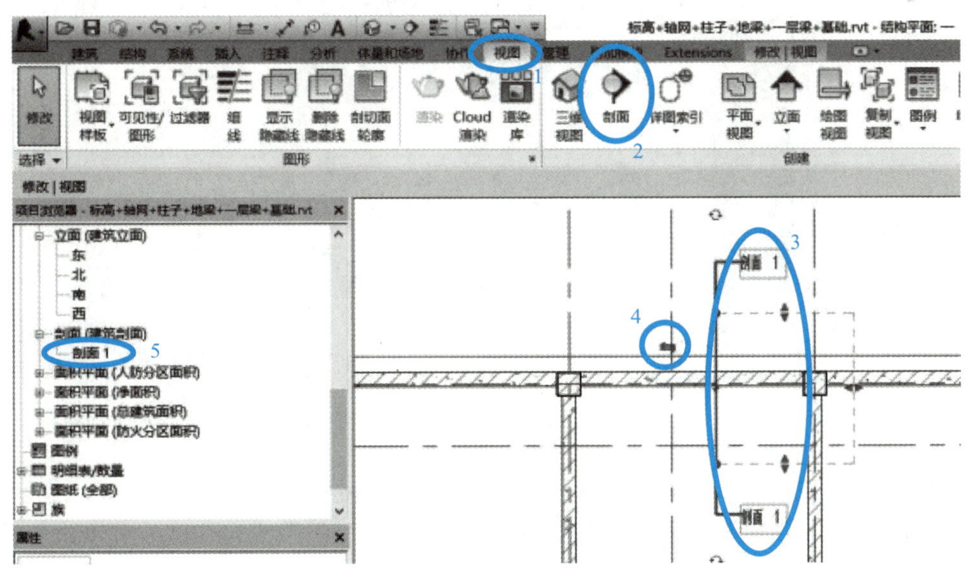

图 5.2–3　创建剖面视图

进入剖面视图，显示剖切的梁和楼板。可以对剖面视图的范围进行调整，选中剖面视图的边界线，变为可拖动状态。拖动边界以屏蔽不希望显示的构件（图 5.2–4）。

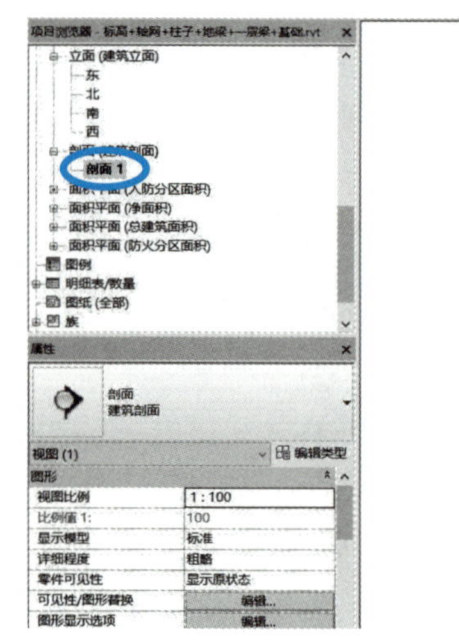
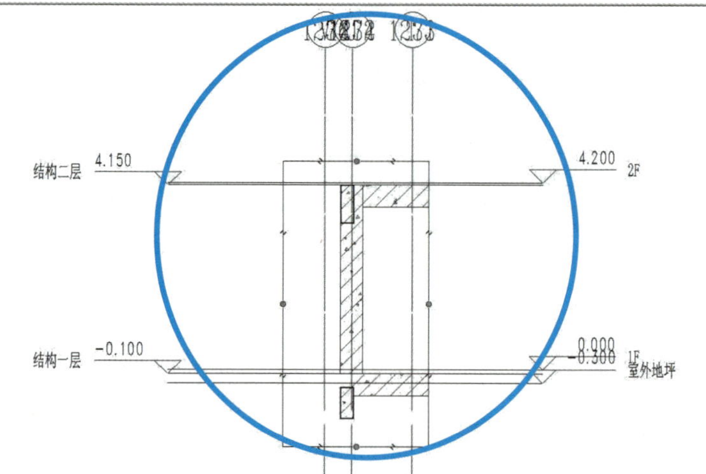

图 5.2–4　剖面视图

钢筋绘制

5.2.3　放置钢筋

在放置钢筋前，需将钢筋族全部载入（图 5.2–5）。

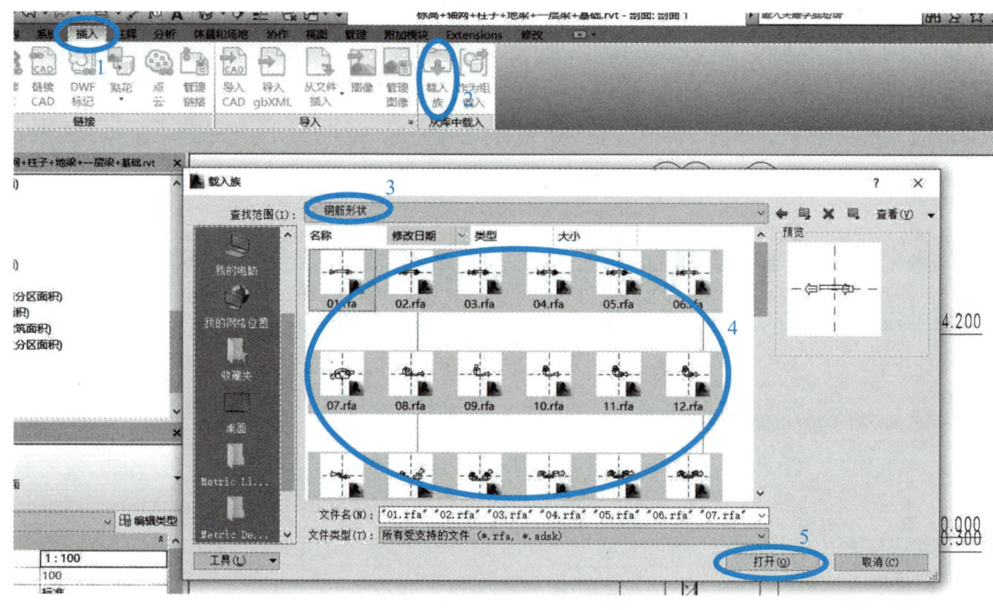

图 5.2–5　载入钢筋

在“结构”选项卡的“钢筋”面板中点击“钢筋”按钮。

启动命令后，在右侧会显示钢筋形状选择器，与状态栏中内容一致。类型选择器可以在状态栏中通过点击 图标来启动和关闭。用户可以在此选择所添加钢筋的形状，若没有所需的钢筋形状，可以通过“修改 | 放置钢筋”选项卡→“族”面板→“族”来载入钢筋形状族。

在属性面板中，选择钢筋的类别，并可对形状、弯钩、钢筋集、尺寸进行设置。也可在钢筋放置完成后，对属性面板中内容进行修改（图 5.2–6）。

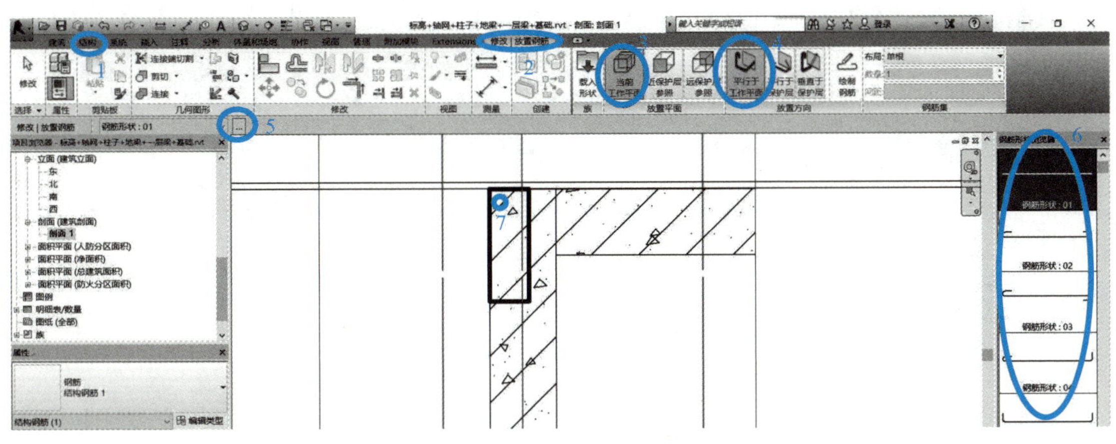

图 5.2–6　放置钢筋

“修改 | 放置钢筋”选项卡中，可以对钢筋放置平面、钢筋放置方向以及布局进行设置，见图 5.2–6。

“放置平面”面板：当前工作平面、近保护层参照、远保护层参照定义了钢筋的放置平面。

“放置方向”面板：平行于工作平面、平行于保护层、垂直于保护层定义了多平面钢筋族的哪一侧平行于工作平面。

“钢筋集”面板：通过设置可以创建与钢筋的草图平面相垂直的钢筋集，并定义钢筋数和 / 或钢筋间距。通过提供一些相同的钢筋，使用钢筋集能够加速添加钢筋的进度。钢筋集的布局如下：

（1）固定数量：钢筋之间的间距是可调整的，但钢筋数量是固定的，以用户的输入为基础。

（2）最大间距：指定钢筋之间的最大距离，但钢筋数量会根据第一条和最后一条钢筋之间的距离发生变化。

（3）间距数量：指定数量和间距的常量值。

（4）最小净间距：指定钢筋之间的最小距离，但钢筋数量会根据第一条和最后一条钢筋之间的距离发生变化。即使钢筋大小发生变化，该间距仍会保持不变。

放置透视中的“顶”“底”“前侧”“后侧”“右”“左”定义了多平面钢筋族的哪一侧平行于工作平面。

在放置完成后选中钢筋，可以对钢筋的布局进行调整。

设置完成后，将鼠标移动到截面内，进行钢筋的添加。

5. 2. 4　使用速博插件配筋

速博插件能够快速地生成钢筋，与使用钢筋命令添加钢筋相比，能够节约大量的时间和工作量，建议读者尽量使用速博配筋。下面介绍使用速博插件配筋的步骤。

选中需要配筋的构件，点击“Extensions”选项卡中“Autodesk Revit Extensions”面板

下“钢筋”按钮，在下拉菜单中，选择相应的构件类型（图 5.2–7）。

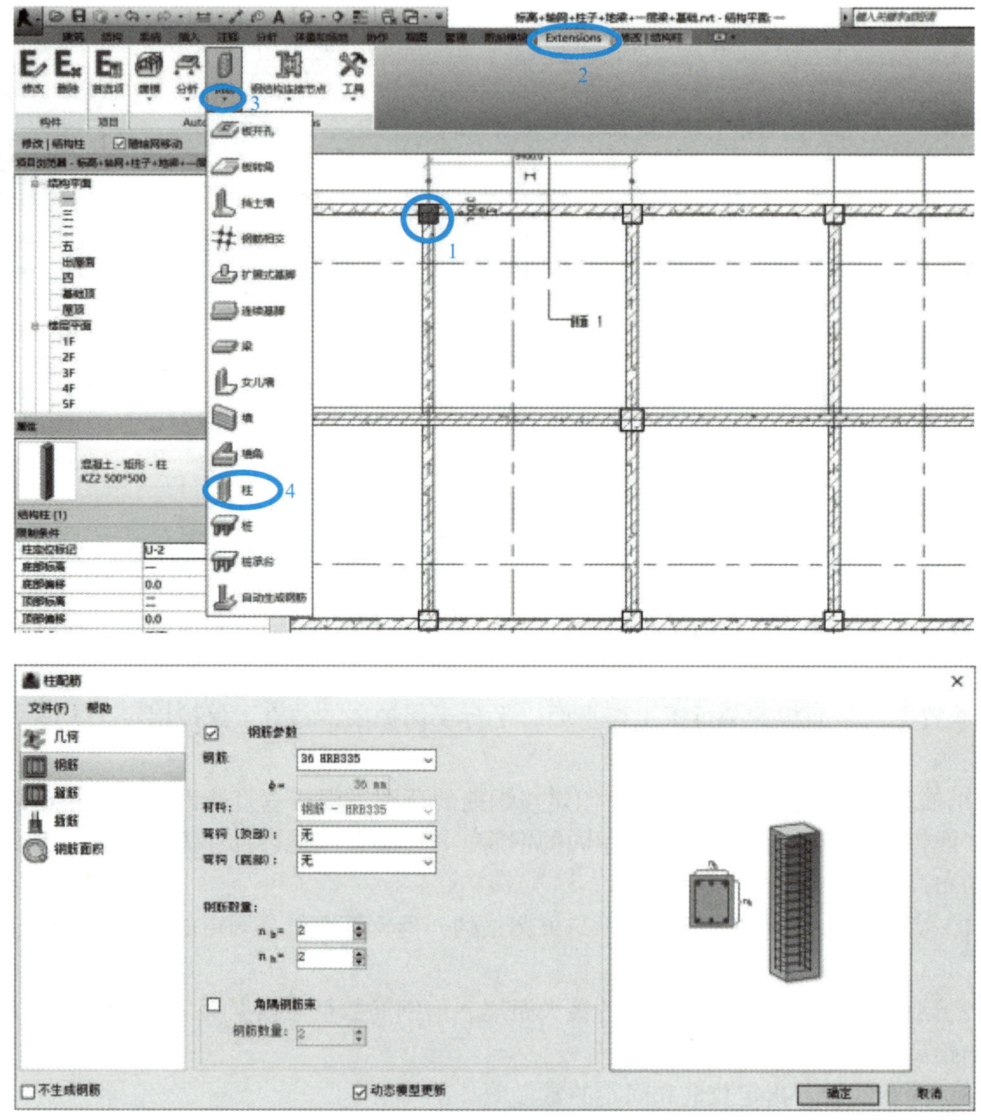

图 5.2–7　Extensions 插件

使用速博插件完成构件配筋后，可对构件中的钢筋进行删除、修改。点击“Extensions”选项卡→“构件”面板→“修改”或“删除”。点击“修改”后，会弹出“柱配筋”对话框，用户可以对参数进行修改。点击“删除”，可以将生成的钢筋删除。

【知识拓展】

1. 梁柱节点、钢筋排布与匠心坚守

在建筑结构的 BIM 模型中，梁柱节点堪称“钢筋丛林”的核心要塞。在进行三维建模时，总会遇到钢筋碰撞的棘手问题——两根直径 25mm 的框架梁主筋，因锚固长度未严

格遵循 40d 的标准，在梁柱交汇处形成“打架”局面。这种毫米级的误差，就像潜伏在精密仪器中的砂砾，随时可能动摇建筑的根基。这就需要在模型中反复推演：将钢筋间距从 20mm 调整到 25mm，看似微不足道地改动，实则是在遵循“细节决定成败”的工程铁律。每一次参数修正，都是与自我的较量；每一次碰撞消除，都是对匠心精神的践行。就好比港珠澳大桥建设者们，他们在钢筋密布的桥墩中，用毫米级的精度守护着世纪工程。这种精益求精的态度，正是未来工程师们需要传承的精神火炬。

2. 楼梯结构参数里的人文温度

楼梯作为建筑中连接不同空间的重要构件，其结构参数的设计不仅关乎安全，更蕴含着人文关怀。在楼梯建模时，踏步高度、宽度以及栏杆间距等参数都有着严格要求。比如，住宅楼梯踏步高度一般控制在 150～175mm，这个数值范围的确定，是为了确保不同年龄段的使用者都能安全、舒适地上下楼梯。曾有设计师在设计公共建筑楼梯时，因忽视儿童使用需求，将栏杆间距设置过大，存在安全隐患。这让人联想到故宫博物院对古建筑楼梯的修缮，不仅保留了历史风貌，还在细节处增设防护设施，体现对游客的关怀。楼梯结构参数的调整，就像是在冰冷的建筑构件中注入温暖的人文基因。每一次对参数的精确设定，都是对使用者的尊重与关爱。未来在职业实践中，要以“以人为本”的理念，让建筑既有坚固的筋骨，又有温暖的灵魂。

3. 阳台悬挑梁配筋的力学诗行

阳台悬挑梁的配筋设计，是结构力学与工程美学的完美融合。在进行建模时，需要精确计算悬挑梁的负弯矩钢筋用量、锚固长度等参数。例如，一根 2m 长的悬挑梁，若上部负筋直径减少 2mm，可能无法承受设计荷载，导致阳台倾覆。曾有设计师为了节省材料，擅自减少配筋，这无疑是在拿使用者的生命安全开玩笑。阳台悬挑梁的配筋过程，就像在谱写一首力学诗行，每一个钢筋参数都是不可或缺的韵律。需要我们用严谨的态度和扎实的专业知识，创作出安全与美感兼具的结构设计，诠释新时代工程师的匠心与情怀。

第 6 章　建筑专业建模深化

学习目标

1. 掌握幕墙、墙体、屋顶等建筑构件的概念与组成。
2. 熟练运用 Revit 完成幕墙、墙体、屋顶等构件的创建与编辑。

6.1　幕墙设计

幕墙是现代建筑设计中被广泛应用的一种建筑外墙，其附着到建筑结构，但不承担建筑的楼板或屋顶荷载。幕墙由幕墙网格、竖梃和幕墙嵌板组成（图 6.1–1）。

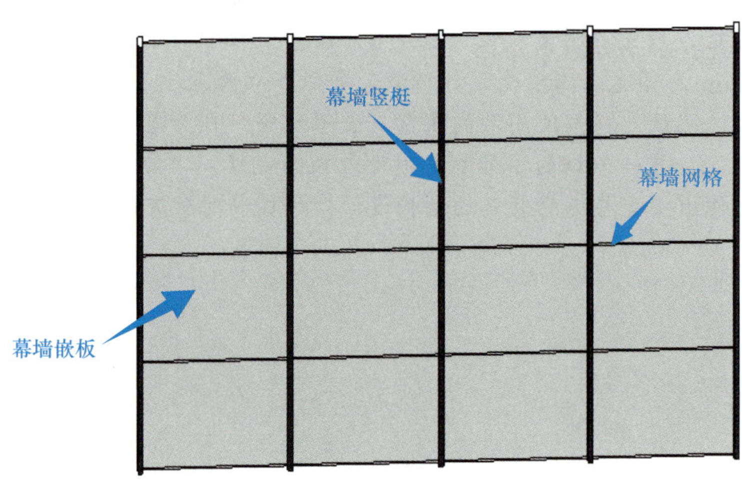

图 6.1–1　幕墙构造

幕墙嵌板是构成幕墙的基本单元，幕墙由一块或多块幕墙嵌板组成；幕墙网格决定了幕墙嵌板的大小、数量；幕墙竖梃为幕墙龙骨，作为沿幕墙网格生成的线性构件。

6.1.1　幕墙的创建

幕墙的创建方式与基本墙一致，但是幕墙是以玻璃材质为主。在 Revit 建筑样板中，包含三种基本样式："幕墙""外部玻璃""店面"。其中"幕墙"没有网格和竖梃，"外部玻璃"包含预设网格，"店面"包含预设网格和竖梃。接下来介绍本案例中的幕墙创建和定义（图 6.1–2）。

幕墙识图与绘制幕墙模型

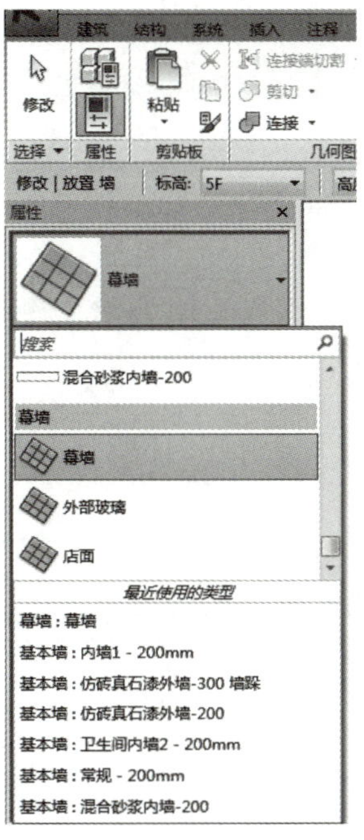

图 6.1-2　幕墙类型

打开案例模型，切换到 2F 楼层平面图，在幕墙底部限制条件设置为“2F”。点击“建筑”选项卡中“墙”功能按钮，在“墙”属性栏中选择“幕墙”，在幕墙底部限制条件设置为“2F”，底部偏移“900”，顶部约束设置为“未连接”，无连接高度设置为“10000”；在“属性”菜单栏中点击“编辑类型”，弹出“类型属性”对话框；在“垂直网格”和“水平网格”中布局设置为“固定距离”，间距设置为“1500”，完成幕墙的设置（图 6.1-3）。

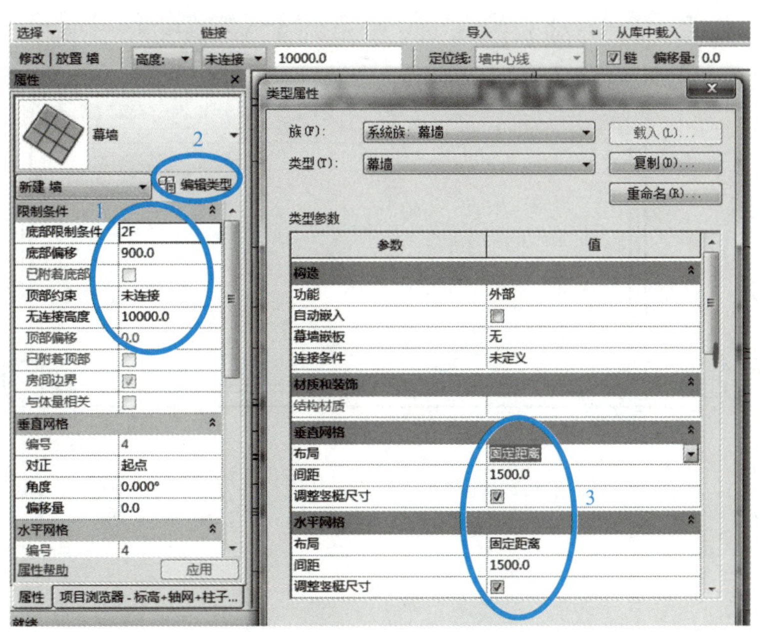

图 6.1-3　幕墙参数设置

点击距 9 轴线 450 的位置，从左向右绘制，绘制长度为“7200”，完成幕墙的绘制（图 6.1–4）。

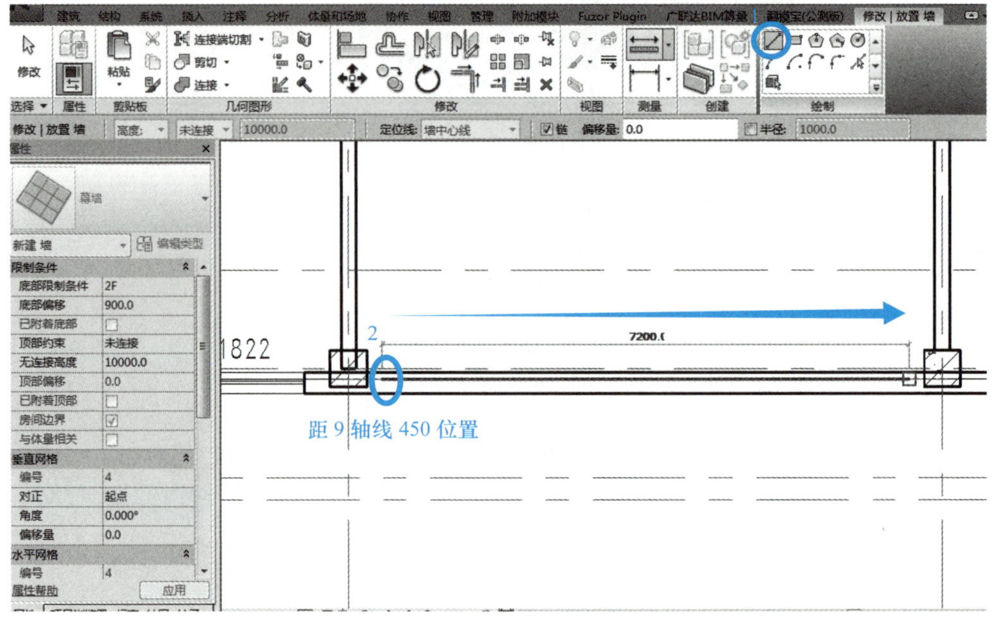

图 6.1–4 幕墙绘制

点击绘制的幕墙，选择“几何面板”工具中的“剪切 – 剪切几何图形”。先选择已绘制的“外墙”，再选择“幕墙”，完成 2F 幕墙与墙体的剪切（图 6.1–5）。

将 2F 楼层以上的幕墙与墙体进行剪切，完成幕墙的绘制（图 6.1–6）。

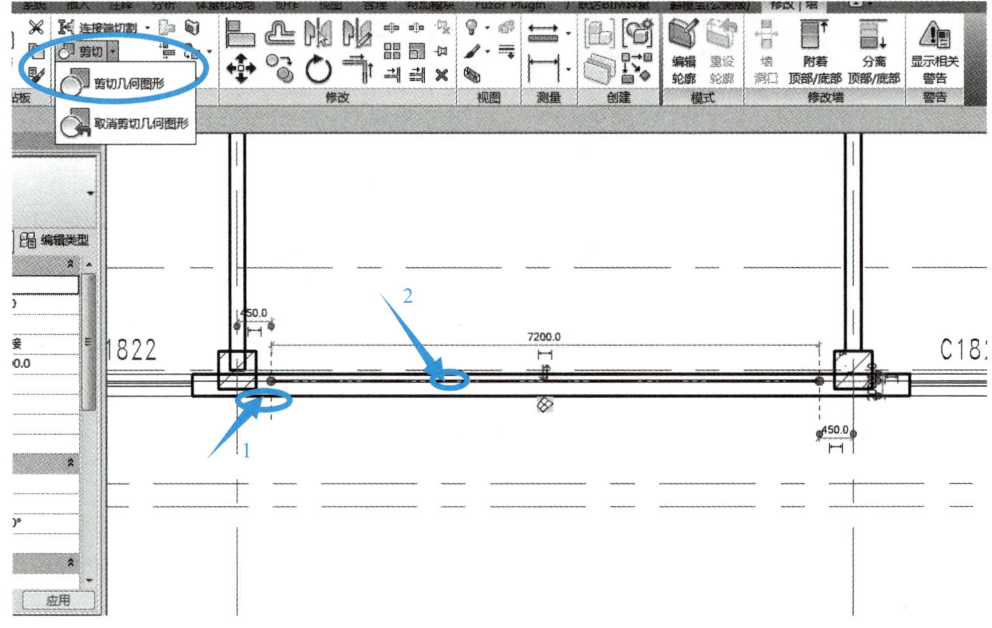

图 6.1–5 幕墙墙体剪切

图 6.1–6　幕墙三维效果

6.1.2　幕墙的编辑

本节主要介绍对幕墙网格间距及嵌板的调整。选择绘制好的幕墙，为了更方便地进行幕墙的编辑和修改，可以对幕墙进行视图隔离，以此单独修改幕墙，点击视图控制栏的“临时隔离 / 隐藏 ”，选择“隔离图元”，将幕墙单独隔离出来（图 6.1–7）。

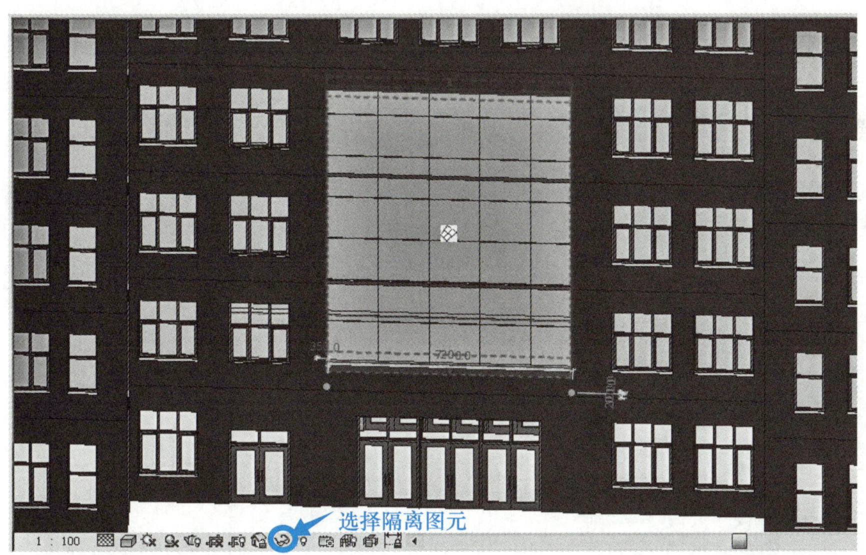

图 6.1–7　隔离幕墙

按照案例工程中网格尺寸，对幕墙网格线进行位置调整，点击幕墙网格线，会自动弹出临时尺寸线，点击解锁 ，之后输入相应的数值，即可调整网格线的位置；同时，如果需要添加或删除网格线，点击工具面板“幕墙网格”上的“添加 / 删除线段”，即可添加或删除幕墙网格线。输入调整间距（注意：每根网格线只需调整一侧的临时尺寸线数值，然后选择下一根网格线进行调整），从左向右分别为“1350”“1500”“1500”

“1500”“1350”；从下至上分别为“1200”“1500”“1300”“1500”“1500”“1500”“1500”（图 6.1–8）。

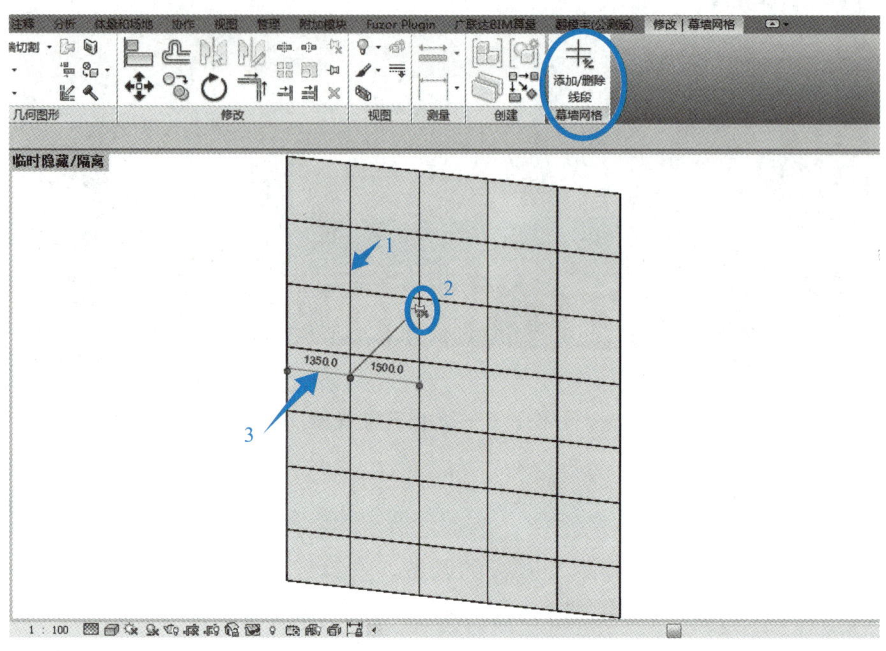

图 6.1–8　幕墙网格调整

从案例中可以看出，幕墙嵌板类型为点爪式嵌板，需对幕墙嵌板类型进行修改。首先载入点爪式嵌板族，点击“插入”选项卡，选择“载入族”，在弹出的载入族“打开”对话框中找到“建筑 / 幕墙 / 其他嵌板 / 点爪式幕墙嵌板 1”，点击“打开”（图 6.1–9）。

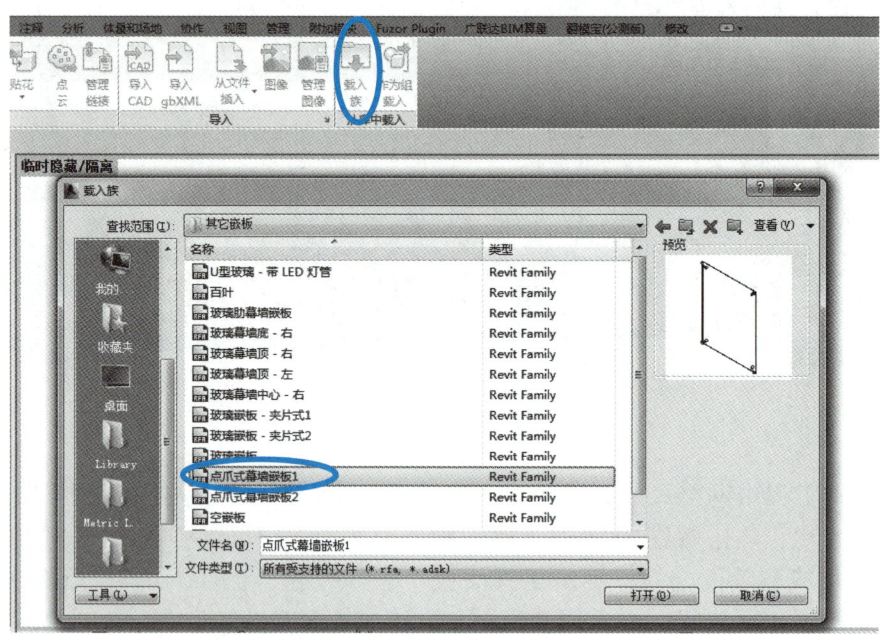

图 6.1–9　载入嵌板族

点击幕墙，在“属性”面板中点击“编辑类型”，弹出类型属性对话框；在“构造”下的“幕墙嵌板”选择“点爪式幕墙嵌板 1”，点击“确定”，完成幕墙嵌板的设置（图 6.1–10）。

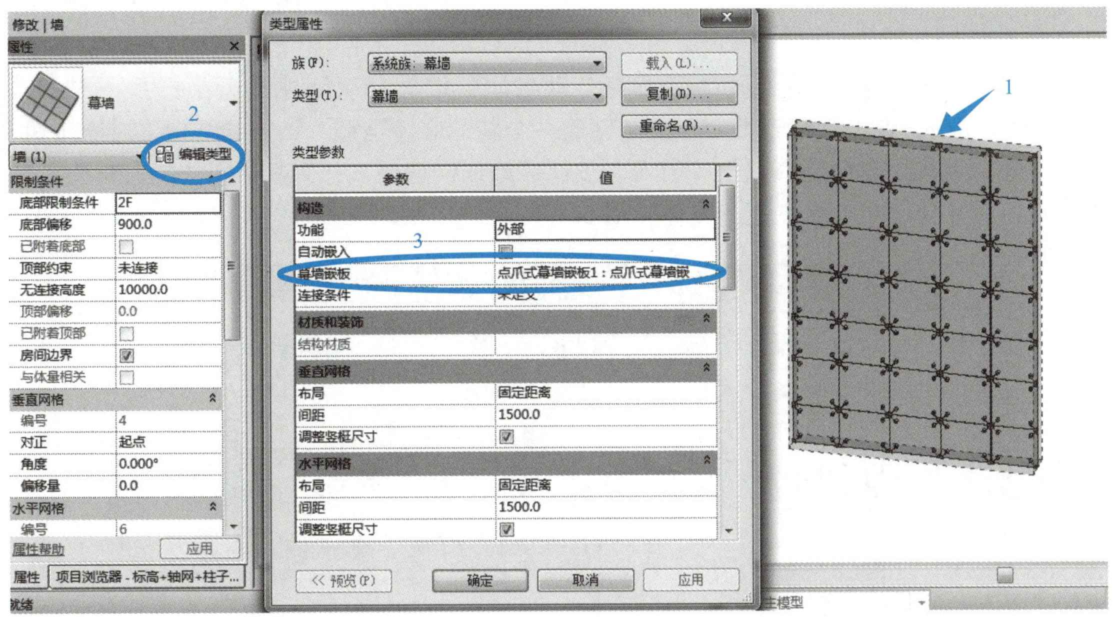

图 6.1–10　嵌板替换

点击视图选项栏中“临时隔离 / 隐藏”，选择“重设临时隐藏 / 隔离”，完成幕墙的编辑（图 6.1–11）。

图 6.1–11　完成后的幕墙效果

6.2　墙体设计

复合墙体绘制

6.2.1　复合墙体创建

1. 复合墙

复合墙是指一面墙中不同高度下有多种材质的墙体。从墙体类型中选择一个“常规 -200”类型，点击“编辑类型”复制创建一个新的墙体类型，点击“结构”对应按钮，弹出“编辑部件”对话框，点击“插入”按钮，添加构造层，并为其指定功能、材质、厚度，点击“预览”可查看创建的墙体（图 6.2-1）。

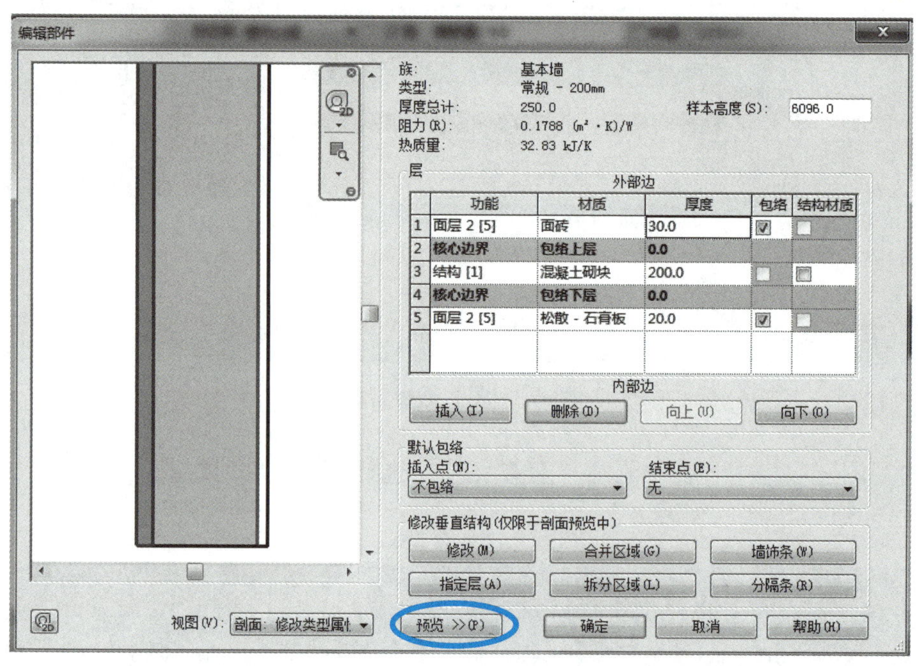

图 6.2-1　墙体创建

点击“修改垂直结构”面板中的“拆分区域”，放置在面层上会有一条高亮显示的预览拆分线。放置好高度后单击鼠标左键，在“编辑部件”对话框中再次插入新建面层 2，修改面层材质，厚度设置为“0”；选中新建的面层，然后点击“指定层”，在视图中点击拆分后某一段面层，选中的面层蓝色显示，点击“修改”将新建的面层指定给拆分后的面层，通过墙体拆分工具可以实现一面墙不同高度不同材质的要求（图 6.2-2）。

在平面绘制一段 6000mm 的墙体，点击三维视图，查看拆分后的墙体效果（图 6.2-3）。

2. 叠层墙

叠层墙是指由若干个不同基本墙相互堆叠在一起组成的墙体，可以在不同的高度定义不同的墙厚、复合层和材质。

在“建筑”选项卡中选择“墙：建筑”，点击“属性”菜单中“类型属性”，弹出“编辑部件”对话框；在“族”类型选择叠层墙，点击结构对应的“编辑”按钮，弹出编辑部件对话框；在“类型”面板中，可以选择子墙的类型，设置子墙的高度（图 6.2-4）。

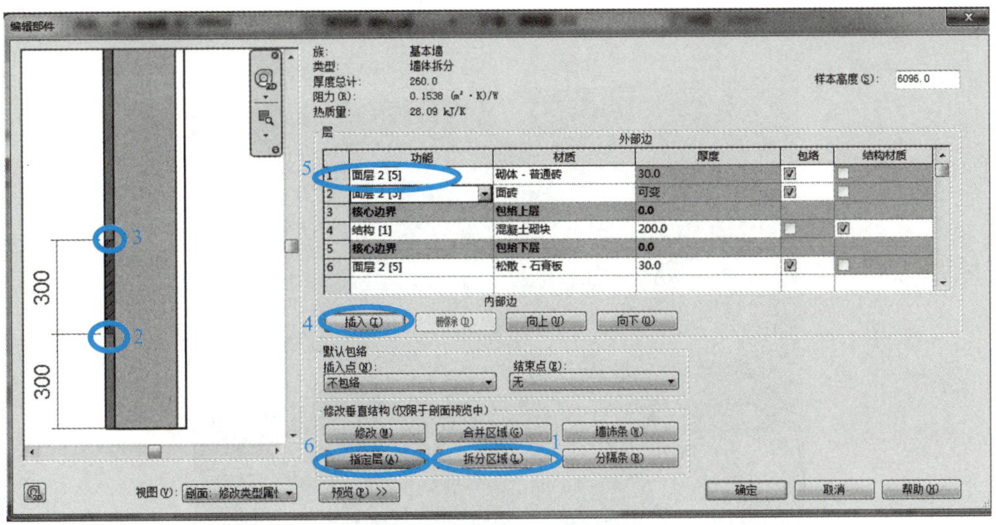

图 6.2–2　拆分面设置

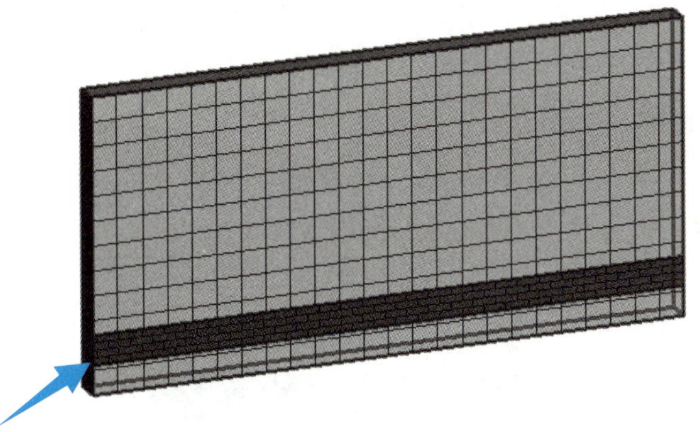

图 6.2–3　复合墙体三维效果

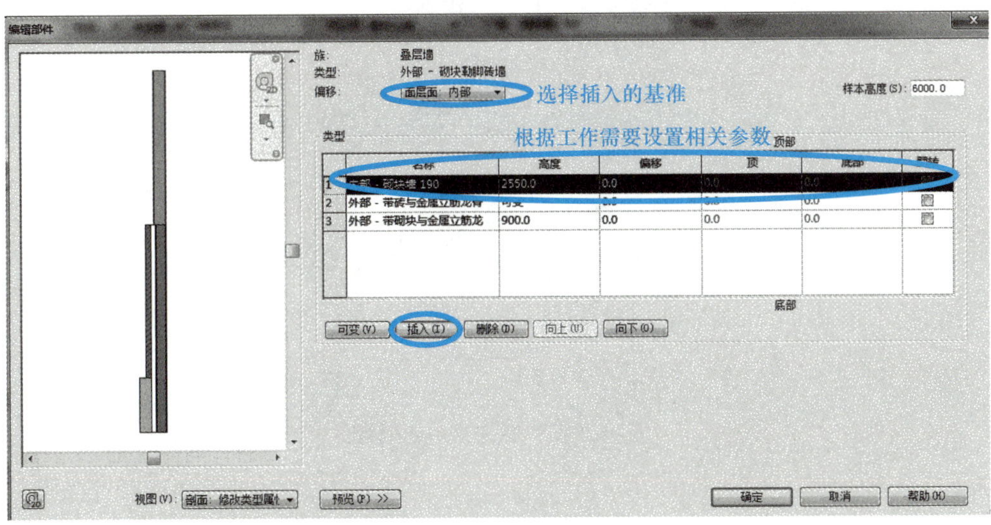

图 6.2–4　叠层墙设置

绘制一段墙体，点击三维视图，查看叠层墙示意图（图 6.2–5）。

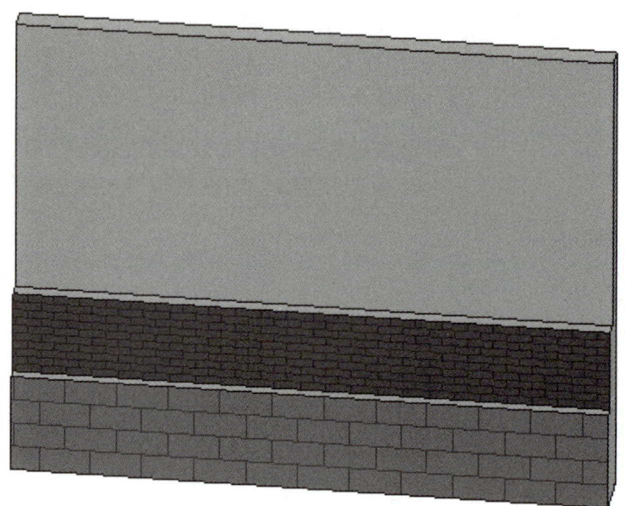

图 6.2–5　叠层墙示意图

6. 2. 2　放置墙饰条、分隔缝

在已经绘制好的墙体，点击“建筑”选项卡中“墙”下拉菜单“墙：饰条”，即可在三维视图或立面视图中为墙添加饰条或分隔缝（图 6.2–6）。

放置时在“放置”面板选择墙饰条的方向“水平”或“垂直”，点击墙体可以完成墙饰条或墙分隔缝的创建（图 6.2–7）。

图 6.2–6　墙饰条 / 分隔缝

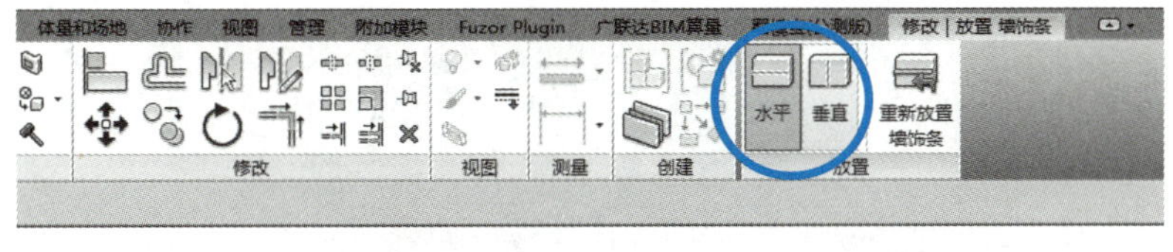

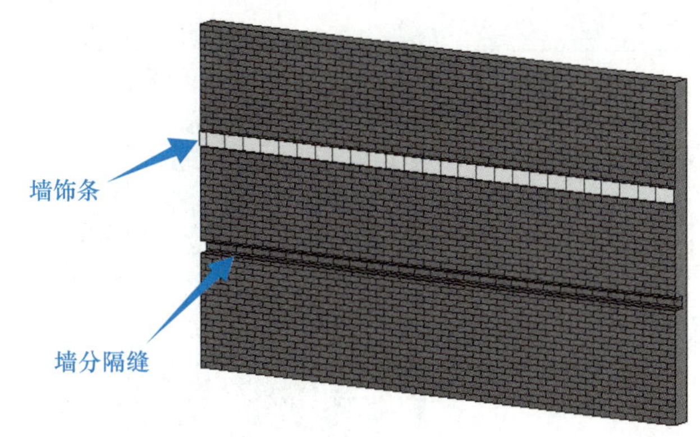

图 6.2–7　墙饰条 / 分隔缝示意图

6. 3　屋顶创建

屋顶是房屋最上层起覆盖作用的围护结构，是建筑的重要组成部分。根据屋顶排水、坡度的不同，常见的有平屋顶、坡屋顶两大类。在 Revit 中提供了迹线屋顶、拉伸屋顶、面屋顶等创建屋顶的方法以及屋顶构造的创建（图 6.3–1）。

屋顶创建

6. 3. 1　迹线屋顶的创建

1. 屋顶定义

迹线屋顶的创建方法与楼板创建方法相一致，是通过绘制屋顶的各条边界线，为各边界线定义坡度的过程。以案例工程屋顶为例，讲述迹线屋顶的创建。打开案例模型，切换到屋顶楼层平面图，创建“不上人屋面”。点击“建筑”选项卡→“构件”面板→“屋顶”→“迹线屋顶”，在“属性”面板中点击“编辑类型”，弹出“类型属性”对话框，“类型”选择“保温屋顶 – 混凝土”，点击“复制”，在弹出的“名称”对话框中将其重命名为“不上人屋面”（图 6.3–2）。

点击“结构”一栏中的“编辑”，弹出“编辑部件”菜单，将“结构［1］”厚度修改为“120”，将“衬底［2］”厚度修改为“30”；点击下方“插入”，插入“衬底［2］”，进行水泥砂浆找平层的创建。点击向上将其移动至核心边界上，点击材质按钮，选择“水泥砂浆”，厚度修改为“20”，删除原有属性中的“涂膜层”“保温层 / 空气”“面层 1［4］”，重新点击下方插入“保温层 / 空气”“面层 1［4］”“面层 2［5］”，将“保温层 / 空气”材质修改为“隔热层 / 保温层 – 空心填充”，厚度修改为“120”；将“面层 1［4］”材质修改为“水泥砂浆”，厚度修改为 20；将“面层 1［4］”，材质修改为“屋顶材料 – 油毡”，厚度设置为“6”；将“面层 2［5］”材质修改为“混凝土 – 现场浇筑混凝土”，厚度设置为“40”；完成案例中平屋顶的创建（图 6.3–3）。

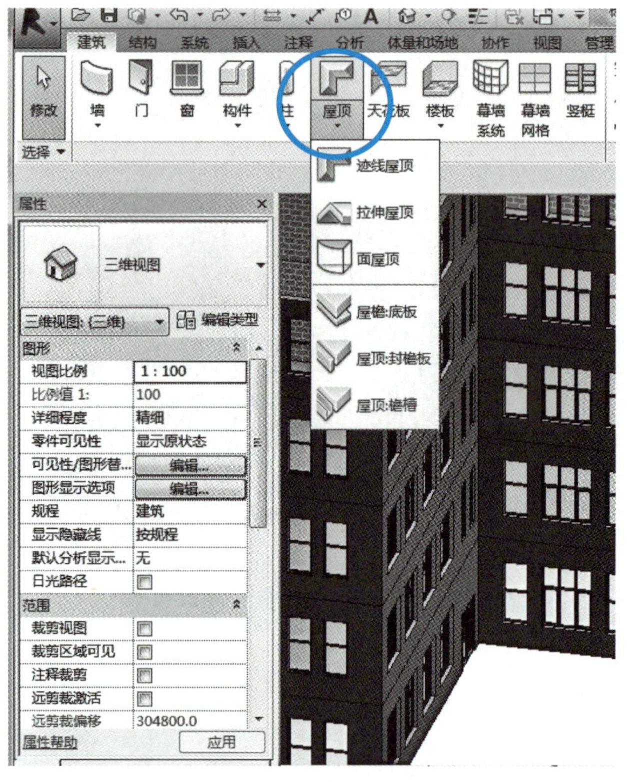

图 6.3-1　屋顶工具

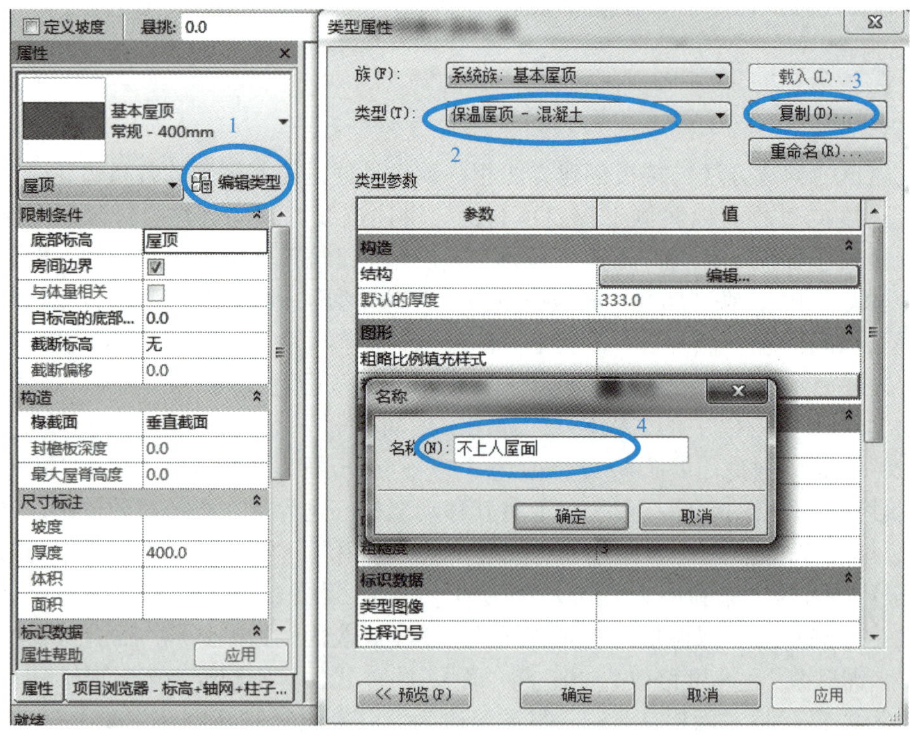

图 6.3-2　不上人屋面创建

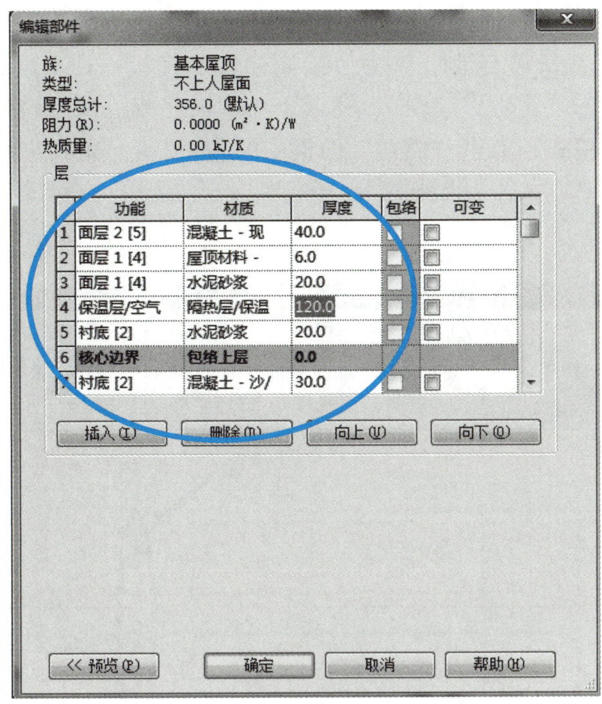

图 6.3–3　屋顶构造定义

2. 迹线屋顶的绘制

选择“绘制”面板中绘制模式为“边界线”，绘制方式为“拾取墙”，不勾选选项栏中的“定义坡度”（注意：当勾选定义坡度后，设置坡度比例或坡度角，即可创建坡屋顶），修改“悬挑”为 0，勾选“延伸到墙中”选项（图 6.3–4）。

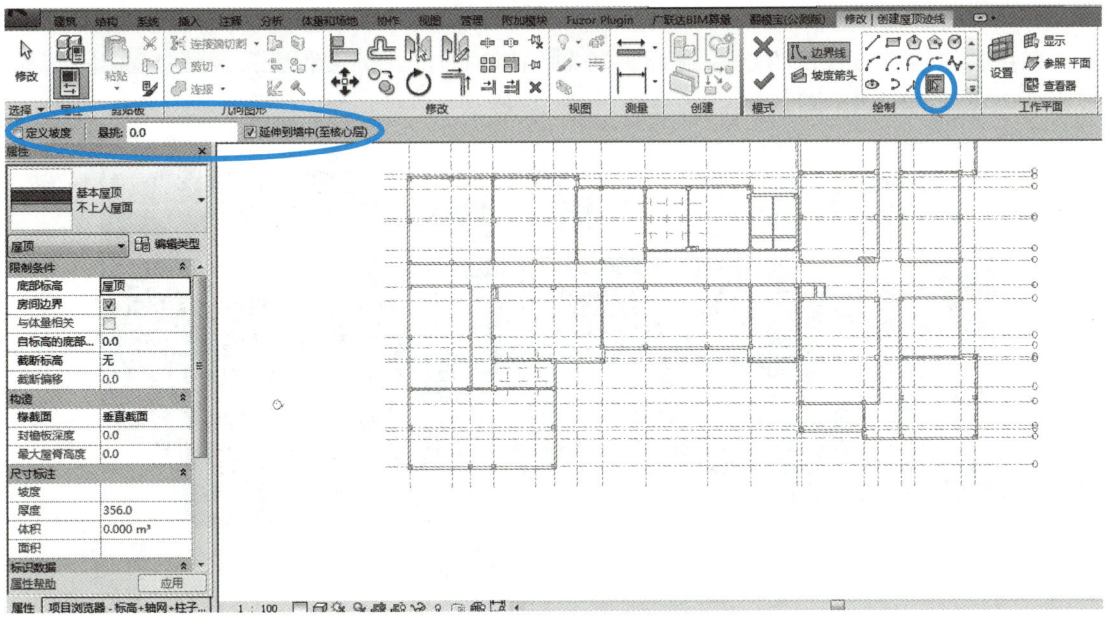

图 6.3–4　绘制方式

依次点击模型中墙体内边界线位置，将沿着墙核心层边界生成屋顶轮廓边界线。在13 轴位置处选择“直线”绘制（注意：绘制屋顶与楼板一样，生成的边界线必须是闭合的轮廓线，否则无法创建生成屋顶），完成 1～13 轴左侧屋顶边界线创建。按“Esc”键两次退出绘制边界线模式，点击“模式”面板中的按钮，完成左侧屋顶的绘制（注意：如果墙体在多坡屋面下方，需要墙和屋顶连接时，可以选择“修改墙”面板中的“附着顶部 / 底部”）（图 6.3–5）。

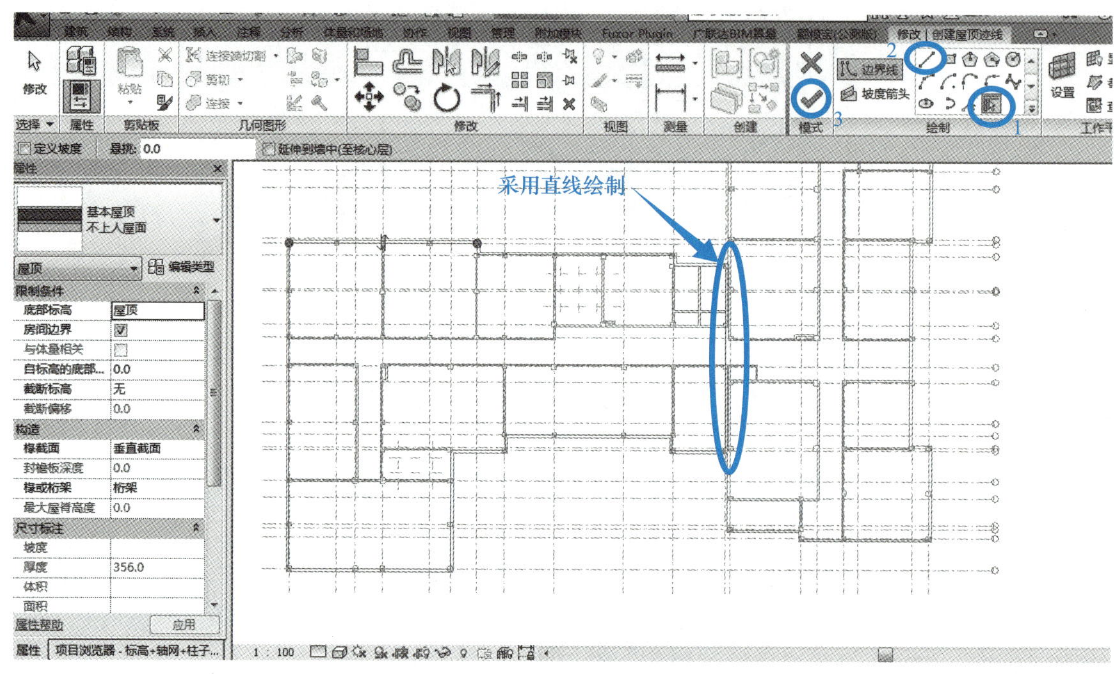

图 6.3–5　1～13 轴屋顶绘制

采用拾取墙和直线的方法绘制 14～20 轴的屋顶，绘制时要保证边界线连续闭合，完成案例中屋顶的创建（图 6.3–6）。

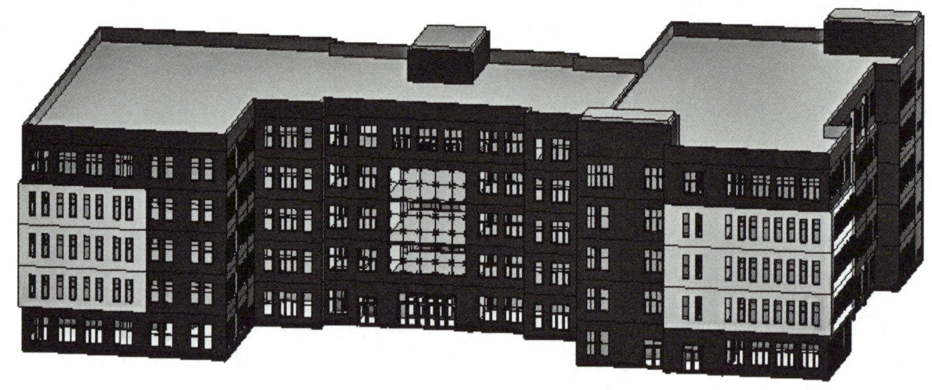

图 6.3–6　屋顶效果图

6.3.2　拉伸屋顶

拉伸屋顶主要通过在立面上绘制拉伸形状，按照拉伸形状在平面上拉伸而形成。拉伸屋顶的轮廓是不能在楼层平面上绘制的。

点击“建筑”选项卡→“构建”面板→“屋顶”“拉伸屋顶”命令，如果初始视图是平面，则选择“拉伸屋顶”后，会弹出“工作平面”对话框。拾取平面中的一条直线，则软件自动跳转至“转到视图”界面，在平面中选择不同的线，软件弹出的“转到视图”中的选择立面是不同的。如果选择水平直线，则跳转至“南、北”立面；如果选择垂直线，则跳转至“东、西”立面；如果选择斜线，则跳转至“东、西、南、北”立面，同时三维视图均可跳转（图 6.3–7）。

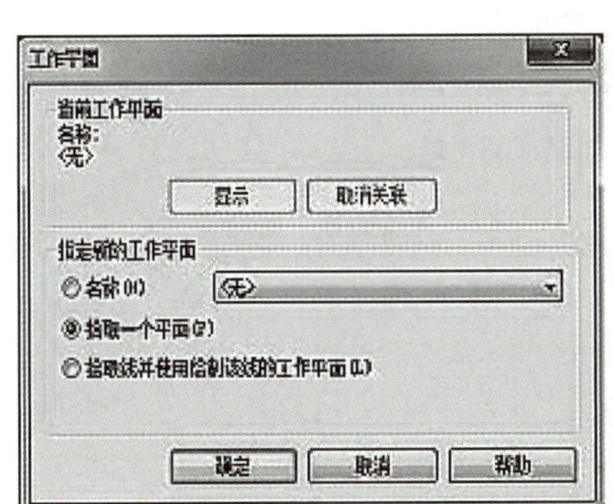

图 6.3–7　拉伸屋顶设置

选择完立面视图后，软件弹出“屋顶参照标高和偏移”对话框，在弹出的对话框中设置屋顶的参照标高及参照标高的偏移值（图 6.3–8）。

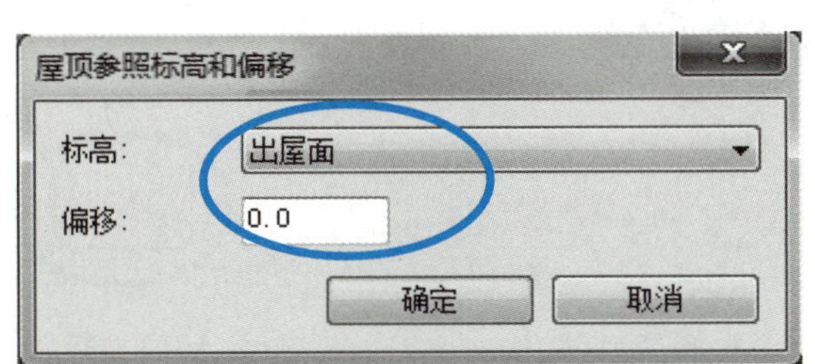

图 6.3–8　设置屋顶参照标高和偏移

可以在立面或三维视图中绘制屋顶拉伸截面线，无须闭合，绘制任意形状的屋顶线后，需在“属性”框中设置“拉伸起点 / 终点”（注意：设置的“起点 / 终点”均以选取的“工作平面”为拉伸参照），同时可以在“编辑类型”设置屋顶的构造、材质、厚度、填充样式等类型属性，点击✔完成拉伸屋顶的创建（图 6.3–9）。

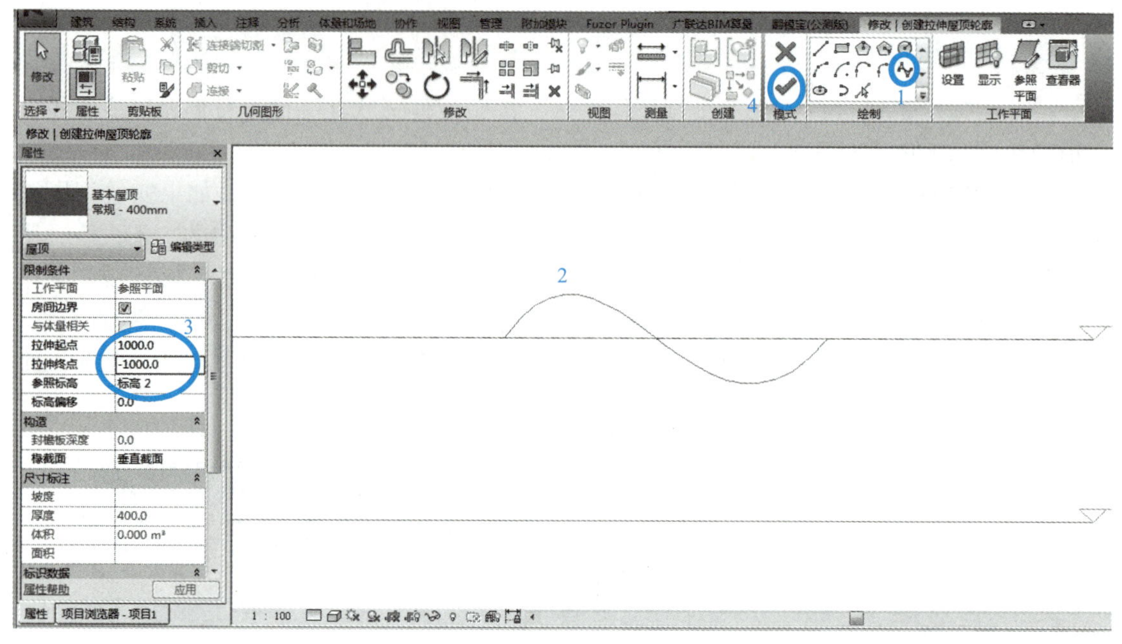

图 6.3–9　拉伸屋顶的创建

点击快速访问工具栏中的三维按钮，可以查看绘制好的拉伸屋顶（图 6.3–10）。点击楼层平面视图中，可以看到绘制时设定的拉伸距离（图 6.3–11）。

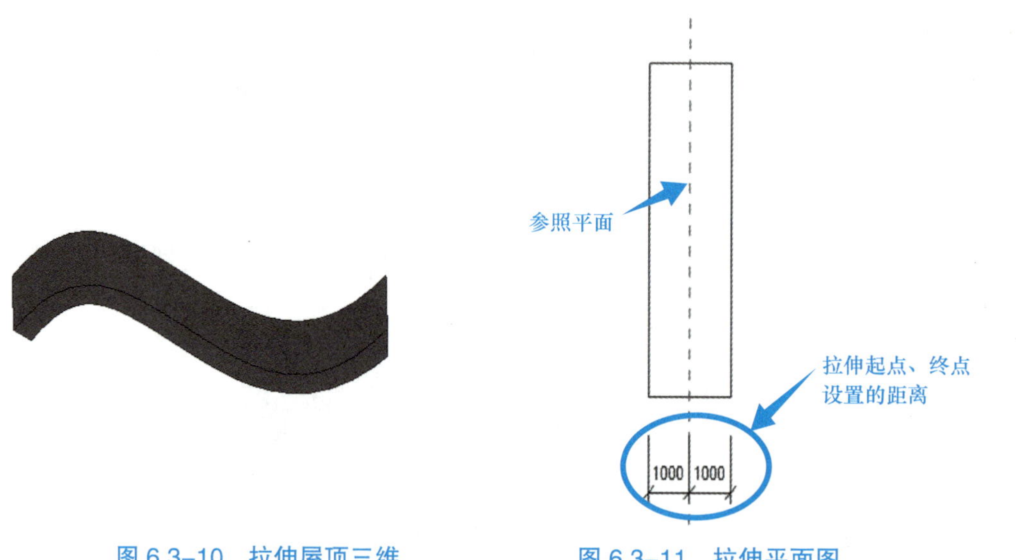

图 6.3–10　拉伸屋顶三维　　图 6.3–11　拉伸平面图

6.4　栏杆、扶手创建

栏杆、扶手创建

栏杆扶手是设置在楼梯段及平台临空边缘的安全保护构件，保证人们在楼梯处的通行安全。栏杆扶手必须坚固牢靠，并有足够的安全高度。扶手是设在栏杆顶部，供人们上下楼梯扶用的连续配件。

Revit 中扶手由两部分组成，即栏杆与扶手。在创建扶手前，需要在扶手类型属性对话框中定义扶手结构与栏杆类型，栏杆扶手除了可以自动生成以外，还可以单独绘制，点击“建筑”选项卡→“楼梯坡道”面板→“扶手栏杆”下拉列表“绘制路径 / 放置在主体上”，其中放置在主体上主要用于坡道或楼梯上的绘制（图 6.4–1）。

图 6.4–1　栏杆扶手菜单

6. 4. 1　栏杆、扶手创建

1. “绘制路径”方式

“绘制路径”方式，绘制的路径必须是一条单一且连接的草图，如果要将栏杆扶手分成几部分，需要分别创建两个或多个单独栏杆扶手，在楼梯梯段与平台处的栏杆要分开绘制，绘制完路径后点击✔（图 6.4–2）。

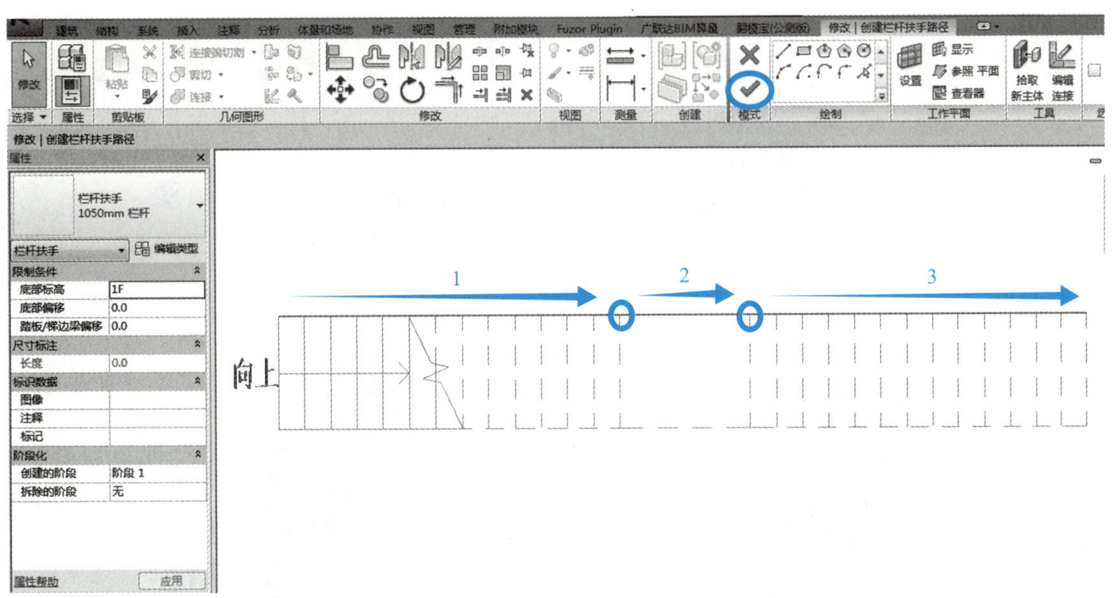

图 6.4–2　绘制路径

对于绘制完的栏杆路径，需要点击“修改 1 栏杆扶手”上下文选项卡“工具”面板“拾取新主体”，才能使栏杆落在主体上（图 6.4–3）。

2. 放置在主体方式

点击“楼梯坡道”面板→“扶手栏杆”下拉列表→“放置在主体上”，在“修改 | 创建主体上的栏杆扶手位置”选项卡中“位置”面板选择放置位置，点击楼梯主体，完成栏

杆扶手的放置（图 6.4–4）。

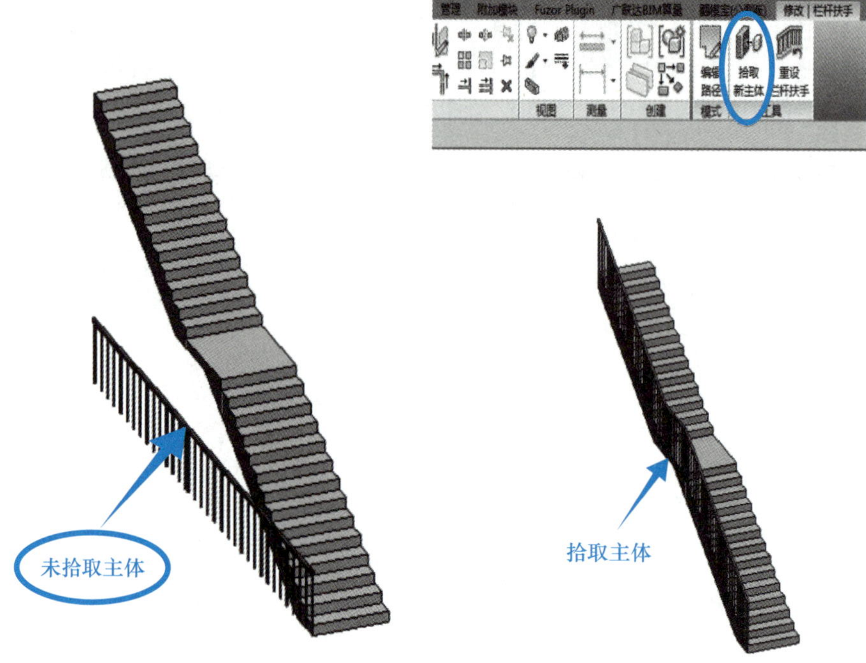

图 6.4–3　栏杆路径

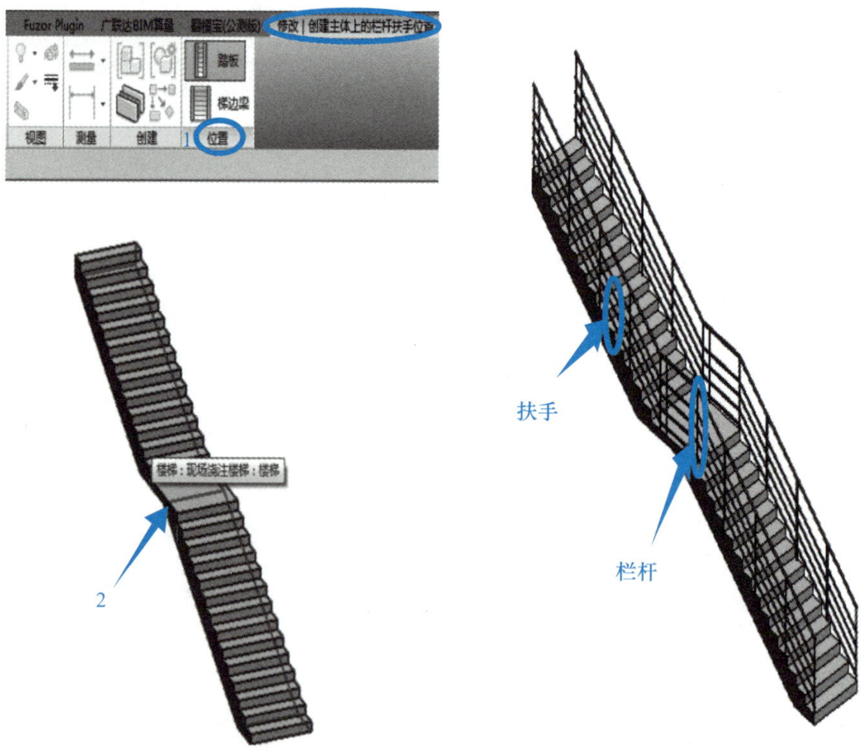

图 6.4–4　放置在主体栏杆绘制

6.4.2　栏杆扶手编辑

选中绘制的栏杆，在“属性”栏下拉列表中可选择其他扶手替换，如果没有所需的栏杆，可通过“载入族”方式载入。选择扶手后，点击“属性”对话框中“编辑类型”，弹出“类型属性”对话框（图 6.4–5）。

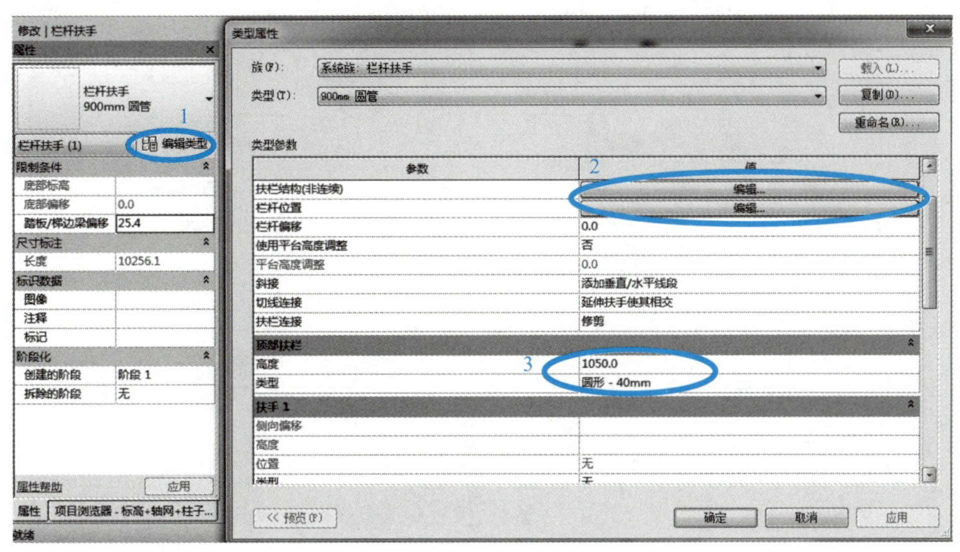

图 6.4–5　栏杆扶手编辑

点击扶栏结构的“编辑”按钮，弹出“编辑扶手”对话框，可插入新的扶手；“轮廓”可通过载入“轮廓族”载入选择。在此对话框中，能为每个扶手指定的属性有高度、偏移、轮廓和材质，如果需要另外创建扶手，可以点击“插入”，点击“向上”或“向下”调整扶手位置，设置完成后点击“确定”（图 6.4–6）。

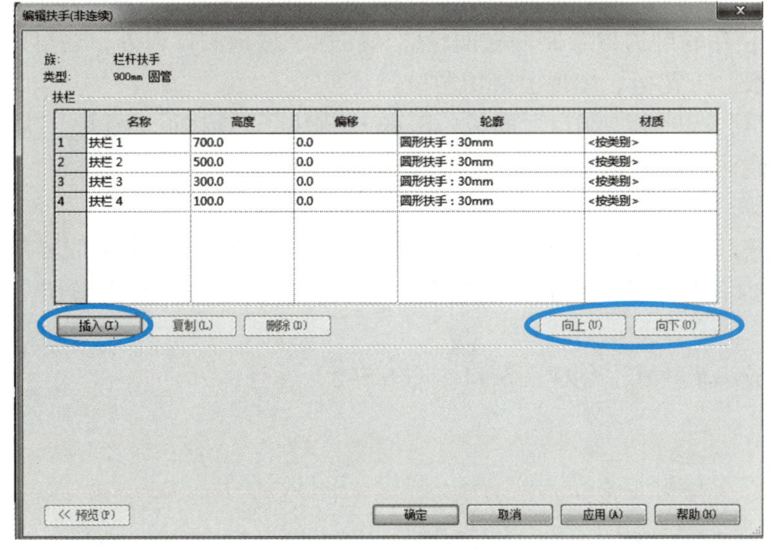

	名称	高度	偏移	轮廓	材质
1	扶栏 1	700.0	0.0	圆形扶手 : 30mm	<按类别>
2	扶栏 2	500.0	0.0	圆形扶手 : 30mm	<按类别>
3	扶栏 3	300.0	0.0	圆形扶手 : 30mm	<按类别>
4	扶栏 4	100.0	0.0	圆形扶手 : 30mm	<按类别>

图 6.4–6　编辑扶手

点击栏杆位置“编辑”按钮，打开“编辑栏杆位置”对话框，可编辑“栏杆族”的相对位置、偏移等参数，以及相邻两个栏杆的距离（图 6.4–7）。

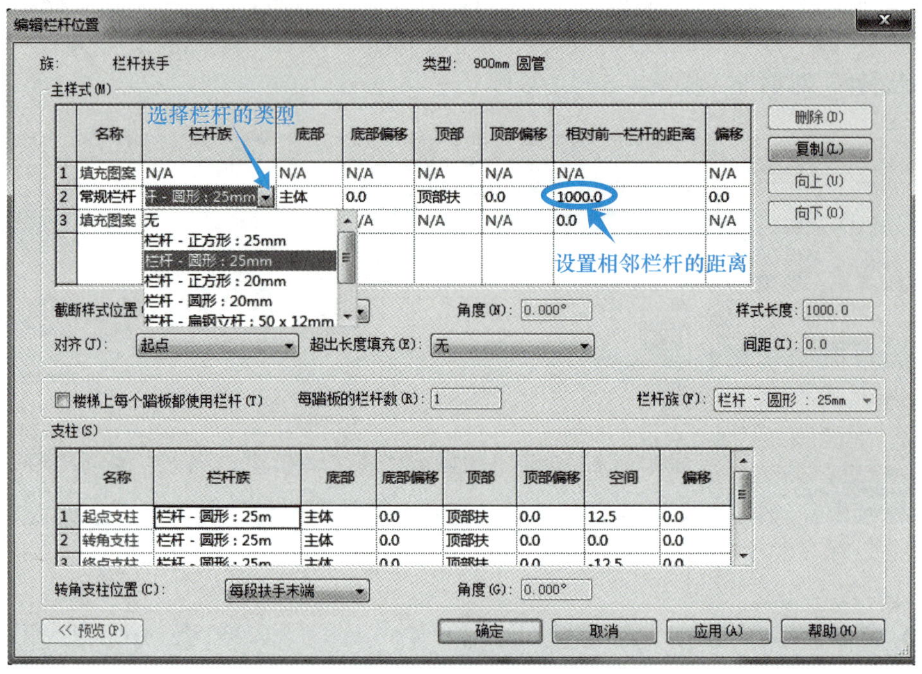

图 6.4–7　编辑栏杆属性

6.5　其他构件创建

洞口绘制

6.5.1　绘制洞口

Revit 中除使用轮廓边界绘制墙立面轮廓、屋顶、楼板洞口以外，还可以使用“洞口”工具在墙、楼板、天花板、屋顶上剪切洞口。

点击“建筑”选项卡“洞口”面板，Revit 中提供了“按面”“竖井”“墙”“垂直”“老虎窗”五种创建洞口的方法。

1. 创建面洞口

点击“建筑”选项卡“洞口”面板中“按面洞口”命令，点击拾取屋顶、楼板、天花板的某一面，进入草图绘制模式，绘制洞口形状，于该面进行垂直剪切，完成洞口创建（图 6.5–1）。

点击“完成编辑模式”创建面洞口（图 6.5–2）。

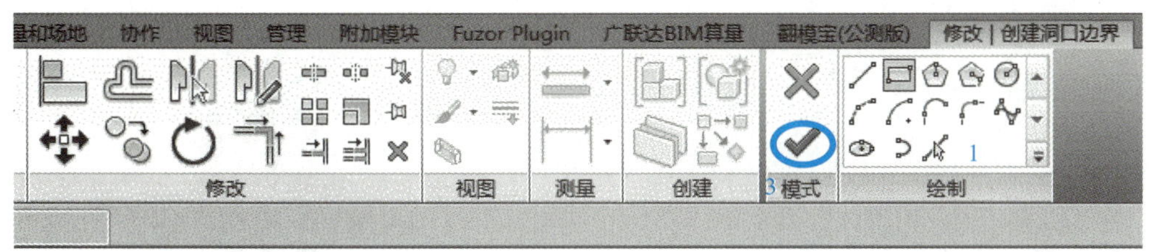

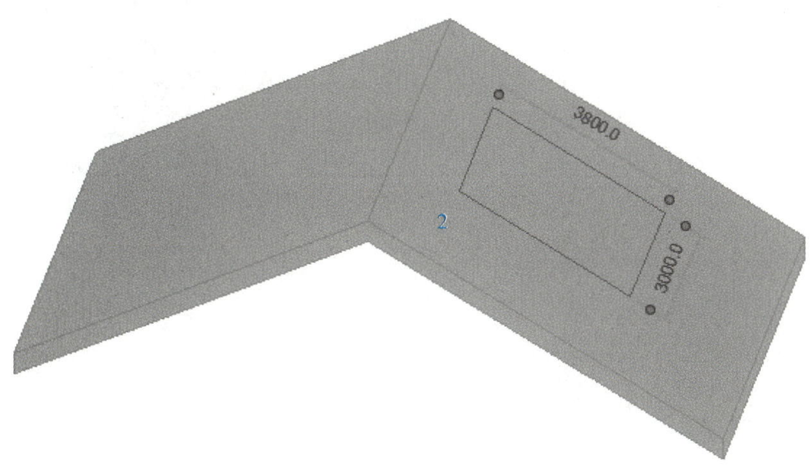

图 6.5–1　面洞口创建

图 6.5–2　创建的面洞口

2. 创建竖井洞口

点击“洞口”面板“竖井洞口”，进入草图绘制轮廓模式。在属性选项卡中设置顶底偏移值及洞口的裁切高度，也可在立面、三维视图中选择竖井洞口，利用上下箭头调节洞口裁切高度，然后在平面视图绘制洞口形状，点击“完成编辑模式”创建竖井洞口（图 6.5–3）。

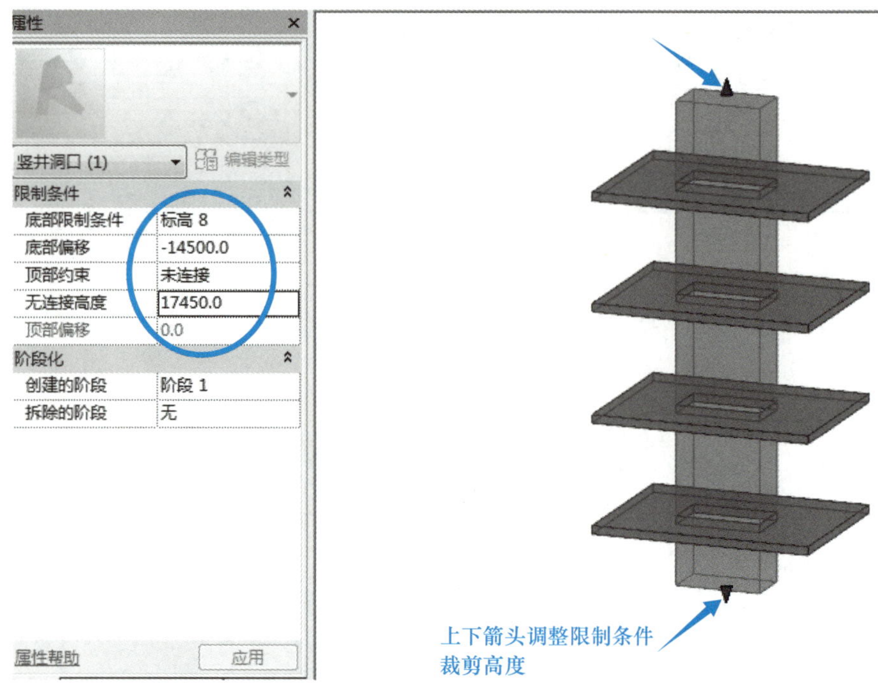

图 6.5–3 竖井洞口创建

3. 创建墙洞口

点击“墙洞口”可以在直墙或曲面墙中剪切一个矩形洞口，可以通过拖曳控制箭头修改洞口的尺寸和位置，完成墙洞口创建（图 6.5–4）。

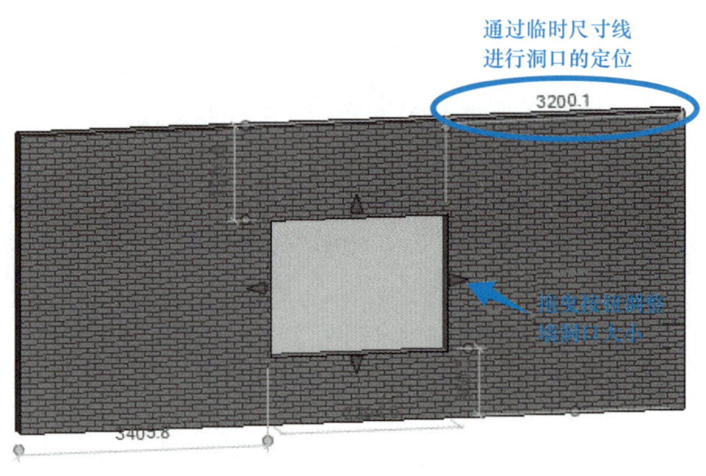

图 6.5–4 墙洞口创建

4. 垂直洞口

点击“垂直洞口”，拾取屋顶、楼板或天花板，进入草图绘制模式，绘制洞口形状，点击“完成编辑模式”完成洞口创建（注意：垂直洞口和面洞口区别在于，垂直洞口的侧壁是垂直于水平面的，面洞口的侧壁是垂直于所属面的）（图 6.5–5）。

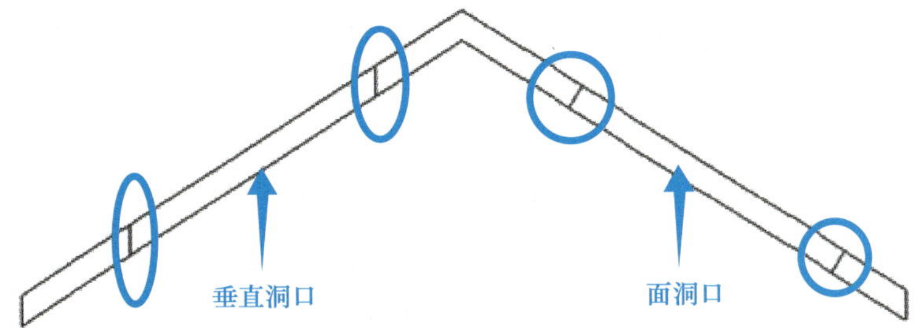

图 6.5–5　垂直洞口

5. 老虎窗洞口

老虎窗洞口

选择“建筑”选项卡“墙”功能“常规 200mm”墙，在屋顶上绘制老虎窗所需的三面墙体，用来创建老虎窗上的双坡屋顶（图 6.5–6）。

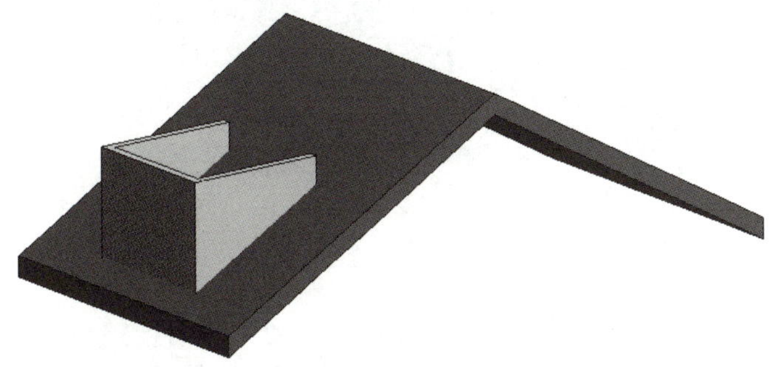

图 6.5–6　绘制墙体

在平面视图中选择“建筑”选项卡“屋顶”中属性为“常规 125mm 屋顶”，设置“悬挑”为“400”，定义双坡坡度为 30°，点击“完成编辑”创建老虎窗双坡屋顶（图 6.5–7）。

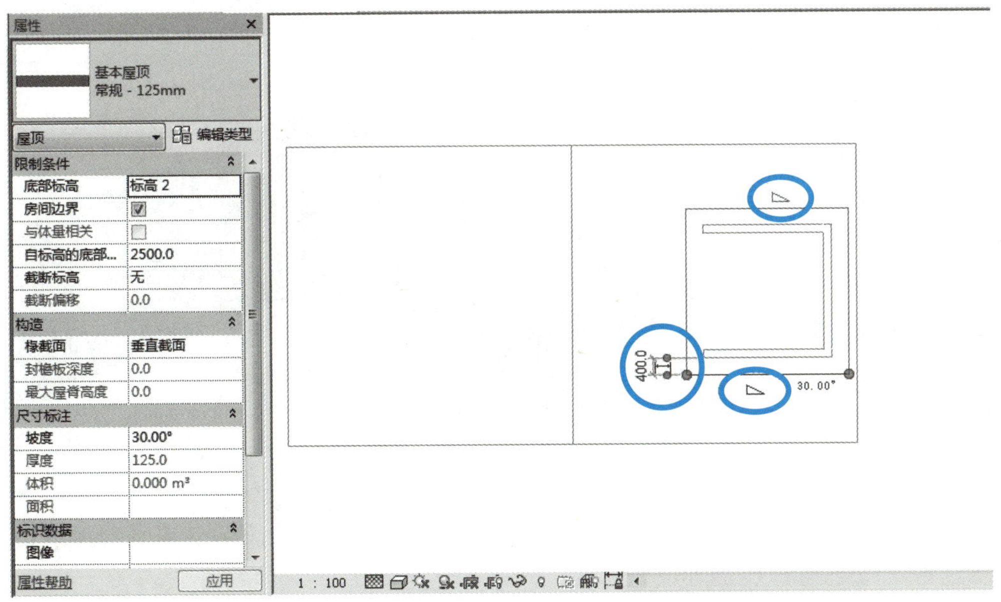

图 6.5–7　老虎窗双坡屋顶

点击墙体，在“修改墙”面板下选择“附着顶部/底部”，将三面墙体附着在屋顶之下，完成墙体附着（图 6.5–8）。

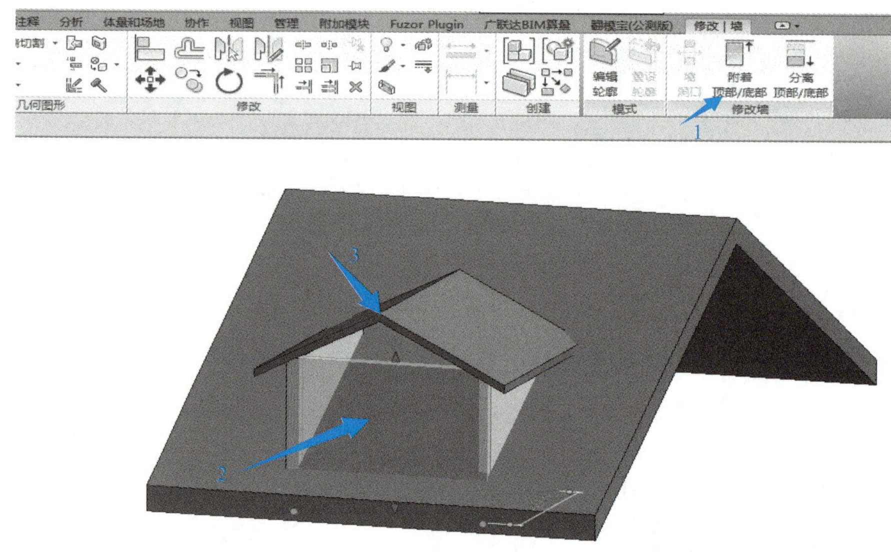

图 6.5–8　墙体附着

点击“修改”选项卡“几何图形”面板上“连接/取消连接屋顶 ”按钮，点击双坡屋顶端点需连接的一条边，在坡屋面屋顶上选择要连接的面，将老虎窗屋顶与主屋顶进行连接处理（图 6.5–9）。

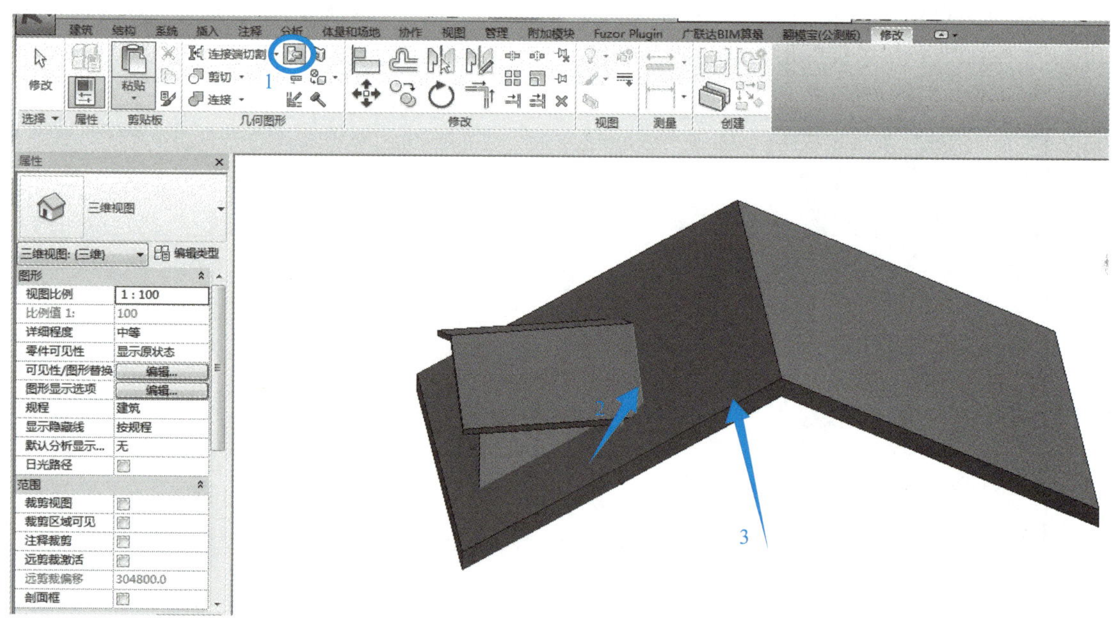

图 6.5–9　连接屋顶

点击“老虎窗洞口”命令，拾取主屋面屋顶，进入“拾取边界”模式，选择老虎窗屋顶底面、墙内侧面等边界，完成老虎窗边界拾取（图 6.5–10）。

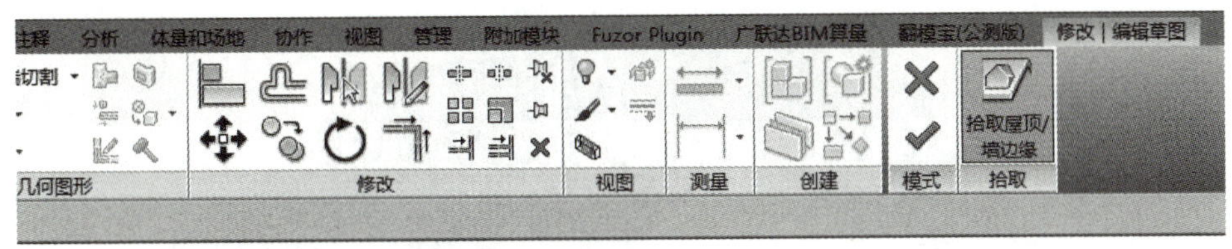

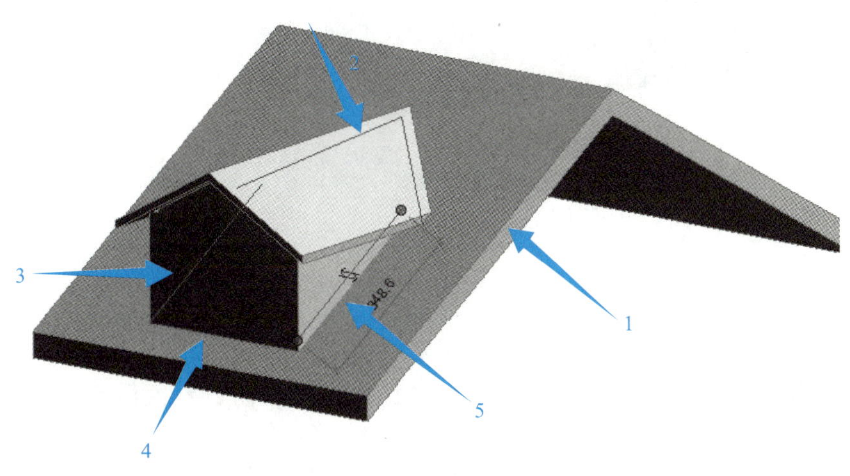

图 6.5–10　老虎窗洞口边界拾取

将拾取的老虎窗洞口边界线通过点击“修改”面板中“延伸 / 修剪”工具进行修剪，形成闭合的洞口边界线，点击“✔”完成老虎窗洞口的剪切（图 6.5–11）。

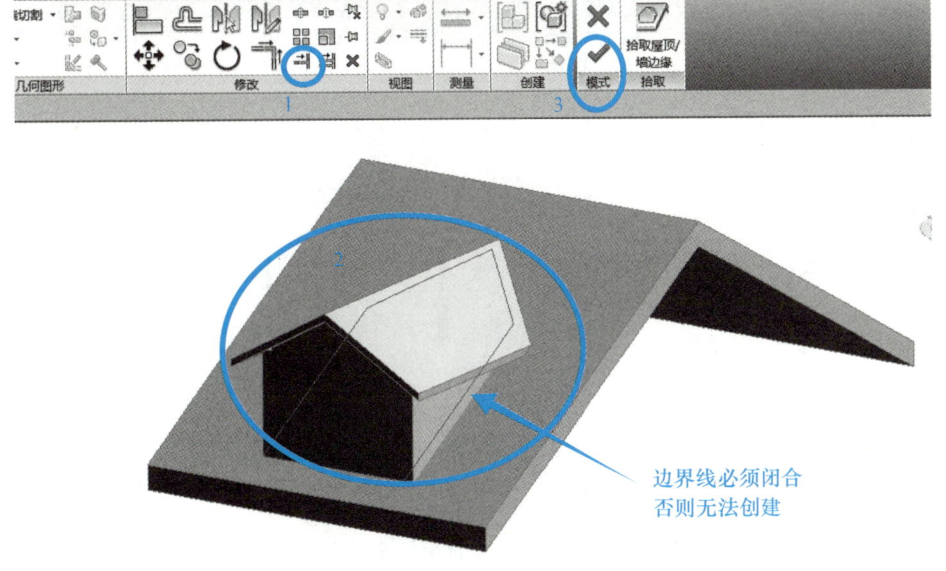

图 6.5–11　边界线修改

在三维视图中查看剪切后的老虎窗洞口（图 6.5–12）。

图 6.5–12　老虎窗洞口创建

6.5.2　台阶、坡道创建

1. 台阶创建

其他构件绘制

台阶在 Revit 中是通过添加轮廓族来创建的，通过点击“楼板”面板工具中“楼板边缘”载入对应的台阶轮廓族来创建台阶，本次以案例中的 9～11 轴台阶为例讲解台阶的创建。

点击“建筑”选项卡“工作平面”面板中“参照线”绘制台阶 450 厚面板的定位线，距离 9 轴、11 轴距离 450mm（图 6.5–13）。

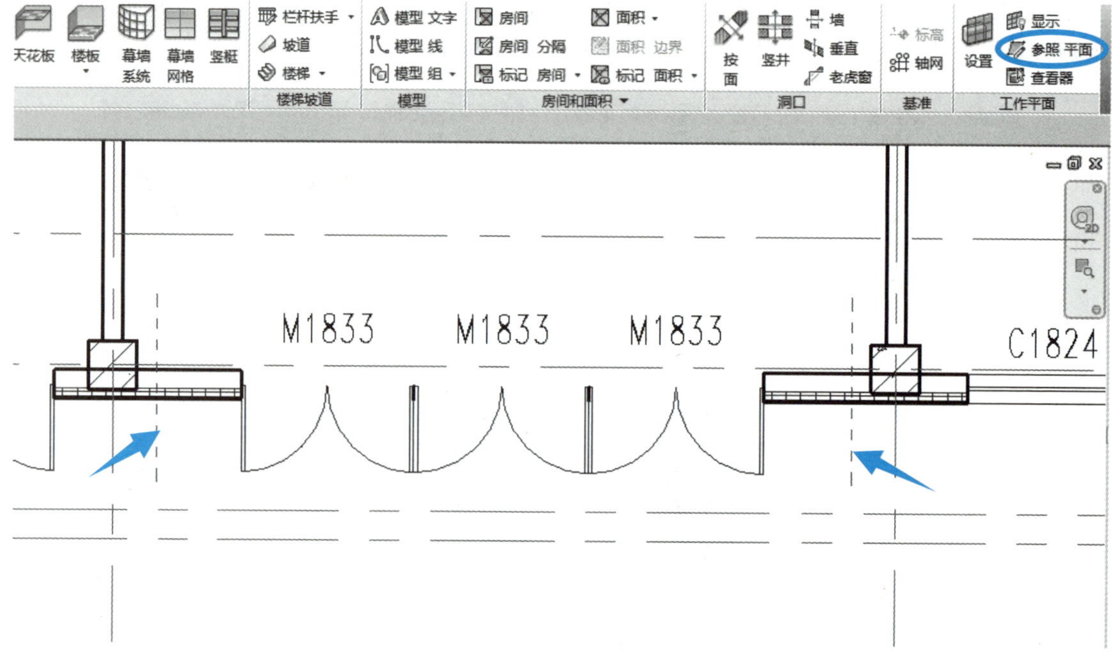

图 6.5–13　台阶面板定位线

点击“建筑”选项卡“楼板－建筑”。在“属性”面板中创建“常规 -450mm”，绘制宽度为“3000”，绘制完楼板边界后点击面板中的“完成楼板编辑✔”按钮，完成台阶面板绘制（图 6.5–14）。

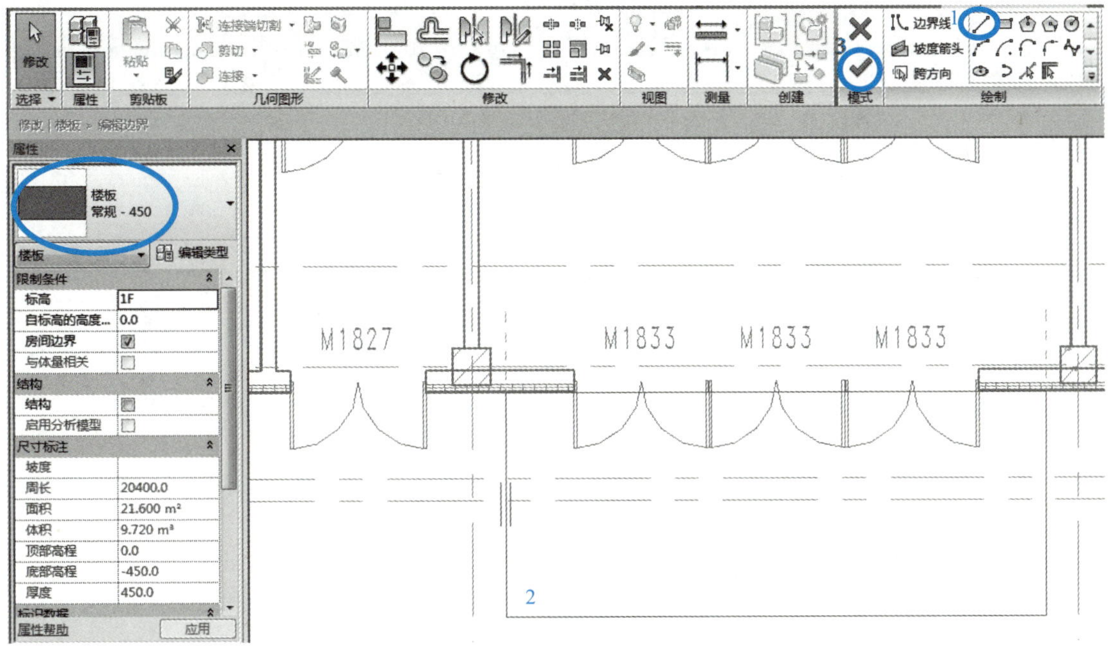

图 6.5–14　台阶面板绘制

创建台阶轮廓族。点击“应用程序菜单”按钮，选择“新建－族”命令，弹出“新族—选择样板文件”对话框，在对话框中选择“公制轮廓 .rft”族样板文件，点击“打开”按钮进入轮廓族编辑模式（图 6.5–15）。

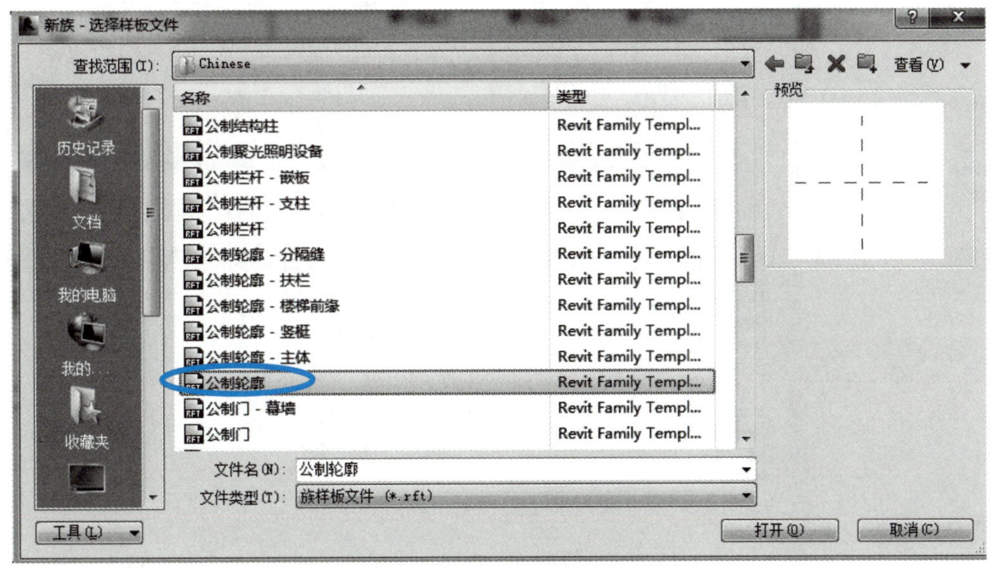

图 6.5–15　公制轮廓图

在“创建”选项卡中选择“直线”绘制，在绘制面板选择“直线”绘制台阶轮廓，点击“载入到项目”，即可在项目中载入绘制的台阶轮廓族（图 6.5–16）。

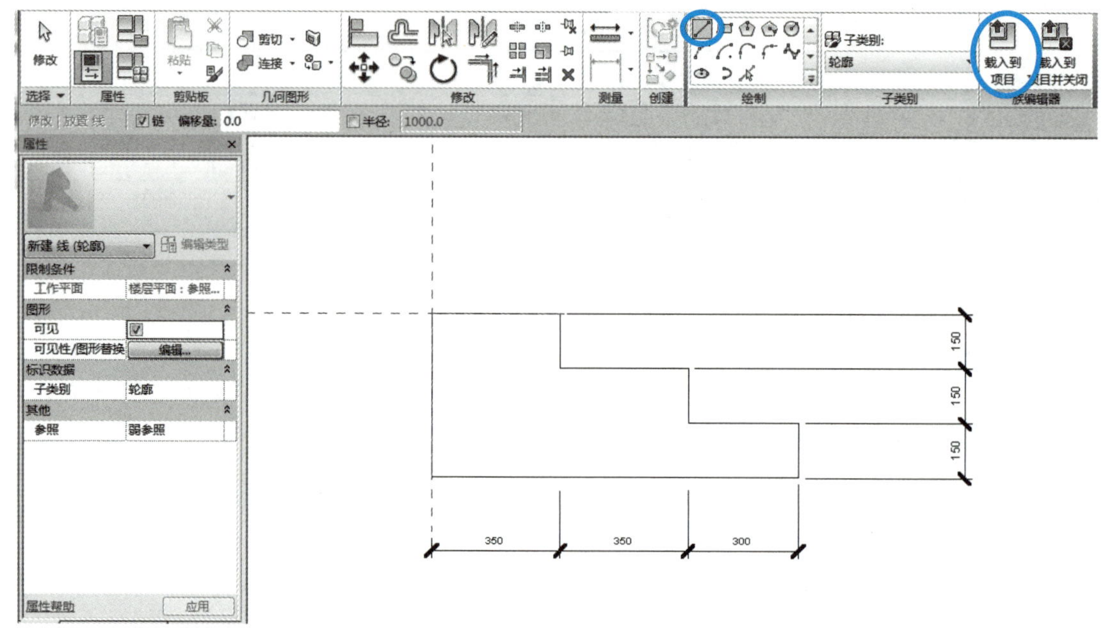

图 6.5–16　台阶轮廓族绘制

点击“建筑”选项卡“楼板”。选择“楼板－楼板边”，在“属性”对话框中点击“类型属性”，在弹出的“类型属性”对话框中“构造－轮廓”选择“族 1”（刚刚创建的台阶族），可以在“材质”一栏中为创建的台阶设置材质，完成台阶族的设置（图 6.5–17）。

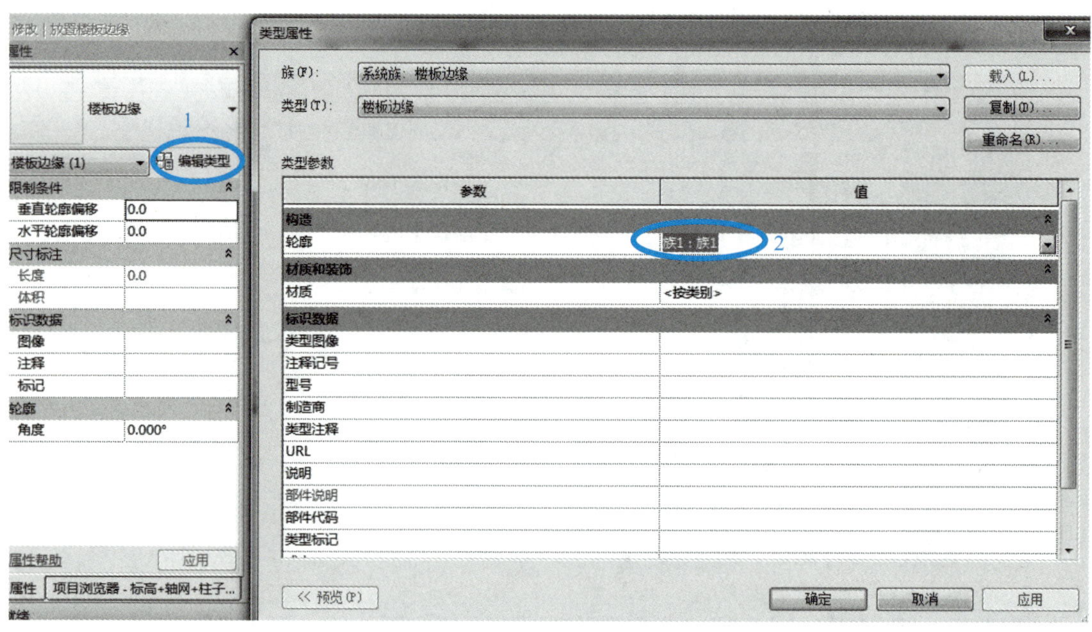

图 6.5–17　台阶族的设定

点击台阶面板边线，Revit 自动识别板边，完成台阶的创建（图 6.5–18）。点击“快速访问工具栏”中“默认三维视图画”按钮查看绘制的台阶（图 6.5–19）。

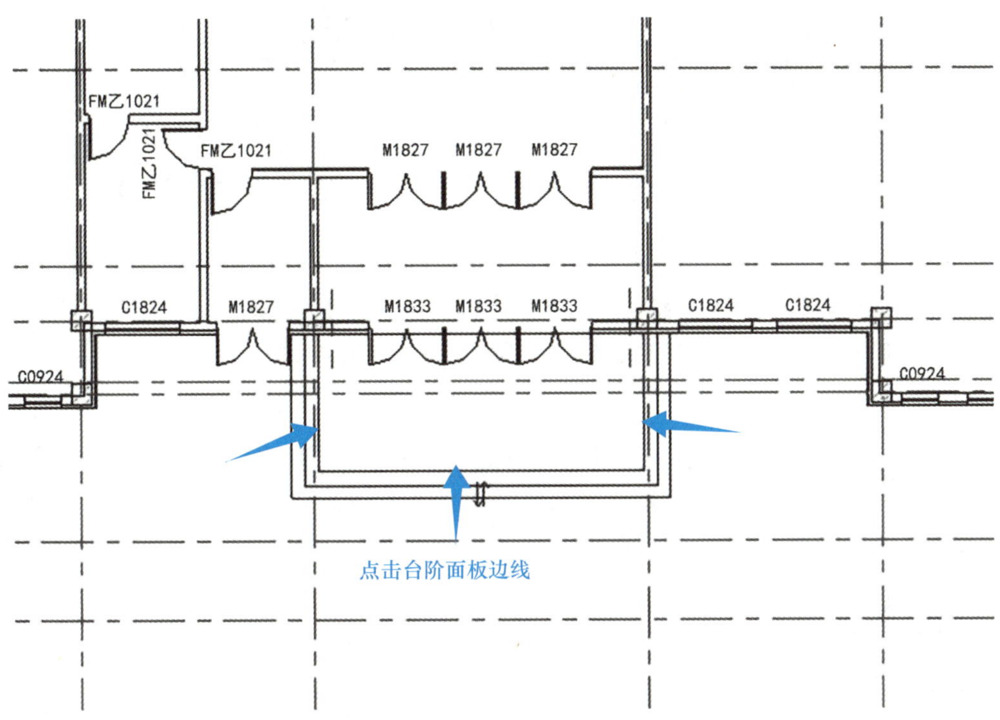

图 6.5–18　台阶创建

图 6.5–19　台阶三维显示

2. 坡道创建

点击“建筑”选项卡中“楼梯坡道”面板“坡道”命令，则在弹出的“修改 | 创建

坡道草图”选项卡中，和楼梯一样，通过“梯段”“边界”“踢面”三种方式创建坡道（图 6.5–20）。

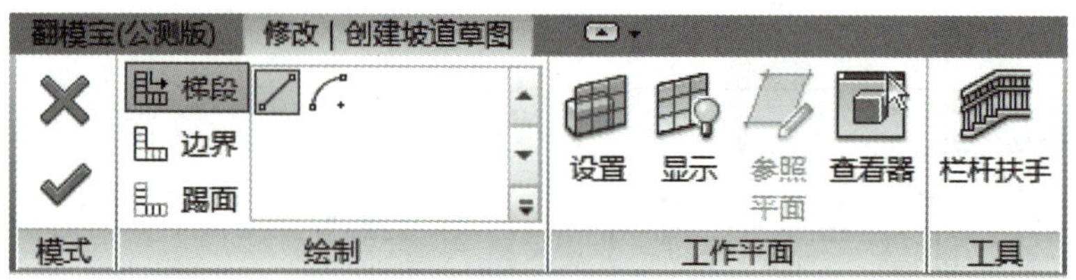

图 6.5–20　坡道面板

坡道的绘制与楼梯绘制基本一致。需要注意的是，坡道的类型属性中有一个“坡道最大坡度（1/×）”参数，最大坡度限制数值为坡面垂直高度与水平宽度之比，又为边坡系数（图 6.5–21）。

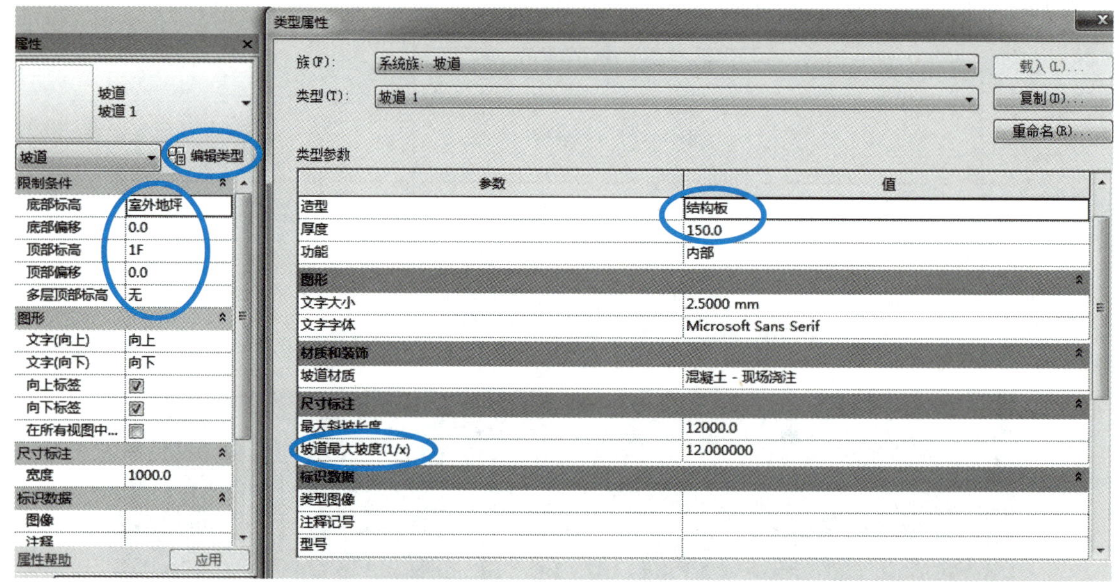

图 6.5–21　坡道属性设置

在“属性”对话框中可以设置坡道的“底部 / 顶部标高与偏移”以及坡道的宽度；在“类型属性”设置最大斜坡长度与坡度；在“修改”的“工具”面板选择“栏杆扶手”可以为坡道设置栏杆扶手。

选择绘制坡道的方式，绘制坡道，点击“完成编辑模式”即可绘制坡道（图 6.5–22）。点击三维视图，查看绘制好的坡道，点击坡道可以重新对其进行参数的修改（图 6.5–23）。

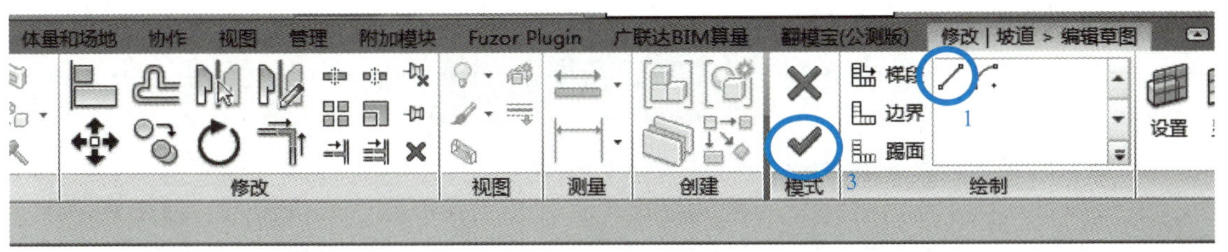

图 6.5–22　绘制坡道

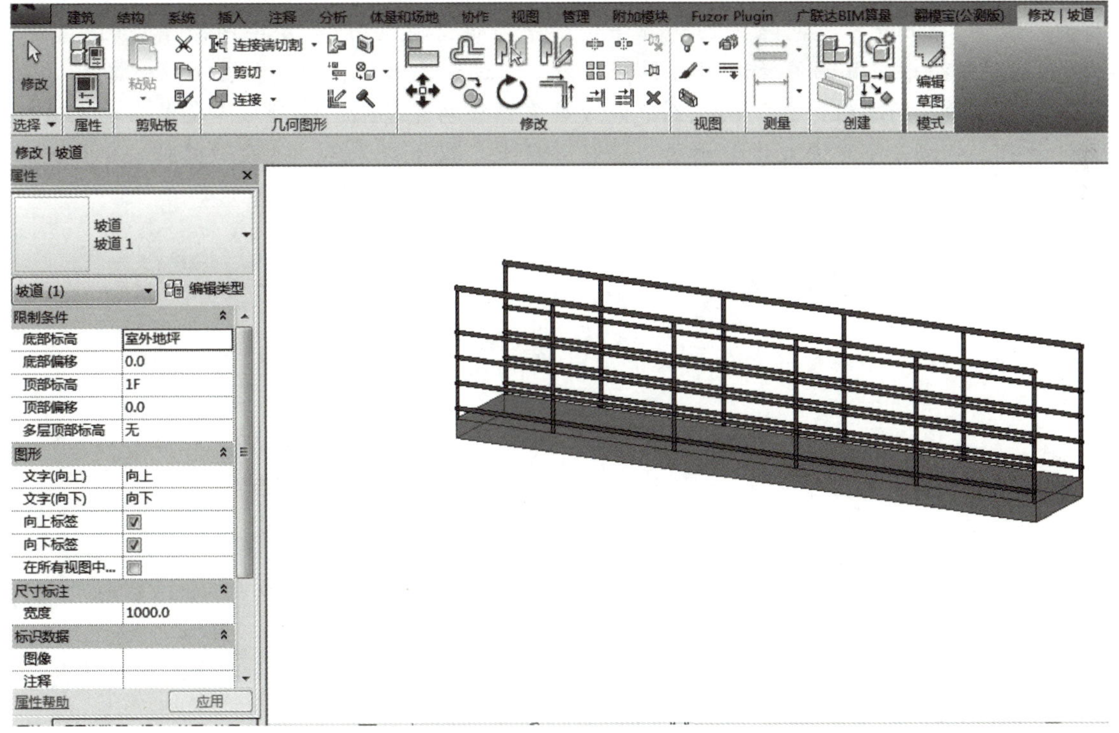

图 6.5–23　坡道三维

【知识拓展】

1. 精准建模与责任意识——以幕墙网格参数调整为例

专业知识点：幕墙网格间距的精确修改（临时尺寸线解锁、数值输入、网格线添加/删除）。在幕墙网格编辑中，每一处尺寸参数（如“1350–1500–1500–1500–1350”的间距设置）直接影响幕墙的美观性与结构合理性。通过精准调整网格线位置，引导学生理解建筑行业“失之毫厘，谬以千里”的严谨性，培养精益求精的工匠精神。让学生认识到，每个参数的背后都是对用户安全、建筑品质的责任担当。未来在职业实践中需以“零误差”标准要求自己，传承“大国工匠”的专注与执着。

2. 复合墙体与可持续设计——以分层材料优化为例

专业知识点：复合墙体通过“拆分区域”实现不同高度材质分层（如面层材质、厚度差异化设置）。复合墙体设计通过减少无效材料、选用节能材质（如案例中调整保温层厚度与材质），在满足功能需求的同时降低能耗，体现了绿色建筑与低碳发展理念。结合“双碳”目标，引导学生思考建筑行业在生态文明建设中的作用，树立“资源节约、环境友好”的设计原则，将“绿水青山就是金山银山”的理念融入专业实践，培养可持续发展的职业价值观。

3. 多元屋顶形式与技术突破——以迹线屋顶与拉伸屋顶对比为例

专业知识点：迹线屋顶（边界线定义坡度）与拉伸屋顶（立面轮廓拉伸）的适用场景与操作差异。Revit 中不同屋顶创建方法（平屋顶的“迹线法”、复杂曲面屋顶的“拉伸法”）体现了技术工具的灵活运用与创新思维。通过对比教学，引导学生打破“单一方法解决所有问题”的思维定式，认识到建筑设计需结合功能需求、技术特点及美学要求选择最优方案。鼓励学生在专业学习中勇于尝试新技术，探索新方法，培养“因时而变、敢于创新”的职业素养，以创新驱动行业进步。

第 7 章　建筑设备（MEP）专业建模

学习目标

1. 掌握 Revit MEP 软件中电气、暖通、给水排水系统的绘制流程以及关键设置。
2. 熟悉并掌握简单项目的 MEP 模型的绘制流程。
3. 学会在建模中灵活运用知识，对模型进行优化调整，提升建模效率与质量。

7.1　Revit MEP 软件优势

Revit MEP 软件是一款智能的设计和制图工具，Revit MEP 可以创建建筑设备及管道工程的建筑信息模型。通过 Revit MEP 软件进行水暖电专业设计和建模主要有以下优势：

1. 工程量统计准确，降低损耗率

在实际项目中对于材料量的统计至关重要，而统计材料工程量却对项目的前期材料购买、项目建造过程中材料的使用率等有重大影响。利用 Revit MEP 可将项目中所有管路、线路绘制完整，一方面解决了二维图纸中计算竖直管路的工程量；另一方面以三维形式进行展现，可将管与线、管与管、设备与设备等碰撞进行前期分析并修改，减少施工过程中的损耗。

2. 借助参数化管理，冷热负荷多参数校验

在 Revit MEP 中将系统构件参数化编辑，将建筑物内进行房间区分，并将房间内暖通冷热负荷、风管的压力报告、给水排水专业水管的压力分析和电气专业的线路问题，包括建筑的能量分析进行计算，也可导出 txt 文本进行保存，通过对数值的分析来完善建筑系统。

3. 加强沟通，提升协作

在 Revit MEP 中对建筑设备及管道进行绘制。在绘制过程中将设备碰撞与放置合理性等内容在内部进行检查，如有不合理要与专业负责人、业主方负责人进行及时沟通、及时修改，再与其他专业进行交互检查并进行修改，以避免返工所带来的损失。在过程中进一步加强设计人员内部合作，加强设计人与业主方、设计人与施工方的协作，提升施工效率。

7.2　电气系统的绘制

电气系统的绘制

7.2.1　电气设置

在项目中进行电气系统的创建之前，需要在项目中对系统进行相关的设置。点击“系统”选项卡→“电气”面板→“电气设置”，快捷键：ES（图 7.2-1）。

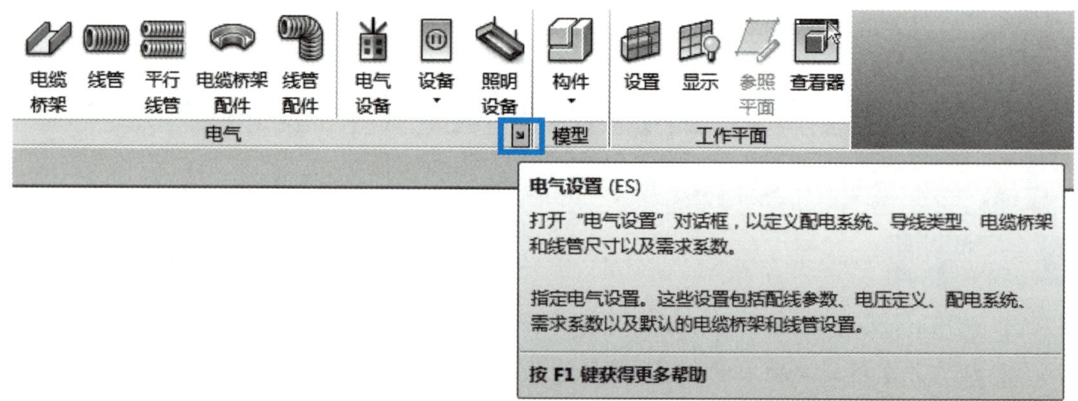

图 7.2–1　电气设置

在“电气设置”对话框中（图 7.2–2），通过左边的树状选项栏选择每项。在对应的后面选项中设置其参数，一般按照具体项目要求进行设置。电气系统的设置主要有常规、配线、电缆桥架、线管设置几项，点击每项均可展开具体的设置内容，然后进行相关的设置。设置完成后点击“确定”按钮返回。

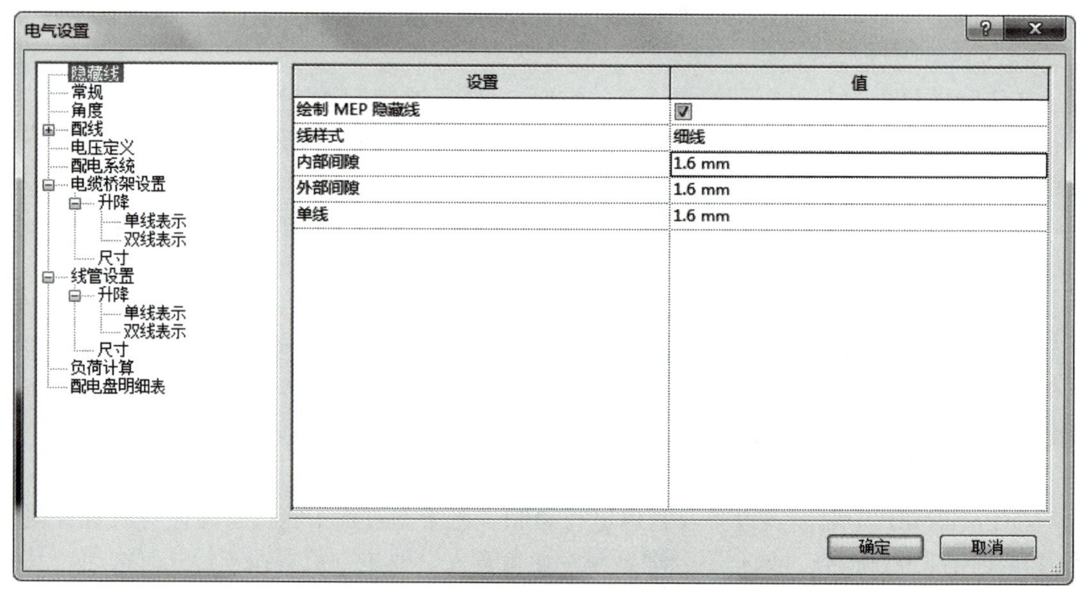

图 7.2–2　“电气设置”对话框

7.2.2　电缆桥架

Revit MEP 提供了两种不同的电缆桥架形式：“带配件的电缆桥架”和“无配件的电缆桥架”。“无配件的电缆桥架”适用于设计中不明显区分配件的情况。“带配件的电缆桥架”和“无配件的电缆桥架”是作为两种不同的系统族来实现的，并在这两个系统族下面添加不同的类型。Revit MEP 提供的“机械样板”项目样板文件中分别给“带配件的电缆桥架”和“无配件的电缆桥架”配置了默认类型，如图 7.2–3 所示。

电缆桥架
带配件的电缆桥架
梯级式电缆桥架
槽式电缆桥架
无配件的电缆桥架
梯级式电缆桥架
槽式电缆桥架

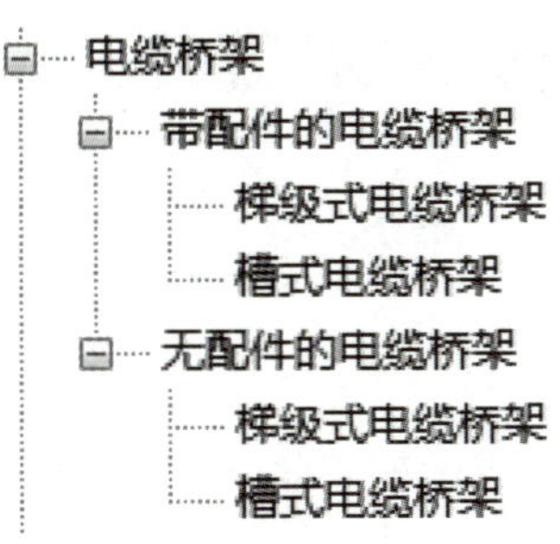

图 7.2–3　电缆桥架类型

“带配件的电缆桥架”的默认类型有：实体底部电缆桥架、梯级式电缆桥架和槽式电缆架。“无配件的电缆桥架”的默认类型有：单轨电缆桥架和金属丝网电缆桥架。其中，“梯级电缆桥架”的形状为“梯形”，其他类型的截面形状为“槽形”。和风管、管道一样，项目前要设置好电缆桥架类型。可以用如下方法查看并编辑电缆桥架类型：点击“系统”选项卡→“电气”→“电缆桥架”，在“属性”对话框中点击“编辑类型”按钮，如图 7.2–4 所示。

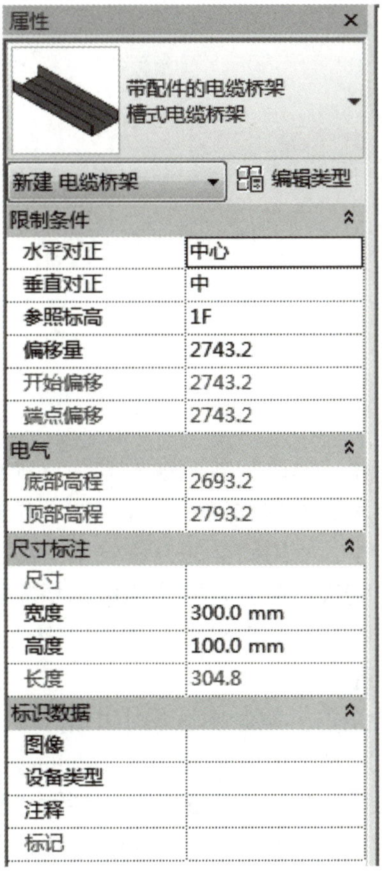

属性
带配件的电缆桥架
槽式电缆桥架
新建 电缆桥架
编辑类型
限制条件
水平对正 中心
垂直对正 中
参照标高 1F
偏移量 2743.2
开始偏移 2743.2
端点偏移 2743.2
电气
底部高程 2693.2
顶部高程 2793.2
尺寸标注
尺寸
宽度 300.0 mm
高度 100.0 mm
长度 304.8
标识数据
图像
设备类型
注释
标记

图 7.2–4　电缆桥架属性

接下来可直接绘制桥架，在平、立、剖视图和三维视图中均可以绘制水平、垂直和倾斜的电缆桥架。点击“系统”选项卡→“电气”→“电缆桥架”，快捷键：CT（图 7.2–5）。

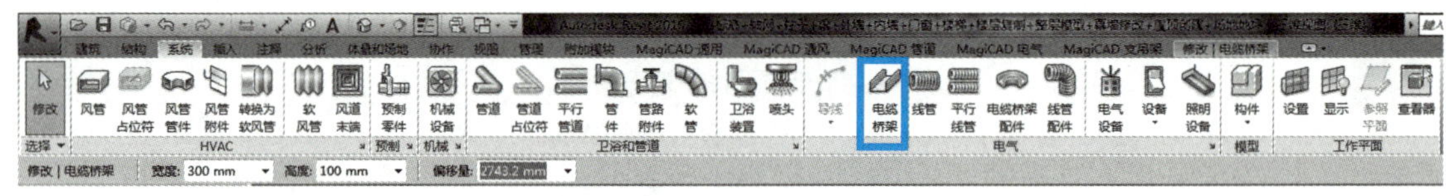

图 7.2–5　绘制电缆桥架

（1）选择电缆桥架类型。在电缆桥架“属性”对话框中选中需要绘制的电缆桥架类型，如图 7.2–6 所示。

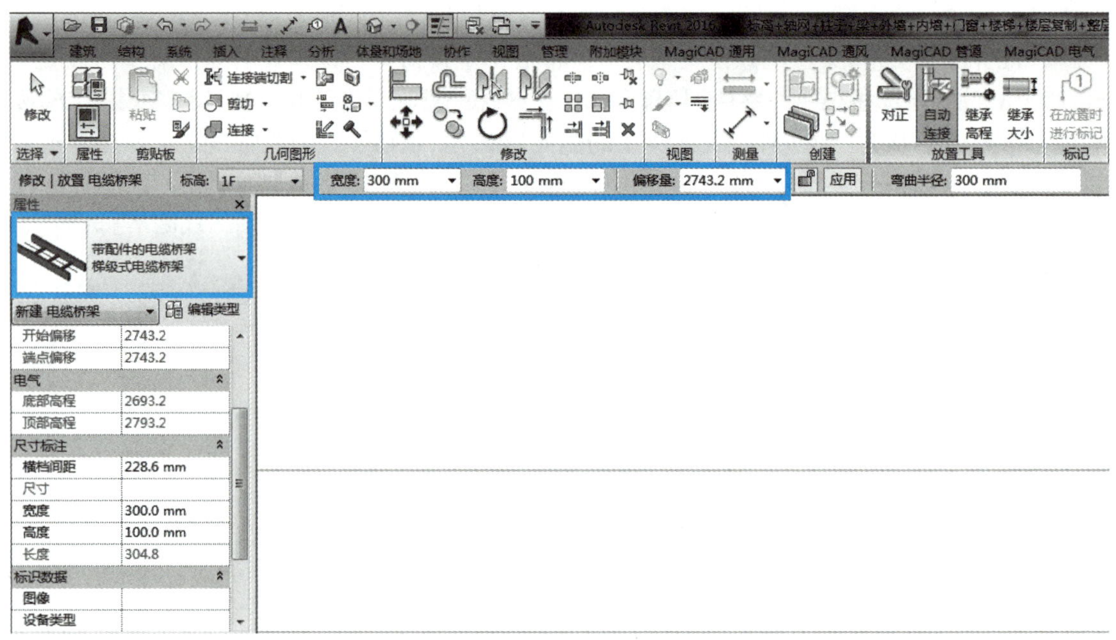

图 7.2–6　选择电缆桥架类型

（2）选择电缆桥架尺寸。在“修改放置电缆桥架”选项栏的“宽度”下拉列表中选择电缆桥架尺寸，也可以直接输入需绘制的尺寸。如果在下拉列表中没有该尺寸，系统将自动选中和输入尺寸最接近的尺寸。使用同样的方法设置“高度”。

（3）指定电缆桥架偏移。默认“偏移量”是指电缆桥架中心线相对于当前平面标高的距离。在“偏移量”下拉列表中，可以选择项目中已经用到的偏移量，也可以直接输入自定义的偏移量数值，默认单位为毫米。

（4）指定电缆桥架起点和终点。在绘图区域中单击鼠标左键即可指定电缆桥架起点，移动至终点位置再次单击鼠标左键，完成一段电缆桥架的绘制。可继续移动鼠标绘制下一段。在绘制过程中根据绘制路线，在“类型属性”对话框中预设好的电缆桥架管件将自动添加到电缆桥架中。绘制完成后按“Esc”键或者单击鼠标右键，在弹出的快捷菜单中选择“取消”命令退出电缆桥架绘制。垂直电缆桥架可在立面视图或剖面视图中直接绘制，也可以在平面视图中绘制，在选项栏中改变将要绘制的下一段水平桥架的“偏移量”，就能自动连接出一段垂直桥架。

注意：在 Revit MEP 中绘制设备时常发生所创建的图元在视图不可见的警告，如

图 7.2–7 所示。

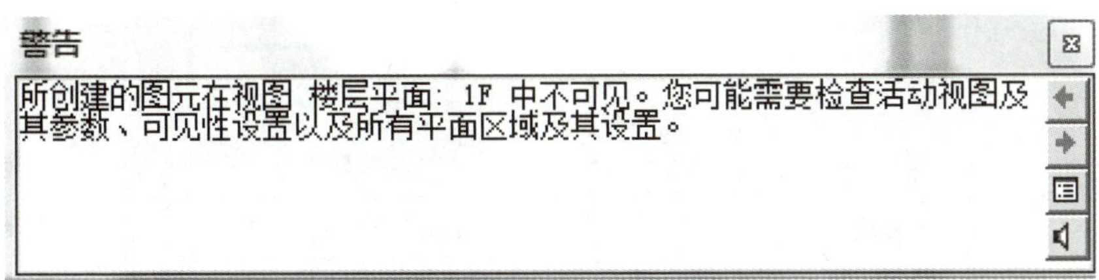

图 7.2–7　不可见性警告

可选中项目浏览器中对应的视图，然后在属性栏中对视图范围进行修改，如图 7.2–8 所示。

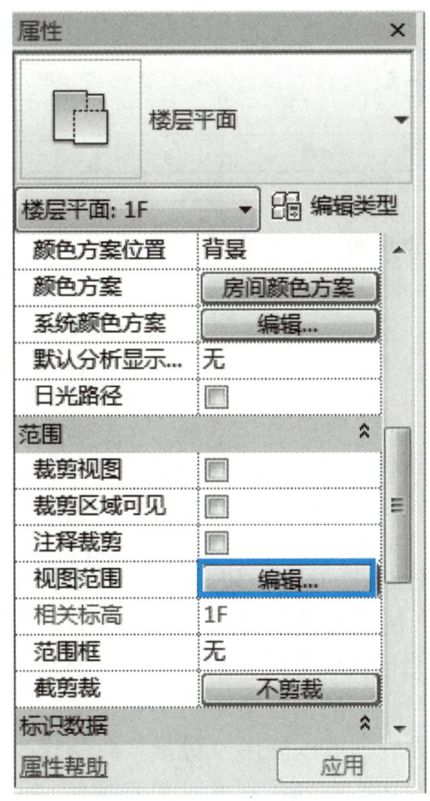

图 7.2–8　视图范围编辑

在视图范围编辑栏中对每项数值进行修改，即可在此图层观看到该构件，如图 7.2–9 所示。

1）电缆桥架对正设置在平面视图和三维视图绘制管道时，可以通过“修改放置电缆桥架”选项卡中放置工具对话框的“对正”按钮指定电缆桥架的对齐方式。点击“对正”按钮，弹出“对正设置”对话框，如图 7.2–10 所示。

① 水平对正：用来指定当前视图下相邻两段管道之间的水平对齐方式。“水平对正”方式有：“中心”“左”和“右”。

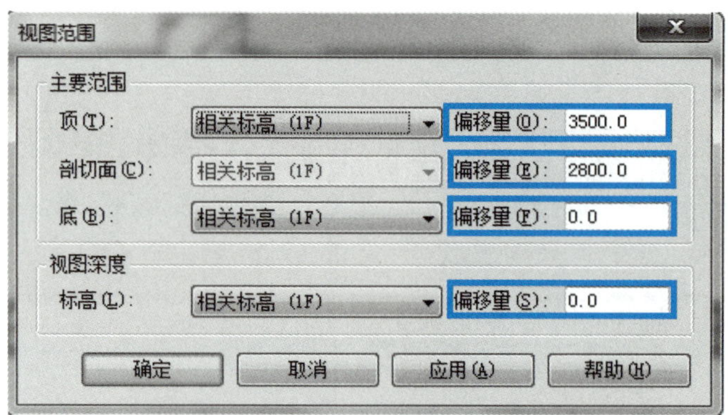

图 7.2-9　视图范围数值编辑

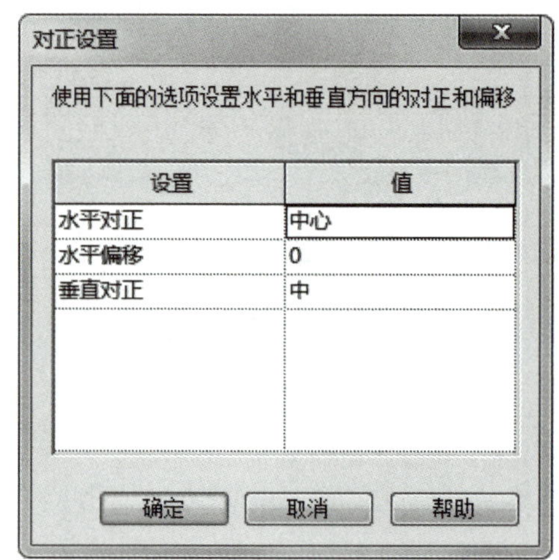

图 7.2-10　“对正设置”对话框

② 水平偏移：用于指定绘制起始点位置与实际绘制位置之间的偏移距离。该功能多用于指定电缆桥架和前面提及的其他参考图元之间的水平偏移距离。

③ 垂直对正：用来指定当前视图下相邻段之间的垂直对齐方式。“垂直对正”方式有：“中”“底”和“顶”。“垂直对正”的设置会影响“偏移量”。

另外，电缆桥架绘制完成后，可以使用“对正”命令修改对齐方式。选中需要修改的电缆桥架，点击功能区中“对正”按钮，进入“对正编辑器”，选中需要的对齐方式和对齐方向，点击“完成”按钮，如图 7.2-11 所示。

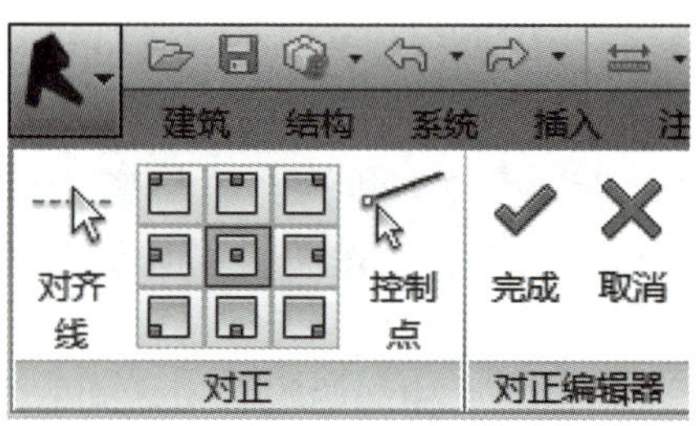

图 7.2-11　对正编辑器

2）自动连接

在“修改放置电缆桥架”选项卡中有“自动连接”选项，如图 7.2-12 所示。在默认情况下，该选项是激活的。

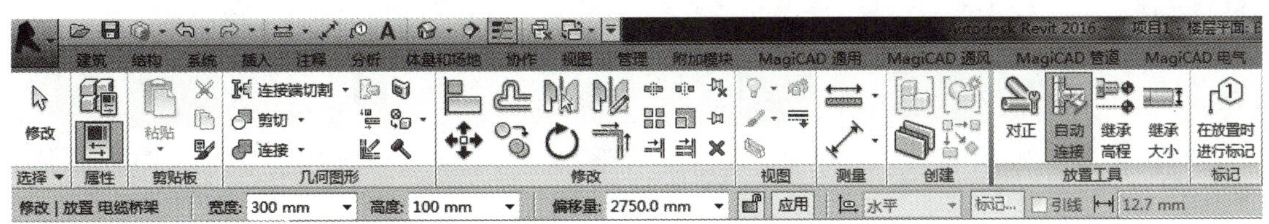

图 7.2-12　“自动连接”选项

激活与否将决定绘制电缆桥架时是否自动连接到相交电缆桥架上，并生成电缆桥架配件。当激活“自动连接”时，在两直段相交位置自动生成四通；如果不激活，则不生成电缆桥架配件（此方法同样适用于管道和风管），两种方式如图 7.2-13 所示。

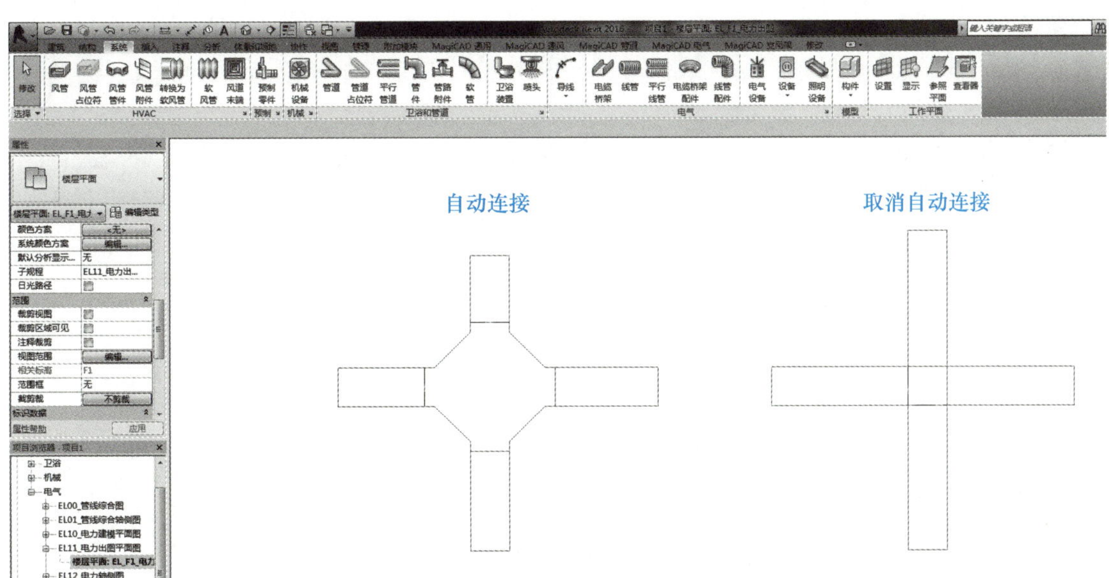

图 7.2-13　自动连接

3）放置和编辑电缆桥架配件。电缆桥架连接中要使用电缆桥架配件。下面将介绍绘制电缆桥架时配件族的使用。

① 放置配件在平、立、剖视图和三维视图中都可以放置电缆桥架配件。放置电缆桥架配件有两种方法：自动添加和手动添加。

A. 自动添加：在绘制电缆桥架过程中自动加载的配件需在“电缆桥架类型”中的管件参数中指定。

B. 手动添加：在“修改放置电缆桥架配件”模式下进行。进入“修改放置电缆桥架配件”有如下方式：

a. 单击“系统”选项卡→“电气”→“电缆桥架配件”，如图 7.2-14 所示。

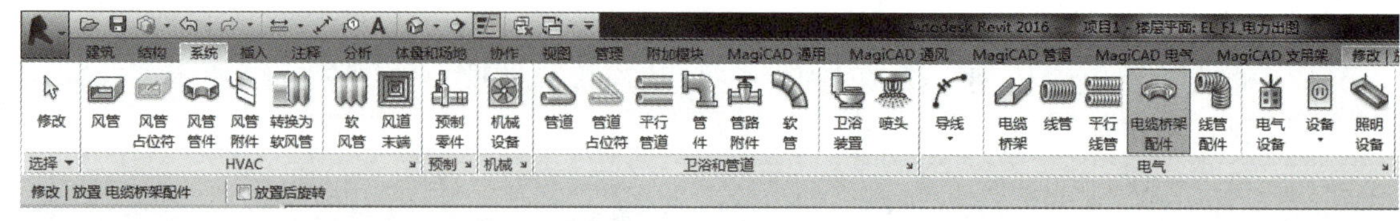

图 7.2–14　电缆桥架配件

b. 在项目浏览器中展开“族”→“电缆桥架配件”，将“电缆桥架配件”下的族直接拖到绘图区域。快捷键：TF。

② 编辑电缆桥架配件：

在绘图区域中点击某一电缆桥架配件后，周围会显示一组控制柄，可用于修改尺寸、调整方向和进行升级或降级，如图 7.2–15 所示。

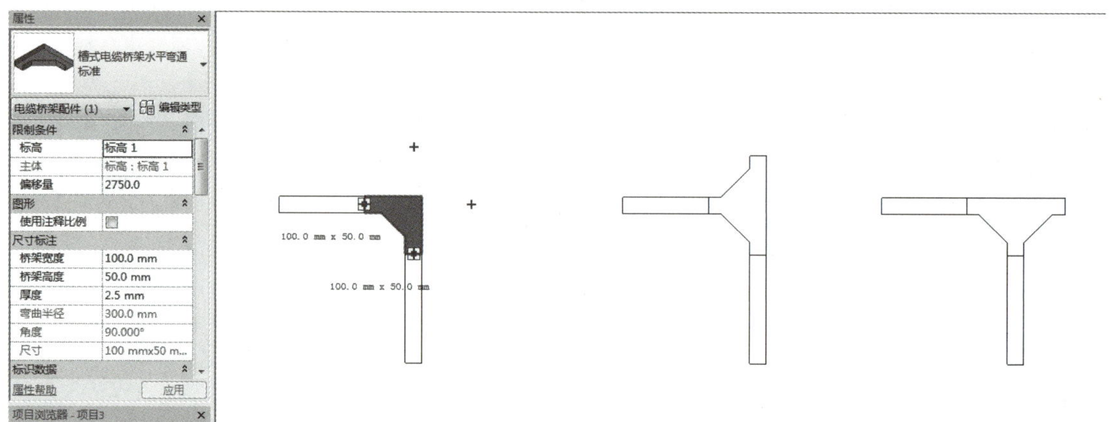

图 7.2–15　电缆桥架配件类型的调整

A. 在配件的所有连接件都没有连接时，可点击尺寸标注改变宽度和高度，如图 7.2–16（a）所示。

B. 点击双箭头符号可以实现配件水平或垂直翻转 180°。

C. 点击旋转符号可以旋转配件。注意：当配件连接电缆桥架后，该符号不再出现，如图 7.2–16（b）所示。

如果配件的旁边出现加号，表示可以升级该配件，如图 7.2–16（c）所示。例如，带有未使用连接件的四通可以降级为 T 形三通；带有未使用连接件的 T 形三通可以降级为弯头。

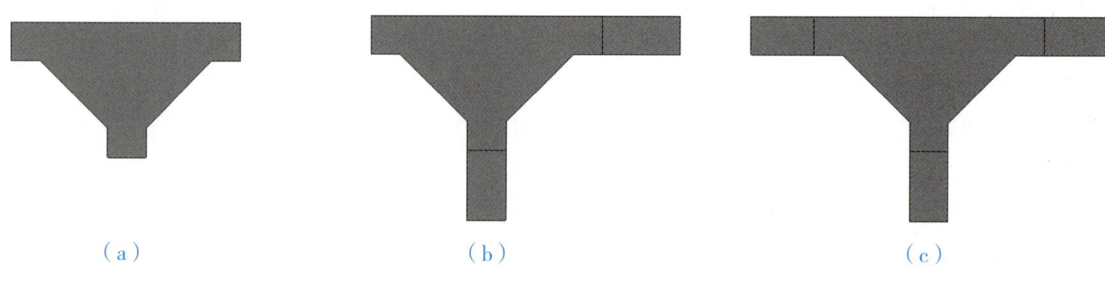

图 7.2–16　电缆桥架配件的调整

如果配件上有多个未使用的连接件，则不会显示加、减号。

7.2.3　电气设备的放置

在 Revit MEP 中将电气设备分为电气装置、通信、数据、火警、照明、护理呼叫、安全、电话等。

按照具体项目的实际需求，然后选择“设备”下的模块，再将与其对应的模块载入项目之中，如选择与之类型不符合则不能进行导入。

在“修改 | 放置设备上下文”选项卡下“模式”面板中，点击“载入族”按钮，进入“载入族”对话框，通过“China－机电”查找机电文件栏，如图 7.2–17 所示。

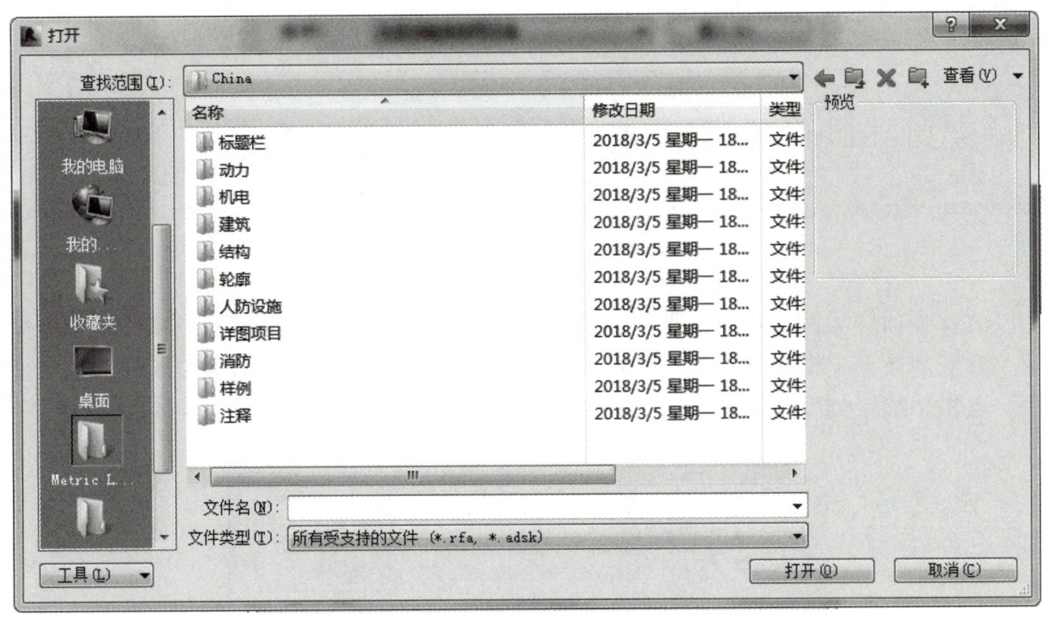

图 7.2–17　设备载入对话框

该文件夹下的“照明”文件夹中，分别包含多种设备，当某些设备无法载入时，可通过载入构件的方法载入。根据项目需要，从对应的文件夹中找到需要的族类型 rfa 文件，选择后，点击“打开”按钮，需要的设备族就载入当前的项目中。在属性框类型选择器下拉列表中能找到已载入的新设备族。

完成设备族的载入后，这时可把设备放置到项目模型中，放置的方法与电气设备相同。设备族大多数是基于主体的构建族，所以放置前需要创建好相应的墙体或天花板。

以放置照明装置为例，在“修改放置设备上下文”选项卡“模式”面板中，点击“载入族”按钮，进入“照明装置载入族”对话框，通过“China－机电－照明”查找照明文件栏，如图 7.2–18 所示。

从该文件夹目录可看出，照明设备主要分为室内灯、室外灯和特殊灯具，每个文件夹对应包含多种样式的照明设备。根据项目需要，从对应的文件夹中找到需要的族类型 *.rfa 文件，选择后，点击“打开”按钮，需要的照明设备族就载入当前项目中。在属性框类型选择器下拉列表中能找到已载入的新照明设备族。

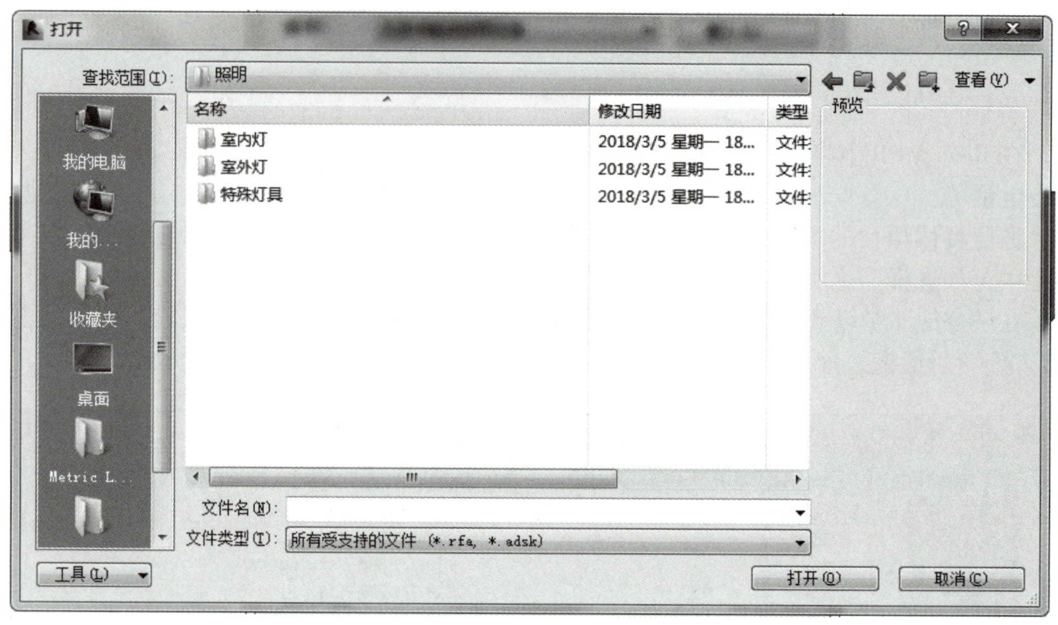

图 7.2–18　照明装置载入族对话框

以放置吸顶灯为例，点击照明设备，在类型选择器下拉列表中找到吸顶灯并单击鼠标左键，放置前还需要根据项目实际情况调整吸顶灯的各项参数，包括类型属性参数和实例参数。点击“编辑类型”按钮，进入照明设备类型属性对话框，如图 7.2–19 所示。

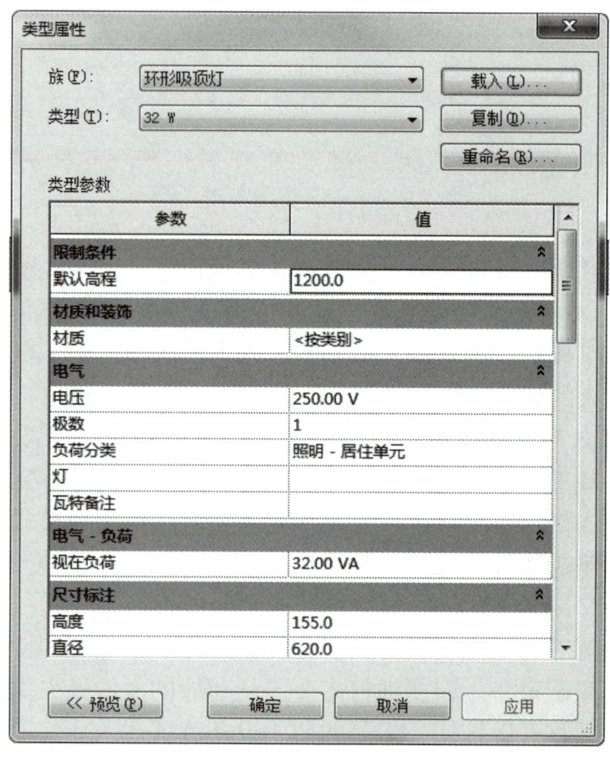

图 7.2–19　照明设备类型属性对话框

在类型属性框中，该族文件已包含的参数项均对应相关数值，根据项目实际情况更改对应项的参数值，包括材质、电气参数、电气，负荷参数等。在类型（T）一栏，可选择不同的功率大小。完成后点击“确定”按钮返回放置状态。

在“上下文”选项卡下“放置”面板中选择“放置在面上”，将光标移动到绘图区域，光标附近会显示该灯具的平面图，随着光标的移动而移动。在天花板的指定位置处单击鼠标左键放置该灯具，可通过修改临时尺寸标注值将设备放置到更为精确的位置上。

注意：在设备放置过程中要注意放置位置，在 Revit MEP 中给出了几种放置的选项：“垂直于平面”“在面上放置”“在工作平面上”。

“垂直于平面”是将设备垂直放置于该面上，适用于“插座”“壁灯”形式。

“在面上放置”是将设备放置在实体物表面，适用于“基于天花板”“办公桌台灯”形式，如图 7.2-20 所示。

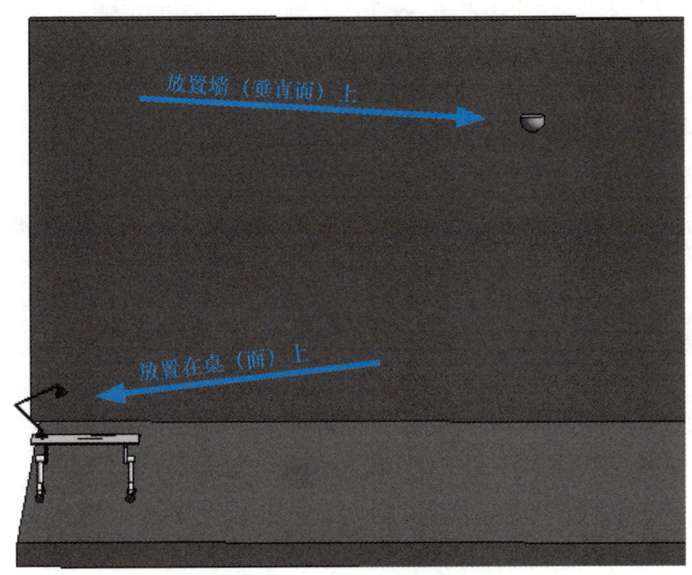

图 7.2-20　设备放置位置

“在工作平面上”是将设备放置于标高、轴网基准平面处，不常使用。

因大多数照明设备是基于主体（天花板或墙）的构件，所以在放置之前，要确保已完成主体的创建，也要保证后期基准主体的完整，如意外删除（移动）主体，其所依附的主体也会随之删除（移动）。

7.3　暖通系统的绘制

暖通系统的绘制

7.3.1　暖通设置

和电气系统类似，在项目中进行风系统的创建之前，需要在项目中对系统进行相关的设置。点击“系统”选项卡→“HVAC”面板→“机械设置”，快捷键：MS，如图 7.3-1 所示。

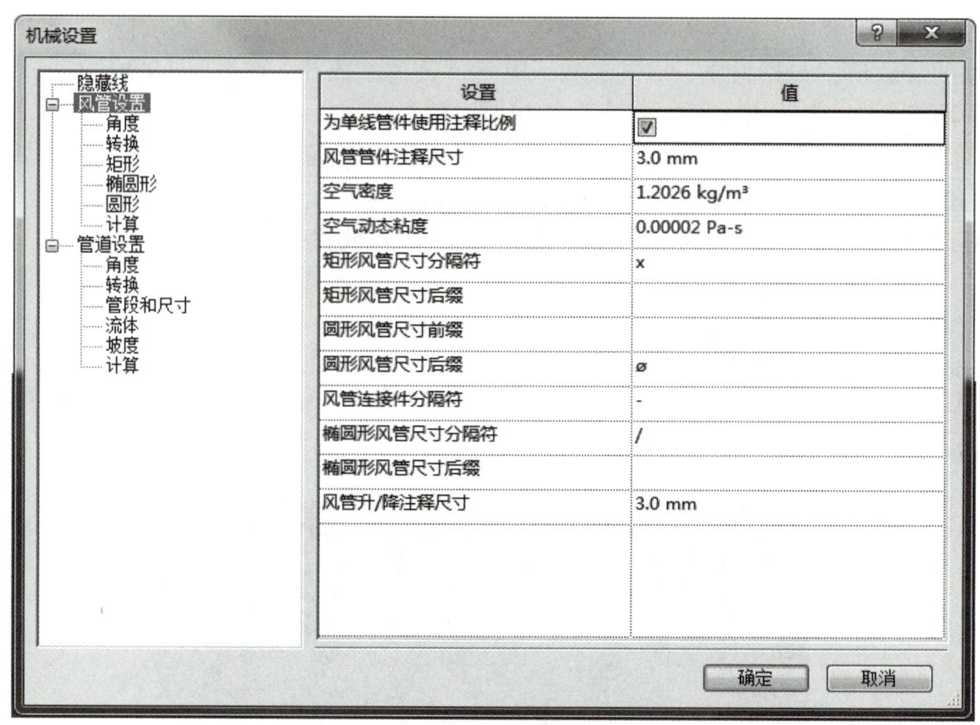

图 7.3–1 “机械设置”对话框

在“机械设置”对话框中，通过左边的树状选项栏选择风管设置，在对应的后面选项中设置其参数，一般按照项目具体要求进行设置。风系统的设置主要有角度、转换、矩形、椭圆形、圆形、计算几项，点击每一项均可进行相关的设置，设置完成后点击“确定”按钮返回。

7.3.2 暖通设备

根据具体项目实际情况，在放置机械设备族前，将项目中需要的族类型文件载入当前的项目中。点击“系统”选项卡→“机械设备”→“机械设备”，快捷键：ME。在“修改｜放置机械设备上下文”选项卡“模式”面板中，点击“载入族”按钮，进入“载入族”对话框，选择需要载入的机械设备族文件后，点击“打开”按钮，执行机械设备族文件的载入，如图 7.3–2 所示。

完成机械设备族文件的载入后，在实例属性框类型选择器下拉列表中能找到载入的机械设备族。接下来可把设备实例放置到项目模型中，并与已有的各种管道进行连接，形成完整的系统。

在类型选择器下拉列表中选择需要添加的机械设备族，选择相关族及类型时可结合类型搜索功能。放置前需要根据项目实际情况调整设备的各项参数，包括类型属性参数和实例参数。点击“编辑类型”按钮，进入机械设备类型属性对话框，如图 7.3–3 所示。

在类型属性对话框中，该族文件已包含的参数项均对应相关数值，根据项目实际情况更改对应项的参数值，包括材质、机械参数、尺寸大小等，完成后点击“确定”按钮返回放置状态。

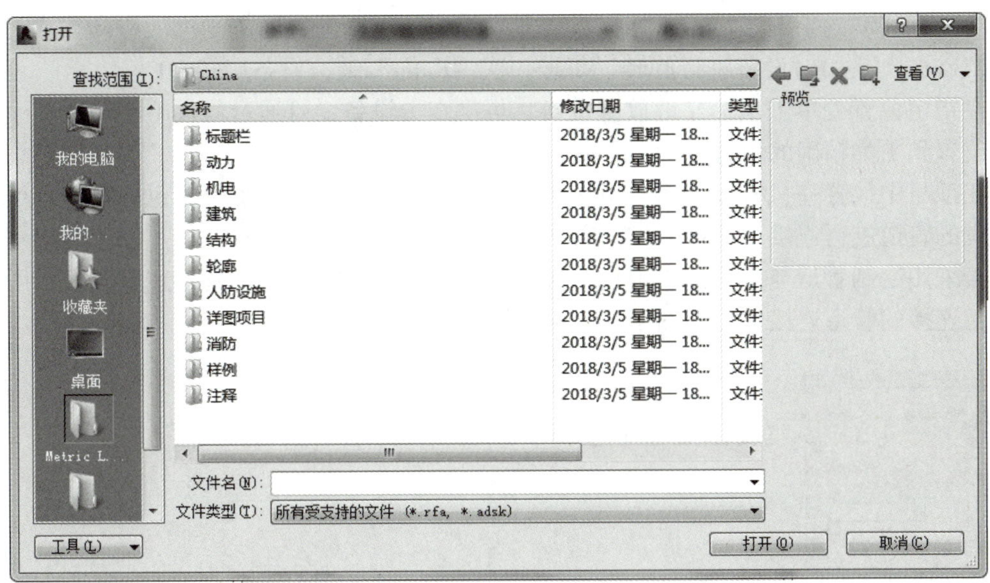

图 7.3–2　机械设备族载入对话框

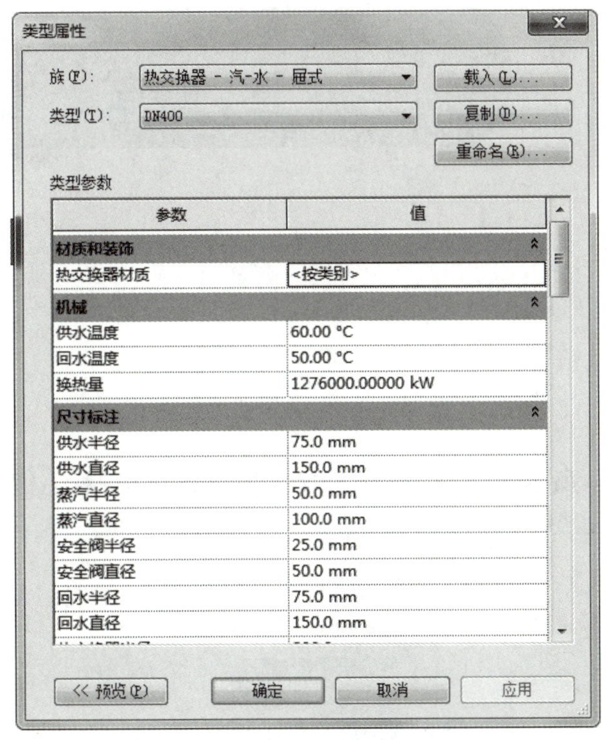

图 7.3–3　机械设备类型属性对话框

在属性框中设置该族的实例参数，主要是放置标高设置，以及基于标高的偏移量。设置完成后点击“应用”按钮。

在“修改 | 放置机械设备”选项卡“放置基准”面板下选择放置基准，包括放置在垂直面上、放置在面上、放置在工作平面上三种放置方式。放置时参考电气设备放置方式。

将光标移动到绘图区域，光标附近会显示设备的平面图，随着光标的移动而移动。这时按“Enter”键可对设备进行旋转，每按一次“Enter”键，设备旋转 90°。

在指定位置处单击鼠标左键放置设备，再次点击设备，可通过修改临时尺寸标注值将设备放置到更为精确的位置上。

在项目中放置完机械设备后，下一步要将机械设备连接到系统中，也就是将机械设备与相应的管道进行连接。连接的方法有两种，可根据实际情况选择。

若采用绘制管道与已有的管道进行连接，点击选择已放置的设备，这时会显示所有与该设备连接的管道连接件，如图 7.3–4 所示。

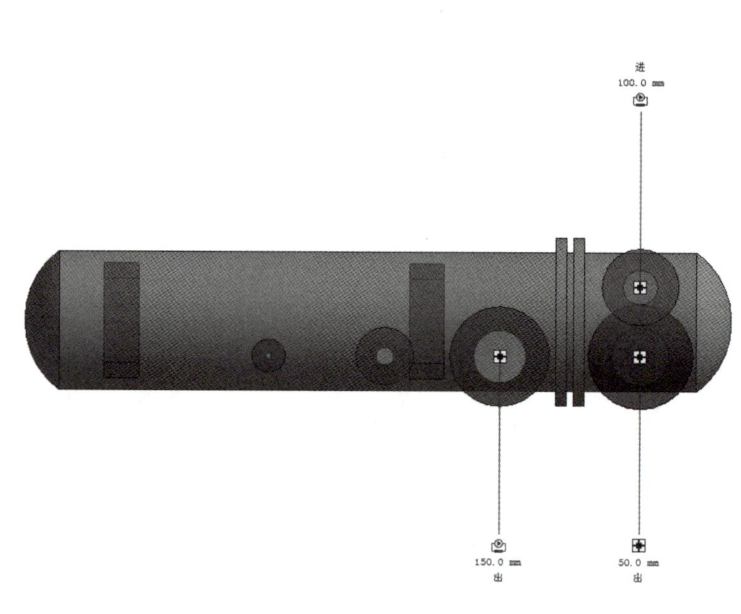

图 7.3–4　机械设备的连接

这时在如图 7.3–4 所示的管道符号或连接件加号上单击鼠标右键，在快捷菜单中选样绘制管道或软管等，如图 7.3–5 所示。

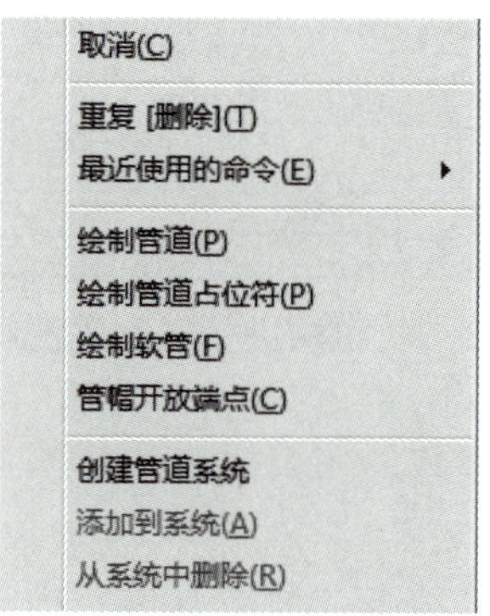

图 7.3–5　机械设备右键菜单

选择“绘制管道”选项，这时软件进入绘制管道状态，在属性框中设置管道的类型属性参数和实例属性参数，然后根据该系统预留管的位置，绘制设备与预留管之间的管段。同种方法可绘制设备的其他系统管道。

若采用设备连接到管道的方法，软件能够快速根据设备与预留管之间的位置，自动生成连接方案，这种方法快速、简单。但有时候由于空间位置狭小等缘故，软件不能生成相应的管道，需要按照上述方法手动绘制。

点击已放置的设备，这时在“修改 | 机械设备上下文”选项卡“布局”面板中，点击“连接到”按钮，弹出“选择连接件”对话框，如图 7.3–6 所示，对话框中的连接件均是该设备族在创建时所添加的。

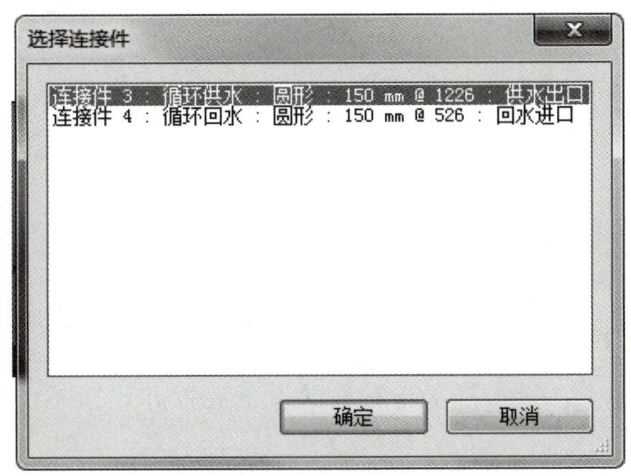

图 7.3–6 “选择连接件”对话框

在此对话框中，可了解到要与该设备连接的管道系统类型，以及管道样式、尺寸大小等。选择其中某个连接件后，点击“确定”按钮，光标附近会出现小加号，并提示“拾取一个管道以连接到”。在已有的预留管道中，找到符合该连接件的系统管道，高亮显示后单击鼠标左键，这时软件就自动生成了连接，完成该连接件的绘制。

此方法在三维模式下进行连接到管道，能够直观看到系统自动生成管道的过程。

7.4　给水排水系统的绘制

给水排水系统的绘制

7.4.1　给水排水设置

和电气系统类似，在项目中进行给水排水系统的创建之前，需要在项目中对系统进行相关的设置。点击“系统”选项卡→“卫浴和管道”面板→“机械设置”，快捷键：MS。如图 7.4–1 所示。

在“机械设置”对话框中，通过左边的树状选项栏，选择管道设置，在对应的后面选项中设置其参数，一般按照具体项目要求进行设置。管道系统的设置主要有角度、转换、管段和尺寸、流体、坡度、计算几项，点击每一项均可进行相关的设置。着重注意管段和尺寸以及坡度两项。设置完成后点击“确定”按钮返回。

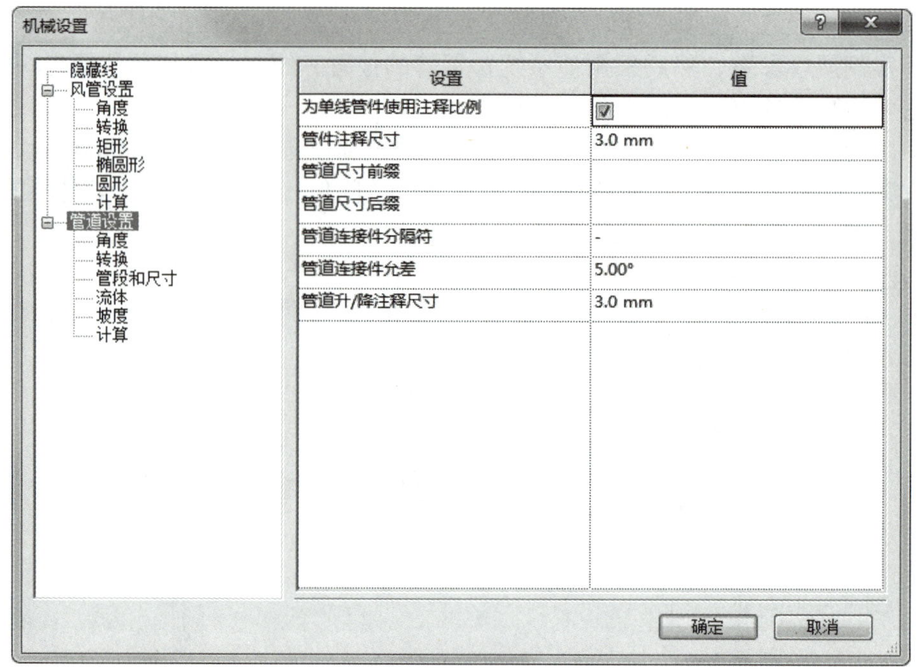

图 7.4–1 “机械设置”对话框

在 Revit MEP 软件中，给水排水与暖通的设备放置方式相同，可遵循暖通设备放置标准。

7. 4. 2 管道设置

1. 管道设置

给水排水管道样式均为圆形，按照系统类型的不同可分为给水管道、排水管道、雨水管道、喷淋管道、消火栓管道等。按照其材质的不同又可分为 PP-R 管、U-PVC 管、镀锌钢管、PE 管等，根据系统的要求选择相应材质的管道。在项目中创建管道系统时，除了要设定管道的系统，还有一个重要的设置是管道的布管系统配置。布管系统配置的设置，决定了在绘制管道时，弯头、四通过渡件等管件的样式。

在属性框中选择某种管道类型，点击“编辑类型”进入“类型属性”对话框，点击“布管系统配置”后的“编辑”按钮，进入“布管系统配置”对话框，如图 7.4–2 所示。

在此对话框中，可看到与之前风管的布管系统配置有所不同，在每一项后面都增加了最小尺寸、最大尺寸设置。可根据管道尺寸大小的不同设定不同的管段材质和管件样式。如图 7.4–2 所示，在管段设置下，规定了当 25mm ≤ DN ＜ 100mm 时选用 PVC–U 材质的管道，当 100mm ≤ DN ＜ 300mm 时选用 PE 材质的管道。以此为例，可为每一项进行详细的设置，如果在最小尺寸一栏选择“全部”，则表示当前所选的管段或管件满足于任何直径大小的管道。

继续点击每项下边的选项栏，在下拉列表中，根据项目实际需求选择对应样式的管件。设置完成后点击“确定”按钮返回“类型属性”对话框，再次点击“确定”按钮返回绘制状态，完成设置。

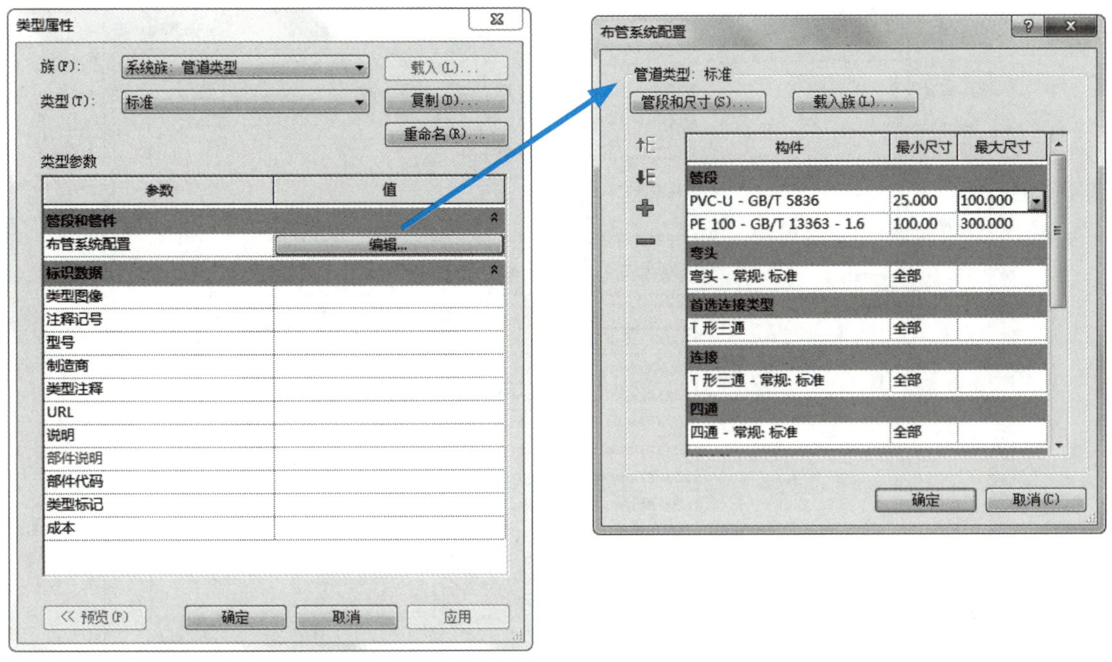

图 7.4–2　管道布管系统配置

与风管相同，在绘制管道时，管道的对正设置也很重要，有时根据项目实际情况，某些管道需要靠墙边敷设或梁底敷设，这时设定对正方式很有必要，可参照电气桥架对正设置。

2. 管道绘制

在完成布管系统的设置后，就可在绘图区域中绘制管道。在属性框中，从类型选择器下拉列表中选取某类型管道，若没有可通过“类型属性”对话框复制创建新的管道类型，然后指定布管系统配置即可。

在选项栏中，设置管道的直径，若下拉列表中没有想要选择的尺寸，需要在机械设置中重新添加该管段类型的尺寸，不能像风管那样直接输入具体数值。添加的方法如下：

点击进入“机械设置”对话框，在左边的树状栏中选择“管道设置”下的“管段和尺寸”项，如图 7.4–3 所示。

在图 7.4–3 所示的对话框中进行尺寸的添加，在管段一栏，从下拉列表中选择需要添加尺寸的管材类型，属性栏可先不管，然后点击尺寸目录下的“新建尺寸”按钮，弹出“添加管道尺寸”对话框（图 7.4–4）。

在该对话框中，输入新的管道直径信息，包括公称直径、内径、外径尺寸，完成后点击“确定”按钮，在尺寸目录下就可找到新建的尺寸信息。再次点击“确定”按钮返回选项栏，从“直径”下拉列表中选取将要绘制管段的尺寸。

选定管段尺寸后，再来设置管道的偏移量，选项栏中的偏移量与“属性”面板中的一致。小锁指示锁定 / 解锁管段的高程。

绘制过程中，在“上下文”选项卡下的面板中，继续进行设置，如图 7.4–5 所示。

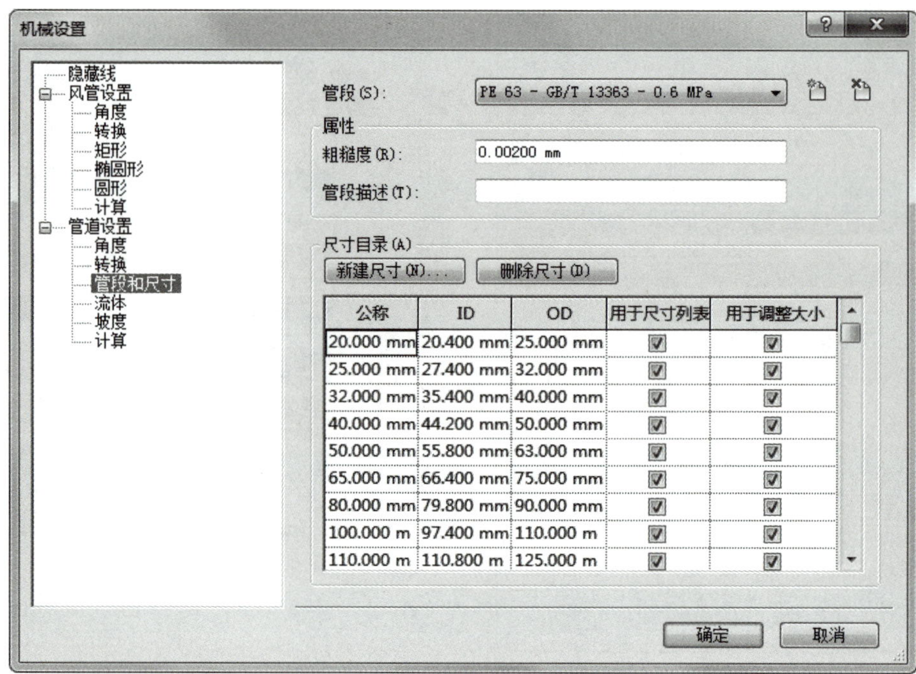

图 7.4–3 “机械设置”对话框

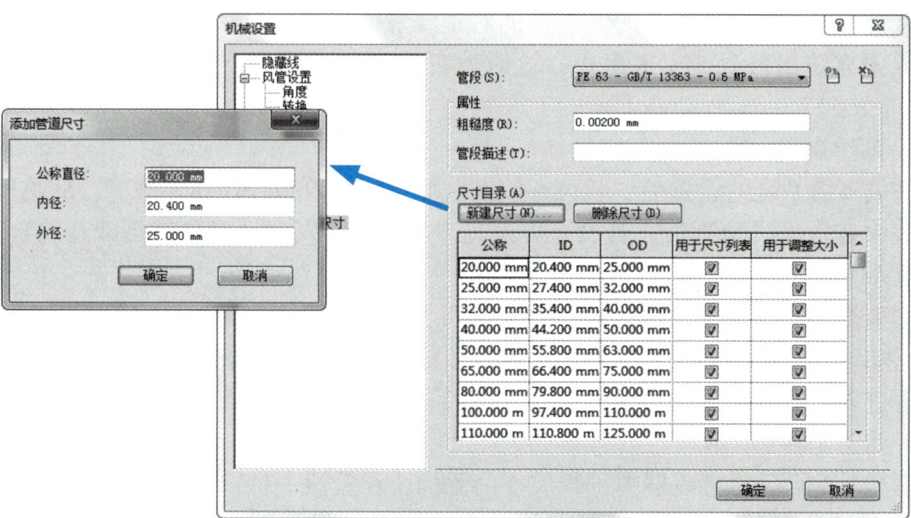

图 7.4–4 “添加管道尺寸”对话框

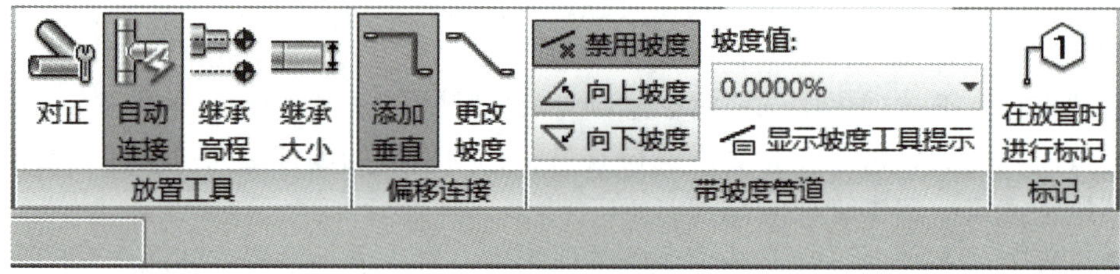

图 7.4–5 管道放置面板

（1）对正：与风管一致。

（2）自动连接：表示在开始或结束管段时，可自动连接构件上的捕捉。此项对于连接不同高程的管段非常有用。但当沿着与另一条管道相同的路径以不同偏移量绘制管道时，取消勾选“自动连接”，以避免生成意外连接。

（3）继承高程：表示继承捕捉到的图元的高程。

（4）继承大小：表示继承捕捉到的图元的大小。

设置带坡道的管道参数：

（1）禁用坡度：表示绘制不带坡度的管道。

（2）向上坡度：表示绘制向上倾斜的管道。

（3）向下坡度：表示绘制向下倾斜的管道。

（4）坡度值：表示在“向上坡度”或“向上坡度”处于启用状态时，制定绘制倾斜管道时使用的坡度值。如果下拉列表中没有想要的坡度值，可在“机械设置”对话框中进行添加。“显示坡度工具提示”表示在绘制倾斜管道时显示坡度信息，坡度信息随着光标的移动不断变化。

（5）忽略坡度以连接：表示控制倾斜管道是使用当前的坡度值进行连接，还是忽略坡度值直接连接。

3. 设置管道标注

在放置时进行标记：表示在视图中放置管段时，将默认注释标记应用到管段。

4. 绘制管道

（1）水平管道绘制：在绘图区域中的指定位置处单击鼠标左键以作为管道的起点，水平滑动鼠标，再次单击鼠标左键以作为管道的终点，按“Ese”键退出绘制状态，软件在拐弯处自动生成相应的弯头。

（2）立管的绘制：设置第一次的偏移量高度，在绘图区域中单击鼠标左键，保持此状态，将选项栏中的偏移量设置为另一高度值，可正可负。点击选项栏中的“应用”按钮两次，按“Esc”键退出绘制状态，管道的立管即可生成。

在绘制过程中，若将要绘制的管道尺寸、偏移量等在之前绘制过，可直接选择已绘制好的管段，单击鼠标右键，在命令功能区中选择“创建类似实例”命令，软件自动跳转到绘制管道状态，且各参数值与选择的管道一致。

7.5　案例与实操

7.5.1　链接 Revit、插入 CAD

请各位同学按照以上所讲授的内容，绘制案例工程一层 MEP 模型。

运行 Revit 2016 后，在启动界面的“项目”栏中选择“新建 Revit 项目文件”命令（图 7.5–1）。

在弹出的“新建项目”对话框中选择系统样板（图 7.5–2），并将其打开。如图 7.5–3 所示（注意：此时选择样板可供给水排水、暖通、电气三专业共同使用）。

图 7.5–1　新建 Revit 项目文件

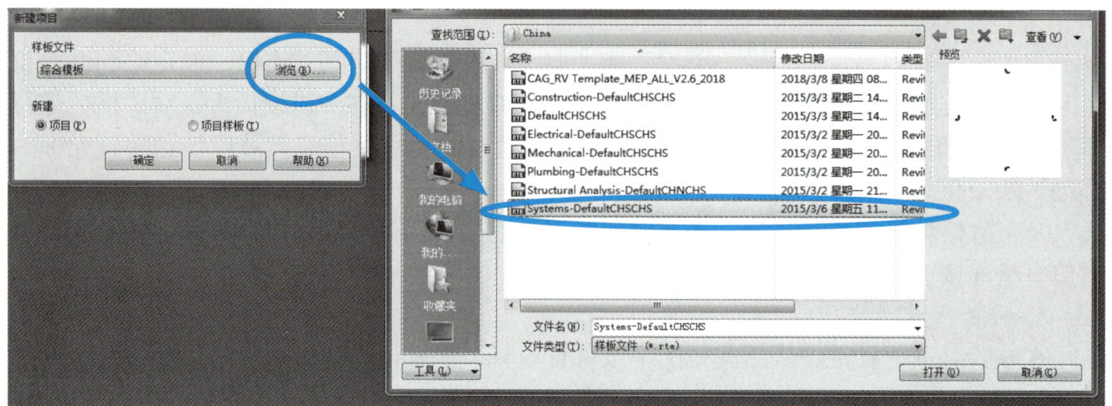

图 7.5–2　选择样板

图 7.5–3　初始界面（一）

点击“插入”选项卡→“链接”→“链接 Revit”，将其对应的 Revit 文件打开，将文件定位位置修改为自动 – 原点到原点。如图 7.5–4 所示，将其进行打开。

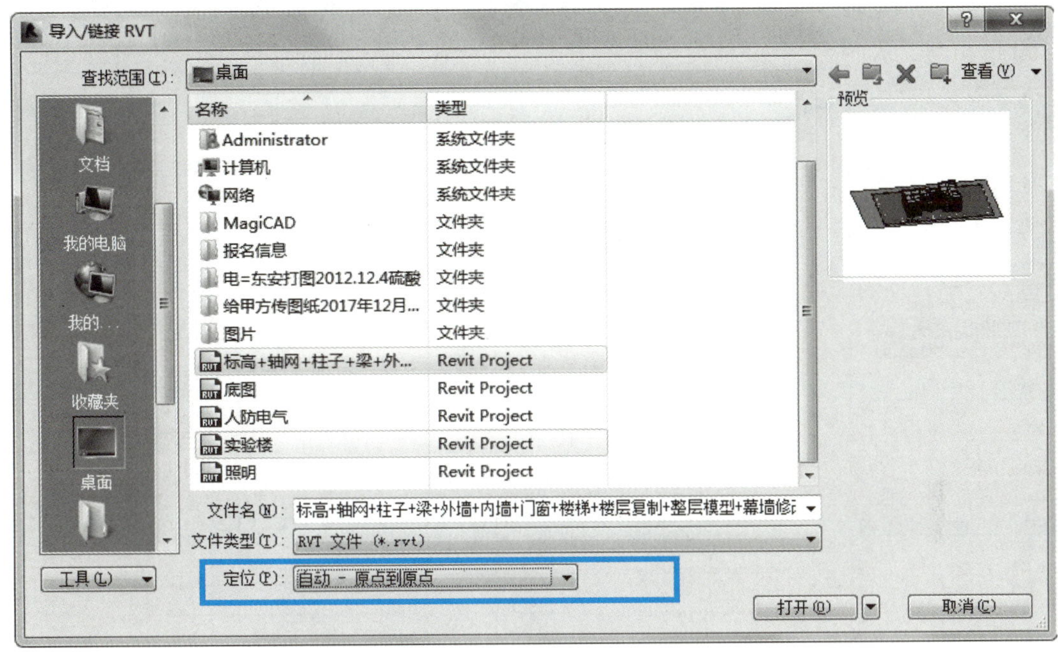

图 7.5–4　初始界面（二）

对原模型基准（标高轴网）进行复制（监视）：点击“协作”选项卡→“复制 / 监视”→“选择链接”→，将鼠标移动至链接模型上，当链接模型显示淡蓝色，单击鼠标左键，将出现新文件与链接文件匹配项，并将选项栏“多个”进行勾选。如图 7.5–5 所示。

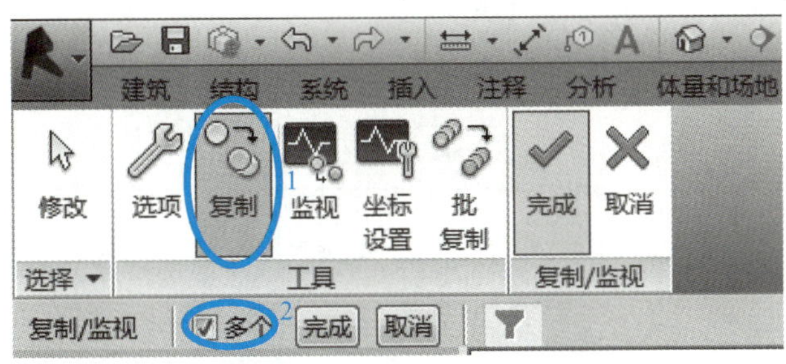

图 7.5–5　协作选项

选中所有轴网，点击 2 次“完成”，表示完成复制轴网。如图 7.5–6 所示。

复制标高：在项目浏览器中找到任意立面，双击进入，将此模板中原标高（标高 2）进行删除，与复制轴网步骤相同，将标高进行复制，将所有建立标高轴网进行锁定，以免影响模型的绘制。如图 7.5–7 所示。

注意：复制 / 监视后可将新建立模型与链接模型建立监视关系，如果所链接的建筑模型中标高轴网有所变更，则打开该 Revit MEP 项目文件时，会显示警告，提示链接文件的修改，以保证主文件与新建模型的统一。

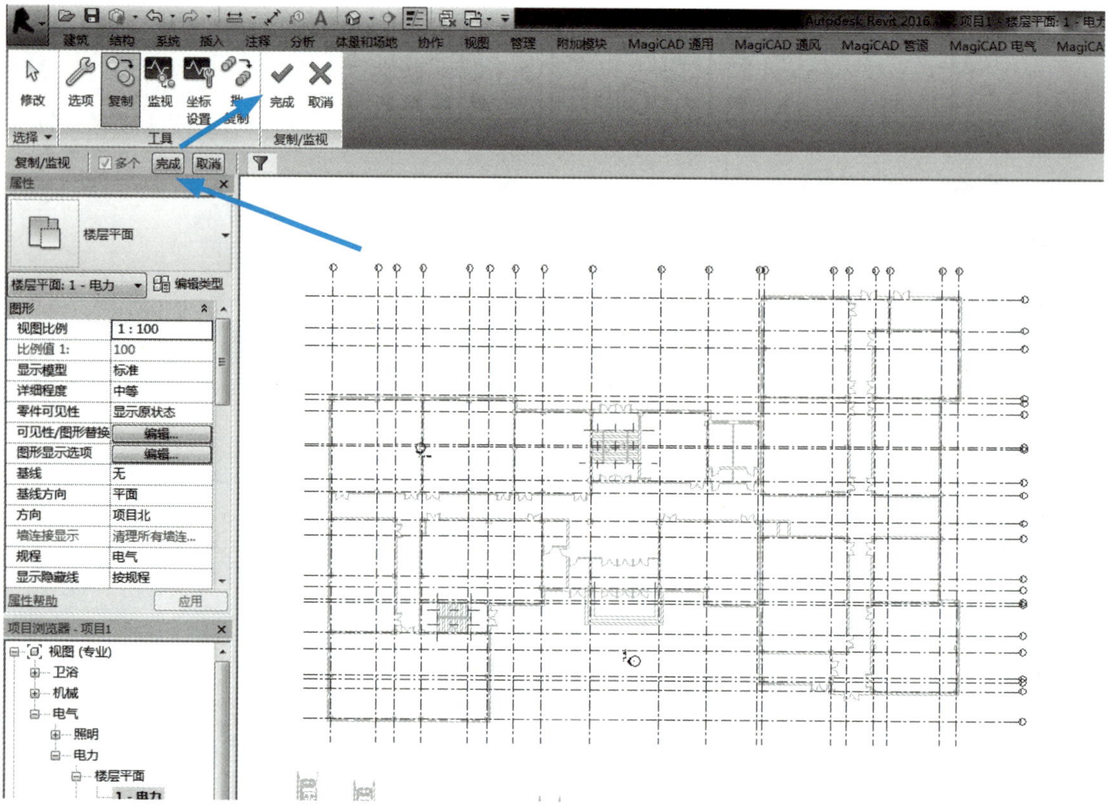

图 7.5–6　复制轴网

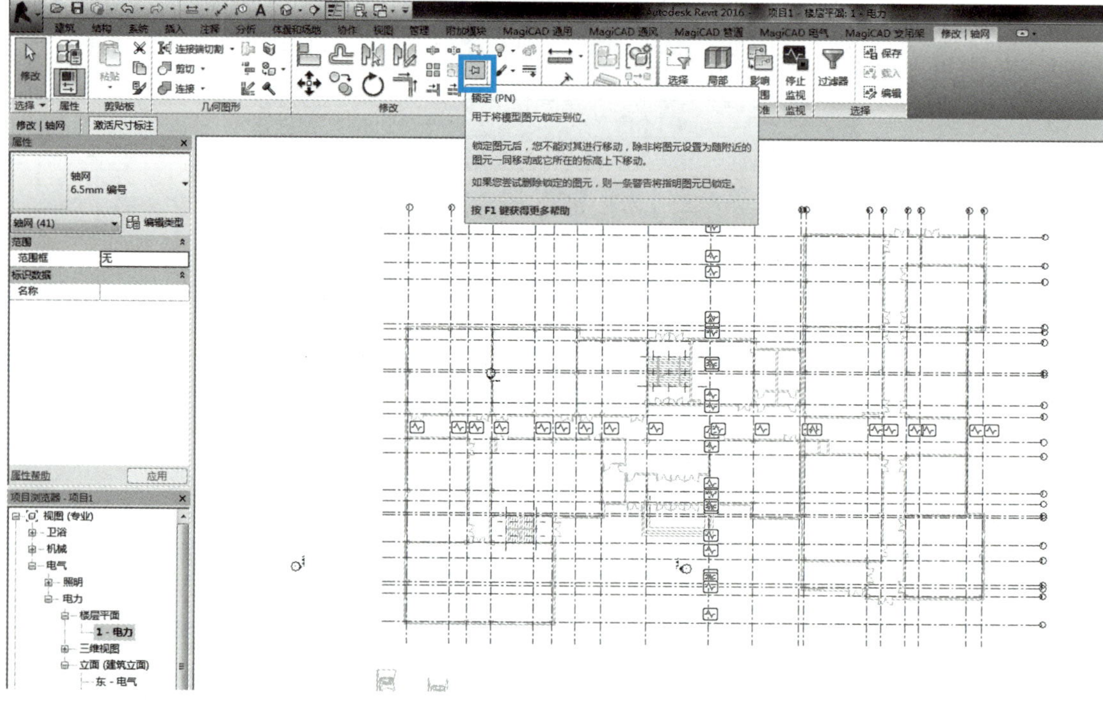

图 7.5–7　锁定轴网

将复制后的标高建立其对应的平面视图：点击“视图”选项卡→“平面视图”→“楼层平面”，将所需楼层进行点击，若需将所有标高建立可点击第一个，按住“Shift”键选中最下面一条，就可将所有标高建立其平面视图，点击“确定”结束。

对新建立平面进行更改规程：在项目浏览器中选中所创建的平面，在属性栏更改各专业对应规程，而规程用来控制构件的显示，当选择建立电气系统时选择电气规程，建立暖通系统则选择机械规程等。更改其子规程使其在规程选项中更好区别，如图 7.5-8 所示。

更改完对项目进行保存。

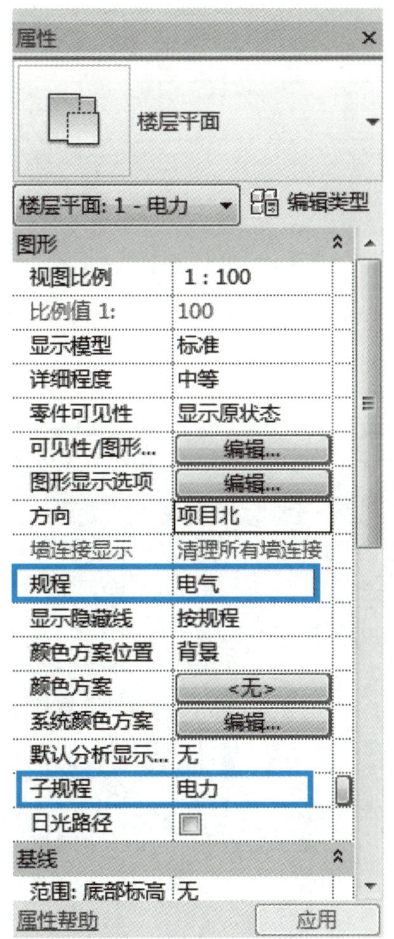

图 7.5-8　规程与子规程修改

7.5.2　电气系统的绘制

导入 CAD 模型：点击“插入”选项卡→“导入 CAD”，将其对应的 CAD 文件选中，将文件导入单位设置为毫米，定位位置修改为自动 – 原点到原点，放置位置选择所需要的标高，如图 7.5-9 所示，点击“打开”即可将 CAD 导入完成。

导入后需要对 CAD 图纸和建立的轴网端点对齐，如图 7.5-10 所示。

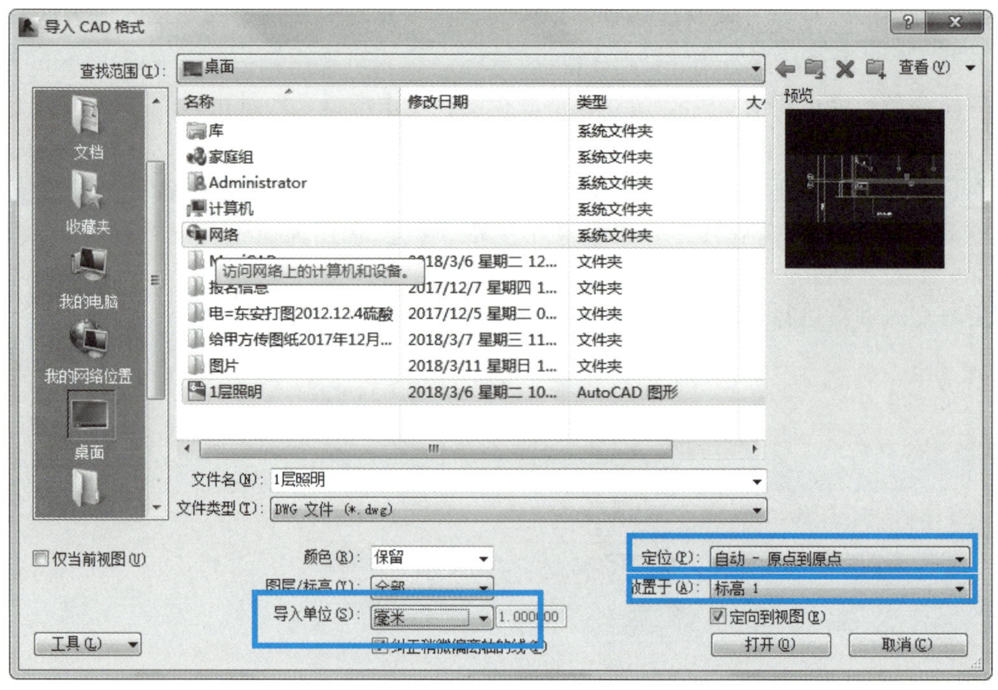

图 7.5–9　导入 CAD 图纸

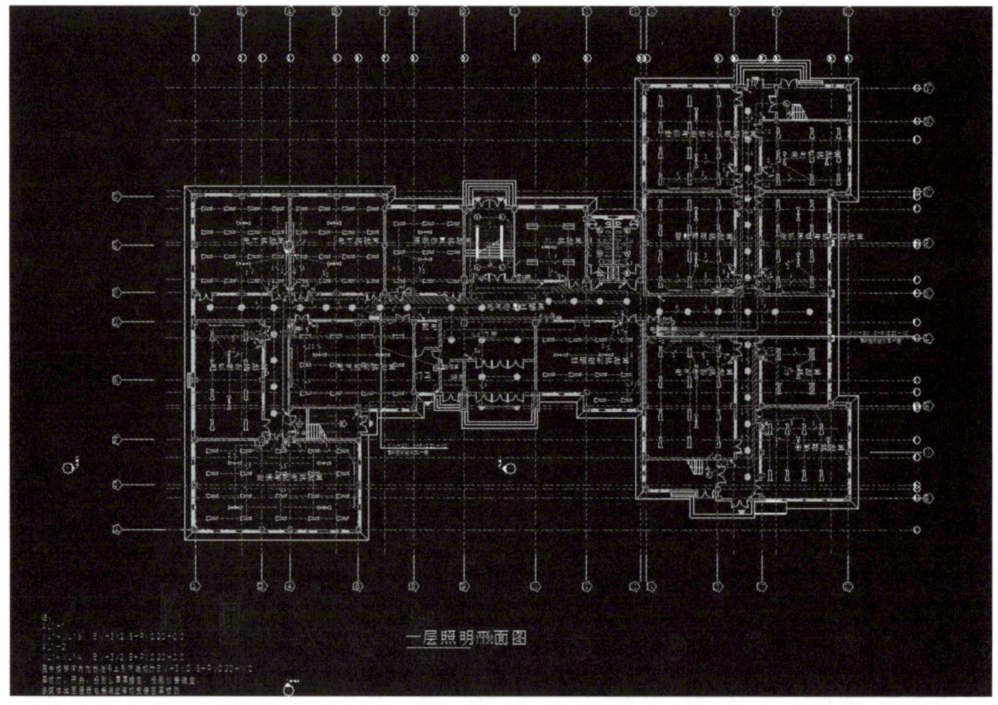

图 7.5–10　轴网对齐

照明设备有两种放置方式：

（1）建立天花板：可先将该层天花板进行建立，如图 7.5–11 所示。

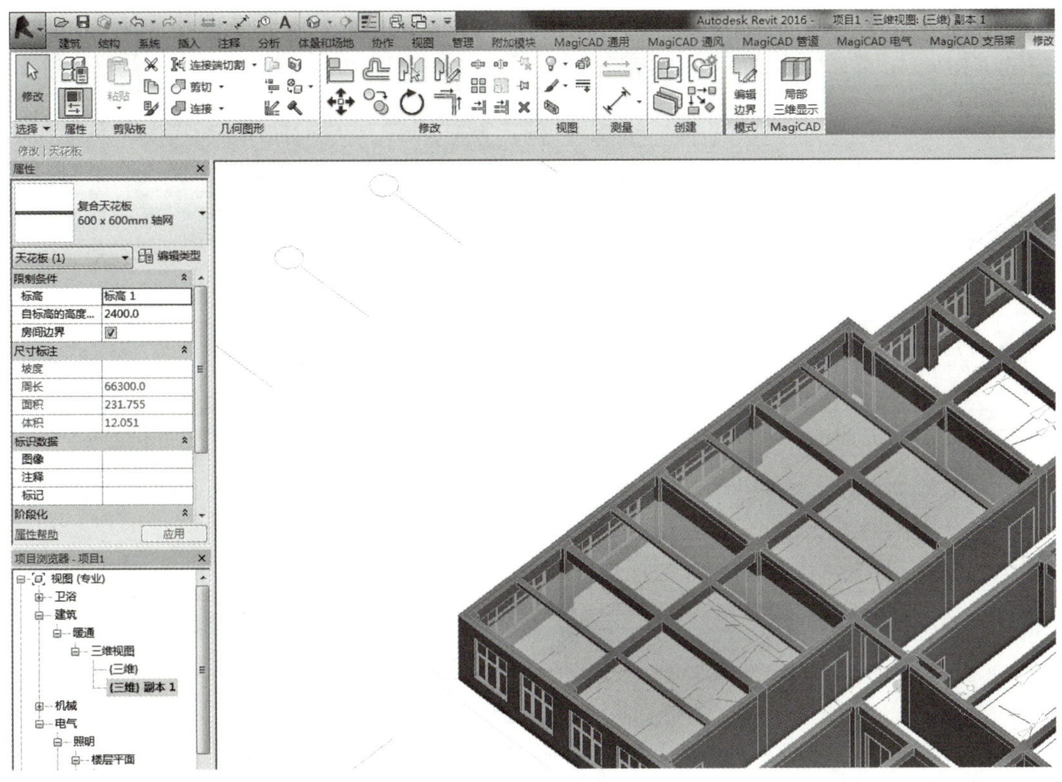

图 7.5–11　创建天花板

然后点击“视图”选项卡→“平面视图”→“天花板平面”，在项目浏览器中点击所需绘制的天花板，选中对应的照明设备，并且需要注意绘制过程中设备的放置形式，如图 7.5–12 所示。

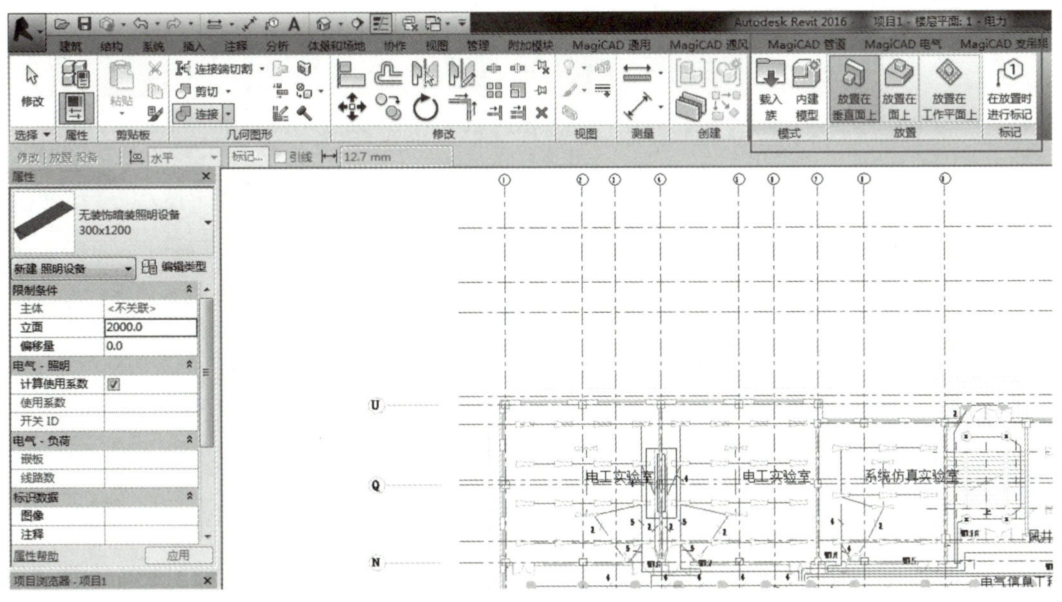

图 7.5–12　放置形式

（2）建立参照平面：点击“建筑”“结构”“系统”任意选项卡下参照平面即可绘制，快捷键：RP。如图 7.5–13 所示。

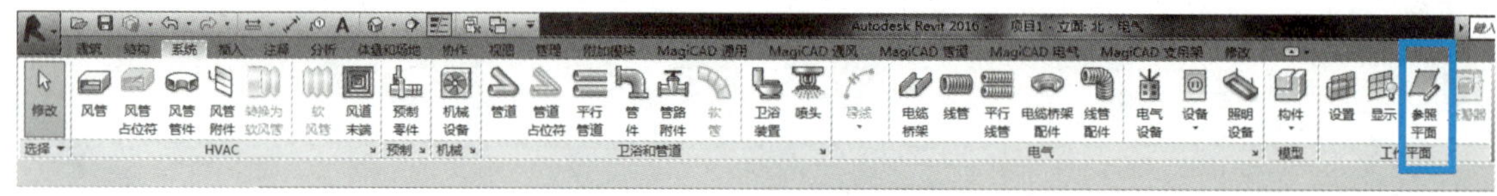

图 7.5–13　创建参照平面

在立面视图中绘制一条平行于标高的参照平面，如图 7.5–14 所示。

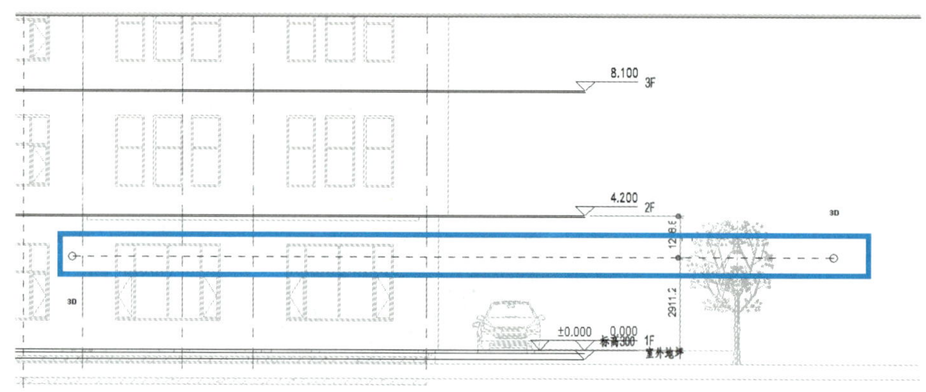

图 7.5–14　绘制参照平面

注意：绘制时注意绘制方向从左至右时参照平面向上，从右至左时参照平面向下，在绘制照明设备时大多采用从右至左绘制。

在绘制完参考平面，可以将此参照平面进行重新命名，以“一层灯具高度”为例进行绘制，如图 7.5–15 所示。

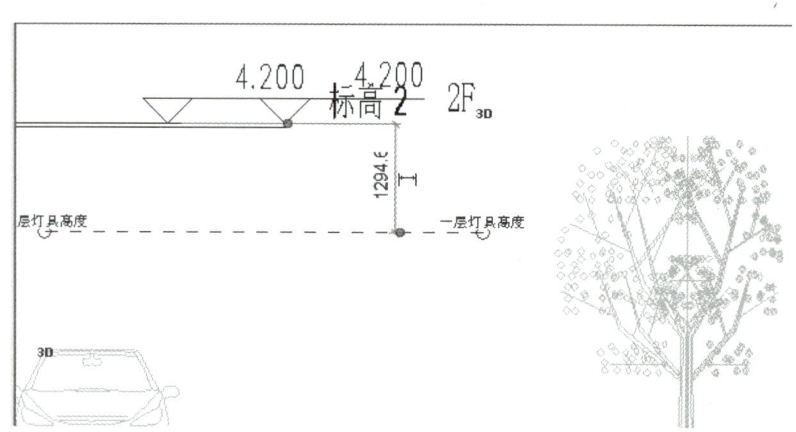

图 7.5–15　参照平面命名

点击“系统”选项卡→“照明设备”，选中所需要的照明设备或者载入其他照明设备，确定文件放置位置，选择“放置在工作平面上”，如图 7.5–16 所示。

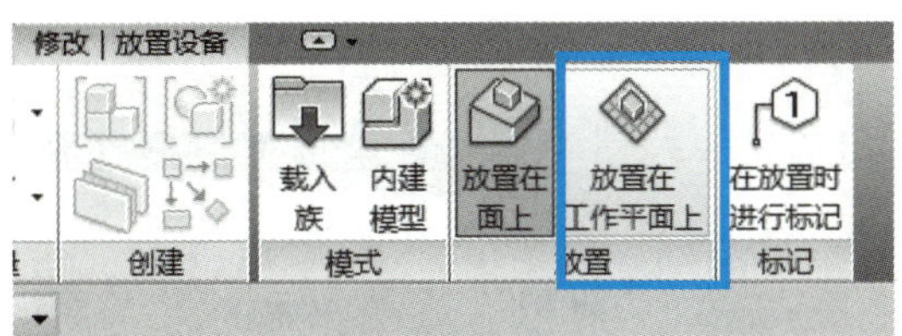

图 7.5–16　选择放置平面

当前软件提供灯具位置需参考的选项，点击“拾取一个平面”，如图 7.5–17 所示，点击“确定”。

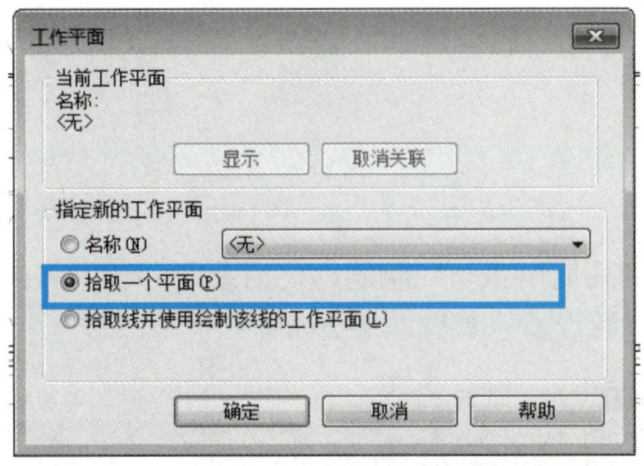

图 7.5–17　拾取平面

点击参照线将拾取参照线，并转入绘制平面的视图，如图 7.5–18 所示，选择所需绘制的平面。

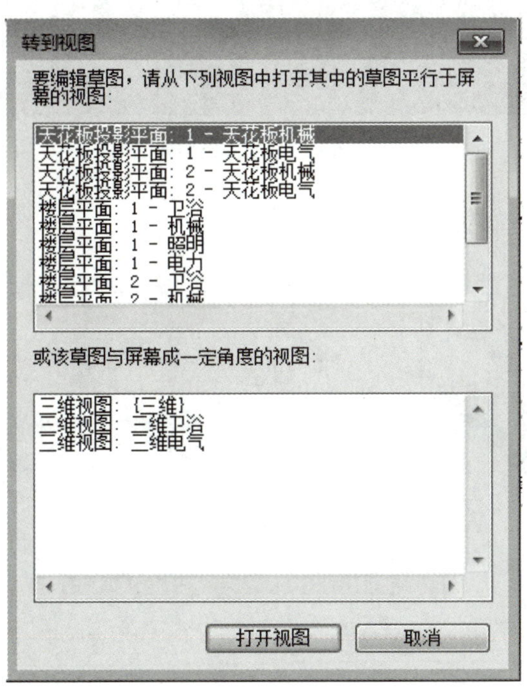

图 7.5–18　绘制平面

根据图纸进行绘制，将其他照明装置放置正确，如图 7.5–19 所示。

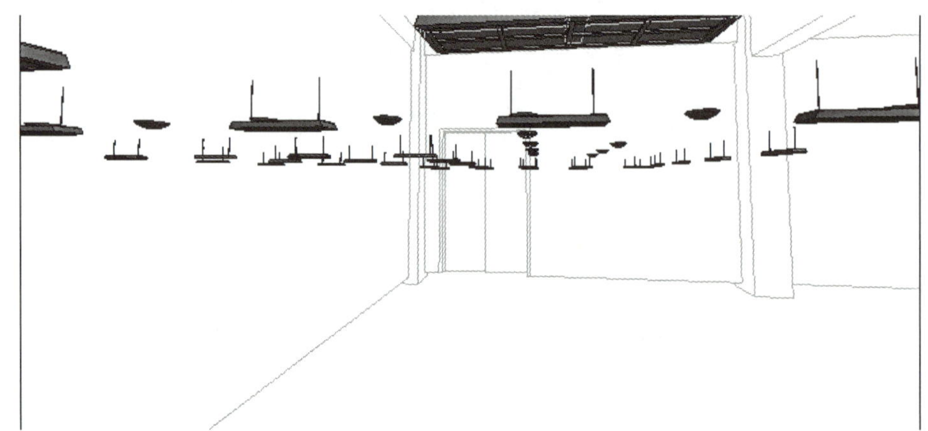

图 7.5–19　灯具放置

灯具放置完毕，可将其他设备一同绘制，之后绘制导线，将线管进行绘制，在线管绘制前要对管径、偏移量进行设置，如图 7.5–20 所示。

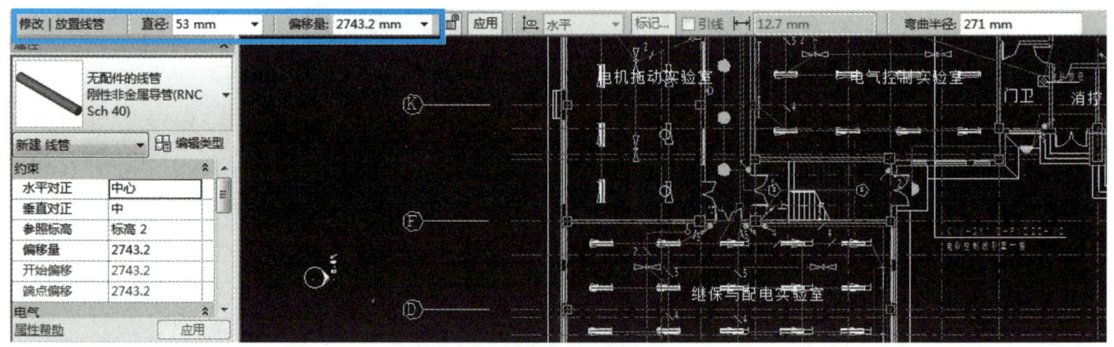

图 7.5–20　线管选项栏

按照图纸对管线进行布置，如图 7.5–21 所示。

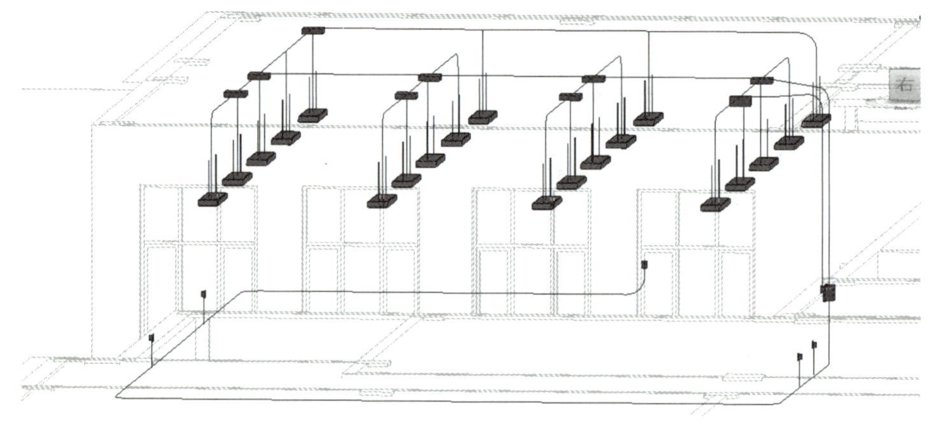

图 7.5–21　线管的绘制

7.5.3　给水排水系统的绘制

在此案例中，因暖通设备过少，故不在本章中讲解，同学可自行练习。

依照电气图纸导入方法将给水排水系统进行绘制，链接 Revit 并将 CAD 进行导入，同时将平面进行建立绘制。

对暖通系统进行定义，在项目浏览器中点击“族”选项卡→“管道”→“PVC-U 排水”。如图 7.5-22 所示，点击“图形替换”中“编辑”。

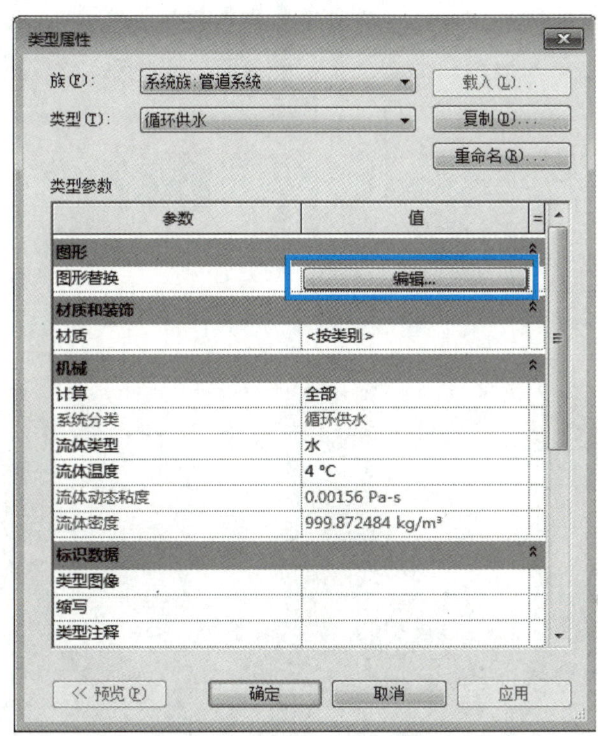

图 7.5-22　管道颜色定义

对管道颜色进行赋值，选中所用颜色，如图 7.5-23 所示，在给水排水系统中有多条回路：给水、排水、消防水等，所以在绘制中要将多种管颜色进行定义，在观看或导出模型时也较为方便。

定义后可以对卫生器具进行放置，在放置时将卫生器具偏移量调整准确，可参考电气装置放置方式，如图 7.5-24 所示。

将卫浴给水管按照 CAD 图纸进行绘制，在绘制时可以采用从构件绘制，点击构件，如图 7.5-25 所示，构件会出现连接符“加号”，鼠标移动至“加号”，单击鼠标右键可直接绘制线管。

在绘制时注意高度，如图 7.5-26 所示。

将卫浴排水管按照 CAD 图纸进行绘制，在绘制时注意高度，如图 7.5-27 所示。

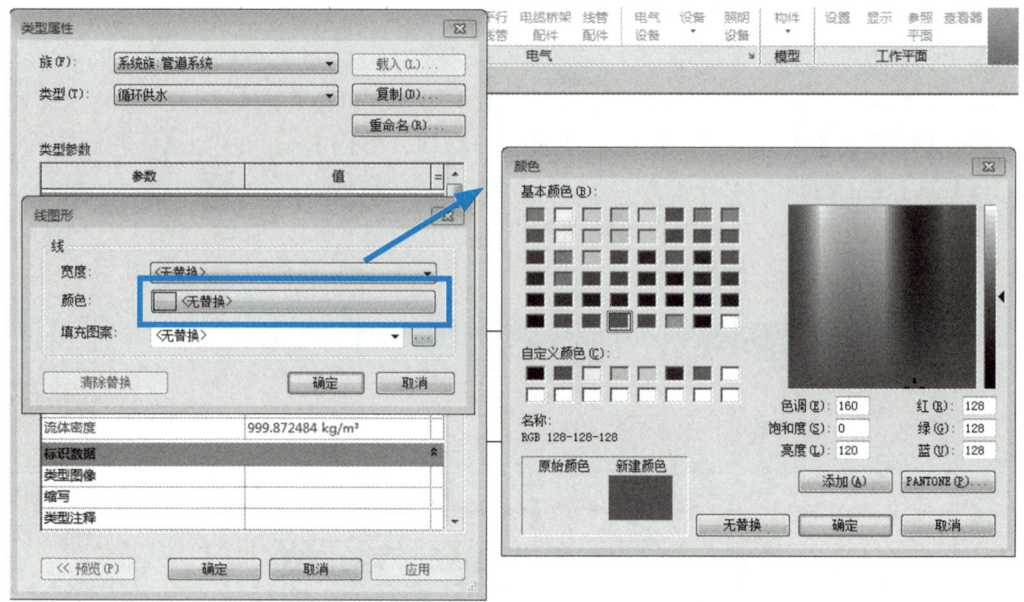

图 7.5–23　选择颜色

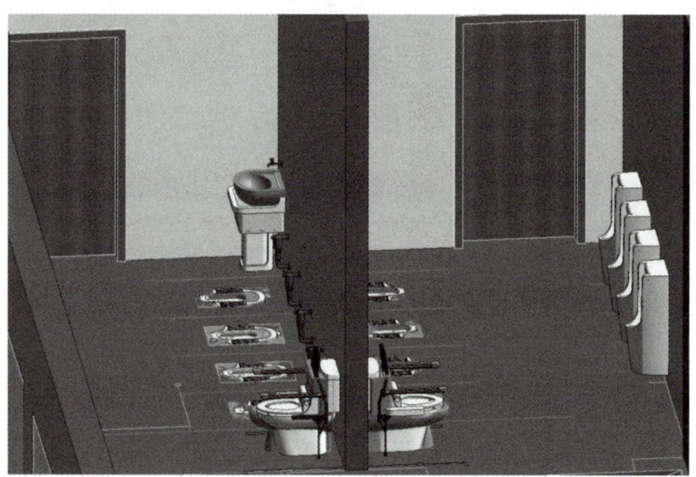

图 7.5–24　安装卫浴装置

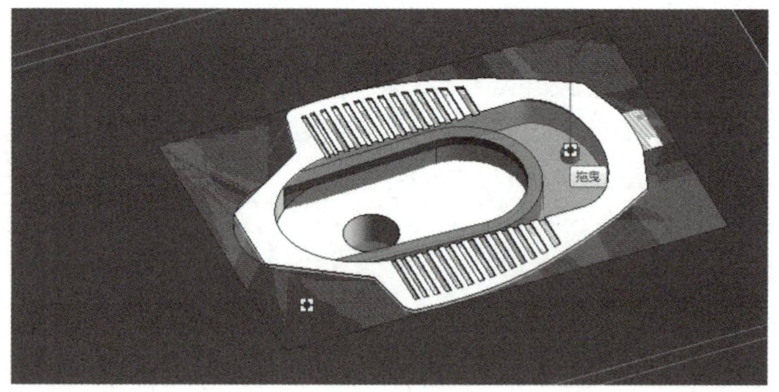

图 7.5–25　绘制给水管

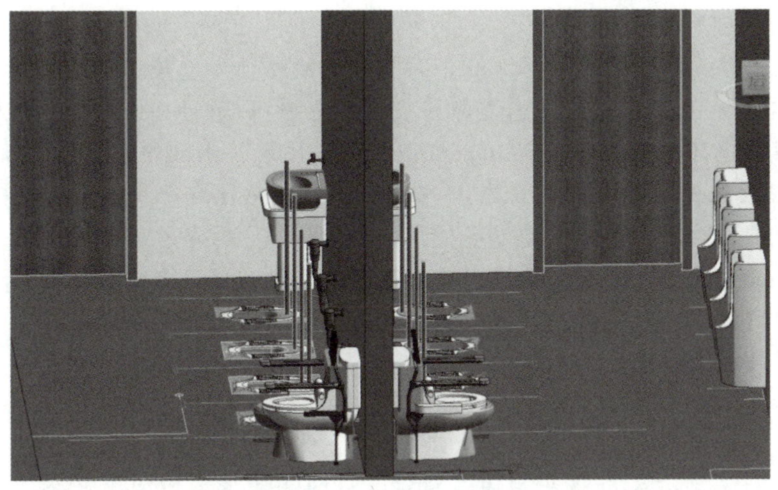

图 7.5-26　安装给水管

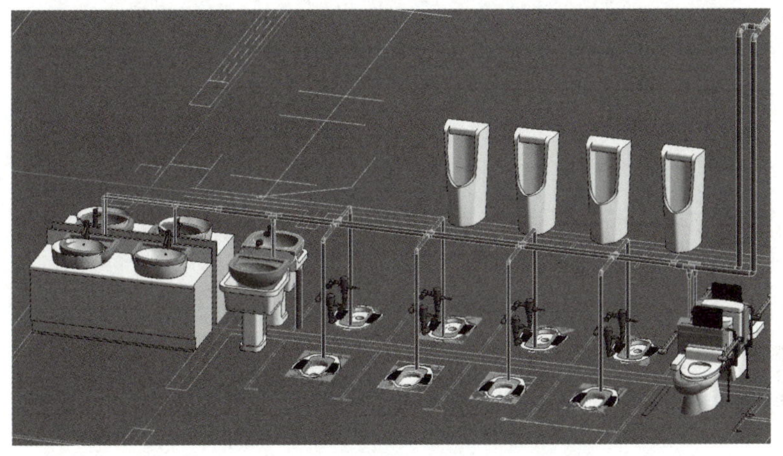

图 7.5-27　给水排水局部安装示意

【知识拓展】

1. 北京故宫博物院

北京故宫作为明清皇家宫殿，是中华历史文化的璀璨瑰宝，尽显人文底蕴与生存智慧。建筑技艺上，其排水系统精妙，庞大的地下管网与地面沟渠结合，暴雨时迅速排水防涝。布局兼顾自然通风，调节室内温度，早期“空调”理念彰显古人巧借自然之智。后期完善的电气照明系统，采用特殊灯具，既护文物又利于观赏。文化传承方面，故宫依封建礼制布局，以三大殿为中心，等级秩序森严。宫殿内文物、装饰承载传统艺术，传递古人审美、哲学与美好向往。生态营建上，天然建筑材料环保，与周边景观和谐相融。如今，故宫运用数字化技术保护展示文物，传统与现代结合，既传承文化又焕新貌，为现代建筑文化传承提供范例，其承载的人文价值跨越时空，熠熠生辉。

2. 南水北调工程

南水北调是伟大的跨流域调水工程，肩负国家战略使命，展现建设者担当。工程旨在缓解北方缺水、优化资源配置，建设者克服地形地质难题。MEP 方面，输水管道用先进材料技术，抗压耐不同地质；泵站结合机械与电气技术，水泵与电气控制系统高效输水；设先进水处理设施保水质，兼顾生态。施工中，团队高标准严要求，无数建设者日夜奋战。工程建成后，为北方经济社会发展提供水资源保障，改善生态环境。南水北调不仅是水利工程奇迹，更体现国家水资源调配战略眼光，凝聚着建设者“为国为民”的家国情怀，彰显国家集中力量办大事的制度优势，对促进区域协调发展意义深远。

3. 上海中心大厦

上海中心大厦是超高层建筑典范，创新贯穿建筑全周期。结构上，“龙形”外观与独特抗侧力体系，增强稳定抗震性，优化风环境。MEP 领域，空调采用冰蓄冷技术，夜间制冰白天释冷，降成本；管道采用同层排水，避噪声渗漏。空间设计合理，功能分区明确，空中花园与观景平台提供舒适环境，突破传统局限。大厦以领先技术和创新理念成为上海地标，推动建筑行业技术进步，为超高层建筑建设提供经验，激励行业突破创新，引领建筑行业向高质量发展，是新时代建筑创新的生动注脚。

第 8 章　工程应用

学习目标

1. 掌握 Revit 多专业模型整合的链接与绑定操作的流程。
2. 学会执行碰撞检查全流程，生成报告并优化设计。
3. 熟练创建房间并配置动态颜色方案，实现空间面积自动化统计。

8.1　模型整合

通过各专业人员对相关专业的模型搭建，最初的分专业 BIM 模型文件已建立完成。

在进行其他的应用之前，需要将各专业的模型进行整合。整合在一起的全专业模型才是整个项目的信息集合体。

Autodesk Revit 软件中的模型整合功能，是利用成组链接功能实现的。使用“链接 Revit”命令之后，选择的文件就会自动成组进入被链接文件中。点击“插入”选项卡中的“链接 Revit”命令 – 选择链接文件，如图 8.1–1 所示。

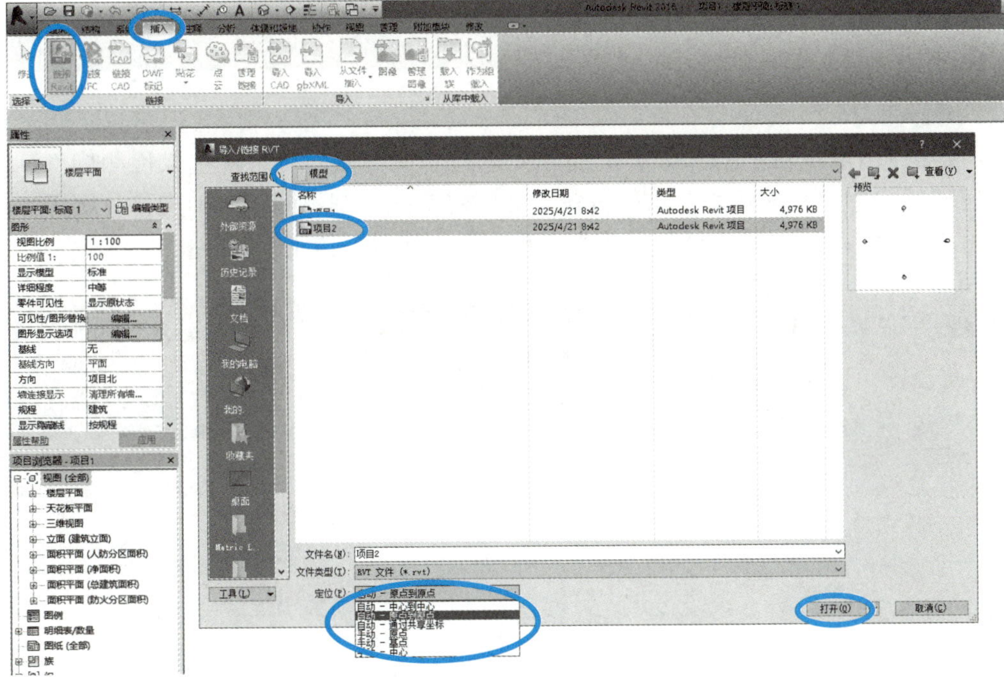

图 8.1–1　链接模型

BIM 模型都是具有三维信息的整体，在链接的过程中需要调整两个模型的定位点，其中包括“原点到原点”“中心到中心”“通过共享坐标”“手动原点”“手动基点”“手动中心”等对位方式，根据建模设计的定位方式进行选择。本案例工程中参数设定的项目基点位置统一，直接使用原点到原点的定位方式。

选择好定位方式之后，选择打开模型，两个不同专业的模型就会被链接在一起，并且被链接文件是一个整体，不能选择单个图元。

将链接模型与原模型合成一个整体，需要进行绑定链接的操作，选中链接文件“修改 RVT 链接”选项卡“绑定链接”。

绑定链接会提示是否包含附着的详图以及标高轴网等信息，附着的详图为原文件中创建的详图，一般选择包含；标高和轴网如两个模型的一致，则可以不勾选，选择好之后绑定链接。

提示：绑定链接的过程中容易出现错误，导致此过程不可进行，遇到错误情况需按照错误提示更改链接的模型，再次链接，直到无错误为止。

绑定链接之后，链接文件与原文件已经成为一个整体的模型，不再是以链接的形式存在，但链接文件自成一组。

解组链接文件：选中链接文件的组，使用解组命令将其组打开，之前两个不同专业的模型就整合在一起了。

提示：机电管线在链接解组的过程中会出现系统类型丢失的情况，合理选择链接顺序可以解决这一问题。

8.2 碰撞检查与管线综合

8.2.1 碰撞检查

1. 选择图元

如仅需对当前项目中的部分或全部图元进行碰撞检测，可直接选取检测构件，点击“协作”选项卡中“碰撞检查”功能按钮。如问题查找范围不限于当前文件，则需在运行“碰撞检查”前，先通过模型整合功能将多份文件链接成一体（图 8.2–1）。

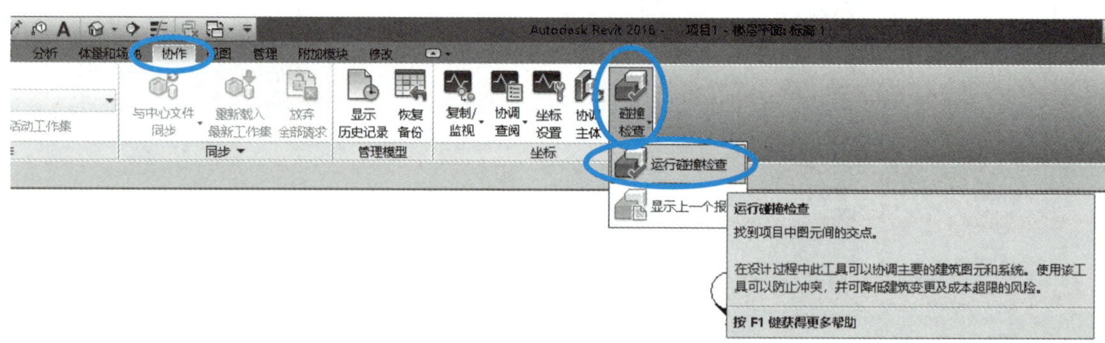

图 8.2–1　选择图元

2. 运行碰撞检查

在“碰撞检查”下拉菜单中选择“运行碰撞检查”，弹出“碰撞检查”对话框，勾选需要检测的图元，图元可来自“当前选择”“当前项目”及“链接项目”。

注意：链接文件仅可与当前项目或当前选择中的图元完成碰撞检查，链接文件彼此之间不可进行碰撞检测。

3. 碰撞报告

碰撞图元选定后，点击“碰撞检查”对话框下方“确定”，系统将自行检查碰撞问题，若为零碰撞，则将告知“未检测到冲突”，否则将弹出“冲突报告”对话框。在该对话框中将罗列冲突图元、管道类别、图元 ID 等信息以供查验。

4. 问题核查

在“冲突报告”对话框中选中图元名称，点击左下方“显示”，图元将在当前视图中高亮显示，以供核查。

冲突解决后，点击“冲突报告”中的“刷新”，报告结果将重新梳理，删除已解决问题。

注意：此处所做的刷新，仅重新核查对报告问题的修改情况，不重新运行碰撞检查。

5. 报告导出

在“冲突报告”对话框中点击“导出”，在弹出的“将冲突报告导出为文件”对话框中，设定保存路径、名称，“保存”退出。

6. 报告查询

当需检查上一次报告结果时，点击“协作”→“碰撞检查”，下拉菜单选择“显示上一个报告”即可。

8.2.2 管线综合

以“原点对原点”方式链接各专业模型，依据碰撞报告完成图面调整：

（1）因暖通专业管线较大，综合工作通常优先考虑暖通专业空间需求。

（2）管线调整通用原则：小管让大管，有压让无压。具体避让原则还需根据相关标准及现场安装情况确定。

（3）排烟管宜高于其他风管。

（4）给水排水管线较多时，不建议与空调管线并行。

（5）桥架不宜处于水管正下方。

（6）走道吊顶不可被管线满排，需留出足够的操作空间。

注意：本小节内容对设计、施工标准未作详细论述，各专业工程师管线综合调整过程中需自行翻阅相关标准，切不可随意更改原始设计方案、影响系统运行效果。因此实际工程中各施工单位做法略有区别。

管线综合工作除需兼顾上述内容外，还应征求施工现场各专业工长与设计人员意见，经签字确认后方可出图、指导施工。管线综合模型、图纸及签字后的修改意见审核表，需一并存档备查。

8.3　房间及明细表创建

成果标注、房间和面积

创建明细表

创建图纸与导出

渲染及漫游

在建筑设计过程中，房间的布置成为空间划分的重要手段。在 Revit 中，房间的创建通过对空间分割后，可自动地统计出各个房间的面积，并且在空间区域布局或房间名称修改后，相应的统计结果也会自动更新，减少了大量重复修改的时间，提高了设计效率。

8.3.1　房间和面积

1. 创建房间

在项目浏览器中，打开 1F 楼层平面以“电工实验室”为例添加房间及标记，其余房间自行完成房间的创建。

选择“建筑”选项卡中“房间和面积”面板中的“房间”，在属性面板类型中选择需要放置的类型，即可添加房间与房间标记。如果不需要房间标记，可以取消右上角“在放置时进行标记”命令（图 8.3–1）。

选择好标记类型后，可以在“选项栏”中设置相关参数（图 8.3–2）。

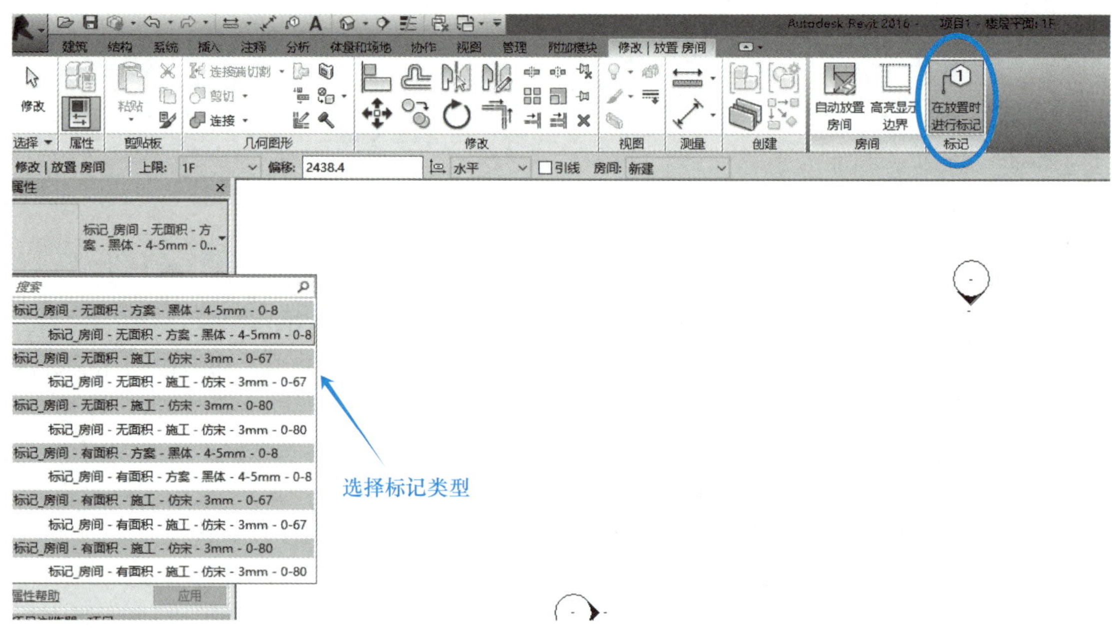

图 8.3–1　房间标记类型选择

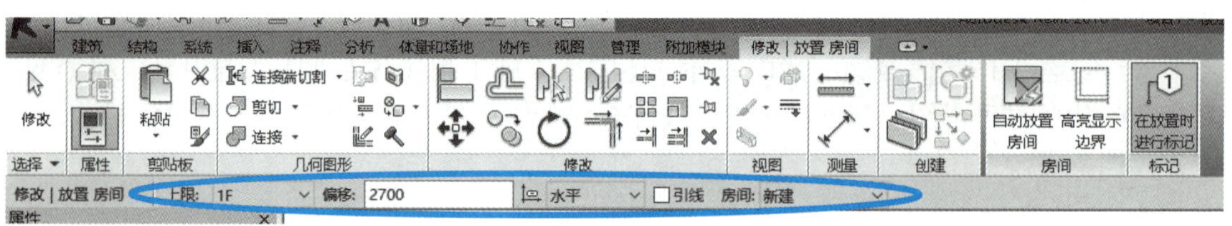

图 8.3–2　标记参数

“上限”是指其测量房间上边界的标高。

“偏移”是指房间上边界距该标高的距离，输入正值表示向“上限”标高上方偏移，输入负值表示向下方偏移。

“引线”是指房间在标记时是否有引线。

在绘图区选择要布置的房间，点击可以放置房间，修改房间名称可以在“属性栏”中修改或放置后双击房间名称完成房间重命名（图 8.3–3）。

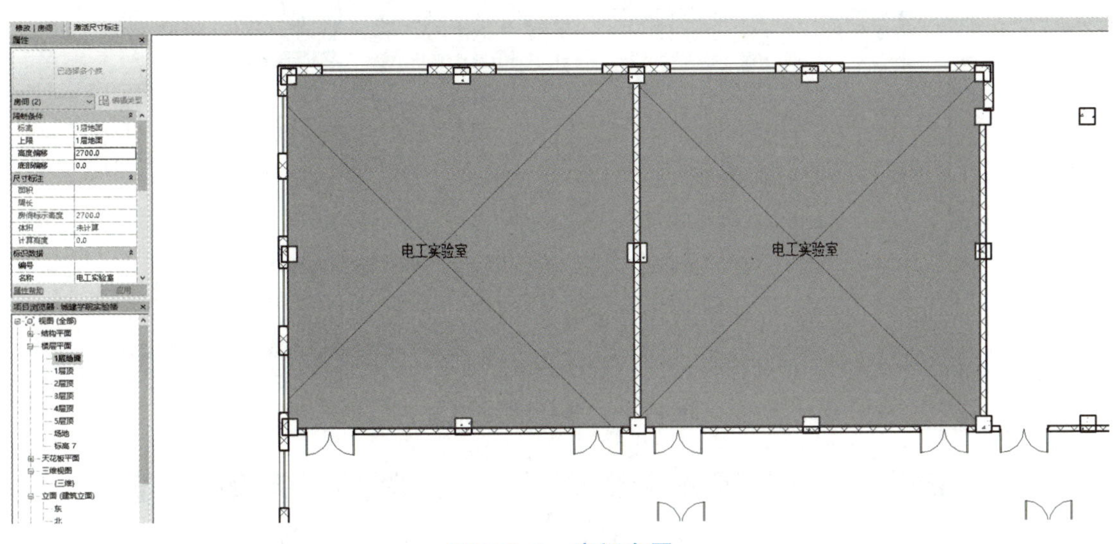

图 8.3–3　房间布置

2. 添加颜色方案

对于创建的房间，为了更好地区分房间的分布，可以为创建的房间进行颜色设置。在“建筑”选项卡，点击“房间和面积”面板的下三角按钮，选择“颜色方案”。在弹出的“编辑颜色方案”对话框中，可添加不同颜色的方案，并按方案定义各房间的颜色及填充样式，在左侧“方案类别”中选择“房间”，将“方案 1”重命名为“房间颜色方案”，“方案定义”面板下“标题”设置为“房间颜色”，“颜色”选择为“名称”，会在下方自动显示已创建的房间名称、颜色和填充样式，可点击进行修改（图 8.3–4）。

设置好房间颜色方案后，选择“注释”选项卡。“颜色填充”面板中选择“颜色填充图例”按钮，若已有颜色方案，则直接放置颜色填充图例，若新建项目还未布置颜色方案，则在弹出的“选择空间类型和颜色方案”对话框中，选择对应创建的“空间类型”与“颜色方案”，完成颜色图例的设定（图 8.3–5）。

放置颜色填充图例后，相应的颜色填充方案会在视图中所创建的房间显示出来（图 8.3–6）。

8. 3. 2　明细表创建

明细表是 Revit 的重要组成部分之一，通过明细表可以统计出项目各类图元对象，生成相应的明细表，统计模型图元数量、图形构件、材质数量、图纸列表等。在施工图设计过程中，常用的是统计门窗明细表。

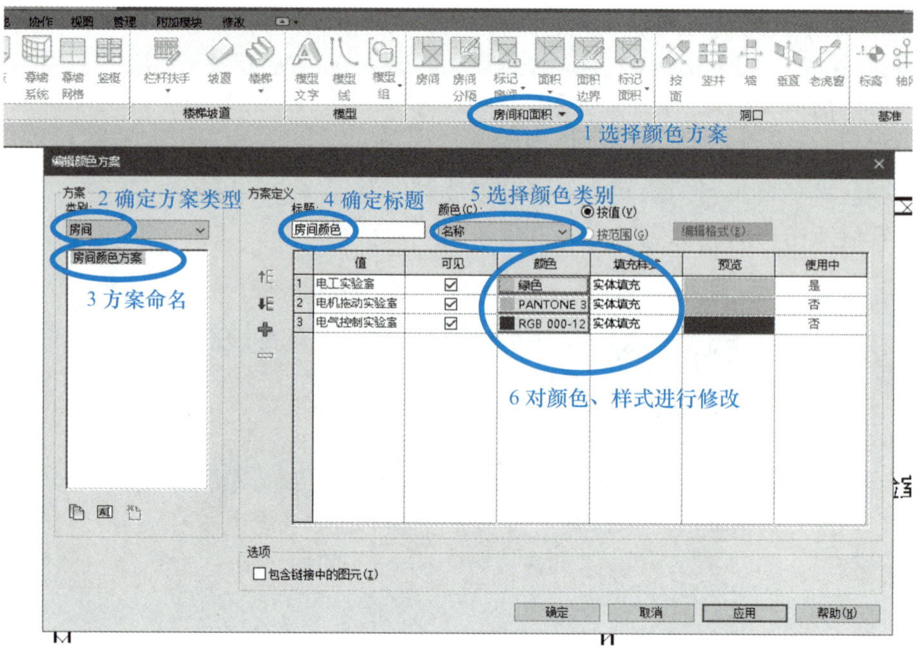

图 8.3-4　确定颜色方案

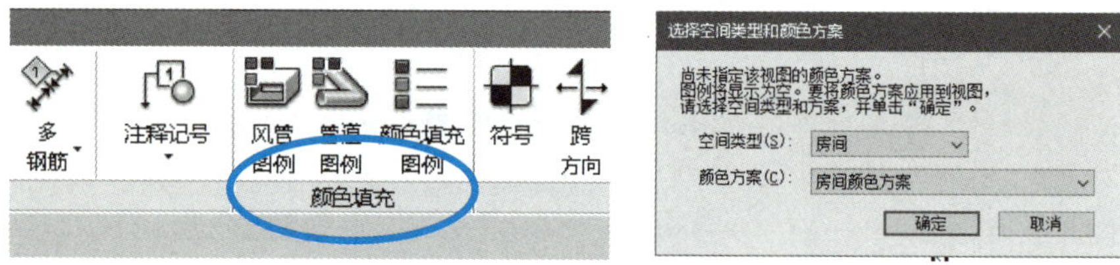

图 8.3-5　颜色图例

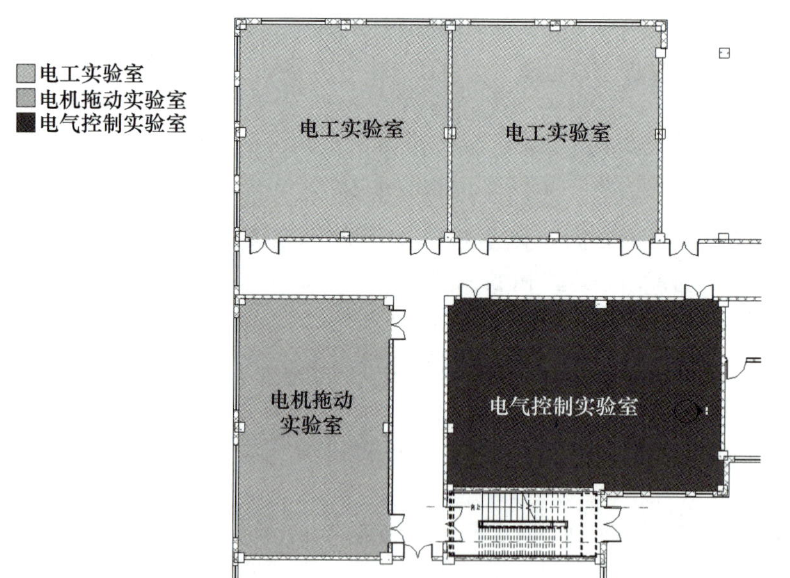

图 8.3-6　房间颜色填充

点击“视图”选项卡“创建面板”中“明细表”下拉列表选择“明细表 / 数量”，弹出“明细表”对话框，在类别选择“门”，点击“确定”即可进入“明细表属性”对话框（图 8.3–7）。

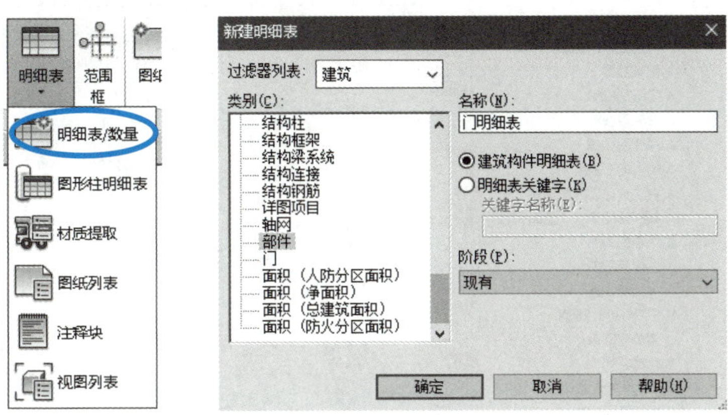

图 8.3–7　明细表创建

在“明细表属性”对话框“字段”选项卡中，“可用的字段”列表中包括门在明细表中统计的实例参数和类型参数，选择“门明细表”所需的字段，点击“添加”按钮到“明细表字段”，如类型、宽度、高度、注释、合计和框架类型，如需调整字段顺序，则选中所需调整的字段，点击“上移”或“下移”按钮调整顺序（图 8.3–8）。

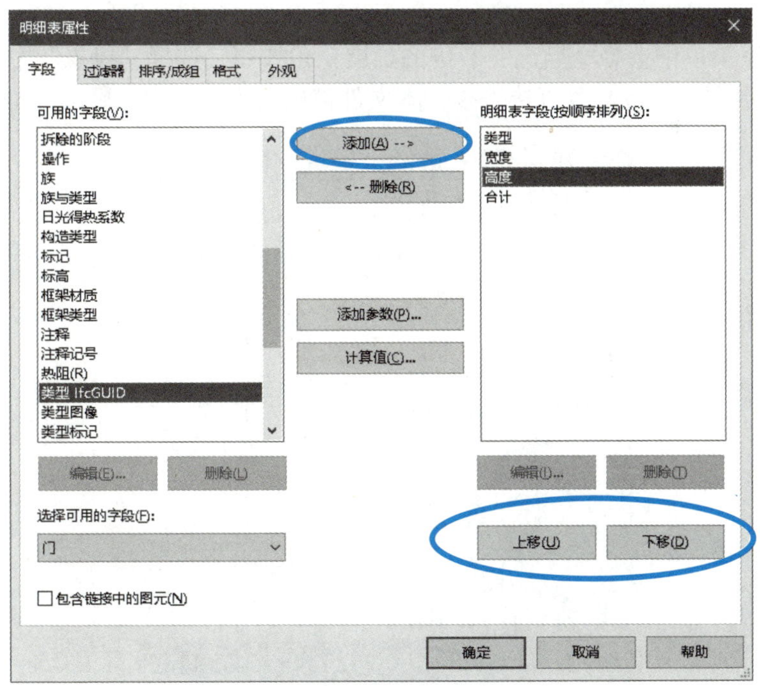

图 8.3–8　门明细表创建

创建完成后会自动弹出“门明细表”，也可以在“项目浏览器”中“明细表 | 数量”菜单中查看已经创建的明细表（图 8.3–9）。

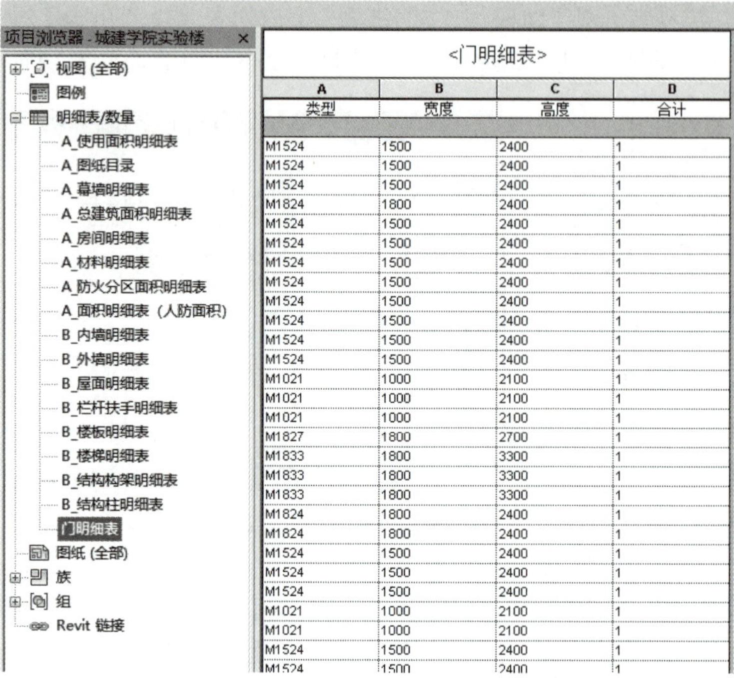

A 类型	B 宽度	C 高度	D 合计
M1524	1500	2400	1
M1524	1500	2400	1
M1524	1500	2400	1
M1824	1800	2400	1
M1524	1500	2400	1
M1524	1500	2400	1
M1524	1500	2400	1
M1524	1500	2400	1
M1524	1500	2400	1
M1524	1500	2400	1
M1524	1500	2400	1
M1524	1500	2400	1
M1021	1000	2100	1
M1021	1000	2100	1
M1021	1000	2100	1
M1827	1800	2700	1
M1833	1800	3300	1
M1833	1800	3300	1
M1833	1800	3300	1
M1824	1800	2400	1
M1824	1800	2400	1
M1524	1500	2400	1
M1524	1500	2400	1
M1524	1500	2400	1
M1021	1000	2100	1
M1021	1000	2100	1
M1524	1500	2400	1
M1524	1500	2400	1

图 8.3-9　门明细表

8.3.3　明细表导出

在应用程序菜单中选择“导出”右侧的扩展三角按钮，选择“报告”中的“明细表”，导出“.txt”文本文件。将文本直接修改文本文件扩展名为“.xis”（图 8.3-10～图 8.3-12）。

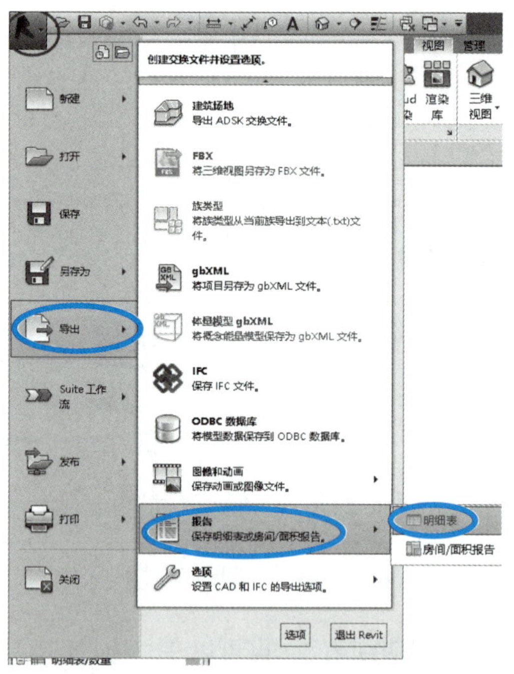

图 8.3-10　明细表导出（一）

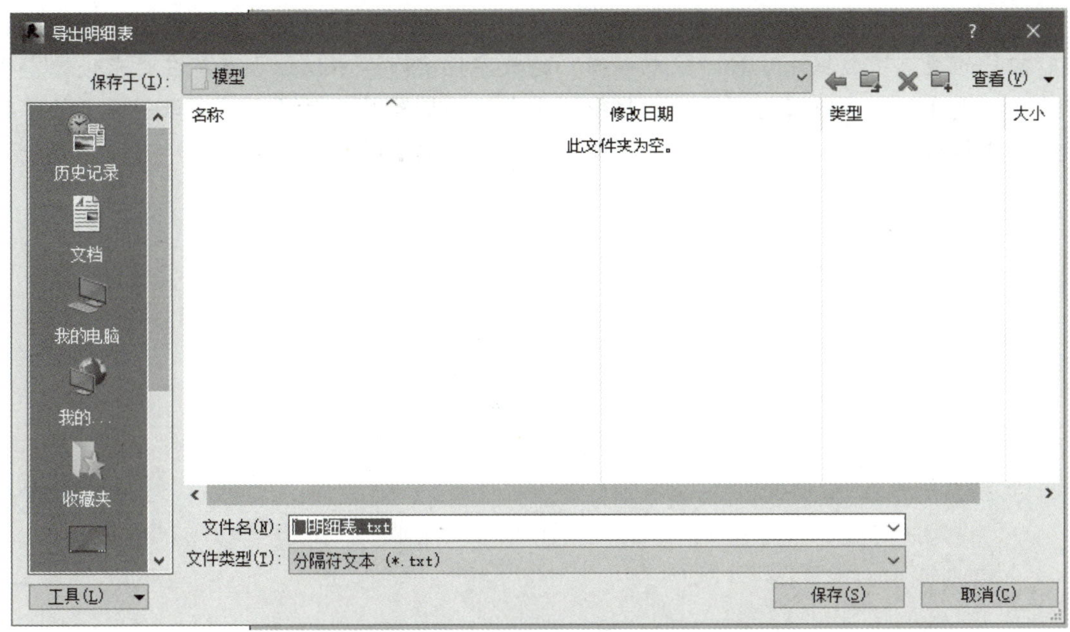

图 8.3-11　明细表导出（二）

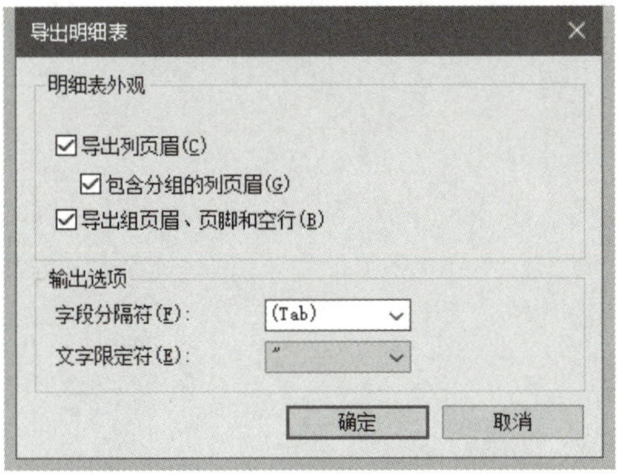

导出明细表
明细表外观
☑导出列页眉(C)
☑包含分组的列页眉(G)
☑导出组页眉、页脚和空行(B)
输出选项
字段分隔符(F):　(Tab)
文字限定符(E):　"
确定　取消

图 8.3-12　明细表导出（三）

【知识拓展】

1. 故宫飞檐上的“数字刻刀”——BIM 守护文明密码

在紫禁城金色的琉璃瓦下，一场静默的数字革命正在延续中华文明的千年文脉。面对养心殿斑驳的梁枋彩画、风化的汉白玉阶，文物修复师们没有沿用传统的拓片描摹，而是让 BIM 技术化身“数字刻刀”，对 10 万余个古建构件进行激光扫描。当三维点云模型在屏幕上缓缓展开时，连榫卯间 0.3mm 的朽蚀裂隙都无所遁形。更精妙的是，团队将《营造法式》中的“材分制”转化为参数化算法，让 AI 自动识别斗栱组合规律；用 AR 技术重现“样式雷”烫样的空间密码，使消失的建造智慧在数字空间中重生。

在养心殿重新对外开放的那天，游客们或许未曾察觉，那些严丝合缝的窗棂背后，是

BIM 模型历经 213 次日照模拟确定的修复角度；殿内温润如初的金砖地面下，藏着传感器实时回传的微环境数据。这种“修旧如旧”的数字化实践，不仅让古建筑在时光侵蚀中得以永生，更在解码传统营造智慧的过程中，完成了一场跨越千年的文明对话——当数字时代的工程师与古代匠人隔空相望，技术便成了传承文化基因的永恒载体。